兽医处方手册

第4版

胡元亮 主编

中 国 农 业 出 版 社
北 京

图书在版编目（CIP）数据

兽医处方手册 / 胡元亮主编 . —4 版 . —北京 ：中国农业出版社，2022.6（2023.3 重印）
ISBN 978-7-109-29543-8

Ⅰ. ①兽… Ⅱ. ①胡… Ⅲ. ①兽医学—处方—手册
Ⅳ. ①S854.5-62

中国版本图书馆 CIP 数据核字（2022）第 100700 号

中国农业出版社出版
地址：北京市朝阳区麦子店街 18 号楼
邮编：100125
责任编辑：刘 伟
版式设计：杜 然 责任校对：周丽芳
印刷：北京通州皇家印刷厂
版次：2013 年 1 月第 3 版 2022 年 6 月第 4 版
印次：2023 年 3 月第 4 版北京第 3 次印刷
发行：新华书店北京发行所
开本：787mm×1092mm 1/16
印张：43.5
字数：1100 千字
定价：168.00 元

第4版编者

主　编	胡元亮
副主编	张海彬　李　刚　戴建君　韦旭斌 钱存忠　王丽平
参　编	（按姓名笔画排序） 马志永　王　芳　王德云　方星星 史　雄　巩忠福　任建鸾　刘家国 江善祥　孙卫东　李林翔　宋旭东 张存帅　张宝康　陈玉库　武　毅 范云鹏　胡小玲　胡　威　徐麟木 黄世怀　薛家宾　魏彦明

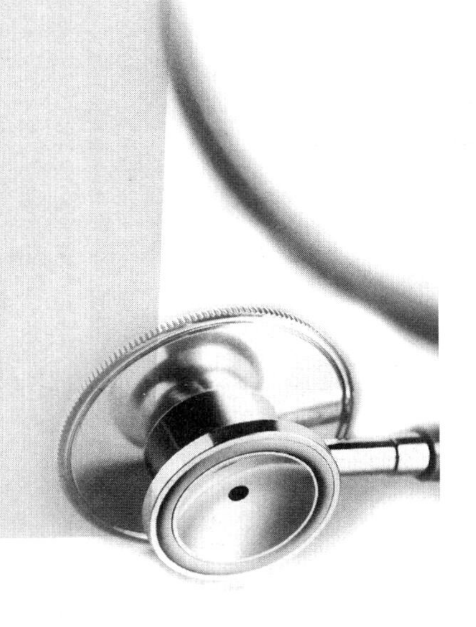

第4版前言

本书第1～3版分别于1999、2005、2013年出版，得到了广大读者的肯定，为指导兽医临床发挥了应有的作用。因此，中国农业出版社推荐列入《兽医案头必备工具书》，决定修订出版第4版。

这次修订，主要在第3版的基础上删旧增新。由于时间紧迫，主要由南京农业大学动物医院院长钱存忠博士修订兽医部分，由南京农业大学动物医学院药理学科组王丽平教授修订兽药部分，并将两位增列为副主编；最后由胡元亮审定全书。为了突出重点、缩减篇幅，删除了与兽医临床关系不太密切的附录和参考文献。全书的体例格式保持不变，以满足读者群的需求。

在修订过程中，得到了中国农业出版社黄向阳女士的指导和全体编者的大力支持，同时也引用了一些专家的最新文献资料，在此一并表示衷心的感谢。

由于作者水平所限，加上时间仓促，书中可能存在许多错漏之处，恳请读者和专家批评指正。

南京农业大学　胡元亮

2022年3月

第1版编者

主　编　胡元亮
副主编　张海彬　李　刚
编著者　（按姓名笔画排序）

马志勇　任建鸾　刘家国　江善祥
许伟成　孙卫东　杜立中　邹光贤
张　秀　张宝康　陈玉库　陈怀青
胡小玲　诸东海　钱存忠　徐麟木
黄世怀　戴建君

主　审　宋大鲁

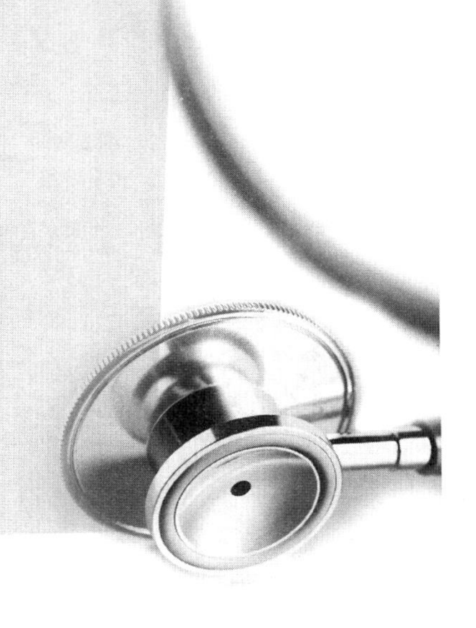

第2版编者

主　编　胡元亮
副主编　张海彬　李　刚　戴建君
编　者　(按姓名笔画排序)
马志勇　王兴祥　任建鸾　刘家国
江善祥　许伟成　孙卫东　邹光贤
宋旭东　张宝康　陆永祥　陈玉库
胡小玲　钱存忠　徐麟木　徐春忠
黄世怀　薛家宾
主　审　宋大鲁

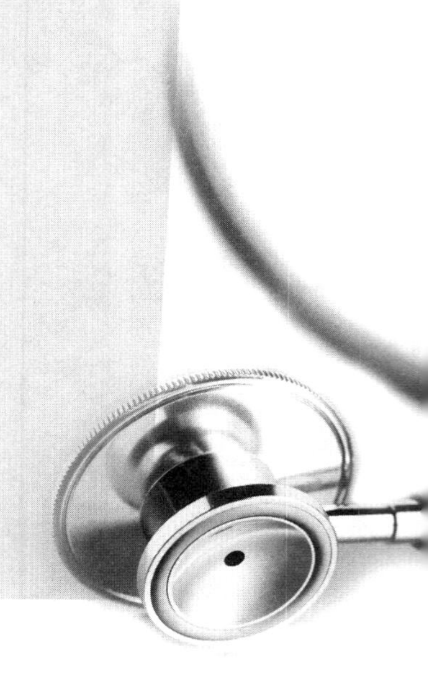

第3版编者

主　编　胡元亮

副主编　张海彬　李　刚　戴建君　韦旭斌

编　者　（按姓名笔画排序）

马志永　王　芳　王德云　方星星

史　雄　任建鸾　刘家国　孙卫东

巩忠福　江善祥　宋旭东　张存帅

张宝康　李林翔　陈玉库　武　毅

范云鹏　胡　威　胡小玲　徐麟木

钱存忠　黄世怀　薛家宾　魏彦明

主　审　宋大鲁

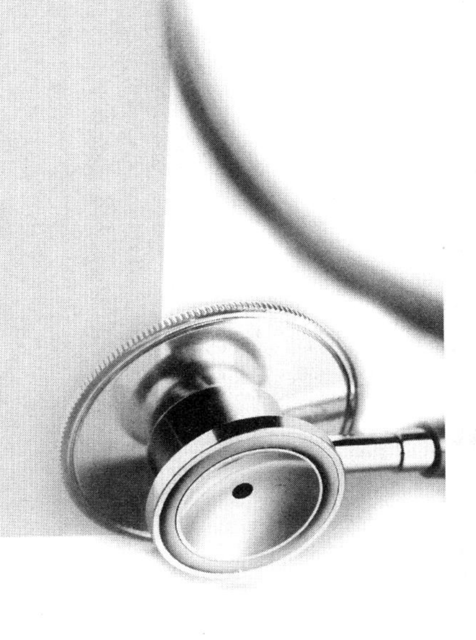

第1版前言

在党的改革开放政策指引下，我国畜牧养殖业方兴未艾，畜禽结构和种类发生较大的变化，人工养殖动物及其疾病的种类越来越多。而某些动物的某些疾病的防治，或无文献可查，或分散于某些杂志或专著中，许多基层兽医工作者遇此常感为难，许多养殖专业户欲开展养殖致富常因疾病防治而心有余悸。因此，编写一本较为全面而简明的兽医处方手册已成为应时之需。我们特组织南京农业大学从事兽医临床教学的中、青年教师以及长期工作在兽医临床第一线的中、老年专家，根据自己的实践经验，参考多方面的资料，共同编撰了《兽医处方手册》。

本书介绍了家禽、家畜、水产动物、经济与药用动物、动物园动物等40余种动物1 000多个常见病的兽医防治处方。不但介绍西兽医处方，同时还介绍中兽医行之有效的中药、针灸处方。对于有疫苗预防的传染病、寄生虫病，同时介绍预防处方及免疫程序。书中多数处方为作者应用过的，少数来自文献报道。尽管新药新方报道较多，然而在兽医临床上尚未普及验证的，没有全部收入。每种疾病的处方前简述病因（原）、示病症状和治疗原则，以便读者正确诊断疾病、选用处方。然古人有云："师其法而不拟其方"。读者可根据疾病情况、当地药品的有无、药价的高低直接选用书中处方，也可根据治疗原则灵活变通。

本书可作为畜牧兽医站、养殖场、养殖专业户和动物园等基层畜牧兽医工作者的工具书，也可作为高、中等农业院校畜牧兽医专业师生的参考书。

本书的主要编者及其承担的主要任务是：孙卫东——猪的普通病，骆驼、貂、貉、蚕、蜜蜂病；钱存忠——牛羊病；徐麟木——动物园动物病；黄世怀——马、鹿病；刘家国——猪的传染病、寄生虫病，猫病；任建鸾——鸡、鸭、鹅病；胡小玲——鱼病；马志勇——犬病；许伟成——兔病；江善祥——西药处方增补审定；李刚——鸽、鹌鹑、火鸡病，传染病、寄生虫病审定；张海彬——普通病审定；胡元亮——中药、针灸处方增补审定及全书审定。

笔者特别感谢中国农业出版社江社平主任、刘振生主任和南京农业大学宋大鲁教授共同促成本书的编写，宋大鲁教授亲自指导编写和审阅全书，南京玄武湖动物园徐麟木高级兽医师、南京药用动物实验场黄世怀高级兽医师在百忙之中参加编写，以及全体编者通力协作。同时，对本书直接或间接引用资料的作者，难以一一列出，也在此一并表示最诚挚的谢意。

由于多数作者长期在大学任教，虽然经常接触临床，但比起一直工作在临床第一线的专家来说，毕竟还缺乏实践经验；再加上时间仓促，错漏之处在所难免，恳请读者和专家提出宝贵意见，以便将来修订。

胡元亮

1999年2月

第2版前言

本书初版于1999年，5年多来，对我国养殖业的健康发展起到了指导和推动作用，得到了读者的肯定。但是，近年来我国畜牧生产又有了新的发展，特别是随着我国加入WTO，食品安全问题更引起国人的关注，国家已明令禁止和限制一些兽药在食品动物上使用，因此有必要对第1版进行修订，以适应形势发展的需要。

这次修订在第1版的基础上删旧增新，改换或删除国家明令禁止使用的兽药、鱼药、饲料添加剂等，增加了一些新方新药，并对收载的病种和编排顺序作了适当调整，附录增加了农业部公告关于《食品动物禁用的兽药及其它化合物清单》和《兽药国家标准和专业标准中部分品种的停药期规定》、国家质量监督检验检疫总局和对外贸易经济合作部公告关于出口肉禽《禁用药物名录》和《允许使用药物名录》，以供读者查考。全书的体例格式保持不变，以满足读者群的需求。

此次修订基本上由第1版主要作者完成。鉴于部分原作者目前在国外或外企工作，根据他们的建议，对部分作者进行了调整，增加戴建君博士为副主编，协助完成部分禽病处方修订和传染病、寄生虫病处方审定；宋旭东、薛家宾分别协助完成犬、兔疾病处方的修订。

在修订过程中，得到了中兽医学会副理事长、南京师皇动物科技研究所所长、原南京农业大学宋大鲁教授逐句斟酌、逐方查对审阅全书，其敬业精神令人钦佩。本书又引用了一些作者的最新文献资料，在此一并表示衷心的感谢。

书中药物剂量为参考量，具体以药物说明书为准。

尽管编者们做了很大努力，但仍可能存在许多错漏和不尽如人意之处，恳请读者和专家继续批评指正。

南京农业大学　胡元亮

2005年1月

第3版前言

本书第2版修订完稿于2005年1月，迄今7年多过去了，我国畜牧养殖和兽药生产又有了新的发展，为适应形势发展的需要，再次进行修订。

这次修订，主要在第2版的基础上删旧增新，对收载的疾病做了调整，对处方做了修订，更换或删除了淘汰兽药，增加了一些新药新方；附录增加了农业部公告关于《淘汰兽药品种目录》，以供读者查考。全书的体例格式保持不变，以满足读者群的需求。

此次修订基本上由第2版主要作者完成。对部分作者进行了调整，增加韦旭斌为副主编，修订马、鹿病处方；增加魏彦明、李林翔、方星星、胡威、王德云、巩忠福、张存帅、武毅、范云鹏、史雄、王芳为编者，分别协助修订骆驼、动物园动物、水产动物、宠物疾病处方以及编排等工作。

在修订过程中，得到了中国农业出版社养殖出版中心王玉英编辑的指导和全体编者的大力支持，本书又引用了一些作者的最新文献资料，在此一并表示衷心的感谢。

尽管编者们做了很大努力，但仍可能存在许多错漏和不尽如人意之处，恳请读者和专家继续批评指正。

南京农业大学 胡元亮

2012年8月

凡　例

1. 本书按照动物种类顺序编排，每种动物自成章节，依次介绍其传染病、寄生虫病、普通病等常发病处方。

2. 处方包括中、西兽医处方，一般西药处方在前，中药、针灸处方在后。原则上一种给药方法为一个处方，但有时需多种药物、几种给药途径同时应用的，则合写为一个处方，包含的小处方用小括号标出。

3. 处方中的用量一般以成年动物的中等体重为标准：鸡、鸭 2kg，鹅 4kg，鸽 1kg，鹌鹑 0.1kg，火鸡 5kg，猪 50kg，牛 400kg，羊 40kg，犬 5（玩赏犬）～40（狼犬）kg，猫 2kg，兔 2kg，马 300kg，骆驼 500kg，梅花鹿 80kg，麝 10kg，水貂 2kg，貉、水獭 5kg，熊 200kg，狮、虎 150kg，豹 50kg，大熊猫 70kg，小熊猫 6kg，海豹 80kg，象2 500kg，长颈鹿 800kg，河马2 000kg，斑马 200kg，野驴 150kg，羚羊 90kg，袋鼠 50kg，猩猩 80kg，猴 20kg，鸵鸟 120kg，孔雀 3kg，扬子鳄 20kg，海龟 100kg，蟒蛇 30kg，龟、鳖 2kg。使用时请根据动物体型大小、病情轻重酌情增减；有毒类药物除给出一般剂量范围外，并在用法中标明每千克体重用药量，使用时请计算准确，以免中毒。

4. 牛、羊病合写，牛羊共患病处方的用量按牛给出。羊的用量一般按牛的 1/10 计算，超出此剂量的在用法中另外标出。

5. 禽、鱼等群体用药一般按单位体重、料重、水重或水体体积等给出用药量或浓度。

6. 剂量单位除部分药物沿用传统的 U（单位）、IU（国际单位）外，无论中药、西药，统一为固体药用 g（克），液体药用 mL（毫升）。

7. 一个处方有需提示的问题，在“用法”后用“说明”标出；一个疾病及其所有处方提示的问题用“注”标出。

8. 每种疾病的处方前简述病因（原）、示病症状和治疗原则，以便读者正确诊断疾病、选用和灵活变通处方。

目录

第4版前言
第1版前言
第2版前言
第3版前言
凡例

一、家禽共患病处方

1. 禽痘

由禽痘病毒引起的禽类的一种接触性传染病。分为皮肤型、黏膜型（白喉型）和混合型，以皮肤、黏膜形成特殊的丘疹和疱疹为特征。治宜局部处理，做好预防。

【处方 1】

碘甘油　　适量

用法： 剥离痘痂后涂布创面，每天 2 次。

【处方 2】

高锰酸钾粉　　适量

用法： 创面撒布。

说明： 适用于皮肤型。也可用 0.1%高锰酸钾液冲洗。

【处方 3】

双　花 20g　　连　翘 20g　　板蓝根 20g
赤　芍 20g　　葛　根 20g　　桔　梗 15g
蝉　蜕 10g　　竹　叶 10g　　甘　草 10g

用法： 加水煎成 500mL，每 100 羽鸡一次饮服，或拌入饲料中喂服，每天 1 剂，连用 3d。

【处方 4】

蒲公英 30g　　双　花 20g　　连　翘 15g
薄　荷 5g

用法： 加水煎成 400mL，每服 20mL，每天 2 次。

【处方 5】

青黛、硼砂、冰片　　各等份

用法： 共研成极细末，取 0.1～0.5g 吹入咽喉部。

说明： 用于白喉型或混合型。

【处方 6】

大　黄 50g　　黄　柏 50g　　姜　黄 50g
白　芷 50g　　生南星 20g　　陈　皮 20g
厚　朴 20g　　甘　草 20g　　天花粉 100g

用法：共研细末，水酒各半调成糊状，涂于剥除鸡痘痂皮的创面上，每天2次，连用3d。

【处方7】预防

鸡痘鹌鹑化弱毒疫苗　　1头份

用法：一次皮肤刺种。10～20日龄首免，开产前二免。

2. 禽流感

由A型流感病毒引起的高度接触性传染病。表现咳嗽，打喷嚏，鼻窦炎，头、面部水肿，皮肤发绀，神经紊乱，腹泻，产蛋减少。治宜对症处理，预防继发感染。

【处方1】

恩诺沙星　　适量

用法：配成25～50mg/L恩诺沙星水溶液，混饮，连用5d。

【处方2】

柴胡10g　　陈皮10g　　双花10g

用法：煎水灌服，每5～8只鹅一次用量。

【处方3】

大青叶40g　　黄　芩30g　　连　翘30g
菊　花20g　　牛蒡子30g　　百　部20g
杏　仁20g　　桂　枝20g　　黄　柏30g
鱼腥草40g　　石　膏60g　　知　母30g
款冬花30g　　山豆根30g

用法：水煎取汁，300～500羽鸡1天饮用，每天1剂，连用2～3d。

3. 禽黄病毒病

是一种由黄病毒引起的急性、高热性传染病。以发热、采食减少、产蛋下降、腹泻、瘫痪为主要特征。可试用中药治疗。

【处方】

龙　胆45g　　车前子30g　　柴　胡30g
当　归30g　　栀　子30g　　生地黄45g
甘　草15g　　黄　芩30g　　泽　泻45g
关木通20g

用法：共研成极细末，混饲，按1kg饲料4g用药。

4. 禽大肠杆菌病

由多种血清型的致病性大肠杆菌所引起的不同类型禽病的总称。包括大肠杆菌性气囊炎、败血症、关节滑膜炎、全眼球炎、脐炎、输卵管炎、腹膜炎及大肠杆菌肉芽肿等。治宜消除病原。

【处方 1】

庆大霉素注射液　　1万～2万U

用法： 按1kg体重0.5万～1万U一次肌内注射，每天2次，连用3d。

说明： 也可用卡那霉素注射液，按1kg体重30～40mg一次肌内注射，每天2次，连用3d。

【处方 2】

土霉素　　100～500g

用法： 混饲。按每100kg饲料100～500g用药，连用7d。

【处方 3】

黄柏 100g　　黄连 100g　　大黄 100g

用法： 水煎取汁，10倍稀释后供1 000只鸡自饮，每天1剂，连服3d。

【处方 4】预防

禽大肠杆菌病灭活疫苗　　0.5mL

用法： 1月龄以上禽，一次颈部皮下注射，免疫期4个月。

5. 禽伤寒

由禽伤寒沙门氏菌引起的败血性传染病。主要侵害成鸡，以肝、脾肿大，肝呈黄绿色或古铜色为特征。治宜杀灭病原。

【处方 1】

氟苯尼考　　40～60mg

用法： 按1kg体重20～30mg混饲，每天2次，连用3～5d。

说明： 也可用土霉素，按100kg饲料100～500g混饲，连用7d。

【处方 2】

庆大霉素注射液　　1万～2万U

用法： 按1kg体重0.5万～1万U一次肌内注射，每天2次，连用3～5d。

说明： 也可用丁胺卡那霉素，按100kg饲料15～25g混饲，连用3～5d。

【处方 3】

鱼腥草 240g　　地锦草 120g　　茵　陈 90g
桔　梗 90g　　马齿苋 120g　　蒲公英 150g
车前草 60g

用法： 煎汁拌料或饮水，600羽鸡一次喂服。

6. 禽副伤寒

由多种能运动的沙门氏菌引起。常造成禽大批死亡，以下痢、消瘦、渗出性炎症为特征。治宜抗菌消炎。

【处方1】【处方2】

同禽伤寒处方1、处方2。

【处方3】

狼牙草 10g　血箭草 9g　车前子 6g
白头翁 6g　木　香 6g　白　芍 8g

用法： 煎汁拌料，1 000羽10日龄雏鸡一次喂服，连喂5～7d。

7. 禽巴氏杆菌病

本病又称禽霍乱，是由多杀性巴氏杆菌引起的败血性传染病。以发热、腹泻、呼吸困难为特征，最急性病例迅速死亡。治宜抗菌消炎。

【处方1】

禽霍乱高免血清　1～2mL

用法： 一次皮下或肌内注射。每天1次，连用2～3d。

【处方2】

注射用青霉素　2万～5万U
注射用水　2～3mL
庆大霉素注射液　1万～2万U

用法： 分别肌内注射，每天2次，连用3～5d。

【处方3】

磺胺嘧啶　0.2～0.4g

用法： 按1kg体重0.1～0.2g用药一次内服，每天2次，连用3～5d。

【处方4】

黄连须、黄芩、黄柏、黄药子、金银花、山栀子、柴胡、大青叶、防风、雄黄、明矾、甘草　各等份

用法： 混合磨碎，按1kg体重2g一次内服，每天2次，连用3d。

【处方5】

黄连、黄芩、黄柏、大黄　各60g
苍术、厚朴　各40g
甘草　30g

用法： 浓煎去渣，用药液煮稻谷，500羽鸭一次喂服。

【处方6】

大　黄 25g　黄　芩 25g　乌　梅 30g
白头翁 30g　苍　术 20g　当　归 15g
党　参 15g

用法： 煎汁拌料，1 000羽雏鸭一次喂服。

【处方 7】预防

禽霍乱灭活疫苗　　2mL

用法： 一次皮下或胸肌注射，免疫期 3 个月。

8. 禽李氏杆菌病

由李氏杆菌引起的散发性传染病。表现为中枢神经损害，斜颈，实质器官肿大坏死。治宜抗菌。

【处方 1】

注射用青霉素　　2 万～5 万 U

注射用水　　2～3mL

庆大霉素注射液　　1 万～2 万 U

用法： 分别肌内注射，每天 2 次，连用 3～5d。

【处方 2】

头孢拉定　　100g

用法： 混饮，100g 兑水 500kg，每天 2 次，连用 3～5d。

9. 禽链球菌病

主要由兽疫链球菌引起的禽的一种急性败血性传染病。以昏睡，下痢，两肢软弱，步履蹒跚，皮下、浆膜水肿、出血及实质器官肿大、点状坏死为特征。治宜抗菌消炎。

【处方 1】

注射用青霉素　　3 万～7 万 U

注射用水　　2～3mL

用法： 一次肌内注射，每天 2～3 次，连用 3～4d。

【处方 2】

磺胺嘧啶　　适量

用法： 按 1kg 体重 0.1～0.2g 配成 0.1%～0.2%水溶液饮服，每天 2 次，连用 3d。

【处方 3】

金银花 40g　　荞麦根 40g　　广木香 40g

地　丁 40g　　连　翘 40g　　黄　芩 40g

板蓝根 40g　　黄　柏 40g　　猪　苓 40g

白药子 40g　　茵陈蒿 35g　　藕节炭 50g

血余炭 50g　　鸡内金 50g　　仙鹤草 50g

大　蓟 45g　　穿心莲 45g

用法： 水煎 2 次，供1 000羽 40 日龄鸡 1 日饮服，每天 2 次，连用 5d。

10. 禽螺旋体病

由禽螺旋体引起的一种急性、热性传染病。以发热、厌食、排绿色浆性稀粪及肝脾肿大、出血、坏死为特征。治宜消除病原，做好免疫预防。

【处方 1】

注射用青霉素　　2 万～5 万 U

注射用水　　2mL

用法： 一次肌内注射，每天 2～3 次，体温恢复正常后继续用药 1～2d。

【处方 2】预防

禽螺旋体病多价疫苗　　0.5mL

用法： 一次皮下或肌内注射。

注意： 做好禽舍消毒，消灭传播媒介蜱。

11. 禽支原体病

本病又称慢性呼吸道病，由鸡毒支原体等引起的鸡和火鸡的一种接触性慢性呼吸道传染病。以上呼吸道及邻近窦黏膜发炎为特征。表现为咳嗽、流鼻液、喘气和呼吸啰音，幼鸡生长不良，母鸡产蛋减少。治宜抗菌消炎。

【处方 1】

酒石酸泰乐菌素　　1 袋

用法： 按每 1L 水 500mg 混饮，每天 1～2 次，连用 3～5d。

【处方 2】

土霉素　　200～400g

用法： 拌入 100kg 饲料中喂服，连用 7d。

说明： 也可用支原净，按 100kg 饲料 50g 混饲，连用 3d。

【处方 3】

石决明 50g　　草决明 50g　　苍　术 50g

桔　梗 50g　　大　黄 40g　　黄　芩 40g

陈　皮 40g　　苦　参 40g　　甘　草 40g

栀　子 35g　　郁　金 35g　　鱼腥草 100g

苏　叶 60g　　紫　菀 80g　　黄药子 45g

白药子 45g　　六　曲 30g　　胆　草 30g

用法： 混合粉碎，过筛。按每羽 2.5～3.5g 拌料喂服，连用 3d。

说明： 适用于蛋鸡慢性呼吸道病。

【处方 4】

麻　黄 7g　　杏　仁 9g　　石　膏 9g

葶苈子 7g　　紫苏子 7g　　款冬花 8g

金银花 8g　　黄　芩 9g　　桔　梗 9g

甘　草 7g

用法：水煎取汁，供 100 只成鸡 1 日饮服，连服 3～5d。

【处方 5】预防

鸡支原体灭活疫苗　　0.5mL

用法：一次皮下注射，7～15 日龄雏鸡注射 0.2mL，成鸡注射 0.5mL，蛋鸡，在产蛋前再注射 0.5mL，免疫期为 6 个月。

12. 禽衣原体病

由衣原体感染引起禽类的一种接触性传染病。以结膜炎、鼻炎、下痢、胸腹腔和心包腔有多量炎性分泌物为特征。治宜杀灭病原。

【处方 1】

四环素　　20～60g

用法：拌入 100kg 饲料中饲喂，连喂 1～3 周。

说明：也可用金霉素混饲，按 1%比例配制，连用 30～45d。

【处方 2】

强力霉素　　20～60g

用法：拌入 100kg 饲料中饲喂，连喂 1～3 周。

13. 禽曲霉菌病

本病又称曲霉菌性肺炎，由烟曲霉菌、黄曲霉菌、黑曲霉菌等引起。以肺及气管、气囊形成白色、灰色或绿色结节为特征。治宜抗真菌消炎。

【处方 1】

制霉菌素　　0.5 万～2 万 U

用法：一次内服，每天 2 次，连用 2～4d。

【处方 2】

1∶3 000硫酸铜溶液　　3～5mL

用法：一次内服，每天 1 次，连用 3～5d。

【处方 3】

克霉唑（三苯甲咪唑）　　10mg

用法：拌料一次喂服，按每 100 只雏鸡 1g 用药，连用 2～3d。

【处方 4】

鱼腥草 360g　　蒲公英 180g　　黄　芩 90g

桔　梗 90g　　葶苈子 90g　　苦　参 90g

用法：混合粉碎，按每羽 0.5～1g 拌料喂服，每天 3 次，连用 5d。

【处方 5】

金银花 30g　　连　翘 30g　　莱菔子（炒）30g

丹　皮 15g　　黄　芩 15g　　柴　胡 18g

桑白皮 12g　　枇杷叶 12g　　甘　草 12g

用法：加水煎至1 000mL，500 羽鸡一日量，分 4 次拌料喂服，每天 1 剂，连用 4d。

说明：适用于治鸡曲霉菌病。

14. 禽鹅口疮

本病又称霉菌性口炎，由白色念珠菌所致家禽上消化道的一种霉菌病。以上消化道黏膜发生白色的假膜和溃疡为特征。治宜抗真菌消炎。

【处方 1】

制霉菌素　　5～10g

用法：拌入 100kg 饲料中喂服，每日 2 次，连用 1～3 周。

【处方 2】

0.05%硫酸铜溶液　　适量

用法：自由饮服。

【处方 3】

碘甘油　　适量

用法：刮除口腔假膜后涂于患处。

15. 禽癣病

由鸡头癣菌引起鸡的一种慢性皮肤霉菌病。主要表现头部无毛处，尤其是鸡冠上长有黄白色鳞片状痂癣。治宜抗真菌。

【处方 1】

10%水杨酸酒精或油膏　　适量

用法：涂搽患部，每天或隔天 1 次。

【处方 2】

10%福尔马林软膏　　适量

用法：涂搽患部，每天 1 次。

【处方 3】

制霉菌素　　2 万～3 万 U

用法：一次内服，每天 3 次，连用 3～5d。

【处方 4】

40%甲醛 1 份　　凡士林 20 份

用法：将凡士林水浴融化，加入甲醛，振摇，凝固后成软膏，患部用肥皂水洗净后涂布。

16. 禽蛔虫病

由鸡蛔虫寄生于2～4月龄鸡或鸭、鹅小肠内引起。表现生长发育不良，贫血，消化机能障碍，下痢和便秘交替，有时稀粪中混有带血黏液。治宜驱虫。

【处方1】

枸橼酸哌嗪（驱蛔灵） 0.5～1g

用法：一次混饲或混饮，按1kg体重0.25g用药。

【处方2】

阿苯达唑 100mg

用法：混入饲料中一次喂服，按1kg体重10～40mg用药。

【处方3】

左旋咪唑 40～80mg

用法：混入饲料中一次喂服，按1kg体重20～40mg用药。

【处方4】

川楝皮1份 使君子2份

用法：共研细末，加面粉制成黄豆大小药丸，鸡每日服1丸。

注意：川楝皮毒性较大，尤其是外层黑皮毒性更大，必须刮除黑皮后用。

17. 禽异刺线虫病

由多种异刺线虫寄生于鸡、鹅的盲肠内引起。主要表现消瘦、下痢，雏禽发育不良，蛋禽产蛋减少。治宜驱虫。

【处方1】

左旋咪唑 50～150mg

用法：一次喂服，按1kg体重25～30mg用药。

【处方2】

硫化二苯胺 1～2g

用法：混入饲料中一次喂服，按1kg体重成鸡1～1.5g、雏鸡0.3～0.5g用药。

18. 禽胃线虫病

由长鼻分咽线虫、钩状唇旋线虫、美洲四棱线虫寄生于禽类的腺胃和肌胃引起。主要表现生长发育不良、消瘦、贫血、下痢等症状。治宜驱虫。

【处方1】

左旋咪唑 40～50mg

用法：一次内服，按1kg体重20～25mg用药。

【处方 2】

甲苯唑　　140～200mg

用法：混入饲料中一次喂服，按 1kg 体重 10～100mg 用药。

【处方 3】

丙硫苯咪唑　　20～40mg

用法：混入饲料中一次喂服，按 1kg 体重 10～20mg 用药。

19. 禽比翼线虫病

由禽比翼线虫寄生于鸡、鸭、鹅的气管引起，主要侵害幼雏。发病后有张口呼吸的症状，故又称开嘴虫病。以伸颈、张嘴呼吸、头左右摇甩为特征症状。治宜杀虫。

【处方 1】

碘　片 1g　　碘化钾 1.5g　　蒸馏水 1 500mL

用法：混匀，每取 1～1.5mL 一次气管内注射或灌服。

【处方 2】

噻苯唑　　0.6～3g

用法：混入饲料中一次喂服，按 1kg 体重 0.3～1.5g 用药，连喂 2 周。

【处方 3】

左旋咪唑　　40～80mg

用法：混入饲料中一次喂服，按 1kg 体重 20～40mg 用药。

20. 禽眼线虫病

由孟氏尖旋线虫寄生于禽的瞬膜下或鼻窦内引起的。表现结膜炎、眼炎、失明和眼球的完全破坏。治宜杀虫。

【处方】

1%～2%克辽林溶液　　适量

用法：冲洗眼球。

说明：也可用手术方法取出虫体。

21. 禽后睾吸虫病

由后睾吸虫寄生于鸭、鹅的胆管及胆囊内引起。表现胆囊炎和肝炎症状。治宜杀虫。

【处方 1】

硫双二氯酚　　40～800mg

用法：一次投服，按 1kg 体重鸭 20～30mg、鹅 150～200mg 用药，大群可用粉剂拌料喂服。

说明：也可用吡喹酮，按 1kg 体重 15～20mg 拌料一次喂服。

【处方 2】

丙硫苯咪唑　　　　　　160mg

用法：一次内服，鹅按 1kg 体重 40mg 用药。

22. 禽棘口吸虫病

由棘口吸虫寄生于家禽的直肠、盲肠内引起。表现食欲减退、下痢、出血、消瘦、生长缓慢，剖检常见出血性肠炎。治宜杀虫。

【处方 1】

槟榔　　　　　　50g

水　　　　　　1 000mL

用法：煎至 750mL，双层纱布过滤，空腹灌服，按 1kg 体重 5～10mL 用药。

【处方 2】同禽后睾吸虫病处方 1。

【处方 3】

氯硝柳胺　　　　　　100～300mg

用法：混入饲料中一次喂服，按 1kg 体重 50～60mg 用药。

【处方 4】

丙硫苯咪唑　　　　　　30mg

用法：混入饲料中一次喂服，按 1kg 体重 15mg 用药。

【处方 5】

吡喹酮　　　　　　20mg

用法：混入饲料中一次喂服，按 1kg 体重 10～20mg 用药。

23. 禽背孔吸虫病

由背孔吸虫寄生于鸭、鹅的盲肠和直肠内引起。表现消瘦、下痢、贫血、发育受阻。治宜驱杀虫体。

【处方 1】

硫双二氯酚（别丁）　　　　　　40～800mg

用法：混入饲料中一次喂服，按 1kg 体重鸭 20～30mg、鹅 150～200mg 用药。

说明：也可用丙硫苯咪唑拌料一次喂服，按 1kg 体重 10mg 用药。

【处方 2】

氯硝柳胺　　　　　　100～300mg

用法：混入饲料中一次喂服，按 1kg 体重 50～60mg 用药。

24. 禽前殖吸虫病

由前殖吸虫寄生于成禽输卵管和幼禽法氏囊内引起。以产蛋下降、产畸形蛋、薄壳蛋为特征。治宜杀虫。

【处方1】

丙硫苯咪唑　　200～240mg

用法： 拌料一次喂服，按1kg体重100～120mg用药。

说明： 吡喹酮按1kg体重60mg拌料一次喂服，连用2d；硫双二氯酚按1kg体重200mg拌料一次喂服。

【处方2】

雷丸　　3～4g

用法： 捣碎，一次喂服，鸡按1kg体重1.5～2g用药，每天早、晚各1次。

25. 禽绦虫病

由4种赖利绦虫等寄生于鸡、柔形剑带绦虫寄生于鸭、鹅小肠内引起。表现腹泻，贫血，消瘦，发育迟缓。治宜驱虫。

【处方1】

氢溴酸槟榔碱　　6～8mg

用法： 配成0.1%水溶液一次灌服，按1kg体重鸡3mg、鸭和鹅1～2mg用药。

注： 投药前禁食16～20h。

【处方2】

硫双二氯酚　　40～800mg

用法： 拌料一次喂服，按1kg体重鸡和鸭100～200mg、鹅150～200mg用药。

【处方3】

氯硝柳胺（灭绦灵）　　100～300mg

用法： 拌料一次喂服，按1kg体重鸡50～60mg、鸭60～150mg用药。

【处方4】

槟榔2份　　雷丸1份　　石榴皮1份

用法： 共研细末，鸡每天早晨喂2～3g，连喂2～3次。

【处方5】

槟　榔100g　　石榴皮100g

用法： 煎成800mL，一次拌料喂服，按20日龄鸡、鸭每次1mL，30～40日龄鸭每次1.5～2mL，成鸭每次3～4mL用药，连喂2次。

【处方6】

南瓜子　　500g

用法： 煮沸脱脂打成细粉，喂服，按雏鸭5～10g、成鸭10～20g、雏鹅20～50g用药。

26. 禽球虫病

由艾美耳属的各种球虫寄生于肠上皮细胞内引起，15～50 日龄雏鸡最易感。以血痢、贫血、消瘦为特征。治宜杀虫。

【处方 1】

盐霉素　　6g

用法：混饲，拌入 100kg 饲料中喂鸡，鹅剂量加倍。

【处方 2】

球痢灵（硝苯酰胺）　　12.5～25g

用法：混饲，拌入 100kg 饲料中喂服，连喂 3～5d。

说明：也可用磺胺二甲嘧啶按 0.1%浓度饮水，连用 2d。

【处方 3】

黄连 4 份　　黄柏 6 份　　黄芩 15 份

大黄 5 份　　甘草 8 份

用法：共研细末，每服 2g，每天 2 次，连用 1～3d。

【处方 4】

常山 120g　　柴胡 30g

用法：加水 1.5～2kg 煎汁，加入饮水中自由饮服。

【处方 5】

柴　胡 30g　　青　蒿 50g　　仙鹤草 50g

常　山 40g　　苦　参 40g　　地　榆 50g

生　地 40g　　车前草 50g

用法：水煎取汁，一次内服，按 1kg 体重 2g 用药，药渣拌料喂服。

【处方 6】

白　术 15g　　茯　苓 15g　　猪　苓 15g

桂　枝 15g　　泽　泻 15g　　桃　仁 25g

生大黄 25g　　地鳖虫 25g　　白僵蚕 50g

用法：共研细末，混饲或灌服，雏鸡每服 0.3～0.5g，成鸡每服 2～3g，每天 2 次，连用 3～5d。

27. 禽嗉囊卡他

由于采食硬而不易消化的饲料或发霉变质、易发酵饲料引起。以嗉囊显著膨胀、柔软为特征。治宜制酵消胀。

【处方 1】

0.5%高锰酸钾溶液　　适量

用法：用注射器经口注入嗉囊冲洗。

【处方 2】

磺胺脒　　0.1～0.3g

用法： 拌料一次内服，每天 2 次，连服 2～3d。

说明： 上述治疗无效者，行嗉囊切开术。

28. 禽嗉囊阻塞

由于采食干硬谷物，易膨胀饲料或异物引起。以嗉囊膨大、硬实为特征。治宜排除阻塞物。

【处方 1】

植物油　　20～30mL

用法： 注入嗉囊内，再按摩嗉囊，将病禽头向下，尾部抬高，使阻塞物由口排出。

【处方 2】

保和丸　　10 粒

用法： 一次喂服后灌少量水，大鸡 8～10 粒、中鸡 6～8 粒、小鸡 4 粒。

说明： 以上方法无效者用嗉囊切开术。

29. 禽胃肠炎

由于采食发霉变质饲料、不洁饮水或异物及食物中毒引起。以嗉囊积食、消化不良、呕吐、腹泻、下痢为特征。治宜消炎助消化。

【处方 1】

磺胺脒　　0.1～0.3g

用法： 拌料一次内服，按 1kg 体重 0.05～0.15g 用药，每天 2 次，连用 2～3d。

【处方 2】

乳酶生　　0.5～1g

用法： 一次内服。

说明： 也可用酵母片 0.1g 内服。

30. 禽中暑

由于气温高、湿度大，禽舍通风不良、拥挤、缺水、鸭、鹅烈日下放牧等引起。表现张口伸颈喘气，呼吸迫促，翅膀张开下垂，口渴，体温升高，步态不稳，痉挛。治宜消除病因，加强管理。

【处方 1】

十滴水或风油精　　1～2 滴

用法： 鸡一次喂服。

说明： 也可用仁丹 4～5 粒内服。

【处方 2】

酸梅汤加冬瓜水或西瓜水　适量

用法： 让鹅自由饮服或灌服。

【处方 3】

甘草 3 份	薄荷 1 份	绿豆 10 份

用法： 煎汤让鸭自由饮服。

【处方 4】

黄　连 150g	黄　柏 150g	黄　芩 150g
栀　子 150g	生石膏 200g	甘　草 200g

用法： 煎汤饮服，每次 3mL，每天 1～2 次，连用数日。

注： 鸭、鹅放牧应避开烈日高温时段，走阴凉牧道，设立凉棚，发现中暑时及时赶入阴凉地，泼冷水降温，同时配合抗应激药物治疗。

31．禽痛风

是由于家禽体内蛋白质代谢发生障碍，尿酸盐形成过多和/或排泄减少，在体内形成结晶并蓄积的一种代谢病。以关节囊、关节软骨、内脏及其他间质组织尿酸盐的沉积为特征，临床表现运动迟缓，四肢关节肿胀，厌食，衰弱。治宜消除病因，对症治疗。

【处方 1】

安托方（苯基喹啉羟酸）　0.2～0.5g

用法： 一次口服，每天 2 次。

注： 治疗期间少喂高蛋白动物饲料，适当补充维生素 A，多饮水。

【处方 2】

木　通 10g	车前子 10g	萹　蓄 10g
大　黄 15g	滑　石 20g	灯心草 10g
栀　子 10g	甘草梢 10g	山　楂 20g
海金沙 15g	鸡内金 10g	

用法： 混合研末，混饲，1kg 以下的鸡每只每天 1～1.5g，1kg 以上的鸡每只每日 1.5～2g，连喂 5d。或煎汤自由饮服，连饮 5d。

【处方 3】

板蓝根 100g	金银花 100g	车前草 100g
陈　皮 50g	丹　参 50g	甘　草 20g

用法： 混合研末，开水冲浸药末，候温，药水与药渣一同拌入饲料中喂服，鸡每次 2g，每天 1 次，连喂 5d。

注： 同时在饲料中添加维生素 A、维生素 D。

【处方 4】

泽　泻 50g　　茯　苓 50g　　车前子 30g
萹　蓄 20g　　滑　石 20g　　海金沙 20g
大　黄 10g　　甘草梢 10g　　瞿　麦 10g
栀　子 10g　　牛　膝 10g

用法：煎汤饮服，200 羽鸡用量，药渣研末拌料喂服，隔日 1 剂，连用 3 剂。

32. 禽维生素 A 缺乏症

由于饲料中缺乏维生素 A 与胡萝卜素或吸收障碍引起。以雏禽共济失调，成禽夜盲、眼炎为特征。治宜补充维生素 A。

【处方 1】

鱼肝油　　1～2mL

用法：一次喂服或肌内注射，每天 3 次，连用数日。

说明：或投服浓缩鱼肝油 1 丸。

【处方 2】

维生素 A 注射液　　0.25～0.5mL

用法：一次肌内注射，每天 1 次，连用数日。

【处方 3】

3%硼酸水溶液　　适量

用法：冲洗患眼，然后再涂上抗生素眼膏。

说明：适用于维生素 A 缺乏所致的眼炎。

33. 禽维生素 E 缺乏症

主要由于日粮中缺乏维生素 E 和硒引起。表现雏禽肌营养不良，渗出性素质，成禽生殖能力降低。治宜补充维生素 E。

【处方 1】

维生素 E　　300IU

用法：一次喂服。

说明：也可在饲料中添加 5%植物油。

【处方 2】

当归 10g　　地龙 10g　　川芎 5g

用法：煎汤饮服，100 羽鸡用量，每天 1 剂，连用 3d。

说明：同时每 100kg 饲料中添加 100g 亚硒酸钠维生素 E 粉，自由采食。

34. 禽食盐中毒

由于误食含盐过多的饲料或缺水引起。表现运动失调，两脚无力或麻痹，食欲废绝，强烈口渴，下痢，呼吸困难。治宜消除病因，对症镇静解痉。

【处方 1】

10%葡萄糖酸钙　　1mL

用法：一次肌内注射，雏鸡 0.2mL、成鸡 1mL。

【处方 2】

鞣酸蛋白　　0.2～1g

用法：一次灌服。

【处方 3】

生葛根 100g　　甘　草 10g　　茶　叶 20g

用法：加水1 500mL 煎煮 30min，做饮水饮服。

35. 禽亚硝酸盐中毒

由于采食含有亚硝酸盐饲料引起。以发病急，口腔黏膜及冠髯发紫，呼吸困难，四肢麻痹为特征。治宜排毒解毒。

【处方 1】

亚甲蓝　　2mg

用法：一次肌内注射，按每 1kg 体重 1mg 配成 1%～2%溶液。

【处方 2】

10%苯甲酸钠咖啡因　　1mL

用法：一次皮下注射。

【处方 3】

5%氯化钾注射液　　8mL

用法：一次皮下多点注射，按每 1kg 体重 0.2g 用药。

【处方 4】

维生素 C 注射液　　50～125mg

用法：一次肌内注射。

36. 禽棉籽饼中毒

由于饲喂未脱毒棉籽饼引起。表现精神沉郁，食欲减退，四肢无力，呼吸困难，腹泻，产蛋减少，剖检可见肝胆萎缩。治宜排毒解毒。

【处方 1】

硫酸镁　　1～2g

用法：一次内服。

【处方 2】

0.5%硫酸阿托品注射液　0.2～0.4mL

用法：一次皮下多点注射。

【处方 3】

25%维生素 C 注射液　0.2～0.5mL

用法：一次肌内注射。

37. 禽磺胺类药物中毒

由于过量服用磺胺类药物或使用不当引起。表现呼吸困难，兴奋，腹泻，神经症状，产蛋减少，产软壳、薄壳蛋，剖检可见全身性出血。治宜排毒解毒。

【处方 1】

1%～5%碳酸氢钠溶液　适量

用法：供鸡自饮。

说明：重症鸡，肌内注射维生素 B_{12}，每只 1～2ug。

【处方 2】

维生素 K　0.5g

用法：混饲。拌入 100kg 饲料喂服。

【处方 3】

维生素 C 片　25～30mg

用法：一次口服。

38. 禽黄曲霉毒素中毒

由于饲喂发霉饲料引起。表现衰弱，颈部肌肉痉挛，慢性中毒时肝肿大。治宜立即更换饲料，排毒解毒。

【处方 1】

硫酸钠　2～5g

用法：一次内服，并给予大量饮水。

说明：也可用硫酸镁 5g。

【处方 2】

制霉菌素　3 万～4 万 U

用法：混入饲料中一次喂服，连喂 1～2d。

39. 禽肉毒梭菌毒素中毒

由于鸭、鹅摄食肉毒梭菌毒素污染的饲料引起。以急性肌肉麻痹，共济失调，迅速死亡为特征。治宜排毒解毒。

【处方 1】

10%硫酸镁溶液　　20～50mL

用法：一次灌服。

说明：也可用蓖麻油灌服。

【处方 2】

C 型肉毒梭菌抗毒素　　3～5mL

用法：一次肌内或腹腔注射，每 4～6h 1 次，直至病情缓解。

40. 禽有机磷农药中毒

由于误食了喷洒过有机磷农药的作物和种子引起。表现流涎，呼吸困难，全身痉挛。治宜排毒解毒。

【处方 1】

0.5%硫酸阿托品注射液　　0.2～0.4mL

用法：一次皮下注射，按每 1kg 体重 0.1～0.2mg 用药。

【处方 2】

2%解磷定注射液　　0.2～0.5mL

用法：一次肌内注射。

【处方 3】

1%～2%石灰水　　5～7mL

用法：一次灌服。

说明：敌百虫中毒时禁用。

二、鸡病处方

1. 鸡新城疫

由新城疫病毒引起。以呼吸困难、下痢、神经症状、腺胃乳头出血为特征。治宜消除病原，重在做好预防。

【处方 1】

鸡新城疫高免血清　　1mL

用法：一次肌内注射。

说明：也可用抗鸡新城疫卵黄抗体 1～2mL，一次肌内注射或皮下注射。

【处方 2】

金银花、连翘、板蓝根、蒲公英、青黛、甘草　　各 120g

用法：水煎取汁，100 羽鸡一次饮服，每天 1 剂，连服 3～5d。

【处方 3】

金银花 30g	连　翘 40g	黄　芩 10g
地榆炭 20g	蒲公英 10g	紫花地丁 20g
射　干 10g	紫　菀 10g	甘　草 30g

用法：水煎取汁，100 羽鸡一次饮服，每天 1 剂，连服 4～6d。

【处方 4】预防

鸡新城疫弱毒疫苗Ⅱ系或Ⅳ系（N_{79}）　　1 头份

鸡新城疫油佐剂苗　　0.5～1mL

用法：7 日龄、21 日龄鸡用Ⅱ系或Ⅳ系苗饮水、滴鼻、点眼或喷雾，42 日龄、120 日龄鸡用油佐剂疫苗肌内注射。

说明：120 日龄时也可用鸡新城疫-产蛋下降综合征二联苗 0.5～1mL 肌内注射，或者用鸡新城疫-产蛋下降综合征-鸡传染性支气管炎三联苗 0.5～1mL 肌内注射。

注意：首免日龄最好依据所测母源抗体的高低而定。

2. 鸡传染性法氏囊病

由传染性法氏囊病毒引起 2～6 周龄雏鸡的一种急性、高度接触性传染病。以法氏囊肿胀、出血、坏死，胸肌、腿肌出血，腺胃、肌胃交界处条状出血为特征。治宜消除病原，做好预防。

【处方 1】

鸡传染性法氏囊病高免血清　　1mL

用法：一次皮下或肌内注射。

说明：也可用抗鸡传染性法氏囊病高免卵黄抗体 1～2mL 或鸡传染性法氏囊病和鸡新城疫双价卵黄抗体 1～2mL，一次肌内注射或皮下注射。

【处方 2】

金银花 100g　　连　翘 50g　　茵　陈 50g
党　参 50g　　地　丁 30g　　黄　柏 30g
黄　芩 30g　　甘　草 30g　　艾　叶 40g
雄　黄 20g　　黄　连 20g　　黄药子 20g
白药子 20g　　茯　苓 20g

用法：共研细末，按 6%～8%拌入饲料中喂服。连用 2～3d。

【处方 3】

蒲公英 200g　　大青叶 200g　　板蓝根 200g
双　花 100g　　黄　芩 100g　　黄　柏 100g
甘　草 100g　　藿　香 50g　　生石膏 50g

用法：加水煎成1 000～1 500mL，按每羽 1～2mL 灌服或混饮，每天 2 次，连用 3d。

【处方 4】

生石膏 130g　　生　地 40g　　赤　芍 30g
丹　皮 30g　　栀　子 30g　　连　翘 20g
黄　芩 30g　　甘　草 100g　　板蓝根 40g
大　黄 20g　　黄　连 20g　　元　参 30g

用法：水煎取汁，300 羽鸡一次饮服。

【处方 5】预防

鸡传染性法氏囊病弱毒疫苗　　1～4 头份

鸡传染性法氏囊灭活油佐剂苗　　0.5mL

用法：10～14 日龄、28～30 日龄各用弱毒苗饮水或滴鼻 1 次，饮水剂量 2～4 头份；120 日龄和 280 日龄各用灭活苗肌内注射。也可在 7～10 日龄时皮下注射灭活苗 0.3～0.5mL。

3. 鸡传染性喉气管炎

由传染性喉气管炎病毒引起的一种急性高度接触性呼吸道传染病。以呼吸困难、湿咳、喉部和气管黏膜肿胀、出血、糜烂为特征。治宜对症处理，预防继发感染。

【处方 1】

矮地茶 20g　　野菊花 20g　　枇杷叶 20g

冬桑叶 20g　　扁柏叶 20g　　青木香 20g
山荆芥 20g　　皂角刺 20g　　陈　皮 20g
甘　草 20g

用法：煎汁拌料或混饮，50 羽鸡一次量。

【处方 2】

麻　黄 30g　　知　母 30g　　贝　母 30g
黄　连 30g　　桔　梗 25g　　陈　皮 25g
紫　苏 20g　　杏　仁 20g　　百　部 20g
薄　荷 20g　　桂　枝 20g　　甘　草 15g

用法：煎汁饮水，供 100 羽鸡饮用，每天 1 剂，连服 3d。

【处方 3】预防

鸡传染性喉气管弱毒疫苗　　1 头份

用法：30 日龄鸡点眼、滴鼻。

注意：由于接种疫苗能使鸡带毒，本处方仅在流行地区使用。

4. 鸡传染性支气管炎

由传染性支气管炎病毒引起的呼吸道传染病。以咳嗽、喷嚏、气管啰音为特征。治宜预防继发感染，做好免疫接种。

【处方 1】

穿心莲 20g　　川　贝 10g　　制半夏 3g
杏　仁 10g　　桔　梗 10g　　金银花 10g
甘　草 6g

用法：共研细末，装入空心胶囊，大鸡每次 3～4 颗。

【处方 2】

柴胡、荆芥、半夏、茯苓、贝母、桔梗、杏仁、玄参、赤芍、厚朴、陈皮各 30g，细辛 6g

用法：混合粉碎拌料或煎汁饮水，每鸡每日 1～1.5g/d，连服 5d。

【处方 3】预防

传染性支气管炎弱毒疫苗（H_{120} 或 H_{52}）　　1 头份
传染性支气管炎灭活油佐剂苗　　0.5mL

用法：弱毒苗可点眼、饮水或气雾免疫，油苗皮下注射或肌内注射。免疫程序为 5～7 日龄用 H_{120} 首免，24～30 日龄用 H_{52} 二免，120～140 日龄用灭活油佐剂苗三免。

5. 鸡马立克氏病

由马立克氏病病毒引起的淋巴组织增生性疾病。以外周神经、性腺、虹膜、各种脏器肌肉和皮肤的单核细胞浸润为特征。本病重在免疫预防。

【处方 1】

党参、黄芪、大青叶、黄芩、黄柏、柴胡、淫羊藿、银花、连翘、黄连、泽泻各30g，甘草 10g

用法：煎汁，饮水或灌服，100 羽鸡一次用量，每天 1 剂，连服 3d。

【处方 2】预防

鸡马立克氏病疫苗　　　　1 头份

用法：出壳后 24h 内颈部皮下注射。

6. 鸡减蛋综合征

由禽腺病毒引起的蛋鸡传染病。以产蛋骤降，软壳蛋、畸形蛋增加，蛋壳色变淡为特征。本病重在免疫预防。

【处方】预防

鸡减蛋综合征油佐剂灭活苗　0.5mL

用法：蛋鸡 110～130 日龄时一次肌内注射。

说明：也可用新城疫－减蛋综合征二联油佐剂灭活苗 0.5mL，110～130 日龄时一次肌内注射。

7. 鸡传染性脑脊髓炎

由禽脑脊髓病毒引起 1～3 周龄雏鸡的一种病毒病。以雏鸡共济失调，渐进性瘫痪和头部震颤、死亡率高为特征。种鸡感染后，种蛋孵化率下降，后期死胚增加。本病重在免疫预防。

【处方 1】

禽脑脊髓炎高免卵黄抗体　　0.5～1mL

用法：雏鸡一次肌内注射。

【处方 2】预防

脑脊髓炎弱毒疫苗　　　　1 头份

脑脊髓炎灭活油佐剂苗　　0.5mL

用法：8～10 周龄时用弱毒苗饮水免疫；开产前 1 个月用灭活疫苗皮下注射。

8. 鸡白痢

由鸡白痢沙门氏菌引起的传染病。主要侵害雏鸡，以下痢为主症，治宜抗菌止痢。

【处方 1】

头孢噻呋　　　　　　　0.1mg

用法：1 日龄雏鸡一次皮下注射。

说明：也可用土霉素、复方敌菌净（磺胺甲氧嘧啶＋二甲氧苄啶），分别按每

100kg 饲料 100～500g、20～40g 混饲，分别连用 3～5d、3d。

【处方 2】

大蒜头　　5g

用法： 捣碎后加 50mL 水混合，鸡每次滴服 1mL，每天 3～4 次，连服 3d。

【处方 3】白头翁酊

白头翁 100g	炒槐末 50g	鸦胆子 50g
黄　柏 25g	罂粟壳 25g	马齿苋 25g
甘　草 5g	大　蒜 100g	

用法： 大蒜捣烂，加白酒 300mL 制成大蒜酊。余药加水 900mL 浸泡 24h，煮沸后用纱布滤汁，混入大蒜酊，饮服，成鸡 1～2mL；雏鸡 0.5～1mL，每天 2 次。

9. 鸡传染性鼻炎

由鸡副嗜血杆菌引起的急性呼吸系统疾病。以流涕、流泪、打喷嚏、面部水肿、眼结膜、鼻腔和眶下窦炎症为特征。治宜抗菌消炎。

【处方 1】

土霉素　　20～80g

用法： 混饲。拌入 100kg 饲料自由采食，连喂 3～5d。

说明： 也可用磺胺二甲氧嘧啶 25g 拌入 100kg 饲料中喂服，连喂 3d。

【处方 2】

庆大霉素注射液　　2 000～5 000U

用法： 一次肌内注射，每天 2 次，连用 3～5d。

【处方 3】

白　芷 100g	防　风 100g	益母草 100g
乌　梅 100g	猪　苓 100g	诃　子 100g
泽　泻 100g	辛　夷 80g	桔　梗 80g
黄　芩 80g	半　夏 80g	生　姜 80g
葶苈子 80g	甘　草 80g	

用法： 共碾细末，一次拌料喂服，300 羽成鸡用量，每天 1 剂，连用 5d。

【处方 4】

白　芷 25g	双　花 10g	板蓝根 6g
黄　芩 6g	防　风 15g	苍耳子 15g
苍　术 15g	甘　草 8g	

用法： 共碾细末，按每羽成鸡 1～1.5g 拌料喂服，每天 2 次，连用 5d。

【处方 5】预防

传染性鼻炎多价灭活油佐剂菌苗　　0.5～1mL

用法： 一次肌内注射。3～5 周龄和开产前各 1 次。

10. 鸡绿脓杆菌病

由绿脓杆菌引起的雏鸡传染病。以腹泻、呼吸困难、皮下水肿为特征。治宜抗菌消炎。

【处方 1】

庆大霉素注射液　　2 000～5 000U

用法：一次肌内注射，每天 2 次，连用 3～5d。

【处方 2】

郁　金 100g　　白头翁 100g　　黄　柏 100g
黄　芩 50g　　栀　子 50g　　黄　连 50g
白　芍 50g　　诃　子 50g　　大　黄 50g
木　通 50g　　甘　草 50g

用法：水煎取汁，加白糖 200g，供 100 只鸡一次饮服，每天 3 次，连用 3d。

11. 鸡弯曲杆菌性肝炎

由空肠弯杆菌引起的雏鸡传染病。以肝肿大出血、腹泻和肠炎为特征。治宜抗菌消炎。

【处方】

红霉素　　100mg

用法：加入 1kg 水中饮服，连饮 5～7d。

说明：也可用 0.1%～0.2%磺胺二甲嘧啶饮水。

12. 鸡弧菌性肝炎

由一种弧菌引起的慢性传染病。以肝脏肿大、充血、坏死为特征。治宜消除病原。

【处方 1】

土霉素　　20～80g

用法：混饲。拌入 100kg 饲料中喂服，连喂 4～5d。

【处方 2】

庆大霉素注射液　　3 000～4 000U

用法：一次肌内注射，每天 2 次，连用 3～5d。

13. 鸡葡萄球菌病

由金黄色葡萄球菌引起的鸡的急性败血性或慢性传染病。表现为急性败血症、化脓性关节炎、雏鸡脐炎、皮肤坏死和骨膜炎。治宜抗菌消炎。

【处方 1】

注射用青霉素　　2 万～5 万 U

注射用水　　2mL

用法：一次肌内注射，每天 2 次，连用 3d。

说明：也可用庆大霉素注射液2 000～5 000U 皮下注射，每天 2 次，连用 3d。

【处方 2】

思诺沙星　　75mg

用法：按每 1L 水 50～75mg 混饮，连用 3～5d。

说明：也可用土霉素、红霉素分别按 0.2%、0.01%～0.02%比例混入饲料中喂服，连用 3～5d、3d。

【处方 3】

黄芩、黄连、焦大黄、板蓝根、茜草、大蓟、神曲、甘草　　各等份

用法：混合粉碎，每鸡口服 2g，每天 1 次，连服 3d。

【处方 4】

鱼腥草 90g　　麦　芽 90g　　连　翘 45g

白　芨 45g　　地　榆 45g　　茜　草 45g

大　黄 40g　　当　归 40g　　黄　柏 50g

知　母 30g　　菊　花 80g

用法：混合粉碎，按每鸡每天 3.5g 拌料喂服，连用 4d。

14. 鸡慢性呼吸道病

由鸡败血支原体感染引起的慢性呼吸道传染病，特征症状为呼吸啰音、咳嗽、鼻流清液。治宜消除病原，预防继发感染。

【处方 1】

红霉素　　125mg

用法：加入 1kg 水中饮服，连饮 3～5d。

说明：也可用螺旋霉素 400mg，加入 1kg 水中饮服，连饮 3d。

【处方 2】

替米考星　　75mg

用法：加入 1kg 水中混饮，连饮 3d。

【处方 3】

六神丸　　6 粒

用法：一次内服，每天早、晚各 1 次，连服 2～3d。

【处方 4】

麻　黄 7g　　杏　仁 9g　　石　膏 9g

葶苈子 7g　　紫苏子 7g　　款冬花 8g

金银花 8g　　黄　芩 9g　　桔　梗 9g

甘　草 7g

用法：水煎取汁，供 100 羽 1.5kg 鸡一次内服，每天 1 剂，连用 3～5d。

15. 鸡毛细线虫病

由毛细线虫属的多种线虫寄生于鸡的消化道引起的。表现食欲不振，精神萎靡，消瘦，有肠卡他性或伪膜性炎症。治宜驱虫。

【处方 1】

芬苯达唑　　200mg

用法：一次喂服。按 1kg 体重 10～50mg 用药。

【处方 2】

左旋咪唑　　72mg

用法：一次喂服，按 1kg 体重 36mg 用药。

说明：对成虫有 93%～96%的疗效，但对 3 日龄和 10 日龄虫体无效。

16. 鸡华首线虫病

由华首科华首属和四棱属的线虫寄生于鸡的食道、腺胃、肌胃和小肠引起。表现腺胃黏膜形成溃疡。治宜杀虫。

【处方 1】

同鸡毛细线虫病处方 1。

【处方 2】

同鸡毛细线虫病处方 2。

【处方 3】

松节油　　1mL

用法：以 2～3 倍液状石蜡或蓖麻油稀释后灌服，按 1kg 体重 0.5mL 用药。

17. 鸡组织滴虫病

本病又名盲肠肝炎或黑头病，由火鸡组织滴虫寄生于盲肠和肝脏引起。表现羽毛松乱，下痢，排淡黄色或淡绿色粪便，剖检可见盲肠发炎，肝表面形成圆形或不规则的坏死溃疡灶。治宜杀虫。

【处方 1】

甲硝唑（灭滴灵）　　适量

用法：配成 0.05%水溶液饮水，连饮 7d 后，停药 3d，再饮 7d。

【处方 2】

地美硝唑　　10～20g

用法：混饲。拌入 100kg 饲料中喂服，连喂 1 周，停药 1 周，再喂 1 周。

说明：产蛋鸡禁用。

【处方3】

龙胆草（酒炒）、栀子（酒炒）、黄芩、柴胡、生地、车前子、泽泻、木通、甘草、当归　各20g

用法：煎汁，供100羽鸡一次饮服。

18. 鸡住白细胞虫病

由鸡住白细胞虫寄生于鸡的白细胞和红细胞内引起的一种血孢子虫病。表现发热、贫血。治宜杀虫。

【处方1】

氯喹（磷酸氯化喹啉）　15～30mg

用法：混饲，按1kg体重15mg用药，连用3～5d。

【处方2】

黄芩、地榆、木香、白芍、墨旱莲、常山、苦参　各200g

用法：混合粉碎，混饲，拌入500kg饲料中喂服，连服5d。

【处方3】

常　山150g　白头翁120g　苦　参100g
黄　莲40g　秦　皮50g　柴　胡50g
甘　草50g

用法：水煎2次取汁3 000mL，每鸡每日灌服或饮水3～5mL，连用3～5d。

【处方4】预防

乙胺嘧啶　0.25～0.5g

用法：混饲。拌入100kg饲料中喂服，连续使用至流行季节结束。

19. 鸡膝螨病

由突变膝螨和鸡膝螨寄生于脚和脚趾皮肤鳞片下面引起。表现皮肤发痒、炎症，羽毛变脆，易脱落。治宜杀螨。

【处方1】

煤油　适量

用法：先用温肥皂水浸泡，使痂皮软化，然后剥去痂皮，干后涂上煤油，每天1次，7次为一疗程。

说明：用于突变膝螨病。

【处方2】

10%硫黄软膏　适量

用法：按处方1剥去痂皮，涂布软膏，每隔2～3d 1次，3次为一疗程。

说明：用于治疗突变膝螨病。

【处方 3】

松焦油 1 份　　硫黄 1 份　　软肥皂 2 份

95%酒精 2 份

用法：混合调匀，涂搽于患部皮肤及其周围，每 2～3 天 1 次，3～5 次为一个疗程。

【处方 4】

硫黄 10g　　猪油 90g

用法：调匀成软膏，涂搽患部皮肤及其周围，每 2～3 天 1 次，至病愈为止。

20. 鸡奇棒恙螨病

由鸡奇棒恙螨的幼虫寄生于翅膀内侧、胸肌两侧及腿内侧皮肤上引起。表现患部奇痒，出现痘疹状病灶，周围隆起，中间凹陷呈痘脐形。治宜杀螨。

【处方 1】

70%酒精或 3%碘酊　　适量

用法：涂搽患部，一次即可杀死虫体。

【处方 2】

10%硫黄软膏　　适量

用法：涂搽患部。

21. 鸡羽虱病

由鸡羽虱寄生体表引起。表现奇痒，有时因啄痒而咬断自体羽毛，逐渐消瘦，雏鸡生长发育受阻，母鸡产蛋率下降。治宜灭虱。

【处方 1】

0.7%～1%的氟化钠水溶液　　10～20 L

用法：药浴。使鸡的羽毛彻底浸湿。最好在温暖天进行。

【处方 2】

5%马拉硫磷粉　　适量

用法：病鸡体表撒布。

【处方 3】

百部　　100g

用法：加水 600mL，煎煮 20min 去渣，或加白酒 0.5kg 浸泡 2d，待药液呈黄色，用药液涂搽患处 1～2 次。

22. 鸡肌胃角质层炎

由于采食存放过久的鱼粉或饲料中长期缺乏维生素 B_2、维生素 K 引起。表现为发育不良，羽毛蓬乱，粪便色暗黑，剖检肌胃角质层损伤出血。治宜消除病因，消炎。

【处方 1】

0.01%高锰酸钾溶液　　适量

用法：做饮水用。

说明：也可用0.03%福尔马林溶液或0.2%硫酸铜溶液。

【处方 2】

磺胺二甲嘧啶　　100～200g

用法：混饲。拌入100kg饲料中喂服。

注：改喂含有复合维生素、氨基酸的全价日粮。

23. 鸡脂肪肝综合征

由于长期饲喂含碳水化合物过高的高能日粮引起。表现超重、过肥，剖检体腔内有大量脂肪，肝呈土黄色，有出血，质脆易碎，心脏被脂肪覆盖。治宜消除病因，平衡日粮。

【处方 1】

氯化胆碱　　0.1～0.2g

用法：一次喂服，每天1次，连用10d。

【处方 2】

维生素E　　1 000IU

用法：混饲。拌入100kg饲料中喂服。

说明：也可用维生素 B_{12} 12mg、蛋氨酸50g拌入100kg饲料中喂服。

【处方 3】

水飞蓟　　15g

用法：混饲。研末拌入100kg饲料中喂服，连用3d。

24. 鸡佝偻病

由于饲料中维生素D缺乏或钙、磷比例不当引起。以跛行、骨骼变形、异嗜癖为特征。治宜补充维生素D。

【处方 1】

维生素D片　　2万IU

用法：混饲。拌入100kg饲料中喂服。

【处方 2】

维丁胶性钙　　0.2～0.5mL

用法：一次肌内注射，每天2次。

25. 笼养蛋鸡疲劳症

本病又称骨软化病。由于日粮中维生素D、钙磷不足或比例失调，母鸡为了形成蛋壳而动用自身组织钙引起。表现产蛋减少，软壳破壳蛋增加，有啄蛋癖，运动失调，蹲伏笼底。治宜补充钙和维生素D。

【处方1】

贝壳粉　　　8.6kg

用法： 混饲。拌入100kg饲料中喂服，连用2周。

【处方2】

维生素D_3注射液　　　1 500IU

用法： 一次肌内注射，连用2d。

26. 鸡维生素B_1缺乏症

由于饲料中维生素B_1缺乏或破坏引起。表现多发性神经炎、消化不良。治宜补充维生素B_1。

【处方1】

硫胺素片　　　1片（5mg）

用法： 一次口服，每天1次，连用3～5d。

【处方2】

1%维生素B_1注射液　　　0.1～0.5mL

用法： 一次肌内注射，每天1次，连用3～5d。

27. 鸡维生素B_2缺乏症

由于饲料中维生素B_2缺乏或破坏引起。以足趾向内蜷曲，飞节着地，瘫痪为特征。治宜补充维生素B_2。

【处方1】

0.5%维生素B_2注射液　　　0.2～0.5mL

用法： 一次肌内注射，每天1次，连用3～5d。

【处方2】

维生素B_2片　　　2mg

用法： 一次内服，连用3～5d。

28. 鸡锰缺乏症

由于饲料搭配不当或锰缺乏引起。表现骨短粗症或滑腱症，跗关节粗大和变形，蛋壳硬度及蛋孵化率下降，鸡胚畸形。治宜补充锰。

【处方】

硫酸锰　　12～24g

用法：混饲。拌入100kg饲料中饲喂。

说明：也可用1∶3 000的高锰酸钾溶液饮水，饮2d，停2d，再饮，连用1～2周。

29. 鸡硒缺乏症

本病又称白肌病，是由于长期饲喂缺硒饲料引起的雏鸡疾病。以骨骼肌、心肌纤维及肝组织发生变性、坏死，病变部肌肉色淡为特征。治宜补硒。

【处方】

0.1%亚硒酸钠注射液　　0.5mL

用法：一次肌内注射。

30. 鸡高锰酸钾中毒

由于饮用高浓度或未完全溶解的高锰酸钾液引起。表现为口、舌和咽喉黏膜水肿，消化道腐蚀性和出血性病变。治宜排毒解毒。

【处方1】

3%过氧化氢溶液　　10mL

用法：稀释后冲洗嗉囊。

说明：也可用牛奶洗胃。

【处方2】

硫酸镁　　1～5g

用法：一次内服。

31. 鸡烂翅膀病

由于不消毒而直接刺种疫苗或刮伤继发葡萄球菌感染引起。以翅膀、背部溃烂为特征。治宜局部处理，抗菌消炎。

【处方1】

硫酸庆大霉素注射液　　5 000U

用法：一次肌内注射，每天2次，连用3d。

【处方2】

碘甘油或紫药水　　适量

用法：涂搽患部。

32. 鸡脚趾脓肿

由于脚趾底部皮肤受损，局部感染葡萄球菌引起。表现跛行，行动困难，严重的产蛋量降低，患处化脓。治宜局部处理配合抗菌消炎。

【处方 1】

浓碘酊　　适量

用法： 涂搽患部。

【处方 2】

3%硼酸溶液　　适量

用法： 冲洗患部。

【处方 3】

注射用青霉素钠　　2 万～5 万 U

注射用水　　2mL

用法： 一次肌内注射，每天 2 次，连用 3d。

三、鸭病处方

1. 鸭瘟

本病又称鸭病毒性肠炎，是由鸭瘟病毒引起的鸭和鹅的一种急性败血性传染病。特征症状为体温升高、头颈肿大、两腿麻痹、下痢。治宜消除病原，做好预防。

【处方 1】

鸭瘟高免血清　　1mL

用法：一次皮下或肌内注射。

说明：也可用抗鸭瘟高免卵黄抗体 2mL，皮下或肌内注射。

【处方 2】

聚肌胞　　1mg

用法：一次肌内注射，每 3 天 1 次，用药 2～3 次。

【处方 3】

黄　柏 15g	姜　黄 15g	玄明粉 15g
皂　刺 15g	黄　芩 15g	淡竹叶 20g
甘　草 20g		

用法：水煎取汁，20 只鸭一次灌服。

【处方 4】

黄　芩 80g	黄　柏 45g	黄连须 50g
大　黄 20g	银花藤 100g	白头翁 100g
龙胆草 100g	茵　陈 45g	板蓝根 90g
车前草 20g	陈　皮 20g	甘　草 10g

用法：水煎去渣，以药汁煮谷至干，供 100 只鸭分 6 次喂完，每天 3 次，连喂 2d。

【处方 5】预防

鸭瘟鸭胚化弱毒苗或鸭瘟鸡胚化弱毒苗　　2 头份

用法：一次皮下或肌内注射。雏鸭 20 日龄首免，4～5 月龄二免。

2. 鸭病毒性肝炎

由Ⅰ型鸭肝炎病毒引起的 3～20 日龄小鸭的传染病。临床表现沉郁，24h 内角弓反张，倒地而死，剖检见肝肿大和出血。治宜早期消除病原，重在免疫预防。

【处方 1】

鸭病毒性肝炎康复血清或高免血清　　0.5～1mL

用法： 一次皮下注射。

说明： 也可用抗鸭病毒性肝炎高免卵黄抗体 1～1.5mL，一次皮下注射。

【处方 2】

鱼腥草 300g	板蓝根 300g	龙胆草 300g
茵　陈 100g	黄　柏 150g	桑白皮 300g
救必应 300g	甘　草 50g	

用法： 煎成 500mL，化入红糖 50g，雏鸭每服 5mL，每天 2 次。

【处方 3】

黄　连 80g	苦　参 90g	板蓝根 70g
龙胆草 80g	茵　陈 90g	柴　胡 60g
桑白皮 70g	菊　花 80g	防　风 70g
黄　柏 70g		

用法： 水煎取汁，按 1∶10 比例稀释，供1 700羽雏鸭饮用，每天 2 次，连用 3d。临用药前断水 1h。

【处方 4】预防

鸡胚化鸭肝炎弱毒疫苗　　1mL

用法： 种母鸭开产前 1 个月一次肌内注射，间隔 2 周后再注射 1 次。

3. 番鸭细小病毒病

本病俗称“三周病”，由番鸭细小病毒引起的以腹泻、喘气和软脚为主要症状的一种新的疫病。治宜消除病原，做好预防。

【处方 1】

番鸭细小病毒病康复血清或高免血清　　0.5～1mL

用法： 一次皮下注射。

说明： 也可用抗番鸭细小病毒病高免卵黄抗体 1～1.5mL，一次皮下注射。

【处方 2】

板蓝根 50g	大青叶 40g	山栀子 40g
甘　草 30g	黄　芩 40g	黄　连 30g
黄　柏 40g	马齿苋 60g	地　榆 40g
连　翘 40g	绿　豆 100g	金银花 50g

用法： 加 2kg 水煎取汁，每羽灌服 5mL，每天 2 次，连用 3d。预防：药汁加水 2kg 饮服。

【处方 3】预防

番鸭细小病毒病弱毒疫苗　　1mL

用法：种母鸭开产前25天一次肌内注射。

4. 鸭传染性浆膜炎

由鸭疫巴氏杆菌引起的幼鸭急性或慢性传染病。以纤维素心包炎、肝周炎、气囊炎、干酪样输卵管炎和关节炎为特征。治宜抗菌消炎。

【处方1】

延胡索酸泰妙菌素可溶性粉　　250mg

用法：按每1L水125～250mg混饮，连用3d。

说明：也可用氟苯尼考粉，按每1L水100mg混饮，连用3～5d。

【处方2】

龙胆草 20g	茵　陈 20g	栀　子 10g
黄　柏 10g	黄　芩 10g	大　黄 6g
苍　术 8g	香　附 10g	甘　草 6g

用法：水煎取汁，供100羽鸭1天饮服，每天1剂，连用3～5d。

【处方3】预防

鸭传染性浆膜炎油乳剂疫苗　　0.5mL

用法：一次皮下注射。

5. 鸭丹毒

由猪丹毒杆菌引起。以体温升高，精神不振，停食，下痢，呼吸急促为特征，剖检可见全身性出血性炎症。治宜消除病原。

【处方】

注射用青霉素钠　　20万U

注射用水　　2mL

用法：成鸭一次肌内注射，每天2次，直至体温恢复。

6. 鸭嗜水气单胞菌病

由鸭嗜水气单胞菌引起的鸭急性败血性传染病。以精神不振、食欲减少或废绝，呼吸困难，有的病鸭失明为特征。剖检可见气管和肠出血，肝脏和肾脏肿大、淤血、质脆而呈苍白色，有的腹腔内充满血样渗出物。治宜消除病原。

【处方1】

庆大霉素　　2万U

用法：混饮，按每只鸭每天2万U对全群饮服，连服2～3d。

【处方2】

新霉素　　7～14g

用法：混饲。拌入 100kg 饲料中喂服，连用 3～4d。

7. 鸭伪结核病

由伪结核耶尔森氏菌感染引起的传染病，以急性败血症、脏器（肝、脾、肺等）出现类似结核样病变的黄白色坏死结节为特征。治宜消除病原。

【处方】

磺胺-5-甲氧嘧啶　　　50～200g

用法：混饲。拌入 100kg 饲料中喂服，连用 3～5d。

8. 鸭丝虫病

由鸟龙线虫寄生于 3～8 周龄幼鸭的皮下结缔组织引起。在咽部、颈部、腿部等处皮下出现圆形结节。治宜杀虫。

【处方 1】

0.2%～1%稀碘溶液　　　1～3mL

用法：一次注射入结节内。

【处方 2】

0.5%高锰酸钾溶液　　　0.5mL

用法：一次注射入结节内。

【处方 3】

5%氯化钠溶液　　　1～2mL

用法：一次注射入结节内。

9. 鸭棘头虫病

由多形棘头虫和细颈棘头虫寄生于鸭小肠内引起。表现肠卡他性炎症，甚至肠壁穿孔。治宜杀虫。

【处方】

二氯酚　　　1g

用法：一次内服，按 1kg 体重 0.5g 用药。

10. 鸭血吸虫病

本病又称毛毕吸虫病，由毛毕吸虫寄生在门静脉和肠系膜静脉内引起。剖检可在肝、肠黏膜上发现小结节，肠系膜静脉内发现虫体。治宜杀虫。

【处方 1】

吡喹酮　　　20mg

用法： 混在饲料中一次喂服，按1kg体重10mg用药。

【处方2】

硫双二氯酚　　60～100mg

用法： 一次内服，按1kg体重30～50mg用药。

11. 鸭感冒

由于突然受寒引起。表现缩颈毛乍，鼻流清涕，少食懒动。治宜解热镇痛。

【处方1】

复方阿司匹林　　0.2～0.3g

用法： 一次喂服，大群食欲尚好者可拌料喂给，每天2次，连喂2d。

【处方2】

注射用青霉素钠　　1万～2万U

注射用链霉素　　0.5万～1万U

注射用水　　2mL

用法： 分别一次肌内注射，每天2次，连用2～3d。

说明： 用于预防继发肺炎。

12. 鸭消化不良

由于采食量过大或食入难消化、易发酵饲料引起。多见于育成鸭、雏鸭。表现食欲减退，懒动，粪稀薄恶臭，消瘦。治宜助消化。

【处方1】

干酵母粉或乳酶生　　0.1～0.3g

用法： 一次口服，每天2次，连用2～3d。

【处方2】

白醋　　2mL

用法： 灌服，每天2次。

13. 鸭下痢

由于饲管不当，饮食不洁等引起。表现排出稀水样粪便，肛门污染。治宜抑菌止泻。

【处方】

木炭末　　适量

用法： 混饲，按0.2g/kg比例拌料喂服。

14. 鸭啄食癖

由于饲养不当或饲料营养成分不全等引起。表现相互啄食，鸭群不安，鸭光背、无毛，有的被啄伤、啄死。治宜对症处理，改善营养。

【处方】

石膏粉　　适量

食盐　　适量

用法：混饲。石膏粉按每羽成鸭1～3g、雏鸭0.5～1g用药，食盐按2%～4%比例拌料。

说明：也可在饲料中加入0.5%的芥末连喂3～5d。外伤者隔离，常规外科处理。

15. 鸭湿羽症

由于缺乏尼克酸、泛酸及生物素等引起的代谢病。主要表现湿羽、皮炎、慢性消化不良、生长停滞等。治宜补充营养。

【处方】

乳酸钙 2g　　生物素 0.5g　　尼克酸 2g

酵母片 40 片　　维生素 C 20 片　　氯化胆碱 50g

用法：混饲，拌入100kg饲料中饲喂，连喂4～5周。

16. 鸭磷化锌中毒

由于误食灭鼠药磷化锌引起。表现惊厥，口渴，下痢，站立不稳，共济失调，严重者倒地痉挛，很快死亡。治宜解毒。

【处方1】

0.1%～0.5%硫酸铜溶液　　5～20mL

用法：一次灌服或直接注入嗉囊内。

说明：也可用0.1%高锰酸钾溶液5～10mL一次灌服或直接注入嗉囊，早期宜嗉囊切开冲洗。

【处方2】

5%葡萄糖生理盐水　　10～30mL

用法：一次静脉或腹腔注射。

四、鹅病处方

1. 小鹅瘟

由小鹅瘟病毒引起3～20日龄雏鹅的败血性传染病。以小肠渗出性炎，小肠中段、后段形成腊肠状栓子为特征。治宜消除病原，做好免疫预防。

【处方1】

抗小鹅瘟血清　　1～2mL

用法：一次皮下注射。15日龄以下1mL，15日龄以上2mL。

说明：预防量0.5mL。饲料中加入葡萄糖、维生素B_1、维生素C，可增强抗病力。

【处方2】

马齿苋 120g	黄　连 50g	黄　芩 80g
黄　柏 80g	连　翘 75g	双　花 85g
白　芍 70g	地　榆 90g	栀　子 70g

用法：水煎取汁，供200羽鹅灌服或拌料混饲，每天2次，连用3～4d。

【处方3】预防

小鹅瘟弱毒疫苗　　0.1mL

用法：100倍稀释，种鹅产蛋前1个月和产蛋前2周皮下或肌内注射1mL，雏鹅皮下注射或滴鼻0.1mL。

2. 副黏病毒病

由鹅副黏病毒引起的一种急性传染病，以排灰白色稀便、肠道黏膜溃疡或痂块为特征。治宜消除病原，做好免疫预防。

【处方1】

抗鹅副黏病毒血清　　1～4mL

用法：一次皮下注射，按体重1kg以下鹅每只1～2mL、1kg以上鹅每只3～4mL用药。

【处方2】

恩诺沙星　　10g

用法：混饮，加入200升水中饮服，连饮5d。

【处方 3】

生石膏 200g	生　地 40g	水牛角 40g
栀　子 20g	黄　芩 20g	连　翘 20g
知　母 20g	丹　皮 15g	赤　芍 15g
玄　参 20g	淡竹叶 15g	甘　草 15g
桔　梗 15g	大青叶 100g	

用法：水煎取汁，供 200 羽鹅饮服，每天 1 剂，连用 3d。

【处方 4】预防

鹅副黏病毒灭活疫苗　　0.3～0.5mL

用法：一次肌内注射。10～14 日龄雏鹅 0.3mL/羽，青年鹅或成鹅 0.5mL/羽。

3. 鹅坏死性肠炎

本病又称魏氏梭菌性肠炎，是由魏氏梭菌引起的一种急性传染病。以排出黑色或间有鲜红血液的稀粪，小肠后段黏膜坏死为特征。治宜抗菌消炎。

【处方】

新霉素　　60～80mg

用法：一次饮服，按 1kg 体重 15～20mg 用药，或 10g 新霉素加入 50L 水中混饮，连饮 2～3d。

4. 鹅淋球菌病

由豆形双球菌引起。主要侵害种公鹅，表现阴茎基部充血，泄殖腔黏膜糜烂，交配困难。治宜抗菌消炎。

【处方 1】

注射用青霉素钠　　3 万～7 万 U

注射用水　　2～3mL

用法：一次肌内注射，每天 2～3 次，连用 3～4d。

【处方 2】

磺胺嘧啶　　适量

用法：配成 0.1%～0.2%水溶液饮服，每天 2 次，连用 3d。

5. 鹅虱

由鹅巨毛虱、颊白羽虱等寄生引起。表现瘙痒、啄毛、外耳发炎等。治宜灭虱。

【处方 1】

0.2%敌百虫溶液　　适量

用法：晚上喷洒鹅体羽表面。对于颊白羽虱用 0.1%溶液滴入外耳道，涂搽于颈部羽翼下面。

【处方 2】

12.5%双甲脒乳油剂　　4mL

用法：混入1 000mL 水中充分搅拌，喷洒鹅体及圈舍。

6. 鹅喉气管炎

由于风寒、刺激性气体等引起。表现鼻孔流出黏液，呼吸困难，发出“咯咯”声。治宜消炎防感染。

【处方 1】

注射用青霉素钠　　2 万～5 万 U

注射用链霉素　　2 万～5 万 U

注射用水　　2～5mL

用法：一次肌内注射，每天 1～2 次，连用 1～4d。

【处方 2】

土霉素　　20 万～40 万 U

用法：一次内服，每天 1～2 次，连喂 2～3d。

【处方 3】

生姜红糖水　　适量

用法：灌服。

7. 鹅泄殖腔炎

由于损伤、感染引起。表现由泄殖腔流出恶臭黏性分泌物，严重者肛门周围溃烂。治宜局部外科处理，必要时全身抗菌消炎。

【处方】

2%雷佛奴耳溶液　　适量

鱼石脂软膏或三黄软膏　　适量

用法：外用。

8. 鹅软脚病

由于饲养环境不良，缺乏维生素 D 或日粮钙磷比例不当等引起。表现两脚发软，走动无力，容易跌倒，重症跗关节着地。治宜调整日粮，补钙。

【处方】

贝壳粉或碳酸钙　　0.5mg

维生素 B_1　　10mg

用法：拌料一次喂服，每天 1 次至愈。

9. 鹅翻翅病

由于精饲料比例过大、矿物质不足引起。表现单翅或双翅外翻。治宜调整日粮，对症处理。

【处方】

同鹅软脚病处方。

说明： 同时用绷带将翅固定到正常位置。

10. 鹅五氯酚钠中毒

由于鹅在被灭螺药五氯酚钠污染的沟塘、水草地放牧引起。表现口渴、无力、痉挛，接触中毒时，局部烧灼疼痛，几天后皮肤脱落。治宜对症解毒。

【处方 1】

2%碳酸氢钠水溶液　　适量

用法： 大量灌服。

【处方 2】

5%葡萄糖溶液　　10～15mL

用法： 一次静脉注射。

【处方 3】

1%三磷酸腺苷　　0.5～1.5mL

用法： 一次静脉注射。

注： 皮肤接触部用肥皂水清洗。

11. 鹅汞中毒

由于鹅摄取了被汞及其化合物污染的饲料和饮水而引起。表现产蛋大幅度下降，眼无神，羽毛干枯，体重显著减轻，剖检见腺胃、肌胃溃疡，肠黏膜出血。治宜解毒。

【处方】

二巯基丙醇　　10～20mg

用法： 一次肌内注射，按 1kg 体重 2.5～5mg 用药，每天 2 次，连用 3d。

12. 鹅夹竹桃中毒

由于采食夹竹桃叶、茎、花、种子，其有毒成分夹竹桃苷引起。表现精神沉郁，下痢，心跳加快，心律不齐，呼吸困难等。治宜排毒护胃。

【处方 1】

0.5%鞣酸溶液　　适量

用法：洗胃。

【处方2】

硫酸钠　　5g

用法：配成5%～6%水溶液一次灌服。

13. 鹅肉髯水肿及血肿

由于咬斗损伤、感染引起。表现肉髯红肿热痛，日久变成硬节，治宜抗菌消炎，对症处理。

【处方】

注射用青霉素钠　　20万U

注射用水　　2mL

用法：肉髯内注射，每天2次，2～3d为一疗程。

说明：发生硬节时手术摘除。血肿可用注射器抽出血液，注入抗生素，如抽血后再度肿大，可用维生素K止血。

五、鸽病处方

1. 鸽副黏病毒病

由鸽Ⅰ型副黏病毒引起。以腹泻和脑脊髓炎为主要特征，传播迅速，发病率高和死亡率高。治宜抗病毒，防继发感染。

【处方 1】

抗鸽Ⅰ型副黏病毒病高免血清　　1～2mL

庆大霉素注射液　　0.2 万～0.4 万 U

用法： 一次肌内或皮下注射。

说明： 配合饮用多维葡萄糖水及奶粉（10%）液。

【处方 2】预防

鸽Ⅰ型副黏病毒病灭活疫苗　　0.5mL

用法： 一次肌肉或皮下注射，隔 2 周重复注射 1 次。

2. 鸽痘

由痘病毒引起的传染病。在鸽的体表皮肤产生典型痘痂或鸽喙与喉部形成干酪样的沉积物。治宜抗病毒消炎，对症治疗。

【处方 1】

高锰酸钾　　2g

四环素软膏　　适量

用法： 配成 2%高锰酸钾液，冲洗体表患部，然后涂上软膏。

【处方 2】

金银花 20g　　板蓝根 20g　　大青叶 20g

用法： 水煎取汁，每次服 3～6mL。

【处方 3】预防

鸽痘弱毒疫苗　　1 头份

用法： 腿肌或翅膀皮肤刺种。

3. 鸽衣原体病

由鹦鹉衣原体引起，以体质虚弱、眼结膜炎，鼻炎，呼吸困难、肝脾肿大，气囊等覆盖纤维素性蛋白渗出物为特征。治宜抗菌消炎。

【处方 1】

金霉素　　5 万～10 万 U

用法：一次口服或肌内注射，每天 1～2 次，连用 5～7d。

【处方 2】

四环素　　50mg

用法：按 1kg 体重 50mg，一次口服，每天 1 次，连用 7d。

【处方 3】

阿莫西林　　5mL

用法：一次口服，每天 3 次，连用 5d。

4. 鸽毛滴虫病

由禽毛滴虫寄生在鸽上消化道内引起的原虫感染性疾病。主要表现咽喉黏膜、消化道、肝脏等出现黄白色干酪样沉着物。治宜隔离、杀虫。

【处方 1】

甲硝唑（灭滴灵）　　适量

用法：配成 0.05%水溶液饮服，每天 1 次，连用 1 周，停药 1 周，再用 1 周。

【处方 2】

远　志 15g　　苦　参 15g　　羌　活 10g
黄　柏 10g　　白藓皮 10g　　防　风 10g
五倍子 3g　　蛇床子 3g

用法：加水1 000mL 浸泡半小时，文火煎 20min，共煎 2 次，每次煎液 200mL，合并两次煎液，供鸽饮用，每天 1 剂，连饮 5d。

5. 鸽蛔虫病

由蛔虫引起的鸽线虫病。病鸽发育受阻，体况虚弱，长羽不良。治宜驱虫。

【处方 1】

枸橼酸哌嗪（驱蛔灵）　　200～250mg

用法：按 1kg 体重 200～250mg，一次口服。

【处方 2】

左旋咪唑　　25mg

用法：按 1kg 体重 25mg，一次口服。

【处方3】

山道年 20mg　　甘　汞 30mg

用法： 分别研末，一次内服。先服山道年，隔1h后服甘汞。

6. 鸽嗉囊病

哺乳母鸽常由于雏鸽在出壳一周内死亡而引起嗉囊内的乳液积聚发酵，或采食过多不能排空所致，表现嗉囊膨大。治宜冲洗嗉囊。

【处方1】

2%硼酸溶液　　100mL

用法： 倒挂鸽子，排尽嗉囊内容物。将胶皮管插入食道中，用注射器抽取硼酸溶液，连接胶皮管反复冲洗嗉囊。

说明： 冲洗后禁食1d，控食1周。

【处方2】

2%碳酸氢钠溶液　　100mL

用法： 同处方1。

说明： 同处方1。

7. 鸽眩晕症

常由于缺乏维生素 B_1 引起。表现行动不稳，头颈弯曲。治宜补充营养。

【处方1】

复方酵母片　　14片

用法： 每次1片喂服，每天2次，连喂1周。

【处方2】

1%维生素 B_1 注射液　　0.5～1.5mL

用法： 每次5mg肌内注射，每天1次，连用3d。

8. 鸽关节脓肿

由于长期笼饲或地面不平引起腿部皮肤损伤、细菌感染所致。表现关节局部红肿或表皮增厚，行动困难。治宜切开排脓抗菌消炎。

【处方】

注射用青霉素钠　　4万～8万U

注射用水　　0.5～1mL

用法： 一次肌内注射，连用3d。

说明： 同时对患部消毒，切开排脓，冲洗包扎。

六、鹌鹑病处方

1. 鹌鹑传染性鼻炎

由副嗜血杆菌引起的呼吸道的传染病，以鼻腔鼻窦炎、睑部肿胀、结膜炎、流泪为特征。治宜抗菌消炎。

【处方 1】

注射用链霉素　　1 万 U

注射用水　　0.5mL

用法：一次肌内注射，每天 1 次，连用 3d。

【处方 2】

红霉素　　5g

用法：按 0.02%的浓度混饲或饮水，连用 3～5d。

【处方 3】预防

传染性鼻炎灭活疫苗　　1 头份

用法：4 周龄鹌鹑皮下或肌内注射。

说明：多用于种鹑。

2. 鹌鹑支气管炎

由鹌鹑支气管炎病毒引起。临床表现为流泪、咳嗽、打喷嚏、呼吸困难，剖检见气囊混浊，腹腔内有脓性分泌物。治宜防止继发感染。

【处方】

土霉素　　1g

用法：按 0.04%～0.08%浓度拌料或饮水，连用 1 周。

说明：适当提高鹑舍温度，改善通风条件。

3. 鹌鹑溃疡性肠炎

由梭菌引起的以腹泻、肠道溃疡为特征的急性细菌性传染病。可见十二指肠广泛出血、肝脾肿大。治宜抗菌消炎。

【处方 1】

链霉素　　　　2g

用法： 按 0.05%的浓度拌料或饮水，连用 5～7d。

说明： 病禽及时隔离，粪便及时清理消毒。

【处方 2】

杆菌肽锌　　　　2g

用法： 按 0.005%～0.01%的浓度拌料或饮水，连用 5～7d。

4. 鹌鹑双球菌病

由双球菌引起。以腹泻，歪头，腹腔内有炎性渗出物，肠黏膜溃疡，肝脾肿大为特征。治宜抗菌消炎。

【处方 1】

痢菌净　　　　1g

用法： 加水配成 0.05%浓度饮用，连饮 1 周，停药 1 周，再用 1 周。

5. 鹌鹑绿脓杆菌病

由绿脓杆菌引起的雏鹑以下痢、精神委顿、皮下水肿、体腔积液为特征的传染病。治宜抗菌消炎。

【处方 1】

庆大霉素　　　　1 000～2 000U

用法： 一次口服或肌内注射，每天 1 次，连用 2d。

【处方 2】

多价绿脓杆菌高免血清　　　　0.2～0.5mL

用法： 一次皮下或肌内注射。

6. 鹌鹑球虫病

由艾美耳球虫引起。以下痢、排血便、肠道肿胀、出血为特征。治宜驱虫。

【处方 1】

莫能霉素　　　　1.25g

用法： 拌料 10kg 饲喂，连用 1 月。

【处方 2】

黄　连 5g　　　　黄　柏 5g　　　　黄　芩 15g

大　黄 5g　　　　白头翁 5g　　　　青　蒿 5g

用法： 共研细末，每次 2g 拌料喂服。

7. 鹌鹑念珠菌病

由白色念珠菌感染上消化道引起的霉菌性传染病。病变主要表现在嗉囊黏膜增厚，黏膜表面布满针尖大小、圆形隆起、白色、易剥离的坏死病灶。治宜杀菌。

【处方 1】

制霉菌素　　　　　　　　1万～2万U

用法：一次拌料喂服，连用5d。

【处方 2】

硫酸铜溶液　　　　　　　　适量

用法：按0.05%浓度饮水，连饮5d。

8. 鹌鹑支原体病

由支原体引起的呼吸道传染病。主要表现呼吸困难，发出“咕噜”的湿性啰音，气囊膜增厚、混浊、不透明，内有干酪样物。治宜杀菌。

【处方】

土霉素　　　　　　　　　　适量

用法：按1kg体重25mg拌料喂服，连用5d。

9. 鹌鹑黑头病

是由鸡组织滴虫引起的多种禽类的急性原虫病。主要表现下痢、头睑部呈紫黑色、肝肿大坏死、盲肠壁增厚，内有干酪样栓子。治宜杀虫。

【处方 1】

甲硝唑（灭滴灵）　　　　　适量

用法：配成0.05%水溶液饮水，连饮7d后，停药3d，再饮7d。

七、火鸡病处方

1. 火鸡出血性肠炎

由禽腺病毒引起。表现为精神沉郁、血便、肠道出血、肝脾肿大、发病急、死亡快。治宜消除病原，重在免疫预防。

【处方 1】

火鸡出血性肠炎康复血清　　0.5～1mL

用法：一次皮下或肌内注射，每天 1 次，连用 2～3d。

说明：同时配以多维及电解质饲喂。

【处方 2】预防

火鸡出血性肠炎灭活疫苗　　1 头份

用法：一次皮下或肌内注射。

2. 火鸡冠状病毒性肠炎

由冠状病毒引起的以水样腹泻、发绀、肠炎为特征肠道传染病。治宜抑菌消炎，防止继发感染。

【处方 1】

强力霉素　　适量

用法：按 0.1%浓度拌料喂服，连用 7d。

说明：提高鸡舍温度，注意补充饮水。

【处方 2】

金霉素　　0.2g

氯化钠　　1g

奶　粉　　25g

用法：混入 1L 水中自由饮用，连饮 7～10d。

说明：发现病禽，及时隔离、消毒。

3. 火鸡脑膜脑炎

由火鸡脑膜脑炎病毒引起的以精神沉郁、头颈颤抖、行走不稳为特征的神经系统疾病。传播媒介为嗜血节肢动物。该病以预防为主。

【处方】

火鸡脑膜脑炎弱毒疫苗　　1头份

用法：饮水免疫。

说明：本病夏秋季流行，注意灭蚊，有利控制该病发生。

4. 火鸡鼻炎

本病又名波氏杆菌病，是由粪产碱杆菌引起的呼吸道疾病。特点为结膜发炎，流泪，呼吸困难，打喷嚏，有呼吸啰音，尖叫。治宜抗菌消炎，改善通风条件。

【处方】

壮观霉素　　10g

用法：按0.2%～0.3%浓度拌料或饮水，连用1周。

说明：饲养密度不能过高，减少应激。

5. 火鸡支原体病

由火鸡支原体引起的以气囊炎、骨骼变形、发育受阻为特征的传染病。发病率和死亡率高。治宜杀灭病原。

【处方1】

盐酸多西环素可溶性粉　　100mg

用法：按每1L水50～100mg混饮，连用3～5d。

【处方2】

恩诺沙星　　50～100mg

用法：加水1L溶解，自由饮用，连饮3～5d。

八、猪病处方

1. 猪瘟

由猪瘟病毒引起。以高热稽留，全身出血，纤维素性坏死性肠炎为特征。本病重在预防，治宜抗病毒消炎。

【处方 1】

抗猪瘟血清　　25mL

用法：一次肌内或静脉注射，每天 1 次，连用 2～3 次。

【处方 2】预防

猪瘟兔化弱毒疫苗　　2 头份

用法：非猪瘟流行区，仔猪 60～70 日龄时接种 1 次；猪瘟流行区，20 日龄第 1 次接种，60 日龄以后再接种 1 次，种猪群以后每年加强免疫 1 次。发病猪群中假定健康猪及其他受威胁的猪，可用此苗进行紧急预防接种。

【处方 3】

（1）鸡新城疫Ⅰ苗　　50～100 羽份

用法：用生理盐水稀释后后海穴一次注射，连续 1～2 次。

（2）新鲜鸡蛋清　　10～20mL

用法：一次肌内注射。

（3）黄芪多糖注射液　　3～5mL

用法：一次肌内注射，每天 2 次，连续 3d。

【处方 4】

猪瘟兔化弱毒疫苗　　5～10 头份

黄芪多糖注射液　　5～10mL

用法：一次交巢穴注射，隔日 1 次，连用 2 次。

【处方 5】白虎汤加减

生石膏 40g（先煎）　知　母 20g　生山栀 10g

板蓝根 20g　玄　参 20g　金银花 10g

大　黄 30g（后下）　炒枳壳 20g　鲜竹叶 30g

生甘草 10g

用法：水煎去渣，候温灌服，每天 1 剂，连服 2～3 剂。

说明：配合西药治疗。

【处方 6】黄连解毒汤加减

黄　连 5g	黄　柏 10g	黄　芩 15g
大　黄 15g	连　翘 10g	金银花 20g
炒栀子 10g	炒枳壳 20g	生石膏 30g
生甘草 10g	茯　苓 10g	白　芍 10g
知　母 10g	地　榆 5g	

用法：水煎去渣，供 25kg 猪分 2 次候温灌服，每天 1 剂，连服 2～3 剂。

说明：配合西药治疗和抗猪瘟血清使用。病初结合针刺山根、尾尖效果更好。

2. 猪口蹄疫

由口蹄疫病毒引起，表现为蹄冠、趾间、蹄踵皮肤发生水疱和烂斑，部分猪口腔黏膜和鼻盘也有同样病变。治宜抗病毒，局部消炎。

【处方 1】

（1）抗口蹄疫血清　　25mL

用法：一次肌内或静脉注射，按 1kg 体重 0.5mL 用药。

（2）0.1%高锰酸钾溶液　　适量

碘甘油或 1%～2%龙胆紫液　　适量

用法：先以 0.1%高锰酸钾溶液冲洗患部，然后涂碘甘油或龙胆紫溶液。

【处方 2】冰硼散加减

冰片 5g	硼砂 5g	黄连 5g
明矾 5g	儿茶 5g	

用法：患部以消毒水洗净后，研末撒布。

【处方 3】贯众散

贯　众 15g	桔　梗 12g	山豆根 15g
连　翘 12g	大　黄 12g	赤　芍 9g
生　地 9g	花　粉 9g	荆　芥 9g
木　通 9g	甘　草 9g	绿豆粉 30g

用法：共研末加蜂蜜 100g 为引，开水冲服，每天 1 剂，连用 2～3 剂。

3. 猪流行性乙型脑炎

由乙型脑炎病毒引起。主要以母猪流产、死胎和公猪睾丸炎为特征。本病目前尚无特效药物，可试用以下处方。

【处方 1】

（1）康复猪血清　　40mL

用法：一次肌内注射。

（2）10%水合氯醛　　20mL

用法：一次静脉注射。注意不要漏出血管外。

【处方2】

生石膏120g　　板蓝根120g　　大青叶60g
生　地30g　　连　翘30g　　紫　草30g
黄　芩20g

用法：水煎一次灌服，每天1剂，连用3剂以上。

【处方3】

生石膏80g　　大　黄10g　　元明粉20g
板蓝根20g　　生　地20g　　连　翘20g

用法：共研细末，开水冲服，日服2次，每天1剂，连用3～5d。

【处方4】针灸

穴位：天门、脑俞、大椎、太阳等，并配以涌泉、滴水

针法：白针或血针。

注：防蚊灭蚊，根除传染媒介是预防本病的根本措施。夏季圈舍每周2次喷杀虫剂，如灭害灵等可有效减少本病的发生。

4. 猪传染性脑脊髓炎

由猪脑脊髓炎病毒引起。以中枢神经系统机能紊乱和四肢麻痹为特征。本病无有效治疗方法，仅可采取镇静、解痉、强心等对症疗法。

【处方1】试用方

（1）溴化钾3g　　溴化钠3g　　碘化钾3g
水50mL

用法：溶解后一次灌服，每天2次，连用2d。

（2）40%乌洛托品注射液　　10～20mL
25%葡萄糖注射液　　60～150mL

用法：一次静脉注射，每天1～2次，连续注射2d。

（3）10%磺胺嘧啶钠注射液　　10～20mL
安痛定注射液（复方氨林巴比妥注射液）　　5～25mL

用法：一次分别肌内注射，每天2～3次。

【处方2】

菊　花15g　　远　志12g　　天竺黄12g
朱　砂1.5g　　生　地12g　　防　风12g
黄　连9g　　薄　荷12g　　白　芷12g
栀　子12g　　连　翘9g

用法：水煎取汁，一次灌服，每天1剂，连用2～3剂。

5. 猪痘

由猪痘病毒引起。特征是有规律地在皮肤上出现红斑、丘疹、水疱、脓疱、结痂等病变。治宜局部消炎，预防感染。

【处方 1】

0.1%高锰酸钾溶液　适量

1%龙胆紫或碘甘油　适量

用法：先剥去痘痂，用0.1%高锰酸钾溶液洗净患处，再涂搽龙胆紫或碘甘油。

【处方 2】

枸杞根 90g　忍冬藤 90g

用法：水煎取汁服并洗患处，每天 1 剂，连用 3 剂以上。

说明：对初期病例有效。

【处方 3】

金银花 25g　连　翘 20g　黄　柏 10g

黄　连 5g　黄　芩 25g　栀　子 10g

用法：水煎取汁分 2 次喂服，每天 1 剂，连用 3 剂以上。

说明：对痘疱已成或破溃病例有效。同时用处方 2 外洗效果更好。

【处方 4】

金钱草、野菊花、灰灰菜　各 100g

用法：水煎取汁洗患处，每天 1 剂，连用 2～3 剂。

6. 猪细小病毒病

由猪细小病毒感染引起。以母猪流产、死胎、产畸形胎为特征。本病无有效治疗方法，唯有预防。

【处方】预防

猪细小病毒灭活疫苗　1 头份

用法：肌内注射。初产母猪和育成公猪在配种前 1 个月进行 2 次接种灭活疫苗，每次间隔 2～3 周。或母猪每次配种前免疫 1 次。

7. 猪流行性感冒

由猪流行性感冒病毒引起。以突然发病，传播迅速，发热，肌肉关节疼痛和上呼吸道炎症为特征。治宜对症消炎，控制继发感染。

【处方 1】

（1）硫酸卡那霉素注射液　60 万～120 万 U

1%氨基比林注射液　5～10mL

用法：一次肌内注射，每天 2 次，连用 2～3d。

（2）板蓝根注射液　　3～6mL

用法：一次肌内注射，每天 2 次，连用 3d 以上。

【处方 2】

柴胡 20g　　茯苓 15g　　陈皮 20g

薄荷 20g　　菊花 15g　　紫苏 15g

防风 20g

用法：水煎一次喂服，每天 1 剂，连用 2～3 剂。

【处方 3】

石　膏 30g　　杏　仁 15g　　板蓝根 10g

桔　梗 10g　　麻　黄 10g　　薄　荷 15g

甘　草 15g

用法：水煎服，每天 1 剂，连用 2～3 剂。

【处方 4】

野菊花 30g　　金银花 24g　　一枝黄花 24g

用法：水煎取汁 500mL，一次喂服。

【处方 5】针灸

穴位：大椎、苏气、百会等穴。

针法：水针。选择柴胡注射液、或鱼腥草注射液、或板蓝根注射液、或清开灵等药液。每穴按肌内注射剂量的 1/2 注入。

【处方 6】针灸

穴位：山根、血印、尾尖、太阳、鼻梁、百会，配苏气、天门、后三里、交巢。

针法：血针或白针。

8. 猪流行性腹泻

由猪流行性腹泻病毒引起。表现呕吐、腹泻和严重脱水等症状。本病尚无特效疗法，宜对症治疗。

【处方 1】

（1）氯化钠 3.5g　　氯化钾 1.5g　　碳酸氢钠 2.5g

葡萄糖 20g　　温开水 1 000mL

用法：混合自由饮用。

（2）高免血清　　10mL

用法：一次肌内注射，连用 3～5d。

【处方 2】针灸

穴位：后三里、交巢、带脉，配蹄叉、百会等穴。

针法：白针或血针。

9. 猪传染性胃肠炎

由猪传染性胃肠炎病毒引起的。以腹泻、呕吐和脱水及10日龄仔猪高死亡率为特征。治宜对症补液。除参考猪流行性腹泻病处方外，还可用下列处方。

【处方1】

(1) 0.1%高锰酸钾溶液　200mL

用法：一次喂服，按1kg体重4mL用药。

(2) 痢菌净　1g

用法：一次肌内注射，按1kg体重20mg用药，每天2次；内服剂量加倍。

【处方2】

山莨菪碱　10mg

5%维生素B_1注射液　1mL

用法：一次两侧后三里穴注射，每天1次，连用3d。

【处方3】

氯化钠3.5g　氯化钾1.5g　小苏打2.5g

葡萄糖粉20g

用法：加温开水1 000mL溶解，自由饮服。

【处方4】

黄　连40g　三棵针40g　白头翁40g

苦　参40g　胡黄连40g　白　芍30g

地榆炭30g　棕榈炭30g　乌　梅30g

诃　子30g　大　黄30g　车前子30g

甘　草30g

用法：研末分6次灌服，每天3次，连用2d以上。

【处方5】

红糖120g　生姜30g　茶叶30g

用法：水煎一次喂服。

【处方6】

(1) 鸡新城疫Ⅰ苗　50～100羽份

用法：用生理盐水稀释后后海穴一次注射，连续1～2次。

(2) 抗传染性胃肠炎血清　5mL

用法：按1kg体重1mL肌内或皮下一次注射。

10. 猪轮状病毒病

由猪轮状病毒引起。以厌食、呕吐、下痢为特征。目前尚无特效治疗药物。宜对症施治。

【处方】

葡萄糖 43.2g	氯化钠 9.2g	甘氨酸 6.6g
柠檬酸 0.52g	枸橼酸钾 0.13g	无水磷酸钾 4.35g
水 2 000mL		

用法：混匀后供猪自由饮用。

说明：必要时可静脉注射葡萄糖生理盐水及碳酸氢钠以防止脱水及酸中毒，投服收敛止泻剂。

11. 猪繁殖与呼吸综合征

由猪繁殖与呼吸综合征病毒（PRRSV）感染引起。以发热，厌食，皮肤发红，繁殖障碍，呼吸加快为特征。本病重在预防。

【处方】预防

猪繁殖与呼吸综合征灭活疫苗　　2～4mL

用法：肌内注射，妊娠母猪 4mL，20d 后再注射 4mL，以后每 6 个月注射 1 次。假定健康猪注射 2mL。

12. 猪圆环病毒病

由猪圆环病毒 2 型（PCV-2）感染引起。主要侵害哺乳仔猪和育肥猪。以病猪体质消瘦，皮肤苍白，黄疸，腹泻，呼吸困难，衰弱，死亡等为特征。与断奶仔猪多系统衰竭综合征关系密切。本病尚无有效防治措施。

【处方 1】

黄芪多糖注射液　　10～20mL

用法：一次肌内注射，每天 1 次，连续 2～3 次。

【处方 2】

石膏（先煎）120g	水牛角 60g	生　地 30g	黄　连 20g
栀　子 30g	丹　皮 30g	黄　芩 30g	赤　芍 30g
玄　参 30g	知　母 30g	连　翘 25g	桔　梗 25g
竹　叶 30g	甘　草 30g		

用法：水煎取汁，候温灌服，每天 1 剂，连续 3～5d。

注：做好卫生消毒，猪瘟、猪伪狂犬病、细小病毒病、猪繁殖与呼吸综合征、猪气喘病等的预防接种，防止链球菌、巴氏杆菌、支原体感染，减少应激。

13. 猪水疱病

由猪水疱病病毒引起，以蹄部、口腔、鼻部、母猪乳头周围产生水疱为特征。本病以预防为主，应严防将病带入非疫区。

【处方 1】

高免抗血清　　5～15mL

用法：一次肌内注射。

【处方 2】预防

猪水疱病 BEI 灭活疫苗　1 头份

用法：肌内或皮下注射，保护期 5 月。

14. 猪伪狂犬病

由猪伪狂犬病病毒引起，以发热、脑脊髓炎、母猪流产、死胎、呼吸困难等为特征。本病无有效治疗方法，以预防为主。

【处方】

猪伪狂犬病疫苗　　0.5～2mL

用法：肌内注射，乳猪第 1 次注射 0.5mL，断乳后再注射 1mL；3 月龄以上架子猪注射 1mL；成年猪和妊娠母猪注射 2mL。免疫期 1 年。

说明：仅用于疫区和受威胁区。

15. 猪丹毒

由猪丹毒杆菌引起。急性型呈败血症症状，亚急性型在皮肤上出现紫红色疹块，慢性型表现非化脓性关节炎或疣性心内膜炎。治宜抗菌消炎。

【处方 1】

(1) 抗血清　　50mL

用法：一次静脉或皮下注射。

(2) 注射用青霉素钠　　80 万～160 万 U

柴胡注射液　　10～20mL

用法：一次肌内注射，每天 2～3 次，连用 3～4d。

说明：对于亚急性型猪丹毒，在发病后 24～36h 内使用效果较好。也可用链霉素、庆大霉素、林可霉素等肌内注射。

【处方 2】

穿心莲注射液　　10～20mL

用法：一次肌内注射，每天 2～3 次，连用 2～3d。

说明：对亚急性型猪丹毒有良效。

【处方 3】

寒水石 5g　　连　翘 10g　　葛　根 15g

桔　梗 10g　　升　麻 15g　　白　芍 10g

花　粉 10g　　雄　黄 5g　　二　花 5g

用法：研末一次喂服，每天 2 剂，连用 2d。

【处方 4】

地　龙 30g　　石　膏 30g　　大　黄 30g
玄　参 16g　　知　母 16g　　连　翘 16g

用法：水煎分 2 次喂服，每天 1 剂，连用 3～5d。

【处方 5】

柴　胡 15g　　陈　皮 15g　　木　通 9g
山　楂 30g　　神　曲 30g　　大　黄 30g
芒　硝 60g　　苍　术 15g　　白　术 15g
麦　芽 20g　　甘　草 9g

用法：水煎喂服，每天 1 剂，连服 2～3 剂。

说明：用于猪丹毒后期，体温正常，便干、不食者。

【处方 6】针灸

穴位：血印、天门、断血、尾尖等穴，配玉堂、山根等穴。

针法：白针或血针。

【处方 7】针灸疗法

穴位：肺俞、后三里等穴。

针法：水针。分别按肌内注射剂量的 1/3 注入氨苄青霉素、磺胺嘧啶等药物。每天 1～2 次，连续 3～5d。

16. 猪肺疫

由猪多杀性巴氏杆菌引起。以败血症，咽喉及其周围组织急性炎性肿胀或肺、胸膜的纤维蛋白渗出性炎症为特征。治宜抗菌消炎。

【处方 1】

（1）抗血清　　25mL

用法：一次皮下注射，按 1kg 体重 0.5mL 用药；次日再注射 1 次。

（2）丁胺卡那霉素注射液　　60 万～120 万 U

用法：一次肌内注射，每天 2～3 次至愈。

说明：也可用链霉素或青霉素、杆菌肽、磺胺嘧啶钠注射液等治疗。

【处方 2】

1%盐酸强力霉素注射液　　15～25mL

用法：一次肌内注射，按 1kg 体重 0.3～0.5mL 用药，每天 1 次，连用 2～3d。

【处方 3】

白药子 9g　　黄　芩 9g　　大青叶 9g
知　母 6g　　连　翘 6g　　桔　梗 6g
炒牵牛子 9g　　炒葶苈子 9g　　炙枇杷叶 9g

用法：水煎，加鸡蛋清 2 个为引，一次喂服，每天 2 剂，连用 3d。

【处方4】

金银花30g　连　翘24g　丹　皮15g
紫　草30g　射　干12g　山豆根20g
黄　芩9g　麦　冬15g　大　黄20g
元明粉15g

用法：水煎分两次喂服，每天1剂，连用2d。

【处方5】针灸

穴位：苏气、肺俞、大椎等穴。

针法：白针或水针，分别按肌内注射剂量的1/3注入清开灵或双黄连注射液，或抗血清、青霉素、链霉素等药物，每天2次，连续3～5d。

17. 仔猪副伤寒

由猪霍乱沙门氏菌或猪伤寒沙门氏菌引起。表现为急性败血症和慢性纤维素性坏死性肠炎。治宜抗菌消炎。

【处方1】

（1）丁胺卡那霉素注射液　20万～40万U

用法：一次肌内注射，每天2～3次至愈。

（2）大蒜　20g

用法：捣汁后一次灌服，每天1次，连用2～3次。

【处方2】

（1）磺胺嘧啶　1～2g
三甲氧苄氨嘧啶（甲氧苄啶）　0.2～0.4g

用法：混合分2次喂服，按1kg体重磺胺嘧啶20～40mg、三甲氧苄氨嘧啶4～8mg，连用1周。

（2）10%磺胺嘧啶钠注射液　25mL
10%葡萄糖注射液　40～60mL

用法：一次静脉注射，磺胺嘧啶钠按10kg体重5mL用药。

（3）氯化钠3.5g　氯化钾1.5g　小苏打2.5g　葡萄糖粉20g

用法：加温开水1 000mL溶解，自由饮服。

【处方3】

1%盐酸强力霉素注射液　3～10mL

用法：按1kg体重0.3～0.5mL一次肌内注射，每天1次，连用3～5d。

【处方4】

氟苯尼考　2～3g

用法：按1kg体重20～30mg拌料喂服，每天2次。

【处方5】

青木香10g　苍　术6g　黄　连10g

地榆炭 15g　　炒白芍 15g　　白头翁 10g
车前子 10g　　烧大枣 5 枚（为引）

用法：研末一次喂服，每天 1 剂，连用 2～3 剂。

【处方 6】

黄连 15g　　木香 15g　　白芍 20g
槟榔 10g　　茯苓 20g　　滑石 25g
甘草 10g

用法：水煎分 3 次服完，每天 2 次，连用 2～3 剂。

【处方 7】

黄　芩 6g　　陈　皮 6g　　莱菔子 9g
神　曲 9g　　柴　胡 9g　　连　翘 6g
金银花 9g　　槐木炭 6g　　苦　参 9g

用法：水煎分两次喂服，每天 1 剂，连用 2～3 剂。

【处方 8】针灸

穴位：后三里、后海、脾俞等穴。

针法：白针或水针。分别按肌内注射剂量的 1/3 注入双黄连注射液，或庆大小诺霉素或恩诺沙星等药物。

【处方 9】预防

仔猪副伤寒弱毒冻干苗　　1 头份

用法：断奶前后一次喂服或肌内注射。

18. 仔猪黄痢

由致病性大肠杆菌引起。表现为 1 周龄以内仔猪（尤以 1～3 日龄最常见）排黄色或黄白色稀粪。治宜抗菌止泻，补液强心。

【处方 1】

（1）丁胺卡那霉素注射液　　20 万 U

用法：一次肌内注射或灌服，每天 2～3 次，连用 3d。

（2）磺胺嘧啶　　0.2～0.8g
三甲氧苄氨嘧啶　　0.4～0.16g
活性炭　　0.5g

用法：混匀分 2 次喂服，每天 2 次至愈。

（3）氯化钠 3.5g　　氯化钾 1.5g　　小苏打 2.5g　　葡萄糖粉 20g

用法：加温开水1 000mL 溶解，自由饮服。

【处方 2】

（1）恩诺沙星　　10mg

用法：按 1kg 体重 5mg 一次肌内注射，每天 2～3 次，连用 3d。

（2）氯化钠 3.5g　　氯化钾 1.5g　　小苏打 2.5g　　葡萄糖粉 20g

用法： 加温开水1 000mL溶解，自由饮服。

【处方3】

白头翁 2g　　龙胆末 1g

用法： 研末一次喂服，每天3次，连用3d。

【处方4】

大　蒜 100g　　95%乙醇 100mL　　甘　草 1g

用法： 大蒜用乙醇浸泡15d以后取汁1mL，加甘草末调糊一次喂服，每天2次至愈。

【处方5】

黄　连 5g　　黄　柏 20g　　黄　芩 20g
金银花 20g　　诃　子 20g　　乌　梅 20g
草豆蔻 20g　　泽　泻 15g　　茯　苓 15g
神　曲 10g　　山　楂 10g　　甘　草 5g

用法： 研末分2次喂母猪，早晚各1次，连用2剂。

【处方6】

0.1%亚硒酸钠注射液　　5mL

用法： 母猪产前两日一次肌内注射，每天1次，连续2d。

说明： 本方用于缺硒地区有良效。

【处方7】

穴位：脾俞、后海等穴。

针法：水针。分别按肌内注射剂量的1/3注入双黄连注射液，或庆大小诺霉素或恩诺沙星等药物。

19. 仔猪白痢

由致病性大肠杆菌引起。以2～3周龄仔猪排灰白色、糊糊样稀粪和粪便腥臭为特征。治宜抗菌止泻。

【处方1】

（1）硫酸庆大小诺霉素注射液　8万～16万U
5%维生素 B_1 注射液　2～4mL

用法： 肌内或后海穴一次注射，也可喂服。每天2次，连用2～3d。

（2）黄连素片　1～2g
硅碳银　1～2g

用法： 一次喂服，每天2次，连用1～2d。

（3）氯化钠 3.5g　　氯化钾 1.5g　　小苏打 2.5g　　葡萄糖粉 20g

用法： 加温开水1 000mL溶解，自由饮服。

【处方2】

（1）恩诺沙星　2mL

痢菌净 2mL

用法：分别一次肌内注射，每天2次，连用1～2d。

【处方3】

清开灵注射液 2mL

恩诺沙星 2mL

用法：分别一次肌内注射，每天2次，连用2～3d。

【处方4】

白头翁50g　黄　连50g　生　地50g

黄　柏50g　青　皮25g　地榆炭25g

青木香10g　山　楂25g　当　归25g

赤　芍20g

用法：水煎喂服10只小猪，每天1剂，连用1～2剂。

20. 仔猪水肿病

由致病性大肠杆菌产生的毒素引起。以头部水肿，运动失调，惊厥，麻痹及剖检时胃壁、肠系膜等水肿为特征。临床治疗较困难，宜抗菌、强心、利尿、解毒。

【处方1】

（1）50%葡萄糖注射液 20mL

地塞米松注射液 1mg

25%维生素C注射液 2mL

用法：一次静脉注射，连用1～2次。

（2）安钠咖注射液 1～2mL

用法：一次皮下注射，视情况可第二日再注射1次。

（3）呋喃苯胺酸（呋塞米/速尿）注射液 1～2mL

用法：一次肌内注射，可于第二日酌情再注射1次。

（4）大蒜泥 10g

用法：分两次喂服，每天2次，连用3d。

（5）丁胺卡那霉素注射液 20万～40万U

用法：一次后海穴注射，每天2次，连用2～3次。

【处方2】

（1）抗血清 5～10mL

硫酸庆大霉素注射液 8万～16万U

用法：一次肌内注射，视情况可于第二日再注射1次。

（2）20%磺胺嘧啶钠注射液 20～40mL

50%葡萄糖注射液 40～60mL

用法：一次静脉注射，每天1次，连用2～3d。

（3）10%葡萄糖酸钙注射液 5～10mL

40%乌洛托品注射液　　10mL

用法： 一次静脉注射，每天1次，连用2～3d。

（4）维生素B_1注射液　　2～4mL

用法： 一次脾俞穴注射，每天1次，连用2～3d。

【处方3】

氟苯尼考　　2～3g

用法： 肌内注射，按1kg体重20～30mg用药，2d 1次。

【处方4】

白　术9g　　木　通6g　　茯　苓9g

陈　皮6g　　石　斛6g　　冬瓜皮9g

猪　苓6g　　泽　泻6g

用法： 水煎分2次喂服，每天1剂，连用2剂。

【处方5】

穴位：后三里、天门、百会、尾根、大椎、后海等穴。

针法：水针，按肌内注射量的1/2注入抗血清，或丁胺卡那霉素或磺胺嘧啶钠等药物。

21. 仔猪红痢

由C型或A型魏氏梭菌引起的急性传染病。特征为3日龄以内新生仔猪排红色粪便，肠黏膜坏死，病程短，病死率高。本病抗生素疗效不明显，重在预防。

【处方1】预防

（1）C型魏氏梭菌灭活菌苗　　10mL

用法： 母猪产前1月和半月分别肌内注射1次。

（2）C型魏氏梭菌抗血清　　3mL

用法： 肌内注射，按1kg体重3mL用药。

（3）磺胺嘧啶　　0.2～0.8g

三甲氧苄氨嘧啶　　0.4～0.16g

活性炭　　0.5～1g

用法： 混匀一次喂服，每天2～3次。

（4）链霉素粉　　1g

胃蛋白酶　　3g

用法： 混匀喂服5只仔猪，每天1～2次，连用2～3d。

【处方2】

（1）强力霉素注射液　　2～5mg

用法： 按1kg体重2～5mg，一次肌内注射，每天2次，连用2～3d。

（2）痢菌净注射液　　5mg

用法： 按1kg体重5mg，一次后海穴注射，每天1次，连用3d。

22. 猪链球菌病

由链球菌引起。常表现为急性败血症型、淋巴结脓肿型、关节炎型及脑膜脑炎型等。治宜抗菌消炎。

【处方 1】

(1) 注射用青霉素钠　　240 万 U

地塞米松注射液　　4mg

用法：一次肌内注射，每天 2 次至愈。

说明：用于急性败血型。

(2) 丁胺卡那霉素注射液　　60 万～120 万 U

用法：按 1kg 体重 20mg，一次肌内注射，每天 1 次至愈。

【处方 2】

0.2%高锰酸钾溶液　　适量

5%碘酊　　适量

用法：局部脓肿切开后用高锰酸钾溶液冲洗干净并涂搽碘酊。

说明：用于淋巴结脓肿型。

【处方 3】

10%磺胺嘧啶钠注射液　　20～40mL

用法：一次肌内注射，每天 2 次，连用 3～5d。

说明：用于脑膜脑炎型。

【处方 4】

林可霉素　　500 万 U

地塞米松注射液　　4mg

用法：一次肌内注射，林可霉素按 1kg 体重 10 万 U，每天 2 次，连用 2～3d。

【处方 5】

蒲公英 30g　　紫花地丁 30g

用法：煎水拌料饲喂，每天 2 次，连服 3d。

【处方 6】

穴位：天门、大椎、百会等穴。

针法：水针。按肌内注射剂量的 1/3 注入先锋霉素或复方磺胺嘧啶钠，或清开灵或双黄连注射液或板蓝根注射液等药液。

23. 猪坏死杆菌病

由坏死杆菌引起。特征是受伤的皮肤、皮下组织和口腔黏膜、胃肠黏膜形成坏死。多采用局部治疗结合全身用药。

【处方】

（1）硫酸庆大霉素注射液　16万～32万U
25%维生素C注射液　2～4mL
5%维生素B_1注射液　2mL
用法：一次分别肌内注射，每天2次，连用3～5d。

（2）磺胺嘧啶钠　2g
用法：一次喂服，每天2次，连用3～5d。

（3）0.1%～0.2%高锰酸钾溶液　适量
5%～10%龙胆紫　适量
用法：局部用高锰酸钾溶液清洗干净后涂搽龙胆紫。
说明：用于局部坏死治疗。

24. 猪破伤风

由破伤风杆菌引起。特征是运动神经中枢对外界刺激的反应兴奋性增强和肌肉持续的痉挛性收缩。治宜抗菌，镇静，处理伤口。

【处方1】

（1）破伤风抗毒素　20万～80万U
用法：一次皮下或静脉注射。

（2）2%高锰酸钾溶液或3%双氧水　适量
5%碘酊　适量
用法：先用2%高锰酸钾液或3%双氧水反复洗涤伤口，再涂搽5%碘酊。

（3）20%乌洛托品注射液　10～30mL
用法：一次肌内注射。

（4）注射用青霉素钠　80万～160万U
注射用硫酸链霉素　100万～200万U
注射用水　5mL
用法：一次肌内注射，每天2次，连用3d。

（5）3%双氧水　20～25mL
10%葡萄糖注射液　80～100mL
用法：混匀一次缓慢静脉注射。

【处方2】

雄黄25g　艾叶50g
用法：研末冲服，每天2剂，连用2～3d。

【处方3】

全蝎5g　蜈蚣5g　蝉蜕10个
麻黄50g　桂枝5g　当归50g
细辛2.5g　葱2根　姜10g

用法：水煎分2次喂服，隔日1剂，连用2～3剂。

【处方4】

天　麻35g　　炮南星30g　　防　风30g

荆芥穗40g　　葱　白1根

用法：水煎喂服，每天1剂，连用3～4剂。

【处方5】针灸

穴位：天门、开关、风门，配涌泉、百会等穴。

针法：白针或血针。

说明：也可火针。配合饮服新鲜桑枝汁更佳。

25. 猪炭疽

由炭疽杆菌引起的人兽共患病。表现为咽喉显著肿大，血凝不全及脾脏肿大，皮下浆膜下组织出血性胶样浸润。治宜抗菌消炎。

【处方】

（1）抗血清　　25mL

用法：按1kg体重0.5mL一次肌内或静脉注射。

（2）注射用青霉素钠　　240万U

用法：按1kg体重4万U一次肌内或静脉注射，每天2次，连用3d以上。

注：病死猪深埋。疫区应严格采用隔离、封锁、消毒和紧急预防接种等综合措施，严防传播。

26. 猪李氏杆菌病

由单核细胞增多性李氏杆菌引起的人兽共患病。表现为脑膜脑炎、败血症、孕猪流产及血中单核细胞增多。治宜抗菌消炎，补液强心。

【处方1】

（1）10%葡萄糖注射液　　40mL

20%磺胺嘧啶钠注射液　　5～10mL

10%安钠咖注射液　　2mL

用法：一次静脉注射，每天2次，连用3～5d。

（2）水合氯醛　　50g

用法：按1kg体重1g，以淀粉配成5%溶液一次灌服。

【处方2】

栀　子12g　　黄　芩12g　　合欢皮12g

生　地16g　　菊　花12g　　木　通9g

大　黄12g　　芒　硝30g　　茯　苓12g

远　志12g

用法： 水煎一次喂服，每天 1 剂，连用 3 剂以上。

【处方 3】针灸

穴位：天门、太阳、脑俞、大椎等穴。

针法：白针。

27. 猪传染性萎缩性鼻炎

由支气管败血波氏杆菌引起。表现为鼻炎、鼻甲骨萎缩和上颌骨变形。治宜抗菌消炎。

【处方】

(1) 注射用硫酸链霉素　200 万 U

注射用水　2mL

用法： 一次肌内注射，每天 2 次，连用 3d。

(2) 磺胺二甲嘧啶　100g

金霉素　100g

用法： 拌料1 000kg 喂服，连用 4～5 周。

28. 猪传染性胸膜肺炎

由胸膜肺炎嗜血杆菌引起。以肺炎、胸膜炎为特征。治宜抗菌消炎。

【处方 1】

胸膜肺炎放线杆菌灭活或亚单位疫苗，或类毒素菌苗

用法： 按说明，母猪或 2～3 月龄仔猪免疫接种。

说明： 不同血清型菌株间交叉保护不强，需根据当地分离菌株制备灭活疫苗。

【处方 2】

(1) 丁胺卡那霉素注射液　60 万～120 万 U

10%葡萄糖注射液　20mL

用法： 一次静脉注射，每天 3 次，连用 2～3d。

(2) 20%磺胺嘧啶钠注射液　5～15mL

用法： 一次肌内注射，每天 2 次，连用 2～3d。

【处方 3】

(1) 10%氟苯尼考注射液　12.5mL

硫酸丁胺卡那霉素注射液　400 万 U

用法： 一次肌内注射，氟苯尼考按 1kg 体重 0.25mL 用药，丁胺卡那霉素按 1kg 体重 8 万 U 用药，每天 1 次，连续 3d。

(2) 黄芪多糖注射液　10mL

用法： 一次肌内注射，按 1kg 体重 0.2mL 用药，每天 1 次，连续 3d。

29. 猪肉毒梭菌病

由于食入含肉毒梭菌毒素的食物或饲料引起的中毒病。表现为运动神经中枢和延脑麻痹。治宜抗毒素和对症施治。

【处方】

(1) 抗毒素血清　　100mL

用法： 按1kg体重2mL一次肌内或静脉注射，每天2次，连用3d。

(2) 5%碳酸氢钠注射液，或0.1%高锰酸钾溶液　100mL

用法： 灌肠、洗胃。

(3) 水合氯醛　　150g

用法： 按1kg体重3g，以淀粉配成5%溶液一次喂服。

30. 猪气喘病

由猪肺炎支原体引起。表现为咳嗽，气喘，呼吸困难，融合性支气管炎，肺脏呈虾肉样变。治宜抗菌消炎。

【处方1】

硫酸卡那霉素注射液　　200万U

用法： 按1kg体重4万U肌内注射，每天1次，连用3～5d。

【处方2】

泰乐菌素　　0.5g

用法： 一次肌内注射。按1kg体重10mg用药，每天1次，连用5～7d。

【处方3】

(1) 1%盐酸强力霉素注射液　15～25mL

用法： 一次肌内注射，按1kg体重0.3～0.5mL用药，每天1次至愈。

(2) 2.5%氨茶碱　　8～15mL

用法： 一次肌内注射。

【处方4】

(1) 3%复方多西环素　　750mg

氟苯尼考注射液　　750mg

用法： 一次肌内注射，按1kg体重15mg用药，每天1次，连续3d。

(2) 黄芪多糖注射液　　10mL

用法： 一次肌内注射，按1kg体重0.2mL用药，每天1次，连续3d。

【处方5】

葶苈子25g　　瓜　蒌25g　　麻　黄25g

金银花50g　　桑　叶15g　　白　芷15g

白　芍10g　　茯　苓10g　　甘　草25g

用法：水煎一次喂服，每日 1 剂，连用 2～3 剂。

【处方 6】

麻　黄 9g　　杏　仁 9g　　桂　枝 9g
芍　药 9g　　五味子 9g　　甘　草 9g
干　姜 9g　　细　辛 6g　　半　夏 19g

用法：研末，每头每日 30～45g 拌料喂服，连用 3～5d。

【处方 7】针灸

穴位：苏气、肺俞、大椎等穴。

针法：白针。

31. 猪痢疾

由猪痢疾密螺旋体引起。以黏液性或黏液出血性下痢，大肠黏膜卡他性或纤维素性坏死性炎为特征。治宜消炎，止泻。

【处方 1】

丁胺卡那霉素　　60 万～120 万 U

用法：一次喂服，每天 2～3 次，连用 3d 以上。

【处方 2】

0.5%痢菌净注射液　　25mL

用法：按 1kg 体重 0.5mL 一次肌内注射，每天 2 次，连用 2～3d。

说明：还可用新霉素、林可霉素、泰乐菌素、泰妙菌素等。

【处方 3】

黄　柏 15g　　黄　连 10g　　黄　芩 10g
白头翁 20g

用法：水煎，候温一次灌服。

【处方 4】

穴位：后海穴。

针法：水针。注入 10%葡萄糖注射液 1～2mL、0.5%普鲁卡因注射液 1～2mL、双黄连素注射液 2mL 等，每天 1 次，连续 2～3d。

32. 猪钩端螺旋体病

由钩端螺旋体引起的一种人兽共患病。特征为发热、贫血、血红蛋白尿、黄疸、流产等。治宜杀灭病原，保肝利胆。

【处方 1】

（1）注射用青霉素钠　　240 万 U
　　注射用硫酸链霉素　　200 万 U

用法：一次分别肌内注射，每天 2 次，连用 3d。

（2）10%葡萄糖注射液　100mL
25%维生素C注射液　4mL
肌苷注射液　4mL
10%安钠咖注射液　2mL
用法：一次静脉注射，每天1次，连用1～2次。

（3）安乃近注射液　5～10mL
用法：一次肌内注射，每天2次，连用3d。
说明：也可按每1kg体重2～5mg口服强力霉素。

【处方2】

金银花12g　连　翘12g　黄　芩12g
生薏仁12g　赤　芍16g　玄　参9g
蒲公英16g　茵　陈19g　黄　柏9g

用法：研末一次喂服，每天1剂，连用2～3剂。

【处方3】

茵陈19g　黄连6g　大黄6g
黄芩6g　黄柏9g　栀子9g

用法：研末一次喂服，每天1剂，连用3剂以上。

33. 猪副嗜血杆菌病

由猪副嗜血杆菌引起，以多发性浆膜炎和关节炎为特征。治宜抗菌消炎。

【处方1】预防

副猪嗜血杆菌灭活多价苗　适量
用法：按说明使用。
说明：可同时轮换使用氨苄青霉素、氟喹诺酮类、头孢菌素、氟甲砜霉素等药物预防。

【处方2】

盐酸沃尼妙灵　50～100g
用法：按每100kg饲料5～10g混饲，连用7～14d。

【处方3】

（1）三甲氧苄氨嘧啶　0.5g
用法：按1kg体重10mg喂服，每天2次，连用3～5d。

（2）磺胺嘧啶　5g
用法：按1kg体重0.1g喂服（首次剂量加倍），每天2次，连用3～5d。

34. 猪滑液支原体关节炎

由滑液支原体感染引起，以膝关节等发生单纯的非化脓性关节炎为特征。治宜抗菌消炎。

【处方】

泰妙菌素　　　　　　适量

用法：按每 1L 水 125～250mg 混饮，连用 3d。

35. 猪肠道线虫病

由猪蛔虫、猪鞭虫、猪结节虫、猪钩虫等寄生虫引起的一类疾病的总称。主要以消瘦、贫血、下痢、生长发育受阻为特征。治宜驱杀虫体。

【处方 1】

左旋咪唑　　　　　　400mg

用法：一次喂服，按 1kg 体重 8mg 用药。

【处方 2】

丙硫咪唑　　　　　　250mg

用法：一次喂服，按 1kg 体重 5mg 用药。

【处方 3】

伊维菌素　　　　　　15mg

用法：一次皮下注射。也可用预混剂混饲，按每 1kg 体重 0.1mg，连用 7d。

【处方 4】

炒苦楝根皮　　　　　5～15g

用法：煎水内服。

说明：出现流涎、不安等毒性反应时应减量或停服。

36. 猪肺丝虫病

由猪肺丝虫（又称肺圆虫、后圆线虫、猪肺虫）寄生于猪肺支气管内引起。特征为支气管炎和支气管肺炎。治宜驱杀虫体。

【处方 1】

左旋咪唑　　　　　　400mg

用法：一次喂服，按 1kg 体重 8mg 用药。

【处方 2】

碘片　　　　　　　　1g

碘化钾　　　　　　　2g

蒸馏水　　　　　　　1 500mL

用法：混匀灭菌后气管内注射，按 1kg 体重 0.5mL 用药，间隔 2～3d 后重复使用 1 次，连用 3 次。

【处方 3】

百部　　　　　　　　24～60g

用法：煎汁一次灌服，每天 1 剂，连用 2～3 剂。

37. 猪胃虫病

由红色猪圆虫、螺咽胃虫、环咽胃虫、奇异西蒙线虫及刚棘颚口线虫等寄生于胃内引起的一种寄生虫病。特征为急、慢性胃炎或溃疡。治宜驱杀虫体。

【处方 1】

丙硫咪唑　　250mg

用法：空腹一次喂服，按 1kg 体重 5mg 用药。

【处方 2】

噻苯唑　　2.5～5g

用法：一次喂服，按 1kg 体重 50～100mg 用药。

38. 猪棘头虫病

由蛭形巨吻棘头虫寄生于猪小肠内引起。以下痢、腹痛不安，甚至肠穿孔等为特征。治宜驱杀虫体。

【处方 1】

左旋咪唑　　200～400mg

用法：一次肌内注射，按 1kg 体重 4～8mg 用药。

【处方 2】

丙硫咪唑　　250mg

用法：一次口服，按 1kg 体重 5mg 用药。

【处方 3】

雷丸 5g　　槟榔 5g　　鹤虱 5g

用法：共研末，一次喂服。

39. 猪姜片吸虫病

由布氏姜片吸虫寄生于小肠中引起。以贫血、腹痛、腹泻等为特征。治宜驱杀虫体。

【处方 1】

吡喹酮　　2.5g

用法：一次喂服，按 1kg 体重 50mg 用药。

【处方 2】

硝硫氰胺　　150～300mg

用法：一次喂服，按 1kg 体重 3～6mg 用药。

【处方 3】

槟榔 15～30g　　木香 3g

用法： 水煎早晨空腹一次喂服，连用2～3次。

40. 猪绦虫病

由绦虫成虫寄生于猪小肠内引起。主要引起猪生长发育迟缓或肠梗阻。治宜驱杀虫体。

【处方1】

吡喹酮　　1～2g

用法： 一次喂服，按1kg体重20～40mg用药。

【处方2】

硫双二氯酚　　4～5g

用法： 一次喂服，按1kg体重80～100mg用药。

【处方3】

南瓜子45g　　槟　榔15g　　石榴皮45g

用法： 水煎成450mL，清晨空腹灌服。

说明： 注意毒性，可先服一半，无不良反应再追加。

41. 猪小袋纤毛虫病

由小袋虫科结肠小袋纤毛虫寄生于大肠内所引起的一种原虫病，主要见于仔猪。特征为下痢、衰弱、消瘦。治宜驱杀虫体。

【处方1】

牛乳　　1 000mL

碘片　　5g

碘化钾　　10g

水　　100mL

用法： 混匀，让猪自饮。

【处方2】

二甲硝咪唑　　2g

用法： 一次喂服，按1kg体重40mg用药，肌内注射减半。

42. 猪肾虫病

由有齿冠尾线虫成虫寄生于猪肾脏及周围脂肪、输尿管等处引起。特征为公猪腰痿，不能配种，母猪不孕或流产，幼猪生长迟缓，严重者引起死亡等。治宜驱杀虫体。

【处方1】

丙硫咪唑　　1g

用法： 拌料一次喂服，按每1kg体重20mg用药。

【处方 2】

槟　榔 9g　　贯　众 9g　　蛇床子 9g

鹤　虱 9g　　苦楝皮 9g　　甘　草 6g

用法：水煎，10～20kg 幼猪一次灌服。

43. 猪旋毛虫病

由旋毛虫寄生于横纹肌内所引起。严重感染时表现为高热，泻痢，消瘦，肌肉僵硬和疼痛，呼吸困难，眼睑和四肢水肿。治宜杀虫。

【处方】

丙硫咪唑　　750mg

用法：按每 1kg 体重 15mg 喂服，每天 1 次，连喂 3 周。

说明：或甲苯咪唑，或氟苯咪唑。

44. 猪囊虫病

由猪囊尾蚴寄生于猪肌肉内引起。特征是在肌肉内出现白色半透明的囊状水疱。治宜驱杀虫体。

【处方 1】

丙硫咪唑　　1～2.5g

用法：一次喂服，按 1kg 体重 20～50mg 用药。

【处方 2】

吡喹酮　　2.5～4g

用法：喂服或溶入消毒的液体石蜡中配成 20%悬液，一次颈部肌内注射，按每 1kg 体重 50～80mg 用药。隔 2d 再用药一次。

【处方 3】

鲜槟榔 50～100g　　南瓜子粉 200g　　硫酸镁 30g

用法：新鲜槟榔切片，开水浸泡，煎至 200～500mL。先喂南瓜子粉，半小时后服槟榔煎汁，隔 2h 服硫酸镁（溶于 200mL 水内）。

45. 猪弓形虫病

由龚地弓形虫寄生于猪肺、淋巴结、肌肉、脑及其他脏器细胞内引起。特征为突然发病，高热，呼吸困难，共济失调和母猪流产等。治宜驱杀虫体。

【处方 1】

磺胺-5-甲氧嘧啶　　3～4g

用法：一次肌内注射，按每 1kg 体重 60～80mg 用药，首次倍量，连用 3～5d 以上。

【处方 2】

磺胺嘧啶　　　　3.5g

二甲氧苄氨嘧啶　　0.7g

用法： 混匀一次喂服，磺胺嘧啶按 1kg 体重 70mg 用药，二甲氧苄氨嘧啶按每 1kg 体重 14mg 用药。每天 2 次，连用 3d 以上。

【处方 3】

磺胺甲氧吡嗪　　1.5g

三甲氧苄氨嘧啶　　0.5g

用法： 按每 1kg 体重磺胺甲氧吡嗪 30mg、三甲氧苄氨嘧啶 10mg 一次内服，每天 1 次，连用 3～4d。

46. 猪棘球蚴病

由细粒棘球绦虫的幼虫——棘球蚴引起。主要寄生于肺、肝等脏器内。寄生于肺内时，表现为呼吸困难、咳嗽、气喘、肺浊音区逐渐扩大；寄生于肝脏时，多呈营养衰竭和极度衰弱。治宜驱杀虫体。

【处方】

吡喹酮　　　　2.5～4g

用法： 同猪囊虫病处方 2。

47. 猪球虫病

由艾美耳科艾美耳属和等孢属的球虫寄生于猪肠道上皮细胞而引起的寄生虫病。引起仔猪水样或脂样的腹泻为特征，排泄物恶臭、淡黄或白色，病猪表现衰弱、脱水、发育迟缓，甚至死亡。成年猪常为隐性感染或带虫者。治宜驱杀虫体。

【处方 1】

磺胺嘧啶　　　　3.5g

二甲氧苄氨嘧啶　　0.7g

用法： 按每 1kg 体重磺胺嘧啶 70mg、二甲氧苄氨嘧啶 14mg 一次喂服，每天 2 次，连用 3d。

【处方 2】

磺胺甲氧吡嗪　　1.5g

三甲氧苄氨嘧啶　　0.5g

用法： 按每 1kg 体重磺胺甲氧吡嗪 30mg、三甲氧苄氨嘧啶 10mg 一次内服，每天 1 次，连用 3～4d。

48. 猪细颈囊尾蚴病

由泡状带绦虫的幼虫——细颈囊尾蚴引起。一般寄生于猪的肠系膜、网膜和肝脏等处，形成鸡蛋大小的囊泡，大量感染时引起消瘦、衰弱和腹膜炎等。治宜驱杀虫体。

【处方】

吡喹酮　　2.5～5g

用法：一次喂服，按每1kg体重50～100mg用药，每天1次，连用2次。

49. 猪附红细胞体病

由猪附红细胞体寄生于猪红细胞和血浆引起。以持续高热，贫血，皮肤黏膜出血、淤血和黄疸以及广泛性器官损害为特征。治宜驱虫保肝。

【处方1】

（1）三氮脒（贝尼尔）　　200～400mg

用法：按每1kg体重4～8mg一次肌内注射。每天1次，连续2次。间隔2d重复用药1次。

（2）阿散酸　　30g

用法：混入100kg饲料中，连续饲喂1周以上。

【处方2】清瘟败毒饮加减

金银花15g　连　翘15g　大青叶20g　生　地20g

黄　连10g　丹　皮15g　石　膏40g　竹　叶10g

玄　参15g　枳　壳15g　常　山15g　槟　榔10g

柴　胡10g　大　黄10g　黄　芩10g

用法：煎水饮服，每天1剂，连用2～3剂。

50. 猪疥癣病

由疥螨寄生在猪体皮肤引起。以皮肤发痒、皮屑增多、发炎等为特征。治宜驱杀虫体。

【处方1】

1%敌百虫溶液　　适量

用法：阳光下喷洒猪体。

说明：禁止接触碱液。也可用辛硫磷、二嗪农、双甲脒、溴氰菊酯等涂搽患部。

【处方2】

伊维菌素　　15mg

用法：按每1kg体重0.3mg一次皮下注射。

【处方3】

硫　黄15g　川　椒15g　大麻油125mL

用法： 调匀涂搽患部至愈。

【处方 4】

烟草末子　　2.5kg

用法： 加水浸一昼夜后煮沸半小时，过滤涂搽患部。

【处方 5】

硫　黄 30g　　大枫子 9g　　蛇床子 12g
木鳖子 9g　　花　椒 25g　　五倍子 15g
麻　油 200mL（后加）

用法： 研末后加入麻油调匀涂患处至愈。

51. 猪口炎

多因饲料粗硬、混有异物、饲喂灼热的饲料和饮水及某些疾病引起。以食少，流涎，口腔黏膜潮红、出现小红疹、水疱、溃疡等为特征。治宜除去原发病，抗菌消炎，对症处理。

【处方 1】

3%硼酸水溶液　　适量
或 1%明矾水或 1%高锰酸钾溶液　　适量

用法： 冲洗口腔，每天 3～4 次。

【处方 2】

碘甘油（碘 1g 碘化钾 1g　甘油加至 100mL）　　适量

用法： 口腔黏膜溃烂部涂布，每天 1～2 次。

【处方 3】

注射用青霉素钠　　100 万 U
注射用链霉素　　100 万 U
注射用水　　3～5mL

用法： 分别一次肌内注射，每天 2 次，连用 3～5d。

【处方 4】

盐酸土霉素片剂　　5～7 片
维生素 C 片剂　　5～7 片

用法： 口服，每天 2 次，连用 3～5d。

【处方 5】冰硼散

冰　片 5g　　朱　砂 6g　　硼　砂 50g　　玄明粉 50g

用法： 共研极细末，吹入口内，每天数次，至愈。

【处方 6】青黛散

青黛 10g　　黄连 6g　　黄柏 6g
薄荷 3g　　桔梗 6g　　儿茶 6g

用法： 水煎内服，每天 1 剂，至愈。

【处方 7】

大黄 25g　知母 25g　甘草 16g　芒硝 60g　黄连 60g
黄芩 22g　栀子 22g　连翘 22g　花粉 22g　薄荷 12g
黄柏 20g

用法： 共研为末，开水冲调，每天分 2 次内服，连用 2～3 剂。

52. 猪咽喉炎

多因机械性损伤，或机体的抵抗力降低或继发于猪肺疫等疾病引起。以食少，咀嚼缓慢，吞咽困难，流涎，头颈伸直，频咳，触诊咽部有疼痛等为特征。治宜针对病因，清热止痛，抗菌消炎。

【处方 1】

氯化铵　3g
人工盐　5g

用法： 做成舐剂，一次内服，每天 2 次，连用 2～3d。

【处方 2】

（1）鱼石脂软膏　适量
或止痛消炎膏　适量

用法： 咽喉部涂布，每天 1 次，连用 3～5d。

（2）注射用青霉素钠　100 万 U
注射用水　5mL

用法： 一次肌内注射，每天 2 次，连用 3～5d。

【处方 3】

0.25%普鲁卡因溶液　10～20mL
注射用青霉素钠　40 万～80 万 U

用法： 混合后一次喉头周围封闭，每天 2 次，连用 3～5d。

【处方 4】

山豆根 10g　麦　冬 10g　射　干 10g
桔　梗 10g　芒　硝 60g　胖大海 6g
甘　草 12g

用法： 水煎一次内服，连用 2～3 剂。

【处方 5】

雄黄、白芙、白药、龙骨、大葱　各等份

用法： 研为细末，醋调外敷颌下肿处，药干淋醋，药掉再换，至愈。

53. 猪胃肠卡他

多因突然变换饲料，或喂霉烂变质的饲料，或长途运输及其他疾病等引起。以食少，口臭，腹痛，腹胀，腹泻，粪内混有未消化的饲料等为特征。治宜除去病因，促进胃肠蠕动，增进食欲。

【处方 1】

食母生（干酵母）　50 片

小苏打　20 片

用法：分 6 次服用，每天 2 次。

【处方 2】

黄连素注射液　9～10mL

用法：一次肌内注射，按 1kg 体重 0.16～0.2mL 用药。每天 2 次，连用 3～4d。

【处方 3】

麦　芽 30g　焦山楂 15g　神　曲 30g

莱菔子 30g　大　黄 15g　芒　硝 30g

用法：共研细末，每次 30～50g 拌料内服，每天 2 次，连服 5～7d。

【处方 4】

苍术 10g　厚朴 10g　山楂 10g　麦芽 30g

大黄 30g　枳实 20g　甘草 5g

用法：煎汤，供体重 100kg 的猪一次候温饮服，每天 2 剂，连用 2～3d。

【处方 5】针灸

穴位：后三里、后海、百会、脾俞、玉堂。

针法：白针、血针。

54. 猪胃肠炎

多因喂给腐败变质，发霉，不清洁或冰冻饲料，或误食有毒植物或化学药物，或暴食、暴饮等刺激胃肠所致。以食少，异嗜，呕吐，腹痛，腹泻，粪便带血或混有白色黏膜等为特征。治宜抗菌消炎，清肠、止泻，补液、强心。

【处方 1】

（1）氟苯尼考　适量

用法：按 1kg 体重 10～15mg 拌料内服，每天 2 次，连用 3～4d。

说明：也可注射磺胺嘧啶钠（0.1～0.15g/kg）或 10%增效磺胺嘧啶（0.2～0.3mL/kg）。

（2）5%葡萄糖氯化钠注射液　100～300mL

25%葡萄糖注射液　30～50mL

5%碳酸氢钠注射液　30～50mL

用法：一次静脉注射。

（3）次硝酸铋　2～6g

用法：一次内服。

说明：也可用鞣酸蛋白 2～5g 或木炭末或锅底灰 10～30g 内服。

（4）10%安钠咖或樟脑磺酸钠注射液　　5～10mL

用法：一次肌内注射。

（5）0.1%硫酸阿托品注射液　　2～4mL

用法：一次皮下注射。

【处方2】郁金散加味

郁　金15g　　诃　子10g　　黄　连6g
黄　芩10g　　黄　柏10g　　栀　子10g
大　黄15g　　白　芍10g　　罂粟壳6g
乌　梅20g

用法：煎汁去渣，每天一次灌服，连用2～3d。

【处方3】

槐　花12g　　地　榆12g　　黄　芩20g
藿　香20g　　青　蒿20g　　茯　苓12g
车前草20g

用法：煎汤去渣，每天一次灌服，连用2～3d。

说明：用于有便血症状时。

【处方4】

白头翁24g　　黄　连9g　　黄　柏9g
陈　皮9g　　诃子肉3g

用法：研末拌料或煎汤内服，每天1次，连用2～3d。

【处方5】

鲜大蓟50～80g　　鲜马齿苋50～80g

用法：捣烂取汁，每天1次内服，连用3～5d。

说明：幼猪还可用多酶片或酵母片，育肥猪可用中成兽药健胃散等健胃剂，以缓解胃肠炎的症状。

【处方6】针灸

穴位：脾俞、百会、后海。

针法：白针。

55. 猪便秘

多因长期饲喂含纤维过多或干硬的饲料，缺乏青饲料，饮水不足或运动不足及某些疾病的继发病引起。以少食，贪饮，鼻镜干燥，腹痛，排少量干硬粪球，尿色深黄且量少等为特征。治宜除去病因，润肠通便为原则。

【处方1】

硫酸钠　　6g
人工盐　　6g

用法：拌料内服，每天3次。

说明： 也可用大黄苏打片 60 片（6g），分 2 次喂服；或用硫酸镁 40g，分两次拌料内服；或用植物油 50～250mL，或液体石蜡 50～100mL 内服。腹痛剧烈者，可用安乃近 3～5mL 肌内注射。

【处方 2】

食盐　　100～200g

鱼石脂（酒精溶解）　　20～25g

用法： 加温水 8～10kg，待食盐化开后，一次灌服。

【处方 3】

温肥皂水　　适量

用法： 深部灌肠。

【处方 4】

醋蛋液　　40～50mL

用法： 加 2～3 倍的温开水，再加适量的蜂蜜或糖，每天喂服 1 次，连用 10～15d。

说明： 用于习惯性便秘。醋蛋液制法：取新鲜鸡蛋 10 只，用酒精消毒后盛入瓷容器中，再倒入 9 度醋或当地优质醋 500mL，密封 48h，待蛋壳软化、仅剩薄蛋皮包着胀大了的鸡蛋时，将鸡蛋皮捣破，使蛋清、蛋黄与醋混匀，再放置 24h。

【处方 5】

大黄 800g　　甘遂 400g　　木通 600g

阿胶 600g

用法： 共研细末，按 1kg 体重 1g、重症 1.5g 加适量水调匀一次灌服。轻症每天 1～2 剂，重症 1～3 剂，连用 2～6 剂。

【处方 6】

槟榔 6g　　枳实 9g　　厚朴 9g

大黄 15g　　芒硝 30g

用法： 水煎成 500～1 000mL，一次灌服。

说明： 也可使用木槟硝黄散（木香 8g、槟榔 6g、大黄 15g、芒硝 30g）。

【处方 7】

蜂蜜 100g　　麻油 100mL

用法： 加温水适量调匀，一次灌服。

说明： 用于瘦弱、怀孕后期的母猪。

【处方 8】

白　术 9～15g　　生地黄 30～60g　　升　麻 3～9g

用法： 水煎取汁，候温灌服，每天 1 剂，连用 2～3d。

说明： 用于腹泻后便秘。

【处方 9】针灸

穴位：山根、玉堂、脾俞、后海、百会、后三里、尾尖。

针法：血针、白针。

56. 猪上呼吸道感染

多因早春或晚秋的气候急剧变化引起，以发热、怕冷、流鼻液、咳嗽等为特征。风寒以辛温解表、疏散风寒为治则，风热以辛凉解表、宣肺清热为治则。

【处方 1】

30%安乃近注射液　　3～5mL

用法：一次肌内注射，每天 2 次。

【处方 2】

柴胡注射液　　5～10mL

用法：一次肌内注射，每天 2 次，连用 3～5d。

【处方 3】

板蓝根注射液　　5～10mL

用法：同处方 2。

【处方 4】

荆芥 20g　　防风 20g　　羌活 15g

独活 15g　　柴胡 15g　　前胡 15g

甘草 15g

用法：煎汤去渣，一次灌服。

说明：用于由风寒引起的上呼吸道感染。

【处方 5】银翘散

金银花 20g　　连　翘 20g　　荆　芥 15g

薄　荷 15g　　牛蒡子 15g　　淡豆豉 15g

竹　叶 15g　　桔　梗 15g　　芦　根 40g

甘　草 10g

用法：煎汤去渣，一次灌服。

说明：用于由风热引起的上呼吸道感染。

【处方 6】针灸

穴位：耳尖、尾尖、蹄头、山根、太阳。

针法：血针。

57. 猪鼻炎

由舍栏内粪尿淤积产生的氨气或被潮湿、尘土长期刺激或某些疾病引起。以鼻塞，发热，喜卧，鼻黏膜肿胀，流鼻液，吸气困难等为特征。治宜除去原发病，对症治疗。

【处方 1】

25%盐酸普鲁卡因　　300mL

注射用青霉素钠　　100 万 U

0.1%肾上腺素溶液　　4mL

用法：混合均匀，用注射器吸入后，滴入鼻腔。

【处方 2】

苍耳子 10g　　辛　夷 10g　　白　芷 10g

薄　荷 10g

用法：研成末，每次取 15～20g 内服，或煎汤拌料内服。

【处方 3】针灸

穴位：鼻中、山根。

针法：血针，点刺出血。

58. 猪支气管炎

多因猪舍狭小潮湿不洁，猪群拥挤，气候剧变或多雨寒冷引起，仔猪多发。以发热，少食，咳嗽，气喘，流鼻液为特征。治宜清热宣肺，止咳。

【处方 1】

硫酸卡那霉素注射液　　50 万 U

用法：一次肌内注射，按每 1kg 体重 1 万 U 用药。每天 2 次，连用 3～5d。

说明：也可用庆大霉素、青霉素或环丙沙星配合地塞米松治疗。

【处方 2】

复方甘草合剂　　15～30mL

用法：一次内服，每天 2～3 次，连用 3～5d。

【处方 3】

癞蛤蟆　　若干

用法：除去内脏，装满白矾末，用麻线扎好，阴干，用时焙干为末，每天取 2g 与适量白萝卜、小米煮稀饭喂饲。

【处方 4】

款冬花 15g　　知　母 15g　　贝　母 15g

马兜铃 15g　　桔　梗 20g　　杏　仁 15g

金银花 15g

用法：水煎一次灌服，每天 1 剂，连用 2～3d。

【处方 5】

紫　菀 6g　　炙百部 9g　　白　前 9g

桔　梗 3g　　橘　红 3g　　甘　草 3g

用法：煎汁一次灌服，每天 1 剂，连用 2～3d。

【处方 6】针灸

穴位：苏气、大椎、风池、山根、耳尖、尾尖。

针法：白针、血针。

59. 猪肺炎

是由肺组织受到病原微生物或异物的刺激引起。以发热，食少，咳嗽，胸痛，呼吸音减弱；鼻腔流黏液，呼出气有腐败气味等为特征。治宜杀病原，清热止咳。

【处方 1】

注射用青霉素钠　　100 万 U

注射用链霉素　　100 万 U

注射用水　　4～6mL

用法：一次肌内注射，每天 2 次，连用 3～5d。

说明：也可用四环素静脉滴注，或用盐酸环丙沙星、恩诺沙星等。

【处方 2】

注射用氨苄青霉素　　80 万 U

地塞米松注射液　　8～12mg

用法：一次肌内注射，每天 1 次，连用 3d。

说明：痰黏稠不易咳出者，可内服复方甘草合剂 10～25mL 或去痰片 0.4～1g，每天 2 次，连用 2～3d；喘气严重者，肌内注射氨茶碱注射液 0.25～0.75g，每天 1～2 次；体质虚弱者，静脉注射 25%葡萄糖注射液 200～300mL、10%维生素 C 注射液 10～20mL。心脏衰弱者，皮下注射 10%樟脑磺酸钠注射液 5～10mL，每天 2 次，连用 3～4 次。

【处方 3】

麻　黄 10g　　杏　仁 10g　　甘　草 10g

桑白皮 15g　　石　膏 15g　　知　母 15g

用法：水煎后分 2 次内服，每天 1 剂，连用 2～3 剂。

【处方 4】

鱼腥草 30g　　白茅根 30g　　金银花 20g

连　翘 10g

用法：同处方 3。

【处方 5】

黄　芩 20g　　桔　梗 20g　　枯　矾 20g　　甘　草 20g

栀　子 15g　　白　芍 15g　　桑白皮 15g　　款冬花 15g

陈　皮 15g　　天门冬 10g　　瓜　蒌 10g

用法：煎汤取汁内服，每天 1 剂，连用 2～3 剂。

【处方 6】针灸

同支气管炎。

60. 猪癫痫

多由脑组织代谢障碍，或脑受机械性压迫等引起，仔猪多发。主要表现突然反应迟钝，步态踉跄，不安，鸣叫，用鼻掘地，口流泡沫，痉挛，持续30s至5min后迅速恢复。治宜镇静解痉。

【处方1】

10%苯巴比妥钠（鲁米那）注射液　2～10mL

用法：一次肌内注射，按1kg体重2～4mg用药。每天1次，连用5～7d。

【处方2】

鲜蚯蚓150g　僵　蚕100g　全　蝎10g

乌　蛇10g　胆南星10g

用法：将蚯蚓捣成泥状，余药煎汤去渣，混合，胃管一次投服，隔日1次，连用3次。

【处方3】

钩　藤25g　羌　活25g　独　活25g

乌　蛇15g　南　星15g　半　夏15g

防　风10g　白　芷10g　柴　胡35g

甘　草10g

用法：煎汤去渣，一次内服。

【处方4】针灸

穴位：天门、山根、太阳、血印、六脉、百会、尾本。

针法：白针、血针。

61. 猪中暑

因受到强烈日光直接照射，或外界温度过高，拥挤，湿度大，饮水又不足而引起。以四肢无力，步态不稳，皮肤干燥，体温升高，呼吸迫促，黏膜潮红或发紫，狂躁不安为特征。治宜立即移至阴凉处，用冷水浇头和灌肠，并结合清热解暑疗法。

【处方1】

（1）10%樟脑磺酸钠注射液　4～6mL

用法：一次肌内注射，每天2次。

（2）5%葡萄糖生理盐水　200～500mL

用法：耳静脉放血100～300mL后一次静脉注射，4～6h后重复1次。

【处方2】

鱼腥草100g　野菊花100g　淡竹叶100g

陈　皮25g

用法：煎水1 000mL，一次灌服。

【处方3】

生石膏25g　鲜芦根70g　藿　香10g

佩　兰10g　青　蒿10g　薄　荷10g

鲜荷叶70g

用法：水煎灌服，每日 1 剂。

【处方 4】

藿香正气水或十滴水　　适量

用法：内服，每次 10～20mL，每天 2 次。

【处方 5】针灸

穴位：山根、天门、血印、耳尖、尾尖、鼻梁、涌泉、滴水、蹄头。

针法：血针。

62. 猪尿道炎

因导尿不慎或交配等原因损伤尿道，或尿道结石及刺激性药物刺激尿道而引起。以尿频，尿量少，尿痛，尿中带有黏液、血液或脓液为特征。治宜消炎利尿。

【处方 1】

注射用青霉素钠　　100 万 U

注射用水　　2mL

用法：一次肌内注射，每天 2 次，连用 3～5d。

【处方 2】尿闭时用

1%速尿注射液　　5～10mL

用法：一次肌内注射。按每 1kg 体重 1～2mg 用药，每天 2 次，连用 3～5d。

【处方 3】

明矾水或 0.1%雷佛奴耳溶液　　适量

用法：冲洗尿道。

【处方 4】

车前子 12g　　滑　石 12g　　黄　连 12g

栀　子 12g　　木　通 10g　　甘　草 10g

用法：煎汤内服，每天 1 剂。

63. 猪膀胱炎

多因某些疾病或应用刺激性药物引起。以频尿，尿量少，尿色混浊带臭味，有时尿呈红色，静置后有沉渣等为特征。治宜抗菌消炎。

【处方 1】

注射用青霉素钠　　100 万 U

注射用链霉素　　100 万 U

注射用水　　5mL

用法：分别一次肌内注射，每天 2 次，连用 3～5d。

【处方 2】

20%乌洛托品注射液　　20～30mL

用法：一次静脉注射，每天 1 次，连用 3～5d。

【处方 3】

黄　芩 15g　　栀　子 15g　　车前子 10g
木　通 10g　　甘　草 15g　　知　母 15g
黄　柏 15g　　猪　苓 10g

用法：一次煎汤内服，每天 1 剂。

64. 猪肾炎

单独发生很少，多与某些疾病并发或受某些化学药品刺激引起。以发热，食少，尿量少，尿色浓，水肿，尿毒症等为特征。治宜抗菌消炎。

【处方 1】

同猪膀胱炎处方 1。

【处方 2】

双氢克尿噻（氢氯噻嗪）　0.05～0.2g

用法：一次内服，每天 1～2 次，连用 3～5d。

【处方 3】

黄连 15g　　栀子 10g　　生地 15g
木通 10g　　泽泻 10g　　黄芩 15g
茯苓 10g　　甘草 15g　　滑石 10g
白芍 10g

用法：煎汤一次内服。

【处方 4】秦艽散加减

秦　艽 50g　　瞿　麦 40g　　车前子 40g
炒蒲黄 40g　　焦山楂 40g　　当　归 35g
赤　芍 35g　　阿　胶 25g

用法：共研末，水调一次灌服。用于急性肾炎的治疗。

【处方 5】平胃散合五皮饮加减

苍　术 50g　　厚　朴 50g　　陈　皮 50g
泽　泻 45g　　大腹皮 30g　　茯苓皮 30g
生姜皮 30g

用法：水煎，候温一次灌服。用于慢性肾炎的治疗。

65. 猪血尿症

多由膀胱炎、尿道炎或生殖器外伤引起。以尿中混有血液为特征。治宜止血，消炎。

【处方 1】

(1) 安络血注射液　4～6mL

用法：一次肌内注射，每天1次，连用3～5d。

（2）注射用青霉素钠　　80万U

注射用水　　2mL

用法：一次肌内注射，每天2次，连用3～5d。

（3）25%维生素C注射液　　8～10mL

用法：一次肌内注射，每天2次，连用3～5d。

【处方2】

小　蓟15g　　藕　节15g　　蒲　黄15g

木　通10g　　竹　叶15g　　生　地10g

黑栀子10g　　滑　石10g　　当　归10g

干草梢10g

用法：一次煎服，每天1剂。

说明：尿血日久体虚，方减木通、滑石，加党参、黄芪、石斛、阿胶各12g。

66. 猪维生素A缺乏症

多因饲料缺乏维生素A或患有某些肠道疾病等引起。以运动强拘，后躯麻痹，甚至瘫痪，视力减弱，听觉迟钝，皮肤干燥，皮屑增多，夜盲，流产，早产，死胎等为特征。治宜补充维生素A。

【处方1】

维生素A注射液　　50万IU

用法：一次肌内注射，隔日1次。

说明：也可用维生素AD合剂2～5mL，隔日肌内注射1次。

【处方2】

苍术粉　　5～10g

用法：仔猪一次内服，每天2次，连用数天。

67. 仔猪营养性贫血

因营养不良及微量元素缺乏所致。以食欲时好时坏，生长缓慢，被毛粗乱，皮肤干燥，缺乏弹性，喜卧，异嗜，腹泻，黏膜苍白，血液稀薄等为特征。治宜针对病因，加强营养。

【处方1】

2.5%右旋糖苷铁注射液　　2～3mL

用法：一次肌内注射。

说明：也可用葡聚糖苷铁（葡聚糖铁钴）、焦磷酸铁、牲血素、血多素等。

【处方2】

硫酸亚铁　　5g

酵母粉　　　　　　　　10g

用法：混匀后，分成10包，每天1包，拌料内服。

【处方3】

(1) 0.25%硫酸亚铁水溶液　　适量

用法：饮服。

(2) 0.1%维生素 B_{12} 注射液　　0.2～0.4mL

用法：一次肌内注射，每天1次，连用3～5d。

【处方4】

硫酸亚铁2.5g　　硫酸铜1g　　氧化铝2.5g

用法：加水1 000mL溶解，每只猪每次用半匙，拌料或混在水中喂给。

【处方5】

党参10g　　白术10g　　茯苓10g

神曲10g　　熟地10g　　厚朴10g

山楂10g

用法：煎汤一次内服。

68. 猪佝偻病

因维生素D缺乏，小肠对钙的吸收减弱等原因引起。以头大颈粗，前额突出，鼻吻增粗，站立困难，腰背下凹等为特征。治宜合理饲料配方，补充钙和维生素D。

【处方1】

10%葡萄糖酸钙注射液　　20～50mL

用法：一次静脉注射，每天1次，连用5～7d。

【处方2】

维丁胶性钙　　8～10mL

用法：按1kg体重0.2mL一次肌内注射或脾俞穴注射，每天1次，连用5～7d。

【处方3】

维生素AD合剂　　2～4mL

用法：一次肌内注射，每天1次，连用5～7d。

【处方4】健骨散

骨　粉70%　　小麦麸18%　　淫羊藿1.5%

五加皮1.5%　　茯　苓2.5%　　白　芍2.5%

苍　术1.5%　　大　黄2.5%

用法：共研细末，加入骨粉混匀，每天取30～50g，分2次拌料喂服，连喂1周。

【处方5】

益智仁30g　　五味子24g　　当　归24g　　肉桂24g

白　术24g　　厚　朴21g　　肉豆蔻21g　　陈皮18g

川　芎 15g　　白　芍 15g　　槟榔片 15g　　甘草 15g

用法： 各药混合，共研细末，开水冲泡，候温饮服，连喂 1 周。

69. 僵猪症

多由寄生虫病或营养不良等引起。以生长缓慢，食欲不振，被毛粗乱，体格瘦小等为特征。治宜驱虫，健胃。

【处方 1】

左旋咪唑　　适量

用法： 一次内服，按 1kg 体重 10mg 用药。

【处方 2】

何首乌 45g　　贯　众 45g　　鸡内金 45g

炒神曲 45g　　苍耳子 45g　　炒黄豆 45g

用法： 共为末，分成 15 份，每天早上取一份拌料饲喂。

【处方 3】

神　曲 60g　　麦　芽 60g　　当　归 60g

黄　芪 60g　　山　楂 90g　　使君子 90g

槟　榔 45g　　党　参 20g

用法： 共为末，混饲，25kg 猪 3d 服完。

【处方 4】

制首乌 10g　　淮山药 10g　　粉萆薢 10g

用法： 煎汤一次内服，每天 1 次，连用 10～15d。

【处方 5】

苍　术 15g　　侧柏叶 15g

用法： 共为细末，一次拌料饲喂。每天 1 次，连用数天。

注： 处方 1、处方 2、处方 3 用于寄生虫病引起的僵猪，处方 4、处方 5 用于营养不良性僵猪。

70. 新生仔猪低血糖症

因新生仔猪新陈代谢紊乱，肝糖形成减少而发病。以突然倒地，肢软无力，头部后伸，四肢做游泳状，口流白沫，瞳孔散大等为特征。治宜补糖，镇静。

【处方 1】

（1）50％葡萄糖注射液　　20mL

用法： 一次静脉注射，每天 1 次

（2）0.1％维生素 B_{12} 注射液　　0.2～0.3mL

用法： 一次肌内注射，每天 1 次。

【处方2】

当　归 20g　　黄　芪 20g　　红　糖 30g

用法： 当归、黄芪加水煎成 100mL，加入红糖混匀后一次内服。

说明： 痉挛者加钩藤 20g，四肢无力者加牛膝 20g、木瓜 20g。

【处方3】

鸡血藤 50g　　食　糖 25g

用法： 鸡血藤加水煎成 50mL，加糖混匀，一次灌服，每天 3 次。

【处方4】

蜂蜜　　2～5g

用法： 一次灌服，每天 2 次，连用 2d。

71. 新生仔猪抖抖病

由先天性或后天性原因引起。表现出生后数小时至数天内肌肉阵发性痉挛。治宜对症镇静。

【处方1】

金银花 30g　　菊　花 30g　　板蓝根 30g

白僵蚕 30g　　全　蝎 10g　　蜈　蚣 5g

钩　藤 20g　　蝉　蜕 10g　　朱　砂 0.8g

地龙干 20g　　甘　草 10g　　防　风 10g

用法： 研成细末，按 1kg 体重 0.3～0.5g 配蜂蜜 10mL 灌服，每天 3 次。

【处方2】针灸

穴位：天门、山根、耳筋、心筋。

针法：白针、血针。

72. 猪红皮病

常发于夏至至立秋前后。以高热不退，全身皮肤发红为特征。宜抗菌消炎，预防继发感染。

【处方1】

（1）注射用青霉素钠　　100 万 U

注射用水　　2mL

用法： 一次肌内注射，每天 2 次，连用 3～5d。

（2）25%维生素 C 注射液　　8～10mL

用法： 一次肌内注射，每天 2 次，连用 3～5d。

【处方2】

银黄注射液或三黄注射液　　10～15mL

用法： 同处方 1。

【处方 3】

金银花 15g　野菊花 15g　石　膏 30g
连　翘 15g　柴　胡 10g　牛蒡子 10g
陈　皮 6g　甘　草 6g

用法：煎汤去渣，一次灌服。

73. 猪硒缺乏症

由硒缺乏引起。以仔猪喜卧，起立困难，兴奋，转圈，触之尖叫，腹部皮下水肿，步态僵硬，四肢麻痹为特征。治宜补硒。

【处方 1】

（1）0.1%亚硒酸钠溶液　0.02～0.04mL

用法：一次皮下注射，按每头每次 1～3mg 用药，隔日重复 1 次。

（2）10%维生素 E 注射液　1～3mL

用法：一次肌内注射，隔日 1 次。

【处方 2】

首　乌 15g　当　归 15g　肉苁蓉 15g　菟丝子 15g
生　地 12g　熟　地 12g　枸杞子 12g　女贞子 12g
甘　草 10g

用法：水煎去渣，加阿胶 15g 烊化，灌服，每天 1 剂。

74. 猪锌缺乏症

因饲料内含锌量不足，或妊娠后期及哺乳期母猪日粮中钙含量过高而引起。以皮肤上有大量灰黄色鳞屑，耳的边缘内卷，皮肤粗硬、开裂，繁殖机能及骨骼发育异常等为特征。治宜补锌和局部处理。

【处方 1】

（1）硫酸锌　0.5～1g

用法：幼猪 0.2～0.5g，育肥猪 1g，一次拌料内服，每天 1 次，连用 3～5d。

说明：也可选用硫酸锌或碳酸锌注射液，按 1kg 体重 2～4mg 肌内注射，每天 1 次，10 天为一个疗程。

（2）氧化锌软膏　适量

用法：外涂皮肤开裂处。

【处方 2】

党　参 80g　茯　苓 80g　山　药 80g　白扁豆 80g
白　术 12g　莲　子 12g　薏苡仁 80g　大　枣 80g
陈　皮 50g　桔　梗 30g　砂　仁 15g

用法：煎汁对少量稀粥，供 8 头猪 1d 内服，连用 3～5d 为一个疗程，必要时可再重复1次。

75. 猪食盐中毒

多因在供水不足的情况下摄入含盐分过多的饲料（如卤水、咸菜、残羹等）引起，以口渴、呼吸困难、精神紊乱为特征。治宜首先停喂含盐分多的饲料，对症镇静，强心，排毒。

【处方1】

20%甘露醇溶液　100～250mL

25%硫酸镁溶液　10～25mL

用法： 混合后一次静脉注射，按1kg体重前者5mL、后者0.5mL用药。

说明： 也可用溴化钙1～2g溶于10～20mL蒸馏水中，过滤，煮沸灭菌后，耳静脉注射。

【处方2】

生石膏35g　天花粉35g　鲜芦根45g

绿　豆50g

用法： 煎汤供15kg的猪一次灌服。

【处方3】针灸

穴位：耳尖、尾尖、百会、天门、脑俞。

针法：血针、白针。

76. 猪亚硝酸盐中毒

本病又称饱潲病，多因吃了小火焖煮过或堆积腐烂的青菜、小白菜等引起。以腹痛，血凝不良，黏膜发绀，倒地抽搐等为特征。治宜解毒，强心。

【处方1】

（1）1%美蓝溶液　50mL

用法： 一次静脉注射，按1kg体重1mL用药。

说明： 也可用甲苯胺蓝（5mg/kg）静脉注射。

（2）10%葡萄糖注射液　300mL

5%维生素C注射液　2～4mL

10%安钠咖注射液　5～10mL

用法： 混合后一次静脉注射。

【处方2】

绿　豆200g　小苏打100g　食　盐60g

木炭末100g

用法： 研碎，加少量水调匀后一次灌服，每天1剂，连用2d。

【处方3】

绿豆粉250g　甘草末100g

用法： 开水冲调后加菜油 200mL，一次灌服。

【处方 4】

十滴水　　5～15mL

用法： 先给病猪断尾或尾尖、耳尖针刺放血，然后按小猪 5～10mL、大猪 15mL 一次灌服。

【处方 5】针灸

穴位：耳尖、尾尖、蹄头。

针法：放血。

77. 猪水浮莲中毒

由于长期大量饲喂盛花期及晚花期水浮莲引起。以站立时不断空口咀嚼，阵发性痉挛或强直性痉挛，无目的徘徊，四肢做游泳状抽搐等神经症状为特征。治宜解毒，镇静。

【处方】

（1）10%葡萄糖酸钙液　　50～100mL

用法： 静脉注射，每天 1 次。

（2）安络血注射液　　2～4mL

用法： 肌内注射，每天 2 次，连用 2～3d。

说明： 腹痛不安者肌内注射苯巴比妥钠 0.5～1.5g，痉挛者用苯巴比妥钠 0.5～1.0g，中毒严重并伴发胃肠炎者静脉注射 5%葡萄糖液1 000mL、10%维生素 C 10mL、硫酸庆大霉素 16 万 U，每天 2 次。

78. 猪氢氰酸中毒

由于多食了含氰苷的植物（如木薯、玉米苗、高粱苗、亚麻籽饼，桃、李、梅、杏的核仁及叶子等）引起。以发病快，张口伸颈，瞳孔散大，流涎，黏膜鲜红，呼出气有苦杏仁味，兴奋等为特征。治宜解毒。

【处方 1】

（1）亚硝酸钠　　0.1～0.2g

注射用水　　5mL

用法： 一次静脉注射。

（2）硫代硫酸钠　　1～3g

注射用水　　10～20mL

用法： 一次静脉注射。

【处方 2】

绿　豆 50g　　蔗　糖 30g　　鲜鸡蛋 3 枚

用法： 绿豆水煎后加蔗糖、鸡蛋，混合一次投服。

【处方 3】针灸

同猪亚硝酸盐中毒处方 5。

79. 猪黄曲霉毒素中毒

由于采食了被黄曲霉污染的饲料而引起的以慢性肝损害为特征的中毒病。表现食少，衰弱，结膜苍白、黄染，粪便干燥，重症时会出现间歇性抽搐。治宜解毒保肝。

【处方 1】

茵陈 20g　　栀子 20g　　大黄 20g

用法：水煎去渣，待凉后加葡萄糖 30～60g、维生素 C 0.1～0.5g 混合，一次灌服。

说明：同时更换饲料，环境消毒。

【处方 2】

防风 15g　　甘草 30g　　绿豆 50g

用法：水煎取汁，加入白糖 60g，混匀后一次灌服。

【处方 3】

连　翘 50g　　绿　豆 50g　　金银花 30g　　甘　草 20g

用法：供研末，开水调服，小猪用量酌减。

80. 猪赤霉菌毒素中毒

由于采食了被镰刀菌毒素污染的饲料引起。母猪多发，以内脏器官出血，母猪阴户肿胀脱出，公猪包皮水肿且乳腺肥大为特征。治宜促进毒物排出。

【处方 1】

（1）10%硫酸镁（或硫酸钠）溶液　　500～800mL

用法：一次灌服。

（2）10%葡萄糖注射液　　500mL

10%安钠咖注射液　　4～6mL

用法：一次静脉注射。

【处方 2】

甘草 20g　　麦冬 10g　　茯苓 15g

用法：水煎取汁，待凉后加鲜鸡蛋两枚、红糖 30g 混合，一次灌服，每天 3 次。

【处方 3】

鲜凤尾草、鲜车前草　　各 100～150g

用法：水煎取汁，拌料饲喂，每天 1 剂，连用 5 剂。

81. 猪棉籽饼中毒

多因长期饲喂大量棉籽饼引起。以失明、胃肠炎、少尿和肺水肿为特征。治宜排除毒物，解毒。

【处方 1】

（1）0.03%高锰酸钾溶液

或 5%碳酸氢钠溶液

或 3%过氧化氢（加 10～20 倍水稀释） 适量

用法：反复洗胃。

说明：洗胃后可灌服多量 5%碳酸氢钠溶液。出现肺水肿时可静脉注射甘露醇或山梨醇。

（2）硫酸钠 50～100g

健胃散 5～10g

用法：混合后加适量温水一次投服。

说明：也可用硫酸镁 60～120g、人工盐 10～20g 混合后加适量温水投服。

（3）50%硫代硫酸钠溶液 10～20mL

用法：一次静脉注射，每天 2～3 次。

【处方 2】

5%氯化钙注射液 20mL

40%乌洛托品注射液 10mL

用法：一次静脉注射。

【处方 3】

绿豆粉 50g 苏打粉 45g

用法：水调一次灌服，或混于泔水中喂服。

【处方 4】

防　风 17g 柴　胡 15g 黄　芪 15g

知　母 6g 黄　柏 6g 羌　活 6g

龙胆草 6g 车前子 6g 木　通 6g

用法：共粉碎为细末，用开水冲服，每天 1 剂，连用 2～3d。

82. 猪菜籽饼中毒

由于饲喂的菜籽饼内含有芥子苷等有毒成分，在芥子酶的作用下，可产生异硫氰丙烯酯等有毒物质而引起。以腹痛、腹胀、腹泻、粪尿带血等为特征。治宜除去毒物，对症处理。

【处方 1】

（1）0.1%～1%的单宁酸，或 0.05%高锰酸钾液 适量

用法：洗胃。

（2）蛋清、牛奶或豆浆 适量

用法：一次内服。

【处方 2】

硫酸钠 35～50g 小苏打 5～8g 鱼石脂 1g

用法：加水100mL，一次灌服。

【处方3】

20%樟脑油　　3～6mL

用法：一次皮下注射。

【处方4】

甘草60g　　绿豆60g

用法：水煎去渣，一次灌服。

【处方5】

绿豆1 000g　　甘草500g　　山栀200g

用法：加水适量，煮沸0.5h，取汁加蜂蜜1 000g，候温让10头猪自饮，每3h 1次，连饮至愈。

说明：适合轻症病例。

83. 猪酒糟中毒

由于饲喂的酒糟中的乙醇，以及酸败形成的醋酸和霉菌引起。慢性表现消化不良，皮肤红肿，有水疱、溃疡，甚至脓肿、坏死；急性表现神经症状。治宜停喂酒糟，促进毒物排出，对症处理。

【处方1】

硫酸镁　　50～100g

大黄末　　20～30g

用法：加水溶解，一次灌服。

【处方2】

（1）25%葡萄糖注射液　　30～50mL

10%氯化钙注射液　　10～20mL

10%安钠咖注射液　　5～10mL

用法：一次静脉注射。

（2）1%碳酸氢钠溶液　　300～500mL

用法：一次灌服。

【处方3】

葛根150g　　甘草20g

用法：水煎取汁，一次灌服。

注：局部病变进行外科处理。

【处方4】

金银花15g　　野菊花15g　　土茯苓10g

千里光15g　　木　通5g　　紫花地丁10g

用法：水煎，每天分2次灌服，连服3剂。

84. 猪马铃薯中毒

因采食保管、调制、喂法不当而含大量龙葵素等毒物的马铃薯引起。轻症、慢性以胃肠炎症状为主，重症、急性出现神经症状。治宜排毒，护胃。

【处方 1】

硫酸镁　　30～60g

菜油　　60～150mL

用法：加水 300mL 调匀一次灌服。

【处方 2】

1%鞣酸溶液　　100～200mL

用法：一次内服。

注：根据病情配合强心，镇静，补液等治疗。

【处方 3】

明　矾 30g　　甘　草 30g　　金银花 20g

用法：煎汤，候温，加蜂蜜 30g，一次灌服。

85. 猪霉烂甘薯中毒

多因吃了霉烂的甘薯、粉渣引起。以呼吸促迫，发绀，全身发抖，腹痛，便秘等为特征。治宜缓解呼吸困难，排毒，解毒。

【处方 1】

3%过氧化氢溶液　　10～30mL

5%葡萄糖生理盐水　　30～100mL

用法：混合后一次缓慢静脉注射。

【处方 2】

5%～20%硫代硫酸钠注射液　　20～50mL

用法：一次静脉注射

【处方 3】

金银花 30g　　生甘草 30g

用法：煎汁 100mL，加入豆浆 200mL 混合，一次灌服。

86. 母猪荞麦中毒

由于采食了荞麦（特别是开花部分和荞麦秧）引起。只有在无色素皮肤受到日光照射时才能发生。表现皮肤发炎、水肿、水疱，甚至坏死。治宜停食荞麦，排除毒物，对症处理。

【处方 1】

（1）碘化硫　　1.0g

橄榄油　　　　　　　　8～10mL

用法：混合后，涂搽患部。

说明：还可选用：①硼酸 2～3g，加凉开水 100mL 溶解，在红斑初期冷敷局部，然后撒上氧化锌、淀粉合剂或涂氧化锌油膏。②碘化硫 10g，橄榄油 80～100mL，95%酒精 20～25mL，混合涂于患部。③石炭酸 10mL，橄榄油 100mL，混合涂于患部。④碘化硫 10g，橄榄油 100mL，甲醛 0.5～1mL，混合涂于患部。⑤氧化锌 20g，凡士林 60g，淀粉 20g，混合涂于患部。⑥用 3%～5%苦味酸或 3%～5%甲基蓝鞣酸溶液涂于患部。

（2）硫酸钠　　　　　　　80～120g

人工盐　　　　　　　　10～20g

用法：加多量温水混合后，一次投服。

说明：也可用人工盐 80～100g，萨罗 4～8g 混合，加多量温水投服。

【处方 2】

5%葡萄糖注射液　　　　500mL

10%维生素 C 注射液　　40mL

10%安钠咖注射液　　　10mL

40%乌洛托品注射液　　50mL

用法：一次静脉注射。

说明：用于重症猪。

【处方 3】

土茯苓 30g　　地肤子 20g　　土牛膝 15g　　蒲公英 15g

野菊花 15g　　银　花 10g　　钻地风 9g　　赤　芍 9g

生甘草 5g

用法：水煎取汁，供育肥猪一次灌服。

【处方 4】针灸

穴位：血印、涌泉、滴水、尾尖。

针法：血针。

87. 猪蓖麻籽中毒

因采食未经去毒处理的蓖麻籽或蓖麻籽饼引起。以呕吐，腹痛，腹泻，黄疸，血红蛋白尿，肌肉震颤，痉挛等为特征。治宜排毒解毒。

【处方 1】

仙人掌　　　　　　　　100g

用法：捣烂如泥，加少量肥皂水灌服。

【处方 2】

绿豆（去壳）50g　　　　甘草 50g

用法：水煎，一次灌服。

说明：可配合剪耳、断尾放血。

【处方 3】

甘　草 15g　　山豆根 20g　　连　翘 10g　　生黄芪 10g

雄　黄 10g　　明　矾 10g　　金银花 20g

用法：共研细末，开水冲调，候温一次灌服。

88. 母猪苦楝子中毒

因误食楝根皮及果实而引起。以不食，腹痛，全身发绀，呼吸困难，四肢无力，起卧不安，口吐白沫等为特征。治宜催吐解毒，强心保肝。

【处方 1】

（1）1%硫酸铜溶液　　50mL

用法：一次灌服。

（2）0.1%硫酸阿托品注射液　　2～10mL

用法：一次皮下注射。

（3）50%葡萄糖注射液　　50～100mL

10%安钠咖注射液　　5～10mL

用法：一次静脉注射。

【处方 2】

（1）藜芦　　9～15g

用法：加水煎汤，一次灌服。

（2）麻仁 15g　　莱菔子 15g　　玄明粉 15g

用法：前两味煎汤，冲入玄明粉一次灌服。

【处方 3】针灸

穴位：山根、太阳、耳尖、尾尖、涌泉、蹄头。

针法：血针。

89. 猪有机磷中毒

因吃了喷洒有机磷农药不久的蔬菜、瓜果下脚、田埂边猪草，或用有机磷制剂驱除体内、外寄生虫不当而引起。以大量流涎，流泪，呼吸快速，肌肉震颤为特征。治宜解毒。

【处方 1】

0.1%硫酸阿托品注射液　　2～10mL

用法：一次皮下注射，按 1kg 体重 0.2～0.4mg 用药。

说明：注射后要注意观察瞳孔的变化，如 20min 后无明显好转，应重复注射一次。

【处方 2】

4%解磷定注射液　　20～40mL

用法：一次静脉注射或腹腔注射，按每 1kg 体重 15～30mg 用药。

【处方3】

12.5%双复磷注射液　　7～14mL

用法：同处方2。

【处方4】

绿豆（去壳）250g　　甘　草50g　　滑　石50g

用法：共为细末，开水冲调，候温一次灌服。

【处方5】

仙人掌　　40～80g

用法：捣碎加水，一次灌服。

90. 猪汞中毒

由于误食含有西力生、赛力散等汞制剂处理的种子，或含汞制剂的农药密闭不严，使猪受到汞蒸气的危害而引起。以剧烈的胃肠炎，口膜炎，急性肾炎，视力减退，昏迷等为特征。治宜解毒。

【处方1】

1%二巯基丙醇注射液　　12.5～25mL

用法：一次肌内注射。首次用量按1kg体重2.5～5mg、以后每隔6h减半量用药。

说明：二巯基丙醇的副作用大，连用3d后，改为每天1次。

【处方2】

5%二巯基丙磺酸钠注射液　　7～10mL

用法：一次皮下或肌内注射，按1kg体重7～10mg用药。

【处方3】

注射用硫代硫酸钠　　1～3g

注射用水　　10～20mL

用法：溶解后，一次静脉注射，每天2～3次。

【处方4】

土茯苓30g　　金银花30g　　冬葵子30g

熟　地25g　　巴戟天25g　　山萸肉6g

丹　皮6g　　红　花6g　　桃　仁10g

泽　泻10g　　柴　胡10g　　甘　草15g

用法：水煎取汁，一次灌服，每天1剂。

说明：用于慢性汞中毒。

91. 猪砷化物中毒

由于采食被砷制剂污染的饲料，或使用含砷药物（如新胂凡纳明、砒霜等）过量引起。以呕吐，下痢，血便，肌肉震颤，步态不稳为特征。治宜排毒，解毒。

【处方 1】

2%氧化镁溶液　　适量

用法：反复洗胃。

【处方 2】

绿豆（去壳）250g　　茶　叶 15g　　甘　草 15g　　白扁豆 15g

用法：共为细末，凉水冲调，一次灌服。

92. 猪氟中毒

由于长期采食无机氟含量高，或被有机氟污染的草料、饮水等引起。无机氟中毒以生长缓慢，骨骼变脆、变形，氟斑牙为特征；有机氟中毒以易惊，不安，抽搐，角弓反张等为特征。治宜除去病因，解毒。

【处方 1】

（1）10%葡萄糖酸钙或氯化钙注射液　　50～100mL

25%维生素 C 注射液　　5～10mL

用法：一次静脉注射，每天 1 次，连用 7～10d。

说明：也可每天用磷酸氢钙或乳酸钙 3～8g 拌料饲喂，连用 20～30d。

（2）维生素 D_3 注射液　　50 万～80 万 IU

0.5%维生素 B_1 注射液　　5～10mL

用法：分别肌内注射，每天 1 次，连用 5～7d。

说明：用于慢性氟中毒。

【处方 2】

（1）1∶5 000 高锰酸钾溶液　　适量

用法：洗胃。然后投服蛋清或氢氧化铝胶，以保护胃肠黏膜，再用硫酸钠或硫酸镁导泻。

（2）50%解氟灵（乙酰胺）　　10～15mL

用法：一次肌内注射，按每 1kg 体重每天 0.1g 用药。首次用药量要达到日用药量的一半，每天注射 3～4 次，至抽搐、震颤现象消失为止。再出现震颤时，可重复用药。

说明：用于有机氟中毒。如与半胱氨酸合用，效果更佳。

【处方 3】

乙二醇乙酸酯（又名醋精）　　100mL

用法：溶于适量水中内服。或肌内注射，按每 1kg 体重 0.125mL 用药。

说明：用于有机氟中毒。也可用 5%乙醇和 5%醋酸按 1kg 体重各 2mL 混合口服，每天 1 次；或 95%乙醇 50～100mL，加水投服，每天 1 次。

93. 猪磷化锌中毒

因误食含磷化锌的灭鼠毒饵或被污染的饲料而引起。以呕吐，呕吐物有蒜臭，腹痛，腹泻，粪便灰黄色并混有血液，黏膜黄色，尿色带黄，或昏迷等为特征。治宜催吐，排毒，解毒。

【处方 1】

(1) 1%硫酸铜溶液　25～50mL

用法：一次灌服。

(2) 健胃散，人工盐或硫酸钠　适量

用法：胃管投服。

(3) 50%葡萄糖注射液　20～30mL

10%安钠咖注射液　5～10mL

5%碳酸氢钠注射液　50～100mL

用法：一次静脉注射。

【处方 2】

仙人掌　30～50g

用法：捣碎后加适量水一次灌服。

94. 猪安妥中毒

因误食含安妥的饵料或饲料引起。以咳嗽，流血样带泡沫的鼻涕，兴奋不安，嚎叫等为特征。治宜催吐，排毒，对症处理。

【处方 1】

同猪磷化锌中毒处方 1。

【处方 2】

50%葡萄糖注射液　10～30mL

20%甘露醇注射液　100～300mL

10%安钠咖注射液　5～10mL

用法：一次静脉注射。

【处方 3】针灸

穴位：耳尖、尾尖、尾本。

针法：放血。

95. 猪铅中毒

因长期应用铅制食槽、饮水器或误食被铅污染的牧草引起。以胃肠炎，步态失调，腹部和耳部皮肤有暗紫色斑，齿龈有蓝色铅线等为特征。治宜排毒解毒。

【处方】

（1）20%依地酸钙钠注射液　　5～10mL

用法：一次缓慢静脉注射。

（2）硫酸钠或硫酸镁　　50g

用法：加水溶解一次灌服。

96. 猪铜中毒

由于采食含铜多的饲料或植物而引起。以渐进性消瘦，步态强拘，尿少，尿带血，便秘，后肢麻痹等为特征。治宜除去毒物。

【处方 1】

（1）0.2%～0.3%亚铁氰化钾溶液　　适量

用法：洗胃。

（2）葡萄糖或乳糖铁剂　　适量

用法：口服。

【处方 2】

二巯基丁二酸钠　　适量

用法：按每 1kg 体重 7～20mg 溶于生理盐水 20～40mL 中，缓慢静脉注射，每天 1 次，连用 4～5 天。

说明：也可选用 10%～20%硫代硫酸钠溶液（10mL/kg）肌内注射，每天 1 次，用于慢性铜中毒。

97. 猪锌中毒

因饲料中添加硫酸锌不当引起。以食少，口吐白沫，呕吐，腹泻，肩关节肿大，步态僵硬等为特征。治宜排毒解毒。

【处方 1】

碳酸钙　　20～30g

用法：和水适量一次灌服。

【处方 2】

硫酸钠或硫酸镁　　40～50g

用法：和水适量一次灌服。

98. 猪湿疹

由于某些致敏物质刺激引起。以皮肤红肿、丘疹、水疱和脓疱为特征。治宜脱敏和局部外科处理。

【处方 1】

(1) 息斯敏（氯雷他定片）　2～4 片

用法：一次内服。

(2) 皮炎平软膏　1 支

用法：涂抹患部。

说明：也可选用强力解毒敏注射液，按每 1kg 体重 0.1～0.2mL，皮下或肌内注射，隔日 1 次，连用 2～4 次。

【处方 2】

地肤子 15g　蛇床子 15g　苦　参 15g
菊　花 10g　黄　柏 10g　白　芷 10g
金银花 10g

用法：煎汁外洗。

说明：还可用氧化锌、炉甘石、滑石粉等配成粉剂外用。破溃时用消毒药清洗、涂抗生素软膏。

【处方 3】

荆　芥　防　风　鸦胆子　蛇床子　花　椒　忍冬花
地肤子　白　芷　豨莶草　百　部　雄　黄　明　矾　各 20～30g

用法：前 10 味水煎取汁，用药前化入雄黄、明矾涂搽患处，每天 1 次，一般涂搽1～3 次。

【处方 4】

双　花 200g　板蓝根 200g

用法：共研为细末，每次用 25g 拌料喂母猪，每天 2 次，连服 8d。

【处方 5】

银　花 10g　地丁草 10g　一枝黄花 15g
野菊花 15g　黄　芩 15g　黄　柏 15g
玄　参 30g　土茯苓 20g　陈　皮 12g
甘　草 10g

用法：煎汁喂饲 10 头仔猪，每天 1 剂，连喂 3d。

99. 猪风湿病

由风、寒、湿侵袭引起，以全身关节和肌肉发炎、渗出、疼痛为特征。治宜祛风湿。

【处方 1】

复方水杨酸钠注射液　10～20mL

用法：一次静脉注射，每天 1 次，连用 3～5d。

【处方 2】

复方安乃近注射液　5～10mL

2.5%醋酸可的松注射液　5～10mL

用法：分别肌内注射，每天1次，连用2～3次。

【处方3】

独　活50g　　羌　活50g　　木　瓜50g

制川乌40g　　制草乌40g　　薏苡仁50g

牛　膝50g　　甘　草20g

用法：川乌、草乌加新鲜带肉猪骨500g文火炖4h，再下余药煎汁，每天分2次灌服，连服5d。

【处方4】针灸

穴位：前肢的抢风穴、膊尖穴、膊栏穴、冲天穴、前蹄叉等；后肢和腰胯部的百会穴、大胯穴、小胯穴、后三里穴、肾门等。

针法：白针、电针、火针或水针，水针可注射川芎注射液，也可选用西药。也可施行醋酒灸、醋麸灸。

100. 猪关节扭伤

因追赶，捕捉或运输时受强烈的外力作用使关节韧带及关节囊等损伤所致。以损伤部位发热肿胀、变形、伸缩困难，喜卧，强迫运动时呈跳跃运动或拖曳肢前进为特征。治宜活血止痛。

【处方1】

（1）5%～10%碘酊或四三一合剂　　适量

用法：涂患处，每天1～2次。

（2）1%盐酸普鲁卡因注射液　　2～5mL

用法：痛点处注射。

说明：也可用安乃近3～5mL一次肌内注射。

【处方2】

桃仁、红花、杏仁、栀子　　各等份

用法：共为细末，用白酒或食醋调敷，每1～2天1次。

【处方3】

伸筋草80g　　生　姜50g　　川　芎50g　　煅自然铜30g

桃　仁25g　　甜瓜子60g

用法：水煎2次，内服，每天1剂，连用3次。

【处方4】针灸

穴位：蹄头、缠腕及患病关节附近穴位。

针法：血针、白针。

101. 猪烫火伤

由于受沸水、火焰、金属熔化物及化学药品灼伤引起。轻症局部肿痛，重者形成水疱或皮肉焦枯坏死。治宜创面消毒、预防感染。

【处方 1】

（1）生理盐水　　适量

用法：冲洗创面。

（2）地榆 500g　　冰片 15g

用法：共研细末，麻油调，搽患部，每天 3 次。

【处方 2】

（1）金银花　　适量

用法：煎水冲洗患部。

（2）黄柏 50g　　栀子 50g　　花椒 20g　　虎杖 150g

用法：研成极细末，混入煮沸过的菜油 300mL 搅匀后涂抹患部，每天 3 次。

注：视病情配合抗生素疗法，重症镇静，防休克。

【处方 3】

大黄 1 000g　　地榆 1 000g　　冰片 100g　　黄连 500g

用法：供研细末，用植物油1 000mL 调匀，敷于患部，每天 2 次，连用 1 周。

102. 猪疝气

包括阴囊疝、脐疝、腹壁疝，为先天性和后天外伤性原因引起，共同以肠管突入皮下为特征，治宜手术还纳肠管，闭合疝孔。

【处方】

1%普鲁卡因注射液　　10～15mL

用法：适当保定，术部浸润麻醉，切开皮肤，将肠管整入腹腔，纽扣状缝合疝孔和切口。

说明：阴囊疝结合阉割同时进行。陈旧性疝轮需切除部分，以利肌层愈合。

103. 猪直肠脱

由于体瘦、下痢、便秘等引起，以直肠部分脱出肛门外为特征。治宜整复，固定。

【处方 1】整复

0.1%温高锰酸钾水溶液　　500mL

或 1%温明矾水　　300mL

用法：保持动物前低后高，清洗脱出的黏膜，然后整入腹腔。

【处方 2】固定

（1）整复肛门缝合（烟包缝合）

（2）针灸

穴位：后海、阴俞、肛脱。

针法：电针或水针。水针注入 95%酒精，每穴 2mL。

【处方 3】补中益气汤

党参 30g	黄芪 30g	白术 30g
柴胡 20g	升麻 30g	当归 20g
陈皮 20g	甘草 15g	

用法：水煎或研末开水冲调，一次灌服。每天 1 剂，连用 2～3 剂。

说明：整复、固定后内服。

【处方 4】电针

穴位：肛脱、后海等。

针法：接通电针机电针治疗 15～20min，每天或隔日 1 次，连续 3～5 次。

104. 猪卵巢机能减退

由于营养或子宫疾患等原因引起。以久不发情为特征。治宜消除病因，催情促孕为原则。

【处方 1】

绒毛膜促性腺激素　　200～1 000IU

用法：一次肌内注射，间隔 1～2d 再用 1 次。

说明：也可选用促黄体素释放激素 15μg，或促性腺激素 500～1 000IU，一次肌内注射。

【处方 2】

健康孕马血清或全血　　10～15mL

用法：一次皮下注射，次日或隔日再注射一次。

【处方 3】催情散

淫羊藿 6g	阳起石 6g	当　归 5g
香　附 5g	菟丝子 3g	益母草 6g

用法：煎汤灌服，每天 1 次，连用 2～3 剂。

【处方 4】

促孕灌注液　　20～30mL

用法：一次子宫内灌注，隔日 1 次，连用 3～5 次。

105. 猪子宫炎

由于难产、胎衣不下、子宫脱出等原因造成子宫感染引起。以阴门排出不洁分泌物为特征。治宜抗菌消炎。

【处方 1】

益母草 15g	野菊花 15g	白扁豆 10g
蒲公英 10g	白鸡冠花 10g	玉米须 10g

用法：加水煎汁，加红糖 200g，一次灌服。

注： 猪子宫内膜炎也可用氯前列烯醇肌内注射。

【处方 2】

白头翁 15g　　地骨皮 20g　　黄　柏 15g

延胡索 15g

用法： 加水煎汁，一次灌服。

106. 猪胎动不安

妊娠母猪由于营养不良、热性病或驱赶惊吓等引起。表现腹痛不安，阴道流出浊液或血水。治宜养血、凉血、安胎。

【处方 1】

1%黄体酮注射液　　2～4mL

用法： 一次肌内注射，每天 2 次。

【处方 2】参芪保产安胎汤

党　参 15g　　黄　芪 15g　　黄　芩 15g

杜　仲 15g　　白　芍 15g　　菟丝子 12g

桑寄生 10g　　木　香 10g　　甘　草 10g

用法： 煎汤去渣，候温灌服。

107. 猪难产

由于体瘦、子宫收缩无力或胎位不正等原因引起。治宜矫正胎位后促进子宫收缩，配合人工助产，必要时行剖腹产。

【处方 1】

垂体后叶素或催产素注射液　　30～50IU

用法： 一次皮下注射。

说明： 用于胎位正常、子宫颈开放、产道正常猪难产初期。

【处方 2】

当　归 15g　　川　芎 10g　　桃　仁 10g

益母草 15g　　炮　姜 6g

用法： 水煎取汁，分 3 次灌服。

说明： 同处方 1。

【处方 3】

车前子 20g　　红　花 20g　　龟　板 15g

生　地 20g　　牛　膝 20g　　白　芍 10g

用法： 黄酒 200mL 为引，水煎一次灌服。

108. 猪胎衣不下

主要由于子宫收缩无力引起，表现母猪分娩后24h仍未排出。治宜增加子宫收缩力。

【处方1】

垂体后叶激素注射液　　20～40IU

用法：一次肌内注射。

【处方2】

麦角新碱注射液　　1～2mL

用法：一次肌内注射。

【处方3】

当归15g　　香附15g　　川芎10g

红花6g　　桃仁6g　　炮姜9g

用法：水煎，一次灌服。

109. 猪子宫脱出

由于体瘦、生产努责等原因引起。以子宫部分或整个子宫角脱出阴门外为特征。治宜整复固定。

【处方1】

同猪直肠脱处方3。

【处方2】针灸

穴位：阴俞、阴脱。

针法：同猪直肠脱处方2（2）。

注：猪子宫全脱出整复较困难，可在腹胁部切开，从腹腔内牵拉整复，无生产价值的老母猪，可行子宫切除术。

110. 猪产后败血症

由于产后产道感染所致。以高热、萎靡、阴门流出带血恶臭液体为特征。治宜抗菌消炎。

【处方1】

注射用青霉素钠　　80万U

注射用链霉素　　100万U

注射用水　　5～6mL

用法：一次肌内注射，每天2次，连用3d。

【处方2】

同猪子宫炎处方1。

注：也可用其他抗生素和磺胺药。根据病情补液强心。

111. 猪产后瘫痪

主要由于产后突发低血钙引起。以知觉障碍和四肢运动功能丧失为特征。治宜补钙。

【处方 1】

10%葡萄糖酸钙注射液　　50～100mL

用法：一次静脉注射。必要时 6～12h 再重复一次。

【处方 2】

苍术 6 份　　威灵仙 1 份　　骨粉 3 份

用法：共为细末，每天取 100～200g 分 2 次混于饲料中喂服，直至痊愈。

【处方 3】复方龙骨汤

龙骨 400g　　当归 50g　　熟地 50g

红花 15g　　麦芽 400g

用法：煎汤，每天分 2 次内服，连用 3d。

【处方 4】针灸

穴位：山根、风门、百会、抢风、大胯、掠草。

针法：血针、白针或电针。

说明：配合温敷按摩，效果更好。

112. 猪乳房炎

由于损伤感染或乳汁积滞引起。表现乳房红肿热痛，触摸内有硬块，乳汁变质或有脓血。治宜抗菌消炎，活血化瘀。

【处方 1】

青霉素　　40 万～80 万 U

0.25%奴夫卡因（普鲁卡因）注射液　　20～40mL

用法：乳房周围分点注射封闭。

【处方 2】

注射用青霉素钠　　80 万 U

注射用链霉素　　50 万～100 万 U

注射用水　　5～10mL

用法：一次肌内注射，每天 1～2 次，连用 3d。

【处方 3】

蒲公英 15g　　金银花 12g　　连　翘 9g

丝瓜络 15g　　通　草 9g

芙蓉花 9g

用法：共为末，开水冲调，候温一次灌服。

说明：脓肿已成者，尽早切开，外科处理。

113. 猪产后缺乳

由于体衰、乳房炎、血瘀等引起。表现乳汁减少或无乳。治宜补气活血，通经下乳。

【处方 1】

垂体后叶素注射液　　　2～3mL

用法：一次肌内注射。

【处方 2】

党　参 60g	黄　芪 50g	当　归 50g
王不留行 50g	通　草 25g	白　术 25g
白　芍 25g	天花粉 25g	木　通 25g
厚　朴 25g	陈　皮 25g	甘　草 25g

用法：研粗末，纱布包裹，煎汤一次饮服。

【处方 3】

王不留行 10g	木　通 9g	通　草 9g
老母鸡 1 只		

用法：水煎至肉烂，一次喂服，每天 1 剂，连服 3 剂。

【处方 4】针灸

穴位：主穴选肾门、百会、阳明、乳基等，配穴选涌泉、蹄叉、三里等。

针法：白针。

114. 猪阳痿

多因饲养不良、营养不足、配种过度、精液耗损过多所致。以喜卧，吊腹，四肢无力，阴茎勃起无力为特征。治宜加强营养，补肾、壮阳。

【处方 1】

（1）10%丙酸睾丸酮注射液　　1mL

用法：一次肌内注射，隔日 1 次，连用 3 次。

说明：也可选用苯乙酸睾酮注射液 100mg，冻干孕马血清促性腺激素1 000IU，皮下或肌内注射，每天 1 次，连用 2～3 次。

（2）10%葡萄糖酸钙注射液　　10～20mL

用法：一次静脉注射，每天 2 次，连用 3～5d。

（3）复合维生素 B 注射液　　8mL

用法：一次肌内注射，每天 1 次，连用 3～5d。

【处方 2】

淫羊藿 28g	党　参 25g	戟　天 20g
杜　仲 20g	牛　膝 20g	菟丝子 25g
当　归 15g	肉苁蓉 20g	甘　草 15g

用法：水煎，米酒为引，一次投服，每天 1 剂。

115. 猪滑精

多因饲养不良、饲料单纯、营养不足、配种过度所致。早泄，虚瘦，四肢无力，喜卧懒动，精液稀，配种受胎率低为特征。治宜加强营养，固肾培元。

【处方 1】

（1）50%葡萄糖注射液　20mL

25%维生素 C 注射液　8mL

用法：一次静脉注射，每天 1 次。

（2）复合维生素 B　30 片

干酵母　50 片

用法：分 2 次内服，每天 1 次。

（3）胎盘组织液　4mL

用法：一次肌内注射，每天 1 次。

【处方 2】

鹿茸注射液　8～12mL

用法：一次肌内注射，每天 1 次。

【处方 3】

人参叶 30g　龙　骨 20g　生　地 15g

煅牡蛎 20g　莲　心 15g　牡丹皮 15g

甘　草 15g　杜　仲 15g

用法：水煎一次内服，每天 1 剂。

九、牛羊病处方

牛羊共患病处方中的用量均按牛的标准给出。羊的用量一般可按牛用量的1/10计算，例外的情况另外给出。

1. 牛羊口蹄疫

由口蹄疫病毒引起的急性、热性、高度接触性传染病。主要表现口腔黏膜、蹄部、乳头皮肤发生水疱和烂斑。本病平时应加强防疫措施，发生后及早上报，严格隔离，封锁疫区，本着“早、快、严、小”的原则联防联控。轻症宜局部外科处理，重症抗血清中和毒素和强心补液。

【处方1】

0.1%高锰酸钾溶液　500mL

碘甘油　100mL

用法： 高锰酸钾冲洗患部后，涂碘甘油。

【处方2】

3%来苏儿溶液　500mL

松馏油或鱼石脂软膏　100mL或100g

用法： 用来苏儿浴蹄后，擦干，涂搽松馏油或鱼石脂软膏。

【处方3】

（1）抗口蹄疫高免血清　400mL

用法： 一次皮下注射。

（2）10%葡萄糖注射液　2 000mL

10%安钠咖注射液　30mL

用法： 一次静脉注射。

说明： 酸中毒时加用5%碳酸氢钠注射液。

【处方4】贯众散

贯　众 20g	山豆根 20g	甘　草 15g
桔　梗 20g	赤　芍 10g	生　地 10g
花　粉 10g	大　黄 15g	荆　芥 10g
连　翘 15g		

用法： 共为末，加蜂蜜150g，绿豆粉30g，开水冲服。

【处方 5】

青黛 3g　　雄黄 6g　　冰片 9g

枯矾 9g　　硼砂 15g

用法：共研细末，吹入口内，每天 2 次。

【处方 6】验方

黄连 10g　　明矾 20g　　青黛 10g

儿茶 30g　　高锰酸钾 30g

用法：共为细末，每包 10g 备用。

说明：用于治疗口腔溃疡时，可每包加温水 500mL，每次往口腔中灌 100mL，每天 2 次，用时摇匀，咽下无妨。用于治疗舌头溃烂时，可将 20g 药装在布袋中置于口腔中，并用带子固定于牛角上，每两天换药 1 次。用于蹄部用药时，每 10g 药加水 250mL，少量用于患处，每天 2 次。

【处方 7】预防

口蹄疫双价疫苗　　1～2mL

用法：皮下或肌内注射。牛 1～2 岁用 1mL，2 岁以上用 2mL；羊 4～12 月龄用 0.5mL，1 岁以上用 1mL。免疫期 4～6 个月。

2. 牛羊狂犬病

由狂犬病毒引起的人兽共患传染病。主要表现狂躁不安和意识紊乱、流涎、哞叫，最后麻痹死亡。临床病例一经发现立即扑杀深埋。被疯犬咬伤病畜，宜立即伤口处理及注射狂犬病高免血清。平时加强防疫注射，扑杀疯犬。

【处方 1】

（1）0.2%新洁尔灭溶液或 20%肥皂水　　500mL

5%碘酊　　200mL

用法：伤口冲洗，碘酊涂布。

（2）抗狂犬病高免血清　　600mL

用法：伤口周围分点注射，按每 1kg 体重 1.5mL 用药。

【处方 2】预防

狂犬病疫苗　　10～50mL

用法：一次皮下注射。牛 20～50mL，羊 10～25mL，间隔 3～5d 后第二次注射。免疫期 6 个月。

说明：用于正常免疫及被病犬或可疑动物咬伤后紧急接种。

3. 牛羊伪狂犬病

由伪狂犬病毒引起的急性传染病。表现发热、剧痒及脑脊髓炎等。本病病畜可试用下方。重在预防。

【处方 1】

（1）抗伪狂犬病高免血清

用法：参照说明书。

（2）25%维生素 C 注射液　　6～20mL

5%葡萄糖注射液　　150～400mL

用法：一次静脉注射，牛用高量，羊用低量。

说明：配合皮下注射 10%安钠咖（乳牛用 30mL，羊用 2～4mL）和肌内注射维生素 B_1 500mg。

【处方 2】预防

牛、羊伪狂犬病氢氧化铝甲醛疫苗　　5～10mL

用法：颈部皮下注射。成年牛 10mL，犊牛 8mL，山羊 5mL。牛免疫期 1 年，山羊为半年。

4. 牛病毒性腹泻-黏膜病

由牛病毒性腹泻-黏膜病病毒引起的传染病，多呈隐性。急性病例表现口腔及消化道黏膜发炎、糜烂或溃疡，腹泻。本病主要靠疫苗预防，发病后无特效疗法，对症疗法和控制细菌感染可减少损失。

【处方 1】

次碳酸铋片　　30g

磺胺脒片　　40g

用法：一次口服。磺胺药每天 2 次，首次量加倍，连用 3～5d。

【处方 2】

丁胺卡那霉素注射液　　300 万 U

5%葡萄糖生理盐水　　3 000mL

用法：一次静脉注射。

说明：重症配合强心、补糖及维生素 C 等。也可用恩诺沙星注射液肌内或静脉注射。

【处方 3】

乌　梅 20g　　柿　蒂 20g　　山楂炭 30g

诃子肉 20g　　黄　连 20g　　姜　黄 15g

茵　陈 15g

用法：煎汤去渣，分 2 次灌服。

【处方 4】预防

牛病毒性腹泻-黏膜病弱毒疫苗　　适量

用法：皮下注射，成年牛注射 1 次，犊牛 2 月龄适量注射 1 次，达成年时再注射 1 次。用量参照说明书。

5. 牛恶性卡他热

由恶性卡他热病毒引起的一种急性热性传染病。其特征为发热，口、鼻、眼黏膜发炎，角膜混浊及脑炎。本病治疗较困难，绵羊与牛群分离饲养可预防本病。发病后可试用下方。

【处方 1】

（1）注射用头孢噻呋钠　2.5g
1%地塞米松注射液　6mL
25%维生素 C 注射液　40mL
10%安钠咖注射液　30mL
5%葡萄糖生理盐水　3 000～5 000mL
25%葡萄糖注射液　1 000mL

用法：一次静脉注射。

说明：头孢噻呋钠、维生素 C、地塞米松分别静脉注射。

（2）2.5%醋酸氢化泼尼松注射液　5.0mL

用法：角膜混浊侧太阳穴注射。隔 5d 重复 1 次。

【处方 2】

（1）注射用美蓝　2g
5%葡萄糖生理盐水　2 000mL
50%葡萄糖注射液　1 000mL

用法：一次静脉注射。

（2）复方磺胺-6-甲氧嘧啶钠注射液　100mL

用法：一次肌内注射，每天 2 次，连用 5d，首次量加倍。

【处方 3】清瘟败毒饮

石　膏 150g　生　地 60g　水牛角 90g
川黄连 20g　栀　子 30g　黄　芩 30g
桔　梗 20g　知　母 30g　赤　芍 30g
玄　参 30g　连　翘 30g　甘　草 15g
丹　皮 30g　鲜竹叶 30g

用法：一次煎服。石膏打碎先煎，再下其他药同煎，水牛角锉细末冲入。

6. 牛流行热

由牛流行热病毒引起的急性热性传染病。主要表现突发高热和呼吸促迫、流泪、流涎、流鼻液及跛行。本病重在防疫，治宜强心补液及防止继发感染。

【处方 1】

注射用青霉素钠　480 万 U

注射用丁胺卡那霉素　　200 万 U
注射用水　　20mL

用法：分别一次肌内注射，每天 2 次，连用 3～5d。

说明：也可用复方磺胺类药物或庆大霉素等。高热时配用安乃近注射液。

【处方 2】

注射用头孢噻呋钠　　2.5g
1%氢化可的松注射液　　30mL
10%安钠咖注射液　　20mL
5%葡萄糖生理盐水　　3 000mL

用法：一次静脉注射。

说明：用于产乳母牛时加 5%氯化钙注射液 300mL。

【处方 3】

2.5%醋酸氢化泼尼松注射液　　5mL

用法：一次肌内注射。

说明：有跛行症状时用。

【处方 4】

（1）注射用青霉素钠　　500 万 U
10%水杨酸钠注射液　　200mL
5%氯化钙注射液　　200mL
50%葡萄糖注射液　　200mL
10%安钠咖注射液　　30mL
1%氢化可的松注射液　　30mL
5%葡萄糖注射液　　2 000mL

用法：分别一次静脉注射。

（2）2.5%盐酸异丙嗪注射液　　10～16mL

用法：一次肌内注射。

【处方 5】

羌活 45g　　防风 45g　　苍术 45g
细辛 25g　　川芎 30g　　白芷 30g
生地 30g　　黄芩 30g　　甘草 30g
生姜 30g

用法：大葱一根为引，水煎取汁，候温灌服。

【处方 6】

银　花 45g　　连　翘 45g　　桔　梗 30g
薄　荷 30g　　竹　叶 30g　　荆　芥 30g
牛蒡子 30g　　淡豆豉 30g　　芦　根 45g
甘　草 30g

用法：水煎候温灌服。

【处方 7】预防

结晶紫灭活苗　　10～15mL

用法：第一次皮下注射 10mL，间隔 3～7d 再注射 15mL，可获 6 个月免疫力。

【处方 8】预防

病毒裂解疫苗　　2～3mL

用法：第一次皮下注射 2mL，间隔 4 周，再用 3mL。

说明：根据本病的流行特点，预防注射应在每年 7 月以前完成。

7. 牛羊蓝舌病

由蓝舌病病毒引起的绵羊传染病，牛也可发病。特征为发热，口腔、鼻腔、胃肠道黏膜溃疡性炎症变化。牛症状较轻。治无特效疗法，宜抗菌、收敛、消炎，防止继发感染。

【处方 1】

（1）硫酸庆大小诺霉素注射液　　80 万～120 万 U

用法：一次肌内注射，每日 2 次，连用 5d。

（2）3%过氧化氢溶液　　200mL

金霉素软膏　　20g

用法：溃疡部冲洗，涂布。

说明：也可用丁胺卡那霉素等代替方（1），出现腹泻时参照胃肠炎用药。重症辅以强心、补液。

【处方 2】预防

蓝舌病毒鸡胚化弱毒疫苗或牛胎肾细胞致弱组织苗　　适量

用法：羔羊 6 月龄后、成年绵羊每年肌内注射 1 次。母羊适量，宜在配种前或怀孕 3 个月后接种。

8. 牛羊痘病

由痘病毒引起的急性发热性传染病。牛痘危害性小，绵羊痘危害大。表现皮肤和黏膜发生特异性痘疹。疫区立即预防接种、封锁、消毒、隔离病畜。治宜抗病毒抗菌消炎。

【处方 1】

（1）0.1%高锰酸钾溶液　　500mL

碘甘油　　100mL

用法：病灶经高锰酸钾液冲洗后，涂碘甘油。

说明：也可用 1%醋酸溶液、2%硼酸溶液或 1%来苏儿冲洗，涂布 1%紫药水或氧化锌、硼酸软膏、金霉素软膏。

（2）抗绵羊痘高免血清　　10～20mL

用法：绵羊一次皮下或肌内注射。

说明：牛痘症状较轻，一般不用血清疗法。

【处方 2】

注射用青霉素钾　　400 万 U

注射用丁胺卡那霉素　　200 万 U

注射用水　　20mL

用法：分别一次肌内注射，每天 2 次，连用 5d。

说明：用于防止并发症。也可用磺胺类药物或其他抗生素。

【处方 3】预防

羊痘鸡胚化弱毒疫苗　　0.5mL

用法：绵羊尾部或股内侧皮内注射，免疫期 1 年。

【处方 4】预防

山羊痘细胞弱毒疫苗　　0.5 或 1mL

用法：山羊皮下接种，免疫期 1 年。

【处方 5】预防

牛痘苗　　10 人用量

用法：牛一次皮下注射。

说明：用于病初的紧急预防接种。

9. 羊传染性脓疱

由羊传染性脓疱病毒经创伤感染引起绵羊和山羊的传染病。以口唇等处皮肤、黏膜形成丘疹、脓疱、溃疡和结成疣状厚痂为特征。治宜局部清洗消毒。

【处方 1】

0.1%～0.2%高锰酸钾溶液　　500mL

碘甘油　　100mL

用法：口唇创面冲洗后，涂碘甘油。

【处方 2】

5%～10%福尔马林溶液　　200mL

5%碘酊　　100mL

用法：用福尔马林液蹄部浸泡 1min，连泡 3 次，然后创面涂碘酊。

说明：有全身症状时用抗生素或磺胺类药。

【处方 3】

青黛 45g　　大黄 30g　　黄连 20g

胆矾 12g　　大黄苏打片 20g

用法：共研细末，撒布于病灶上。

10. 牛羊炭疽

由炭疽杆菌引起的急性、烈性、败血性传染病。特征为突然倒毙，昏迷，倒卧，呼吸困难，濒死期天然孔流血。本病疫区加强预防接种，发现病畜立即封锁疫点，疫群用抗血清和疫苗紧急预防，病畜严格隔离治疗，以抗菌消炎、清热解毒为原则。重症配合强心、补液。

【处方 1】

（1）抗炭疽高免血清　　200mL

用法：牛一次静脉注射，羊用 30～60mL。12h 后重复一次。

（2）注射用青霉素钠　　400 万 U

注射用水　　20mL

用法：牛一次肌内注射，羊用 80 万 U，每天 2 次，连用 3～5d。

说明：也可用头孢类抗生素。

【处方 2】预防

无毒炭疽芽孢苗　　1mL

用法：牛一次皮下注射，绵羊减半。

【处方 3】预防

Ⅱ号炭疽芽孢苗　　1mL

用法：牛羊一次皮下注射，每年 1 次。

11. 牛羊破伤风

由破伤风梭菌经伤口感染引起的传染病。以运动神经中枢兴奋性增高，持续性肌肉痉挛为特征。治宜加强护理，处理创伤，抗菌消炎，中和毒素，镇静解痉。

【处方 1】

（1）0.1%高锰酸钾或 3%过氧化氢溶液　　适量

用法：创伤冲洗，涂搽碘酊。

（2）破伤风抗毒素　　90 万～120 万 U

25%硫酸镁注射液　　100～120mL

0.9%氯化钠注射液　　2 000mL

用法：分别一次静脉注射。

（3）注射用青霉素钠　　400 万 U

注射用丁胺卡那霉素　　200 万 U

注射用水　　40mL

用法：分别一次肌内注射，每天 2 次，连用 3～5d。

说明：抗菌也可用头孢类药，镇静也可用氯丙嗪。

【处方 2】

乌　蛇 45g　　金银花 45g　　防　风 18g
生黄芪 45g　　全　蝎 20g　　蝉　蜕 30g
白菊花 30g　　酒当归 30g　　酒大黄 30g
麻　根 30g　　天南星 25g　　羌　活 25g

荆　芥 15g　　栀　子 25g　　桂　枝 15g
地　龙 15g　　甘　草 15g

用法：水煎，加黄酒或白酒 250mL，一次灌服。

说明：用于早期，祛风止痛。

【处方 3】千金散

天　麻 25g　　乌　蛇 30g　　蔓荆子 30g
羌　活 30g　　独　活 30g　　防　风 30g
升　麻 30g　　阿　胶 30g　　何首乌 30g
沙　参 30g　　天南星 30g　　僵　蚕 20g
蝉　蜕 20g　　藿　香 20g　　川　芎 20g
桑螵蛸 20g　　全　蝎 20g　　旋覆花 20g
细　辛 15g　　生　姜 30g

用法：水煎取汁，化入阿胶，候温一次灌服。

说明：适用于中期，祛风镇惊。

【处方 4】天麻散加减

党　参 30g　　黄　芪 30g　　当　归 30g
玄　参 30g　　双　花 30g　　连　翘 25g
天　麻 30g　　乌　蛇 30g　　蝉　蜕 15g
胆南星 15g　　全　蝎 10g　　蜈　蚣 3 条

用法：水煎，候温一次灌服。

说明：适用于后期，镇惊除痰，补气养阴。

【处方 5】针灸

穴位：颈脉、风门、伏兔、百会、开关。

针法：初期放颈脉血，其余穴火针。

注：本病中西医结合治疗效果较好。必要时配合强心补液及其他对症疗法。发生深部或较大创伤时，宜立即注射破伤风类毒素预防。

12. 牛羊恶性水肿

由梭菌引起的急性传染病。以局部急性炎性气性水肿，伴有全身发热和毒血症为特征。治宜创伤处理，抗菌消炎，强心补液，缓解酸中毒。

【处方 1】

（1）0.1%高锰酸钾溶液或 3%双氧水　　适量
碘仿磺胺合剂　　30g

用法：扩创冲洗，清创后撒入碘仿磺胺。

（2）注射用青霉素钠　　240 万 U
注射用丁胺卡那霉素　　200 万 U
注射用水　　20mL

用法： 病灶周围注射。

（3）注射用头孢噻呋钠　　2.5g
5%葡萄糖注射液　　300mL
25%维生素C注射液　　20mL
5%碳酸氢钠注射液　　500～1 000mL
5%葡萄糖生理盐水　　3 000mL

用法： 一次静脉注射，每天1次，连用3d。

说明： 头孢噻呋钠、维生素C、碳酸氢钠分开静脉注射。

【处方2】

蒲公英120g　　金银花60g　　当　归30g
赤　芍30g　　连　翘30g

用法： 共为细末，开水冲调，候温一次灌服。

13. 牛羊气肿疽

由气肿疽梭菌引起的急性败血性传染病。以肌肉丰满部位发生气性炎性水肿为特征。呈地方流行性，疫区应定期防疫，疫群预防性抗菌治疗。早期病例治宜抗菌消炎，强心解毒。

【处方1】

（1）抗气肿疽高免血清　　200mL

用法： 牛一次静脉注射，羊用30～50mL，间隔12h再用1次。

（2）注射用青霉素钠　　800万U
注射用水　　30mL

用法： 一次肌内注射，每天2次，连用5d。

【处方2】

5%碳酸氢钠注射液　　500mL
1%地塞米松注射液　　3mL
10%安钠咖注射液　　30mL
5%葡萄糖生理盐水　　3 000mL

用法： 一次静脉注射，碳酸氢钠与安钠咖分开注射。

【处方3】

当　归30g　　赤　芍30g　　连　翘30g
双　花60g　　甘　草10g　　蒲公英120g

用法： 共为末，一次开水冲服。

【处方4】

紫草60g　　黄柏30g　　栀子30g
黄芩30g　　升麻（焙焦）10g　　白芷30g
甘草10g　　黄连30g

用法：共为末，一次开水冲服。

【处方 5】预防

气肿疽明矾（或甲醛）菌苗　　5mL

用法：6 月龄以上牛一次皮下注射，羊用 1mL。

14. 牛羊肉毒梭菌病

由于吸收肉毒梭菌毒素而发生的中毒病。以运动神经麻痹为特征。治宜中和毒素，清理胃肠，兴奋神经。多发地区牛羊进行预防注射。

【处方 1】

（1）肉毒梭菌多价抗毒素　　100～150mL

用法：牛一次皮下或肌内注射，羊用 30～50mL，4～6h 后重复 1 次。

（2）0.1%高锰酸钾溶液　　10 000mL

硫酸钠或硫酸镁　　800g

常水　　3 000mL

用法：0.1%高锰酸钾液洗胃后，灌服泻盐。

说明：重症配合强心补液。

【处方 2】预防

C 型肉毒梭菌明矾菌苗　　10mL

用法：一次皮下注射，羊用 4mL，免疫期 1 年。

15. 羊快疫和羊猝狙

由腐败梭菌引起的主要发生于绵羊的急性传染病。以突然发病，病程短促，真胃出血性、炎性损害为特征。羊猝狙由 C 型魏氏梭菌引起，以急性死亡、腹膜炎、溃疡性肠炎为特征。两病重在防疫，发病时隔离病羊，对病程稍长的病例治宜抗菌消炎、输液、强心。

【处方 1】

（1）注射用头孢噻呋钠　　0.25g

注射用水　　5～10mL

用法：一次肌内注射，每天 2 次，连用 3～5d。

（2）10%安钠咖注射液　　2～4mL

25%维生素 C 注射液　　2～4mL

1%地塞米松注射液　　0.2～0.5mL

5%葡萄糖生理盐水　　200～400mL

用法：一次静脉注射，连用 3～5d。

【处方 2】

注射用青霉素钠　　80 万～240 万 U

注射用水　　5～10mL

用法： 一次肌内注射，每天 2 次，连用 5d。

【处方 3】预防

羊快疫疫苗，或羊快疫、猝狙、肠毒血症三联苗，或羊快疫、猝狙、肠毒血症、羔羊痢疾、黑疫五联苗　　5mL

用法： 一次肌内注射，每年 1 次。

16. 羊肠毒血症

本病又称软肾病、类快疫，是由 D 型魏氏梭菌在肠道内繁殖产生毒素引起的绵羊急性传染病。以急性死亡、肾软化为特征。对病程长者除立即进行菌苗紧急接种外，灌服中药能收到一定的防治效果。

【处方 1】

注射用青霉素钠　　80 万～240 万 U

注射用水　　5～10mL

用法： 一次肌内注射，每天 2 次，连用 5d。

说明： 可用于病程稍缓的病羊，还可内服磺胺脒 8～12g，每天 2 次口服，连用 3～5d。同时结合强心、补液、镇静等对症治疗有利于部分病羊的康复。避免在春夏之际给羊饲喂过多的结籽饲草和蔬菜等多汁饲料。

【处方 2】预防

羊快疫、猝狙、肠毒血症三联苗　　1 头份

用法： 一次肌内注射。

【处方 3】

苍　术 10g　　大　黄 10g　　贯　众 5g

龙胆草 5g　　玉　片 3g　　甘　草 10g

雄黄 1.5g（另包）

用法： 将前六味水煎取汁，混入雄黄，一次灌服，灌药后再加服一些食用植物油。

17. 羊黑疫

本病又称传染性坏死性肝炎，是由 B 型诺维氏梭菌引起的绵羊、山羊的急性高度致死性毒血症。以肝实质发生坏死灶为特征。治宜抗菌消炎。

【处方 1】

（1）抗诺维氏梭菌血清（7 500U/mL）　　50～80mL

用法： 一次静脉注射，连用 1～2 次。

（2）注射用青霉素钠　　40 万～80 万 U

注射用水　　5mL

用法： 一次肌内注射，每天 2 次，连用 5d。

【处方 2】预防

羊厌气菌五联菌苗　　5mL

用法：一次皮下或肌内注射。

注：控制肝片吸虫感染对预防本病有重要意义。

18. 羔羊痢疾

由 B 型魏氏梭菌引起的初生羔羊的急性毒血症。以剧烈腹泻和小肠溃疡为特征。治宜抗菌消炎，收敛止泻，母羊产前免疫，羔羊生后 12h 内灌服阿莫西林可预防。

【处方 1】

注射用青霉素钠　　40 万～80 万 U

注射用丁胺卡那霉素　　20 万 U

注射用水　　10mL

用法：分别一次肌内注射，每天 2 次，连用数日。

说明：也可用庆大霉素、普美生（庆大小诺霉素）肌内注射。

【处方 2】

磺胺脒、鞣酸蛋白、次硝酸铋、重碳酸钠（碳酸氢钠）　　各 0.2g

用法：水调一次灌服，每天 3 次。

【处方 3】乌梅汤加减

乌梅（去核）10g	炒黄连 10g	黄芩 10g
郁金 10g	炙甘草 10g	猪苓 10g
诃子肉 12g	焦山楂 12g	神曲 12g
泽泻 8g	干柿饼（切碎）1 个	

用法：研碎煎汤 150mL，红糖 50g 为引，病羔一次灌服。

【处方 4】加味白头翁汤

白头翁 10g	黄　连 10g	秦　皮 12g
生山药 30g	山萸肉 12g	诃子肉 10g
茯　苓 10g	白　术 15g	白　芍 10g
干　姜 5g	甘　草 6g	

用法：煎汤 300mL，每羔灌服 10mL，每天 2 次。

【处方 5】预防

羔羊痢疾菌苗或羊快疫、猝狙、肠毒血症、羔羊痢疾、黑疫五联菌苗　　5mL

用法：每年秋季给母羊注射。产前 2～3 周再接种 1 次。

19. 牛羊结核病

由结核分枝杆菌引起的慢性传染病。病理特征是在多种组织器官形成肉芽肿和干酪样坏死或钙化结节。临床以频咳、呼吸困难及体表淋巴结肿大为特征。是乳用牛、羊由于其奶对人危害大，应淘汰种畜。治宜抗菌消炎，注意隔离消毒。

【处方 1】

（1）注射用丁胺卡那霉素　　200 万～400 万 U

注射用水　　30mL

用法：一次肌内注射，每天 2 次，连用 5d。

（2）异烟肼　　0.8g

用法：一次口服，每天 2 次，可长期服用。

【处方 2】

（1）卡那霉素注射液　　400 万 U

用法：一次肌内注射，每天 2 次，连用 5d。

（2）对氨基水杨酸钠　　80～100g

用法：每天分 2 次口服。

注：诊断牛结核病用牛型结核菌素，诊断绵羊、山羊用稀释的牛型和禽型两种结核菌素。消毒药常用 5%来苏儿或克辽林、10%漂白粉、20%新鲜石灰乳。

20. 牛羊副结核

牛羊副结核是由副结核分枝杆菌引起的反刍兽，尤其是牛的一种慢性消化道传染病。以顽固性腹泻，进行性消瘦，小肠黏膜增厚为特征。治宜抗菌消炎，止泻。

【处方 1】

（1）磺胺脒　　20～30g

用法：一次口服，每天 2 次，连用 5d，首次量加倍。

（2）硫酸镁　　15g

0.1%稀硫酸　　150mL

常水　　350mL

用法：配成溶液后取 30mL，再加水 250mL，一次口服，每天 1 次。

【处方 2】

磺胺脒　　30g

次硝酸铋　　15g

用法：一次口服，每天 2 次，连用 5～7d。

【处方 3】乌梅散

党参 60g　　白术 45g　　茯苓 45g

白芍 30g　　乌梅 45g　　干柿 30g

黄连 30g　　诃子 30g　　姜黄 30g

黄芩 45g　　双花 30g

用法：水煎候温灌服。

注：中西医结合疗效更好些。也可用氨苯酚嗪，按 1kg 体重 60mg 用药。

21. 牛羊巴氏杆菌病

由多杀性巴氏杆菌引起的急性传染病。表现高热、肺炎、急性胃肠炎及内脏器官广泛出血为特征。治宜抗菌消炎。

【处方 1】

(1) 巴氏杆菌抗血清　　80mL

用法：一次皮下注射。

(2) 注射用头孢噻呋钠　　2.5g

用法：一次肌内注射，每天 2 次，连用 5d。

说明：也可用其他二、三代头孢类抗生素及复方磺胺类药物，重症配合强心补液。

【处方 2】

金银花 50g	连　翘 60g	射　干 60g
山豆根 60g	天花粉 60g	桔　梗 60g
黄　连 50g	黄　芩 50g	栀　子 50g
茵　陈 50g	马　勃 50g	牛蒡子 30g

用法：水煎取汁，一次灌服。

22. 牛羊李氏杆菌病

由李氏杆菌引起的散发性传染病。以脑膜脑炎、败血症和孕畜流产为特征。治宜抗菌消炎，镇静解痉。

【处方 1】

(1) 注射用青霉素钠　　480 万～800 万 U

注射用丁胺卡那霉素　　200 万 U

注射用水　　30mL

用法：一次肌内注射，每天 2 次，连用 5d。

(2) 注射用头孢噻呋钠　　2.5g

5%葡萄糖生理盐水　　1 000mL

用法：一次静脉注射，每天 1 次。

【处方 2】

(1) 10%磺胺-6-甲氧嘧啶注射液　　120mL

用法：一次肌内注射，首次量加倍，每天 2 次，连用 5d。

(2) 丁胺卡那霉素　　300 万 U

用法：一次肌内注射，每天 2 次，连用 5d。

(3) 复方氯丙嗪注射液　　500～750mg

用法：一次肌内注射。

说明： 用于有神经症状的病畜。

【处方 3】

（1）庆大霉素注射液　　4 万～16 万 U

用法： 羔羊一次肌内注射，每天 2 次，连用 3～5d。

（2）注射用青霉素钠　　20 万 U

注射用丁胺卡那霉素　　5 万 U

注射用水　　5mL

用法： 同（1）。

说明： 用于羔羊败血型。

23. 牛羊坏死杆菌病

由坏死杆菌引起的慢性传染病。临床表现为组织坏死，多见于皮肤、皮下组织和消化道黏膜。成年牛羊多呈腐蹄病，犊牛、羔羊多呈坏死性口炎和脐坏死。治宜局部外科处理，必要时配合全身抗感染。

【处方】

0.1%高锰酸钾溶液　　适量

碘甘油　　适量

用法： 先剥去伪膜，用高锰酸钾液冲洗，然后涂碘甘油，每天 2 次直至痊愈。

说明： 适用于坏死性口炎。腐蹄病的治疗参照腐蹄病处方。

24. 牛羊传染性角膜结膜炎

由摩勒氏杆菌等多种病原引起的主要危害牛羊的传染病。特征为眼结膜和角膜发生的炎症变化，流泪，角膜混浊。治宜局部清洗消毒，抗菌消炎。

【处方 1】

2.5%醋酸氢化泼尼松注射液　　5mL

用法： 患侧太阳穴注射，羊用 30～50mg。隔 5 日 1 次，连用 2～3 次。

【处方 2】

2%～4%硼酸水　　适量

3%～5%弱蛋白银溶液　　适量

用法： 先以硼酸水洗眼，擦干后，滴入弱蛋白银溶液，每天 2～3 次。

说明： 也可用青霉素溶液（5 000U/mL）或红霉素眼膏、金霉素眼膏点眼，角膜混浊成角膜翳时，用溃疡净眼膏。

【处方 3】三砂散

硼砂 20g　　硇砂 20g　　朱砂 20g

用法： 共研细末，每取少许吹入眼内。

【处方 4】

硼砂 6g　防风 6g　荆芥 6g

白矾 6g　郁金 3g

用法：水煎取汁，候温冲洗病眼。

25. 羊链球菌病

由羊溶血性链球菌引起的急性败血性传染病。多见于绵羊。特征为下颌淋巴结和咽喉肿胀，各脏器出血，肺炎等。本病多在冬春季流行，疫区应在发病季节前做好预防，发病后做好隔离封锁。治宜抗菌消炎。

【处方 1】

（1）抗羊链球菌血清　40mL

用法：按 1kg 体重 1mL，一次皮下注射。

（2）注射用头孢噻呋钠　0.25g

用法：一次肌内注射，每天 1 次。

说明：也可用青霉素、庆大霉素、卡那霉素及其他头孢类抗生素等。

【处方 2】预防

羊链球菌氢氧化铝甲醛菌苗　3mL

用法：绵羊、山羊一次皮下注射，3 月龄以下羔羊 2～3 周后重复注射 1 次。

26. 牛放线菌病

由放线菌引起的慢性传染病。以头、颈、颌下和舌出现放线菌肿为特征。治宜切开或切除硬结，处理创腔，抗菌消炎。

【处方 1】

（1）10%碘仿醚或 2%鲁戈氏液　适量

用法：伤口周围分点注射，创腔涂碘酊。

（2）碘化钾　5～10g

用法：成牛一次口服，犊牛用 2～4g，每天 1 次，连用 2～4 周。

说明：重症可用 10%碘化钠 50～100mL 静脉注射，隔日 1 次，连用 3～5 次。如出现碘中毒现象，应停药 7d。

（3）注射用青霉素钠　240 万 U

注射用丁胺卡那霉素　100 万 U

注射用水　20mL

用法：溶解后，患部周围分点注射，每天 1 次，连用 5d。

【处方 2】

芒硝 90g（后冲）　黄连 45g　黄芩 45g

郁金 45g　大黄 45g　栀子 45g

连翘 45g　　生地 45g　　玄参 45g
甘草 24g

用法：水煎，一次灌服。

【处方 3】

砒霜 15g　　白矾 60g　　硼砂 30g
雄黄 30g

用法：共研细末，与黄蜡油混合，均匀地涂在纱布条上，塞入创口。

【处方 4】针灸

穴位：通关。

针法：放血。

说明：也可火针肿胀周围或火烙创口及其深部放线菌肿。

27. 牛羊传染性胸膜肺炎

由丝状支原体引起的牛、山羊的传染病。以纤维素性肺炎和胸膜肺炎为特征。疫区做好防疫，病畜隔离治疗，以抗菌消炎为原则。

【处方 1】

注射用头孢噻呋钠　　2.5g
5%葡萄糖注射液　　2 000mL

用法：一次静脉注射，每天 1 次，连用 5d。

用法：用生理盐水稀释成 5%的浓度一次静脉注射，按 1kg 体重 5～10mg 用药。视病情间隔 5～7d 再用 1～2 次。

【处方 2】

注射用丁胺卡那霉素　　200 万 U

用法：肌内注射，每天 2 次，连用 5～7d。

【处方 3】

紫花地丁 90g　　黄芩 60g　　苦参 60g
生石膏 60g　　甘草 18g

用法：共研细末，开水冲调，一次灌服，每天 2 次。

【处方 4】预防

（1）牛肺疫氢氧化铝菌苗　　1～2mL

用法：成年牛 2mL、6～12 月龄牛 1mL 一次臀部肌内注射，免疫期 1 年。

（2）山羊传染性胸膜肺炎氢氧化铝疫苗　　3～5mL

用法：6 月龄以下用 3mL、6 月龄以上用 5mL 一次皮下注射，免疫期 1 年。

28. 牛羊钩端螺旋体病

由钩端螺旋体引起的传染病。以发热，黄疸，血红蛋白尿，出血性素质，流产，皮肤和黏膜坏死，水肿为特征。治宜抗菌消炎。

【处方 1】

注射用丁胺卡那霉素　　200 万 U

用法：一次肌内注射，每天 2 次，连用 3～5d。

【处方 2】

注射用头孢噻呋钠　　2.5g

5%葡萄糖生理盐水　　2 000mL

用法：一次静脉注射，每天 1 次，连用 5d。

注：也可用金霉素、林可霉素、青霉素（大剂量）及磺胺类药物。配合静脉注射葡萄糖、维生素 C、维生素 K 及强心利尿剂。

【处方 3】预防

钩端螺旋体多价苗　　3～10mL

用法：牛，1 岁以下用 3～5mL，1 岁以上用 10mL，一次皮下注射。第一年注射 2 次，间隔 1 周；第二年注射 1 次。羊，1 岁以下用 2～3mL，1 岁以上用 3～5mL。

29. 牛羊无浆体病

也称边缘边虫病。由立克次氏体引起的传染病。主要表现发热，贫血，衰弱，黄疸。治宜消灭病原体，阻断传播媒介，配合输血。

【处方】

（1）注射用头孢噻呋钠　　2.5g

5%葡萄糖生理盐水　　2 000mL

用法：一次静脉注射，每天 1 次，连用 5d。

说明：亦可用盐酸氯喹 400mg 口服，每天 1 次，连用 5d；或强力霉素肌内注射。

（2）同源健康全血　　2 000～3 000mL

用法：一次静脉输入。一般输一次，最多不超过2次，防止引起严重的输血反应。

说明：每 500mL 血中加地塞米松 5mg 可减少输血反应。

注：用 1∶（300～400）螨净喷洒体表及环境杀蜱，口服硫酸亚铁丸或肌内注射维生素 B_{12} 有利于本病康复。

30. 牛羊附红细胞体病

附红细胞体病（简称附红体病）是由附红细胞体（简称附红体）引起的人兽共患传染病，以贫血、黄疸和发热为特征。治宜消灭病原体，驱除媒介昆虫。

【处方 1】

（1）注射用头孢噻呋钠　　2.5g

0.9%氯化钠注射液　　2 000mL

0.5%氢化可的松注射液　40mL

用法：一次静脉注射。每天1次，连用3～5d。

（2）双甲脒溶液　20mL

用法：配液，牛体表及周围环境喷洒灭蜱。

【处方2】

（1）注射用强力霉素　500万U

注射用水　50mL

用法：一次肌内注射。每天1次，连用3～5d。

（2）螨净　50mL

用法：按说明书配液，牛体表及周围环境喷洒灭蜱。

31. 牛羊肺丝虫病

本病又称网尾线虫病，是由胎生网尾线虫、丝状网尾线虫寄生于气管、支气管引起的以呼吸系统症状为主的寄生虫病。病初表现干咳，逐渐频咳有痰，喜卧，呼吸困难，消瘦。治宜驱虫。

【处方1】

左旋咪唑　3g

用法：一次口服，牛、羊按1kg体重7.5mg用药。

【处方2】

丙硫咪唑　2g

用法：一次口服，牛、羊按1kg体重5mg用药。

【处方3】

伊维菌素　80mg

用法：一次肌内注射，牛、羊按1kg体重0.2mg用药。

【处方4】

苯硫咪唑　2g

用法：一次口服，牛、羊按1kg体重5mg用药。

32. 牛羊胃虫病

本病又称仰口线虫病。由牛羊仰口线虫寄生于十二指肠引起。表现出以贫血为主的一系列症候和不同程度的消化紊乱，下痢和粪便带血。治宜驱虫。

【处方1】

左旋咪唑　3g

用法：一次口服，牛、羊按1kg体重8mg用药。

【处方2】

丙硫咪唑　2g

用法：一次口服，牛、羊按1kg体重5mg用药。

【处方3】

伊维菌素 80mg

用法：一次肌内注射，牛、羊按1kg体重0.2mg用药。

【处方4】

甲苯咪唑 6g

用法：一次口服，牛、羊按1kg体重15mg用药。

【处方5】

苯硫咪唑 2g

用法：一次口服，牛、羊按1kg体重5mg用药。

【处方6】

雷丸、榧子、槟榔、大黄 各等份

用法：共研细末，开水冲调，候温灌服，按1kg体重0.6g用药。

附：牛羊胃虫病：治疗处方相同。

33. 犊牛蛔虫病

由牛犊弓首蛔虫寄生于初生牛小肠中引起。表现精神委顿，喜卧，腹痛，排恶臭水泥样稀粪或硬结粪便。治宜驱虫。

【处方1】

伊维菌素 80mg

用法：一次肌内注射，牛、羊按1kg体重0.2mg用药。

【处方2】

丙硫咪唑 2g

用法：一次口服，牛、羊按1kg体重5mg用药。

【处方3】

左旋咪唑 3g

用法：一次口服，牛、羊按1kg体重7.5mg用药。

【处方4】

枸橼酸哌嗪 80～100g

用法：一次口服，牛、羊按1kg体重200～250mg。

【处方5】

酒石酸噻嘧啶 4～6g

用法：一次口服，牛、羊按1kg体重10～15mg用药。

34. 牛羊结节虫病

本病又称食道口线虫病。由食道口属的一些线虫寄生于大肠，有时也见于小肠末端和盲肠引起。主要表现慢性消瘦，下痢，恶病质，剖检肠壁形成结节。治宜驱虫。处方除参照仰口线虫病处方外，还可选用下方。

【处方 1】

驱蛔灵　　90g

用法：一次口服，牛、羊按 1kg 体重 220mg 用药。

【处方 2】

鹤　虱 7.5g　　使君子 3g　　苦楝子 3g

石榴皮 7.5g　　贯　仲 9g　　雷　丸 5g（另包研末）

用法：前五味研碎煎汤取汁，冲入雷丸，加油 50g 为引，成羊一次灌服。

35. 牛羊鞭虫病

由牛羊毛首线虫、球毛首线虫寄生在牛、羊的结肠和盲肠引起。临床表现肠卡他，下痢和消瘦。治宜驱虫。

【处方 1】

左旋咪唑　　3g

用法：一次口服，按 1kg 体重 8mg 用药。

【处方 2】

伊维菌素　　2g

用法：一次肌内注射，牛、羊按 1kg 体重 5mg 用药。

【处方 3】

苯硫咪唑　　2g

用法：一次口服，牛、羊按 1kg 体重 5mg 用药。

36. 牛副丝虫病

由牛副丝虫寄生在牛皮下组织引起。多发生于夏季。以颈、肩、背、腰出现结节、破溃和出血为特征。治宜驱虫。

【处方 1】

锑波芬钾　　50mL

用法：一次皮下注射，每 4d 后重复 1 次，连用 3 次。

【处方 2】

生　地 90g　　白茅根 50g　　槐　花 60g

地　榆 40g　　茜　草 20g　　百草霜 100g

白　糖 100g

用法：共为细末，开水冲调，候温一次灌服，每天 1 剂，连服 3～5 剂。

37. 牛眼虫病

由吸吮线虫寄生于牛结膜囊、第三眼睑和泪管内引起。临床表现结膜、角膜炎，羞明流泪，甚至角膜混浊、溃烂，可在结膜囊内找到虫体。治宜局部清除虫体、消炎，结合内服药物驱虫。

【处方 1】

2%～3%硼酸溶液　　500～1 000mL

用法： 冲洗眼睛，冲出虫体。

【处方 2】

（1）0.5%来苏儿溶液　　500mL

用法： 冲洗眼睛。

（2）1%～2%左旋咪唑溶液　　100mL

用法： 点眼。

（3）眼药水或眼药膏　　10g

用法： 点眼。

【处方 3】

左旋咪唑　　6g

用法： 一次口服，按 1kg 体重 15mg 用药。

【处方 4】

百　部 30g　　苦楝皮 30g

用法： 水煎取汁，冲洗患眼，每天 2～3 次，连用 3d。

38. 牛羊肝片吸虫病

由肝片吸虫及大片吸虫寄生在胆管内引起。主要表现食欲减退，反刍异常，腹胀，很快贫血、消瘦，被毛粗乱，颌下水肿，腹泻等。治宜驱虫。

【处方 1】

硝氯酚（拜耳 9015）　　2～3.2g

用法： 一次口服，按 1kg 体重黄牛 5～8mg、羊 4～6mg 用药。

【处方 2】

丙硫咪唑（抗蠕敏）　　4～6g

用法： 一次口服，牛、羊按 1kg 体重 10～15mg 用药。

【处方 3】

贯众 50g　　槟榔 30g　　龙胆 12g

泽泻 12g　　鹤虱 30g　　大黄 30g

用法： 共研末加温水冲服。羊酌减用量。

说明： 适用于病初，以杀虫为主。

【处方 4】肝蛭散

苏　木 30g　　贯　众 45g　　槟　榔 30g
茯　苓 30g　　木　通 20g　　泽　泻 20g
肉豆蔻 20g　　龙胆草 30g　　厚　朴 20g
甘　草 20g

用法： 共为末，一次温水调服。羊酌减用量。

39. 牛羊同盘吸虫病

由同盘科多种同盘吸虫引起，成虫寄生于牛的前胃上，一般危害不严重，但如很多童虫寄生在真胃、小肠、胆管和胆囊时，可引起疾病。主要表现顽固性腹泻，粪便成粥样或水样，常有腥臭，颌下水肿，贫血，消瘦。治宜驱虫。

【处方 1】

硝氯酚　　2.4g

用法： 一次口服，牛、羊按 1kg 体重 6mg 用药。

【处方 2】

氯硝柳胺　　20g

用法： 一次口服，按 1kg 体重牛 50mg、羊 90mg 用药。

【处方 3】

贯　众 400g　　苦楝皮 400g

用法： 水煎加蜂蜜 250g，牛一次灌服。按 1kg 体重 1.5～2g 生药用药。

【处方 4】

苏木 5g　　贯众 9g　　槟榔 12g

用法： 水煎取汁，加白酒 60g，羊一次灌服。

40. 牛羊胰吸虫病

由胰阔盘吸虫等寄生于胰管内引起。临床表现贫血，下痢，颈部和胸部水肿等。治宜驱虫。

【处方 1】

吡喹酮　　14g

用法： 一次口服，牛、羊按 1kg 体重 35mg 用药。

【处方 2】复方贯众散

苏　木 20g　　贯　众 15g　　槟　榔 30g
木　通 18g　　泽　泻 12g　　厚　朴 15g
豆　蔻 12g　　龙胆草 30g　　甘　草 15g

用法： 煎汁，牛一次灌服，羊用 1/6～1/3 量。

41．牛羊日本血吸虫病

由日本分体吸虫寄生于肠系膜静脉内引起。临床表现消瘦、腹泻、血便、贫血，犊牛发育迟缓。治宜驱虫。

【处方 1】

吡喹酮　　12g

用法： 一次口服或分两次口服（奶牛），按 1kg 体重 30mg 用药。

【处方 2】

硝硫氰胺（7505）　　16～24g

用法： 一次口服，按 1kg 体重 40～60mg 用药。

【处方 3】

硝硫氰醚　　6g

用法： 一次瓣胃注射，按 1kg 体重 15mg 用药。

42．牛羊双腔吸虫病

由矛形双腔吸虫和中华双腔吸虫寄生于胆管和胆囊引起。重症表现黄疸，消化紊乱，腹泻与便秘交替，逐渐消瘦。治宜驱虫。

【处方 1】

吡喹酮　　20g

用法： 一次口服，牛、羊按 1kg 体重 50mg 用药。

【处方 2】

丙硫咪唑　　6g

用法： 一次口服，牛、羊按 1kg 体重 15mg 用药。

【处方 3】

硝硫氰胺　　12g

用法： 一次口服，牛、羊按 1kg 体重 30mg 用药。

【处方 4】

苏　木 20g　　贯　众 15g　　厚　朴 15g
槟　榔 30g　　木　通 18g　　泽　泻 12g
豆　蔻 12g　　龙胆草 30g　　甘　草 15g

用法： 水煎取汁，牛一次灌服，羊用 1/6～1/3 量。

【处方 5】

鸦胆子 30g　　大茶药 100g　　生　姜 60g

用法： 水煎取汁，羊一次灌服。

43. 牛羊鸟毕吸虫病

由土耳其斯坦鸟毕吸虫和彭氏鸟毕吸虫寄生于肠系膜静脉内引起。临床表现体温升高、贫血、下痢等。治宜驱虫。

【处方 1】

吡喹酮　　12g

用法：一次口服，牛、羊按 1kg 体重 30mg 用药。

【处方 2】

硝硫氰胺（7505）　　0.6g

用法：与注射用水配成 2%溶液静脉注射，按 1kg 体重牛 1.5mg、羊 4mg 用药。

44. 牛羊绦虫病

由贝氏莫尼茨绦虫和扩展莫尼茨绦虫寄生于小肠引起。虫体寄生数量多时表现衰弱，消瘦，贫血，急腹症，腹泻，粪便中混有乳白色的孕卵节片，幼畜发育迟缓。治宜驱虫。

【处方 1】

氯硝柳胺（灭绦灵）　　20g

用法：一次口服，按 1kg 体重牛 50mg、羊 50～75mg 用药。

【处方 2】

吡喹酮　　4～6g

用法：一次口服，牛、羊按 1kg 体重 10～15mg 用药。

【处方 3】

丙硫咪唑　　4g

用法：一次口服，按 1kg 体重牛 10mg，羊 5～15mg 用药。

【处方 4】

仙鹤草芽　　250g

用法：煎成1 000mL，羔羊每次 45mL，灌服，每天 2 次。

【处方 5】

南瓜子 750g　　槟　榔 125g　　白　矾 25g

鹤　虱 25g　　川　椒 25g

用法：水煎取汁，牛一次灌服。

45. 牛锥虫病

本病又称苏拉病。由伊氏锥虫寄生于牛血液及造血器官内引起。多呈慢性经过，以间歇热，渐进性消瘦，贫血，四肢下部肿胀，耳尾干性坏死为特征。奶牛发病时多呈急性发作。治宜驱虫，重症辅以强心、补液等。

【处方 1】

纳嘎诺尔（拜耳 205）　　4～5g

0.9%氯化钠注射液　　500mL

用法： 配成 10%溶液一次静脉注射，按 1kg 体重 10～12mg 用药，隔周重复 1 次。

【处方 2】

安锥赛（喹嘧胺）　　1.2～2g

注射用水　　10～15mL

用法： 配成 10%溶液一次肌内注射，按 1kg 体重 3～5mg 用药。

【处方 3】

锥灭定（异甲脒氯化物）　　0.4g

注射用水　　20mL

用法： 配成 2%溶液一次皮下多点注射或一次肌内多点注射，按 1kg 体重 1mg 用药。

【处方 4】

贝尼尔（血虫净）　　1.5～2.5g

注射用水　　30～50mL

用法： 配成 5%溶液一次深部肌内注射，水牛按 1kg 体重 4～6mg 用药。每天 1 次，连用 2～3 次。

【处方 5】补中益气汤

黄芪 80g　　甘草 30g　　党参 60g

当归 50g　　陈皮 30g　　升麻 20g

柴胡 20g　　白术 60g

用法： 水煎，候温后牛一次灌服，羊用量酌减。

说明： 配合西药同时应用。用于重症，以促进康复。

46. 牛焦虫病

本病又称巴贝斯虫病。由牛双芽巴贝斯虫和牛巴贝斯虫寄生在牛的红细胞内引起。前者见于黄牛、水牛，后者多见于黄牛。混合感染多见于水牛。以血红蛋白尿，高热稽留，贫血，黄疸为特征。治宜驱虫，重症辅以强心、补液、输血等。

【处方 1】

贝尼尔（血虫净）　　1.75g

用法： 用注射用水配成 7%溶液臀部深层肌肉一次注射，按 1kg 体重 3.5mg 用药。隔日 1 次，连用 2～3 次。

【处方 2】

贯　众 80g　　槟　榔 45g　　木　通 40g

泽　泻 40g　　茯　苓 30g　　龙胆草 30g

鹤　虱 40g　　厚　朴 35g　　甘　草 15g

用法： 水煎，一次灌服。每天 1 剂，连用 2～3 剂。可先用处方 2 一次后续用本方。

47. 牛羊弓形虫病

由于吞食了弓形虫包囊、卵囊及滋养体后感染引起。表现肺炎、肝炎、淋巴结炎、流产及神经症状。治宜灭虫。

【处方 1】

复方磺胺甲氧吡嗪注射液　　20～24g

用法：一次肌内注射，牛羊按 1kg 体重 50～60mg 用药。每天 1 次，连用 4d。

【处方 2】

复方磺胺-6-甲氧嘧啶钠注射液　　12～16g

用法：一次肌内注射，牛羊按 1kg 体重 30～40mg 用药，每天 1 次，连用 4d。

【处方 3】

盐酸林可霉素　　1g

用法：和水口服，牛每头 1g，羊每头 0.05～0.1g，每天 1 次，21d 为一疗程。

48. 牛羊肉孢子虫病

由肉孢子虫寄生于牛心肌及骨骼肌（形成包囊）引起。临床表现发热，呼吸困难，厌食，消瘦，贫血，水肿，淋巴结肿胀等。治宜驱虫。

【处方 1】

氨丙啉　　40g

用法：一次口服，牛、羊按 1kg 体重 0.1g 用药。

【处方 2】

伯氨喹、氯喹　　各 0.5g

用法：一次口服，牛、羊按 1kg 体重 1.25mg 用药。

49. 牛羊脑包虫病

本病又称脑多头蚴病。由寄生于犬、狼的多头绦虫幼虫——多头蚴寄生于脑部引起。临床表现绵羊从急性脑膜炎开始，继而转圈，前冲后退，平衡失调，甚至瘫痪，大小便失禁。治宜早期对症处理，中后期手术摘除。

【处方 1】

（1）吡喹酮　　40g

用法：配成 10%溶液一次皮下注射，牛、羊按 1kg 体重 100mg 用药。

（2）20%甘露醇注射液　　250～1 000mL

10%葡萄糖注射液　　2 000mL

1%地塞米松注射液　　3mL

用法：牛一次静脉注射，羊用量酌减。

【处方 2】

95%酒精　　3～5mL

用法：穿颅抽净包囊液后一次注入。

说明：颅顶向下保定。穿刺不可强力抽吸或乱刺，抽液必须缓慢，注药必须保证注入包囊内。

50. 牛羊球虫病

由艾美耳属球虫寄生在肠道内引起。犊牛和羔羊最易感。临床表现出血性肠炎，渐进性消瘦，贫血。治宜驱虫，重症辅以强心、补液、止血等。

【处方 1】

氨丙啉　　8～10g

用法：一次口服，牛、羊按 1kg 体重 20～25mg 用药，连用 4～5d。

【处方 2】

白头翁 45g　　黄　连 25g　　广木香 25g

黄　芩 30g　　秦　皮 30g　　炒槐米 30g

地榆炭 30g　　仙鹤草 30g　　炒枳壳 30g

用法：水煎取汁，牛一次灌服，每天 1 剂，连用 3d。

51. 牛羊螨和虱病

由痒螨、疥螨、蠕形螨和虱在体表寄生引起。螨病以剧痒和皮炎为特征。治宜杀虫。

【处方 1】

伊维菌素（进口）　　80mg

用法：一次肌内注射，牛羊按 1kg 体重 0.2mg 用药，隔日重复 1 次。

【处方 2】

螨净　　500mL

用法：1∶（300～400）稀释后牛羊体表喷洒或 1∶1 000稀释后羊药浴。

说明：处方 1 与处方 2 配合运用疗效更好。

【处方 3】

双甲脒　　30mL

用法：1∶（300～400）稀释后牛羊体表喷洒或 1∶1 000稀释后羊药浴。

【处方 4】

百　部 9g　　狼　毒 12g　　大枫子 9g

马钱子 6g　　当　归 9g　　苦楝根皮 9g

苦　参 9g　　白　芷 6g　　黄　蜡 6g

植物油 240g

用法：除黄蜡外，余药用纱布包好放入油内炸成红赤色，除去药包，趁热加入黄蜡收膏，装入净瓶内备用。每次取适量涂搽患部。

说明：本药毒性大，严禁入口，擦药的病畜单独隔离，一次用药面积不宜过大。

52. 牛皮蝇蛆病

由牛皮蝇和纹皮绳的幼虫寄生在背部皮下内引起的慢性寄生虫病。临床表现皮肤发痒、不安和患部疼痛，肿胀发炎，严重的引起皮肤穿孔。治宜杀虫。

【处方 1】

皮蝇磷　　40g

用法：制成丸剂一次口服，按 1kg 体重 100mg 用药。

【处方 2】

亚胺硫磷乳油　　12g

用法：泼洒或点滴牛背部皮肤，按 1kg 体重 30mg 用药。

【处方 3】

葫芦茶 60g　　陈石灰 15g

用法：共捶烂敷封患处。

53. 羊鼻蝇蛆病

本病又称狂蝇蛆病，是由羊狂蝇的幼虫寄生在鼻腔及其附近的腔窦内所引起的慢性疾病。主要危害绵羊，表现流脓性鼻液、打喷嚏、呼吸困难等慢性鼻炎的症状。治宜杀虫。

【处方 1】

1%伊维菌素溶液　　10mL

用法：每千克体重 0.2mL，皮下注射或肌内注射。

【处方 2】

氯硝柳胺　　2.5g

用法：按每千克体重 5mg 口服，或 2.5mg 皮下注射。

说明：可用于驱杀各期幼虫。

【处方 3】

百部　　30g

用法：加水煎成 250mL，每次取药 30mL，用注射器冲入鼻腔内，每天 2 次。

54. 牛羊口炎

由物理、化学和微生物传染等病原因子作用引起。表现食欲减少或厌食、口唇嚼动及流涎增多。治宜除去病因，清洗，消炎。

【处方 1】

2%～3%硼酸溶液　　100～200mL

2%龙胆紫溶液　　30mL

用法：用前者冲洗口腔，用后者涂布溃疡面。

说明：冲洗口腔还可用1%食盐水，或1%鞣酸溶液；涂布溃疡面也可用碘甘油（5%碘酊1份、甘油9份）或5%磺胺甘油乳剂。

【处方2】冰硼散

硼　砂25g　　元胡粉25g　　朱　砂3g

冰　片2.5g

用法：共为细末，小竹管吹入患部少许。

55. 牛羊咽炎

由于机械性、化学性和传染性疾病及邻近器官疾病的蔓延引起。以吞咽障碍和流涎为特征。治宜抗菌消炎。

【处方1】

（1）0.1%高锰酸钾溶液　　500mL

碘甘油　　50mL

用法：前者冲洗口腔，后者咽部涂搽。

（2）注射用青霉素钠　　400万U

注射用水　　20mL

注射用丁胺卡那霉素　　100万U

用法：一次肌内注射，每天2次，连用5d。

（3）氯化铵　　100g

用法：一次口服，每天1～2次。

说明：痰多时用。

【处方2】青黛散

青黛50g　　黄柏50g　　儿茶50g

冰片5g　　胆矾25g

用法：研细末，纱布包，口衔。

【处方3】如意金黄散

天花粉200g　　大　黄100g　　姜　黄100g

白　芷100g　　厚　朴40g　　陈　皮40g

苍　术40g　　甘　草40g　　天南星40g

用法：共为末，适量醋调，咽部肿胀处外敷。

【处方4】五味消毒饮

金银花40g　　野菊花40g　　紫花地丁40g

蒲公英40g　　连　翘40g

用法：水煎，一次灌服。

56. 牛羊食道阻塞

由于食道被食团或其他异物阻塞所致。表现食物通过障碍，流涎，瘤胃臌气。治宜移除阻塞物。

【处方 1】

液体石蜡　　300mL

用法： 胃管灌入。

【处方 2】

2%盐酸丁卡因　　30mL

液体石蜡　　200mL

用法： 胃管投入阻塞部位，10～15min 后用探子推送阻塞物。

说明： 上方如不奏效，尽早手术取出。

57. 牛羊前胃弛缓

由于饲养管理失误，或某些寄生虫病、传染病或代谢性疾病引起。临床表现食欲减少，前胃蠕动减弱，缺乏反刍和嗳气。治宜兴奋瘤胃，制止异常发酵，并积极治疗原发病。

【处方 1】

0.1%新斯的明注射液　　16mL

用法： 牛一次皮下注射，羊用 2～4mg，2h 重复 1 次。

【处方 2】

（1）10%氯化钠注射液　　300mL

5%氯化钙注射液　　100mL

10%安钠咖注射液　　30mL

10%葡萄糖注射液　　1 000mL

用法： 一次静脉注射。

（2）胰岛素　　200IU

用法： 一次皮下注射。

（3）松节油　　30mL

常水　　500mL

用法： 一次灌服。

说明： 松节油可用鱼石脂 15g 替代。

【处方 3】

党参 30g　　白术 30g　　陈皮 30g

茯苓 30g　　木香 30g　　麦芽 60g

山楂 60g　　建曲 60g　　生姜 60g

苍术 30g　　半夏 25g　　豆蔻 45g

砂仁 30g

用法： 共为细末，开水冲调，一次灌服。

说明： 用于虚寒型。

【处方 4】

党　参 30g　　白　术 30g　　陈　皮 30g

茯　苓 30g　　木　香 30g　　麦　芽 60g

山　楂 60g　　建　曲 60g　　佩　兰 30g

龙胆草 45g　　茵　陈 45g

用法： 共为细末，开水冲调，一次灌服。

说明： 用于湿热型。

【处方 5】

穴位：脾俞、百会、肚角。

针法：电针或白针。

58. 牛羊瘤胃积食

由于采食大量难消化、易膨胀的饲料引起。以内容物积滞，容积增大，胃壁受压及神经麻痹为特征。治宜消除积滞，兴奋瘤胃，辅以强心、补液、纠正酸中毒。严重病例可用洗胃和手术疗法。

【处方 1】

（1）硫酸镁　800g

常水　4 000mL

用法： 一次灌服。

（2）10%氯化钠注射液　500mL

5%氯化钙注射液　150mL

10%安钠咖注射液　30mL

用法： 一次静脉注射。

【处方 2】

（1）液体石蜡　1 200mL

用法： 一次灌服。

（2）0.1%新斯的明注射液　20mL

用法： 牛一次皮下注射，羊用 2～4mg，2h 后重复用药 1 次。

（3）5%碳酸氢钠注射液　500mg

25%葡萄糖注射液　500mL

25%维生素 C 注射液　20mL

5%葡萄糖生理盐水　2 000mL

复方氯化钠注射液　2 000mL

10%安钠咖注射液　30mL

用法：一次静脉注射。

说明：碳酸氢钠与维生素 C 分开静脉注射。

【处方 3】加味大承气汤

大黄 60g	枳实 60g	厚朴 90g
槟榔 60g	茯苓 60g	白术 45g
青皮 45g	麦芽 60g	山楂 120g
甘草 30g	木香 30g	香附 45g

用法：共为末，开水冲，一次服。

59. 牛过食豆谷综合征

由于牛过食大量豆谷类精料引起。以神经兴奋性增高，视觉紊乱，脱水，酸中毒为特征。治宜排除积食，镇静解痉，纠正脱水和酸中毒。采食过量且发现早的宜手术治疗。

【处方】

(1) 液体石蜡或植物油　1 500mL

碳酸氢钠　150g

用法：分别一次灌服。碳酸氢钠可装入纸袋中投服。

(2) 0.1%新斯的明注射液　20mL

用法：一次肌内注射，2h 重复 1 次。

(3) 5%碳酸氢钠注射液　750～1 000mL

1%地塞米松注射液　3mL

25%维生素 C 注射液　40mL

复方氯化钠注射液　8 000mL

用法：一次静脉注射。

说明：碳酸氢钠单独注射。

60. 牛羊瘤胃臌气

由于采食了大量容易发酵的饲料，迅速产气引起。以瘤胃容积剧增，胃壁扩张，反刍和嗳气障碍为特征。治宜迅速排气和制止瘤胃内容物发酵。

【处方 1】

鱼石脂　15g

95%酒精　30mL

用法：瘤胃穿刺放气后注入，或胃管灌服。

说明：用于非泡沫性臌气。

【处方 2】

(1) 鱼石脂　15g

松节油　30mL

95%酒精 40mL

用法：穿刺放气后瘤胃内注入。

（2）硫酸镁 800g

用法：加常水3000mL溶解后，一次灌服。

说明：用于积食较多的泡沫性与非泡沫性臌气。

【处方3】验方

白萝卜2 500g 大蒜50g

用法：白萝卜榨汁，加糖150g、醋500mL混匀，一次灌服。

【处方4】

莱菔子90g 芒硝120g 大黄45g

滑石60g

用法：共为细末，加食醋500mL、食油500mL共调，一次灌服。

61. 牛创伤性网胃腹膜炎

由于金属异物刺入网胃引起网胃和腹膜的损伤及炎症。表现消化紊乱，网胃和腹膜疼痛，体温升高。治宜排除金属异物。配合抗菌消炎、制酵缓泻等。

【处方】

（1）注射用青霉素钠 400万U

注射用水 20mL

注射用丁胺卡那霉素 100万U

用法：一次肌内注射，每天2次，连用5d。

（2）液体石蜡 500mL

鱼石脂 15g

95%酒精 40mL

用法：待鱼石脂在酒精中溶解后，混于液体石蜡中一次灌服。

说明：排除金属异物可用投服磁铁吸除，无效者手术取出。

62. 牛羊瓣胃阻塞

由于吃食富含粗纤维饲料引起。表现瓣胃内容物积滞、干涸，瓣胃肌麻痹和小叶坏死。治疗以泻下和补液为主。严重病例可手术治疗。

【处方1】

（1）硫酸镁 500g

常水 2 000mL

液体石蜡 500mL

用法：一次瓣胃注射。

（2）10%氯化钠注射液 300mL

5%氯化钙注射液　　100mL
10%安钠咖注射液　　20mL
复方氯化钠注射液　　5 000mL
用法：一次静脉注射。
说明：前 3 种药先混合后静脉注射。

【处方 2】

（1）硫酸钠　　800g
液体石蜡　　500mL
常水　　3 000mL
用法：一次灌服。

（2）0.1%新斯的明注射液　　20mL
用法：牛一次肌内注射，也分 2 次肌内注射，羊用 2～4mg。
说明：在无腹痛症状时应用。

（3）5%葡萄糖生理盐水　　5 000mL
10%安钠咖注射液　　30mL
用法：一次静脉注射。

【处方 3】黎芦润燥汤

藜芦 60g　　常山 60g　　二丑 60g
当归 100g　　川芎 60g　　滑石 90g

用法：水煎加麻油1 000mL、蜂蜜 250g 一次灌服。

63. 牛皱胃阻塞

由于饲养管理不当或迷走神经调节机能紊乱引起。表现消化机能障碍，瘤胃积液，脱水，体中毒。重症手术治疗。轻症宜消食化滞，防腐止酵，促进内容物排出，防止脱水及自体中毒。

【处方 1】

（1）胃蛋白酶　　80g
稀盐酸　　40mL
陈皮酊　　40mL
番木鳖酊　　20mL
用法：一次口服，每天 1 次，连用 3 次。

（2）0.9%氯化钠注射液　　2 000mL
用法：一次皱胃注射。

（3）0.1%新斯的明注射液　　20mL
用法：一次皮下注射，2h 重复 1 次。

【处方 2】

（1）硫酸钠　　400g

植物油（或液体石蜡） 800mL
鱼石脂 20g
酒精 50mL
常水 6 000mL
用法：一次灌服。

（2）10%磺胺-5-甲氧嘧啶注射液 120mL
用法：一次肌内注射，每天 2 次，连用 5d，首次量加倍。

（3）10%氯化钠注射液 300mL
5%氯化钙注射液 100mL
10%安钠咖注射液 20mL
40%乌洛托品注射液 40mL
25%维生素 C 注射液 20mL
5%葡萄糖生理盐水 4 000mL
用法：一次静脉注射。
说明：前 3 种药先混合静脉注射。

【处方 3】

大　黄 100g　　厚　朴 50g　　枳　实 50g
芒　硝 200g　　滑　石 100g　　木　通 50g
郁李仁 100g　　京三棱 40g　　莪　术 50g
醋香附 50g　　山　楂 50g　　麦　芽 50g
青　皮 40g　　沙　参 50g　　石　斛 50g
糖瓜蒌 2 个
用法：水煎加植物油 250mL 一次灌服。

64. 牛皱胃炎

由于饲养管理不善引起。表现消化障碍，反刍减少，呕吐。治宜清理胃肠，消炎止痛，强心补液。

【处方 1】

（1）液体石蜡或植物油 500～1 000mL
用法：一次灌服。

（2）氨苄西林粉 5g
0.9%氯化钠注射液 200mL
用法：一次瓣胃注射。

【处方 2】

注射用头孢噻呋钠 2.5g
10%安钠咖注射液 30mL
40%乌洛托品注射液 40mL

5%葡萄糖生理盐水　　3 000mL

用法：一次静脉注射，每天1次，连用3d。

【处方3】

焦三仙 120g　　莱菔子 30g　　鸡内金 18g
焦槟榔 30g　　陈　皮 30g　　延胡索 18g
川楝子 30g　　厚　朴 40g　　大　黄 30g
五灵脂 60g　　香　附 60g

用法：水煎，一次灌服。

65. 牛皱胃溃疡

由消化不良引起。主要表现消化障碍，腹痛，排松馏油样粪便等。治宜加强护理，镇静止痛，抗酸止酵，消炎止血。

【处方1】

(1) 氧化镁　　350g
　　液体石蜡　　2 000mL

用法：一次胃管投服。

(2) 阿莫西林粉　　20g

用法：一次口服，每天1次，连用5d。

【处方2】

(1) 氧化镁　　80g
　　阿莫西林粉　　20g
　　液体石蜡　　500mL

用法：一次口服，每天1次，连用3～5d，磺胺片首次量加倍。

(2) 30%安乃近注射液　　25mL

用法：一次肌内注射。

(3) 10%止血敏注射液　　15mL

用法：一次肌内注射，每天1次，连用3～5次。

说明：也可用10%葡萄糖酸钙注射液500mL。

【处方3】

炒当归 60g　　赤　芍 80g　　五灵脂 60g
乌贼骨 45g　　蒲　黄 60g　　香　附 60g
甘　草 40g

用法：水煎，一次灌服。

说明：血虚加阿胶、枸杞，气虚加黄芪、白术，胃出血加白及。

66. 牛皱胃变位

本病又称皱胃左方变位。由于皱胃弛缓或皱胃机械性转移引起。多发于高产乳牛。主要表现食欲降低，食少许粗料而奶量下降，左侧 9～11 肋间肩关节水平线上下叩听有钢管音。治宜促其复位或手术整复，配合抗菌、强心、补液。

【处方 1】

风油精　　2 瓶

用法：适量水稀释后一次灌服。

说明：也可用薄荷油等量口服。

【处方 2】

黄　芪 250g	沙　参 30g	当　归 60g
白　术 100g	甘　草 20g	柴　胡 30g
升　麻 20g	陈　皮 60g	枳　实 100g
代赭石 100g	川楝子 30g	沉　香（另包）15g

用法：代赭石先煎 30min 后，加入其他药同煎，出锅前 5min 加沉香，取汁候温一次灌服。连用 2～3 剂。

67. 牛皱胃扭转

本病又称皱胃右方变位。由于过食高蛋白日粮、消化不良或其他疾病使皱胃弛缓引起，奶牛多发。主要表现皱胃亚急性扩张、积液，腹痛、碱中毒和脱水等。治宜尽快手术切开皱胃排除积液，纠正变位，配合药物强心补液、纠正碱中毒。

【处方 1】

庆大霉素注射液	100 万 U
25%维生素 C 注射液	20mL
10%氯化钾注射液	100mL
50%葡萄糖注射液	200mL
10%安钠咖注射液	30mL
复方氯化钠注射液	3 000mL
0.9%氯化钠注射液	5 000mL

用法：一次缓慢静脉注射。

【处方 2】

氯化钠	80g
氯化铵	80g
氯化钾	50g
灭菌注射用水	10 000mL

用法：混匀后一次缓慢静脉注射。

68. 牛羊肠痉挛

由于寒流侵袭、冬季暴饮冷水等因素引起。以急性腹痛，肠蠕动增加，不断排粪为特征。治宜镇痛解痉。

【处方 1】

30%安乃近注射液　　40mL

用法：一次肌内注射。

【处方 2】

1%硫酸阿托品注射液　　3mL

用法：一次皮下注射。

【处方 3】

颠茄酊　　30mL

温水　　3 000mL

用法：一次灌服。

【处方 4】澄茄暖胃散

荜澄茄 90g　　小茴香 30g　　青　皮 30g

木　香 30g　　川　椒 20g　　茵　陈 60g

白　芍 60g　　酒大黄 30g　　甘　草 15g

用法：煎汤去渣，候温一次灌服。

69. 牛羊肠便秘

由于多种因素使肠道弛缓引起。临床表现腹痛，拱背，排不出粪便，或排少量硬粪便。治宜润肠通便，强心补液。

【处方 1】

(1) 硫酸镁　　800mg

液体石蜡　　500mL

常水　　3 000mL

用法：一次灌服。

(2) 0.1%新斯的明注射液　　16mL

用法：牛一次皮下注射，羊 2～4mL，2h 重复 1 次。

说明：适用于水牛，配以牵遛运动。

【处方 2】

(1) 硫酸镁　　300g

液体石蜡　　500mL

常水　　2 000～3 000mL

用法：一次瓣胃注射。

（2）25%维生素C注射液　　20mL
5%葡萄糖生理盐水　　3 000mL
复方氯化钠注射液　　2 000mL
10%安钠咖注射液　　20mL
用法：一次静脉注射。

【处方3】大承气汤加减

大黄 60g　　枳实 30g　　厚朴 30g
木香 30g　　槟榔 30g　　山楂 60g
神曲 60g　　芒硝（另包）120g

用法：水煎取汁，冲入芒硝，一次灌服。

【处方4】针灸

穴位：尾根、后海、脾俞。

针法：白针或电针。

70. 牛羊胃肠炎

由于饲养管理不善引起或由传染病、寄生虫病继发。以体温升高，食欲废绝，腹泻为特征。治宜清肠制酵，抗菌消炎，强心补液。

【处方1】

（1）硫酸镁　　250g
鱼石脂（加酒精50mL溶解）　　15g
鞣酸蛋白　　20g
碳酸氢钠　　40g
常水　　3 000mL
用法：一次灌服。

（2）磺胺甲基异噁唑　　20g
用法：一次口服，每天2次，首次量加倍，连用3～5d。

【处方2】

丁胺卡那霉素注射液　　300万U
10%氯化钾注射液　　100mL
5%葡萄糖生理盐水　　4 000mL
5%碳酸氢钠注射液　　500mL
25%葡萄糖注射液　　1 000mL

用法：一次缓慢静脉注射。

【处方3】

庆大霉素注射液　　160万U

用法：一次瓣胃注射。

说明：也可用氨苄西林5g加常水混溶瓣胃注射。配合强心补液用于顽固性腹泻。

【处方4】白头翁汤加味

白头翁72g　黄　柏36g　黄　连36g
秦　皮36g　黄　芩40g　枳　壳45g
芍　药40g　猪　苓45g

用法： 水煎取汁，一次灌服。

71. 牛纤维蛋白膜性肠炎

由于饲养管理不当或肠道菌群失调引起。以食欲废绝，消化障碍，排出灰白色或黄白色膜状管型或索状黏膜为特征。治宜抗过敏，清理胃肠。重症配以强心、补液。

【处方1】

（1）苯海拉明　300mg

用法： 一次肌内注射。

（2）液体石蜡　800mL

磺胺脒　40g

用法： 一次灌服，每天1次，连用3d。

【处方2】

（1）10%盐酸异丙嗪　4mL

用法： 一次皮下注射。

（2）庆大霉素注射液　160万U

10%葡萄糖酸钙注射液　400mL

10%葡萄糖注射液　500mL

5%葡萄糖生理盐水　3 000mL

用法： 一次静脉注射，每天1次，连用3d。

【处方3】加味藿香正气散

藿　香30g　大腹皮30g　白　芷30g
炒白术30g　半　夏30g　车前子30g
厚　朴30g　黄　连30g　木　香30g
陈　皮25g　甘　草20g　生　姜20g

用法： 水煎，候温一次灌服，每天1剂，连服4剂。

72. 牛腹膜炎

由于细菌感染或邻近器官发炎蔓延引起。主要表现精神沉郁，反刍少，胸式呼吸，腹痛，呻吟，病初体温升高。治宜消除病因，抗菌消炎。

【处方】

（1）注射用青霉素钠　480万U

0.25%普鲁卡因注射液　300mL

注射用丁胺卡那霉素　200 万 U
0.9%氯化钠注射液　1 000mL
用法：一次腹腔注射。
（2）庆大霉素注射液　100 万 U
5%葡萄糖生理盐水　3 000mL
5%氯化钙注射液　120mL
40%乌洛托品注射液　40mL
1%地塞米松注射液　3mL
用法：一次静脉注射。

73. 牛急性实质性肝炎

由于传染病或中毒引起。主要表现消化障碍、黄疸及神经症状。治宜保肝利疸，清肠制酵，镇静解痉。

【处方 1】
硫酸镁或硫酸钠　300g
鱼石脂　20g
酒精　50mL
用法：鱼石脂溶于酒精中，泻盐配常水3 000mL，然后两液混合，一次灌服。

【处方 2】
2%肝泰乐（葡醛内酯）溶液　100mL
25%葡萄糖注射液　1 000mL
25%维生素 C 注射液　20mL
5%葡萄糖生理盐水　3 000mL
用法：一次静脉注射。
说明：也可配合维生素 B_1 500mg 肌内注射或静脉注射。有出血倾向的用 5%氯化钙 150mL 或维生素 K 3 200mg。也可配用地塞米松、氢化可的松等。

【处方 3】茵陈汤加味
茵　陈 120g　栀　子 50g　大　黄 25g
黄　芩 40g　板蓝根 120g
用法：水煎，候温一次灌服，每天 1 剂，连用 3～4 剂。

74. 牛羊感冒

由于气候骤变、机体受寒引起。以鼻流清涕、羞明流泪、呼吸增快、皮温不均为特征。有的体温升高。治宜解热镇痛，祛风散寒。重症抗菌消炎。

【处方 1】
注射用头孢噻呋钠　2.5g

注射用水　　20mL
30%安乃近注射液　　40mL

用法：一次分别肌内注射，每天2次，连用3d。

【处方2】荆防败毒散

荆芥 30g　防风 30g　羌活 25g
柴胡 35g　前胡 25g　枳壳 25g
桔梗 30g　茯苓 45g　甘草 15g

用法：共为细末，开水冲调，一次灌服。

【处方3】

双　花 30g　连　翘 30g　桔　梗 25g
荆　芥 25g　淡豆豉 25g　竹　叶 30g
薄　荷 15g　牵牛子 25g　芦　根 60g
甘　草 15g

用法：共为细末，开水冲调，一次灌服。

【处方4】针灸

穴位：耳尖、尾尖、蹄头、鼻中。

针法：血针。

75. 牛羊鼻炎

由于寒冷、异物及不良气体的刺激和细菌感染引起。以鼻黏膜充血、肿胀，流鼻液为特征。治宜消炎收敛。

【处方1】

2%～4%硼酸溶液　　500mL
金霉素软膏　　10g

用法：先用硼酸冲洗鼻腔，然后涂抹金霉素软膏，每天1～2d。

说明：冲洗鼻腔也可用1%明矾溶液，涂抹也可用青霉素软膏、红霉素软膏。

【处方2】

10%的丁卡因　　1mL
0.1%肾上腺素注射液　　1mL
蒸馏水　　20mL

用法：配液滴鼻，每天2～3次。

说明：用于鼻黏膜肿胀严重时。

【处方3】

苍耳子 30g　苏　叶 30g　辛　夷 25g
菊　花 25g　栀　子 20g　白　芷 15g
薄　荷 15g　黄　芩 15g

用法：共研细末，开水冲调，一次灌服。

76. 牛羊喉炎

由于受寒感冒、吸入有害气体及某些传染病引起。临床以咳嗽和喉头敏感为特征。治宜抗菌消炎，镇咳止痛。

【处方 1】

注射用青霉素钠　80 万～160 万 U

0.25％普鲁卡因注射液　40mL

用法：喉头周围封闭性注射。

【处方 2】

12％复方磺胺-5-甲氧嘧啶注射液　80mL

用法：一次肌内注射，每天 2 次，连用 3～5d，首次量加倍。

说明：也可用青霉素、丁胺卡那霉素和其他复方磺胺类药物。

【处方 3】

牛蒡子 25g	大　黄 25g	元明粉 35g
连　翘 20g	黄　芩 20g	山栀子 20g
贝　母 15g	薄　荷 15g	板蓝根 35g
天花粉 35g	山豆根 25g	麦　冬 25g

用法：共为末，开水冲调，鸡蛋清 4 个为引，一次灌服。

77. 牛羊支气管炎

由于受寒感冒、吸入刺激性气体或某些传染性、寄生虫性疾病引起。以咳嗽、流鼻液与不定型热为特征。治宜抗菌消炎，祛痰镇咳，抗过敏。

【处方 1】

(1) 10％异丙嗪注射液　4mL

用法：一次肌内注射。

(2) 12％复方磺胺-5-甲氧嘧啶注射液　100mL

用法：一次肌内注射，每天 2 次，连用 5d，首次量加倍。

【处方 2】

注射用青霉素钠　80 万 U

0.25％普鲁卡因注射液　20～40mL

用法：一次气管内注射。

【处方 3】桑菊银翘散

桑叶 25g	杏仁 25g	桔梗 25g
薄荷 25g	菊花 30g	银花 30g
连翘 30g	生姜 20g	甘草 15g

用法： 共为细末，开水冲调，一次灌服。

78. 牛羊支气管肺炎

由非特异性病原体引起。以弛张热型，呼吸频率增加，叩诊有散在浊音区，听诊有捻发音为特征。治宜消除病因，消炎镇咳，制止渗出，促进吸收。重症配以强心补液。

【处方 1】

氯化铵　20g

复方甘草合剂　150mL

用法： 分别一次口服。

【处方 2】

注射用头孢噻呋钠　2.5g

用法： 一次肌内注射，每天 1 次，连用 5d。

说明： 也可用青霉素或磺胺类药物，也可用其他头孢类抗生素。

【处方 3】

95%酒精　300～500mL

5%氯化钙注射液　120mL

40%乌洛托品注射液　40～60mL

10%安钠咖注射液　30mL

25%葡萄糖注射液　500～1 000mL

用法： 一次静脉注射。

说明： 用于呼吸困难者。

【处方 4】

麻　黄 15g　杏　仁 8g　生石膏 90g

双　花 30g　连　翘 30g　黄　芩 25g

知　母 25g　元　参 25g　生　地 25g

麦　冬 25g　天花粉 25g　桔　梗 20g

用法： 共为细末，开水冲调，蜂蜜为引，一次灌服。

【处方 5】银翘散加减

金银花 40g　连　翘 45g　牛蒡子 60g

杏　仁 30g　前　胡 45g　桔　梗 60g

薄　荷 40g

用法： 共为细末，开水冲调，一次灌服。

79. 牛羊大叶性肺炎

由传染性因素（如巴氏杆菌病）或非传染性因素（如变态反应性疾病）引起。以高热稽留，铁锈色鼻液及肺部广泛浊音区为特征。治宜消炎止咳，制止渗出，促进吸收，重症辅以强心补液。

【处方 1】

（1）10%安钠咖注射液　　20mL

用法：一次皮下注射，半小时后再用本处方 2。

（2）注射用头孢曲松钠　　12g

生理盐水　　2 000mL

用法：一次静脉注射，每天 2 次，连用 3～5d

【处方 2】

10%异丙嗪注射液　　4mL

30%安乃近注射液　　40mL

用法：分别一次肌内注射。

说明：有过敏者用异丙嗪，高热者用安乃近。

【处方 3、4、5】

同牛羊支气管炎处方 1、2、3。

【处方 6】清瘟败毒散

石　膏 120g　　水牛角 30g　　桔　梗 25g

淡竹叶 60g　　甘　草 10g　　生　地 30g

山栀子 30g　　丹　皮 30g　　黄　芩 30g

赤　芍 30g　　元　参 30g

连　翘 30g

用法：水煎取汁，水牛角挫末冲入，候温一次灌服。

80. 牛羊肺坏疽

由于误咽食物或药物等异物入肺并感染腐败细菌引起。以呼吸困难，鼻孔流出脓性、腐败性恶臭鼻液为特征。治宜抗菌消炎，迅速排除异物。

【处方 1】

（1）1%盐酸毛果芸香碱注射液　　20mL

用法：牛一次肌内注射，羊用 50mg。

（2）注射用青霉素钠　　80 万～160 万 U

注射用丁胺卡那霉素　　100 万～200 万 U

0.25%普鲁卡因　　50～200mL

用法：一次气管内注射，每天 2 次。

（3）注射用头孢噻呋钠　　2.5g

用法：一次肌内注射，每天 1 次。

【处方 2】

芦　根 250g　　薏苡仁 60g　　桃　仁 45g

冬瓜子 45g　　桔　梗 60g　　鱼腥草 60g

用法： 水煎取汁，候温一次灌服。

81. 牛羊胸膜炎

由于胸壁严重挫伤及刺伤感染，或某些传染性因素引起。临床表现弛张热型，胸腔积液，当积液多时叩诊呈水平浊音。治宜抗菌消炎，制止渗出，促进吸收。

【处方 1】

（1）0.1%雷佛奴耳溶液　　1 000mL
注射用青霉素钠　　160 万～240 万 U
0.25%普鲁卡因注射液　　200～300mL

用法： 胸腔穿刺排除积液后，用雷佛奴耳溶液冲洗，注入普鲁卡因青霉素溶液。

（2）松节油　　500mL

用法： 胸壁涂搽。

【处方 2】

（1）12%复方磺胺-6-甲氧嘧啶注射液　　100mL

用法： 一次肌内注射，每天 2 次，连用 5d，首次量加倍。

说明： 也可用林可霉素、青霉素、丁胺卡那霉素、庆大霉素、头孢类抗生素等。

（2）5%氯化钙注射液　　150mL
40%乌洛托品注射液　　40mL
10%安钠咖注射液　　30mL
25%葡萄糖注射液　　1 000mL

用法： 一次静脉注射。

【处方 3】归芍散

当　归 30g　　白　芍 30g　　桔　梗 20g
贝　母 25g　　麦　冬 20g　　百　合 25g
黄　芩 20g　　天花粉 25g　　滑　石 30g
木　通 25g

用法： 共为细末，开水冲调，一次灌服。

说明： 热盛加双花、连翘、栀子，喘甚加杏仁、葶苈子、枇杷叶，痰液多者加前胡、半夏、陈皮。

82. 牛羊心力衰竭

由于使役过重，用药不当引起，或继发于某些疾病引起。临床表现精神沉郁，心跳加快，呼吸困难，胸前与腹下水肿。治宜消除病因，加强护理，减轻心脏负担，增加心脏收缩力。

【处方 1】

（1）毛花强心丙（去乙酰毛花苷丙/西地兰 D）　　3mL

25%葡萄糖注射液　　1 000mL
25%维生素 C 注射液　　20mL
1%ATP（三磷酸腺苷）　　200mL
辅酶 A　　500IU
5%葡萄糖生理盐水　　1 000mL

用法：先静脉放血1 000～2 000mL 后一次静脉注射。

说明：贫血动物不能放血。

（2）复方奎宁注射液　　15mL

用法：一次肌内注射。

说明：用于急性心力衰竭。方（1）用毒毛旋花子苷 K 2.5mg 取代毛花强心丙后独立成方，用于慢性心衰，但不放血。

【处方 2】

0.1%肾上腺素注射液　　4mL
25%葡萄糖注射液　　1 000mL

用法：一次静脉注射。

说明：用于急救。

【处方 3】参附汤

党　参 60g　　熟附子 32g　　生　姜 60g
大　枣 60g

用法：水煎，候温一次灌服。

【处方 4】中药

当　归 15g　　黄　芪 30g　　党　参 25g
茯　苓 20g　　白　术 25g　　甘　草 15g
白　芍 20g　　陈　皮 15g　　五味子 25g
远　志 15g　　红　花 15g

用法：共为末，开水冲，一次灌服。

83. 牛羊创伤性心包炎

由于心包遭受异物直接损伤引起。以心区疼痛，听诊有摩擦音或拍水音，叩诊，心浊音区扩大为特征。慢性病例及早淘汰，种畜试用手术疗法；急性病例治宜抗菌消炎、强心。

【处方 1】

（1）注射用青霉素钠　　400 万 U
注射用丁胺卡那霉素　　200 万 U
注射用水　　20mL

用法：分别一次肌内注射，每天 2 次，连用 5d。

（2）毛花强心丙注射液　　3mg

用法：一次肌内注射，每天1～2次。

【处方2】

0.1%雷佛奴耳溶液　　1 000mL

注射用青霉素钠　　160万U

0.25%普鲁卡因　　100mL

用法： 心包穿刺排液后用雷佛奴耳溶液冲洗，注入青霉素普鲁卡因液。

说明： 用于化脓性心包炎，尚需配合抗菌消炎、强心等。

注： 怀疑铁器损伤先投服磁铁一枚，重症参照心力衰竭处方。

84. 牛羊贫血

分为出血性、溶血性、再生障碍性、营养性等多种类型贫血。主要表现可视黏膜苍白，组织器官缺氧，溶血性贫血时有黄疸。治宜消除病因，止血，加强造血功能，增加血容量。

【处方1】

（1）5%安络血注射液　　20mL

用法： 一次肌内注射，每天2～3次。

说明： 外部出血应及时压迫或结扎止血。

（2）6%右旋糖苷注射液　　500mL

25%葡萄糖注射液　　500mL

用法： 一次静脉注射。

（3）硫酸亚铁　　10g

用法： 一次口服。

说明： 用于急性出血性贫血。也可用维生素B_{12}注射液肌内注射。

【处方2】

1%地塞米松注射液　　4mL

用法： 一次肌内注射，每天1次。

说明： 也可用醋酸氢化泼尼松250mg肌内注射。配合止血，促进造血药物用于溶血性贫血。

【处方3】

10%丙酸睾酮注射液　　3mL

0.1%维生素B_{12}注射液　　2mL

用法： 分别一次肌内注射。

说明： 用于再生障碍性贫血。也可用氯化钴（牛0.5g，羊0.1g）口服取代维生素B_{12}。

【处方4】

同源动物健康全血　　2 000mL

用法： 一次静脉注射。

说明： 严重的各型贫血都可输血治疗，必要时可重复1次，最多2次。代血浆类不受此限。

【处方5】

黄芪 40g　　党参 60g　　陈皮 40g
白术 30g　　远志 25g　　熟地 25g
甘草 30g

用法： 共为末，开水冲，一次灌服。

说明： 用于急性出血性贫血。

【处方6】

黄芪 60g　　党参 60g　　白术 30g
当归 30g　　阿胶 30g　　熟地 30g
甘草 15g

用法： 共为末，开水冲，一次灌服。

说明： 用于再生障碍性贫血。

85. 牛羊肾炎

由于感染、中毒及变态反应等因素引起。表现肾区敏感和疼痛，尿量减少，尿液含病理性产物。治宜抗菌消炎，利尿消肿。

【处方1】

(1) 注射用青霉素钠　　400万U
注射用丁胺卡那霉素　　200万U
注射用水　　20mL

用法： 分别一次肌内注射，每天2次，连5d。

说明： 也可用庆大霉素160万U，卡那霉素500万U，口服。

(2) 双氢克尿噻　　2g

用法： 一次口服，每天1次，连用3d。

(3) 40%乌洛托品注射液　　60mL
1%地塞米松注射液　　4mL
5%葡萄糖注射液　　1 000mL

用法： 一次静脉注射，乌洛托品与地塞米松分开混入葡萄糖注射液。

说明： 尚可用强心剂、止血剂及碳酸氢钠等对症治疗。

【处方2】

金银花 30g　　连　翘 30g　　山　栀 30g
黄　柏 25g　　猪　苓 25g　　泽　泻 25g
车前子 25g　　丹　皮 20g　　鲜茅根 150g

用法： 水煎，候温一次灌服。

【处方3】加味五皮饮

大腹皮 30g　　茯苓皮 30g　　生姜皮 30g

陈　皮 30g　　桑白皮 30g　　猪　苓 30g
泽　泻 30g　　苍　术 30g　　白　术 30g
桂　枝 25g　　甘　草 15g

用法：水煎，候温一次灌服。

86. 牛羊膀胱炎

由于病原微生物感染、邻近器官疾病的蔓延等引起。表现尿频、尿痛，尿液中出现膀胱上皮及磷酸铵镁结晶等。治宜抗菌消炎，防腐消毒。

【处方 1】

0.1%雷佛奴耳溶液　　1 000mL
注射用青霉素钠　　160 万 U
0.25%普鲁卡因溶液　　500mL

用法：导尿后用雷佛奴耳溶液冲洗膀胱，再灌入青霉素普鲁卡因溶液。

说明：也可用 2%硼酸溶液，0.1%高锰酸钾溶液冲洗膀胱。重症配合口服呋喃妲叮 4g 或磺胺类药物，或肌内注射庆大霉素、卡那霉素、林可霉素等。

【处方 2】

滑石粉 30g　　泽　泻 35g　　灯　芯 40g
茵　陈 30g　　猪　苓 35g　　车前子 30g
知　母 35g　　黄　柏 30g

用法：共为末，开水冲调，一次灌服。

【处方 3】治浊固本汤

黄　柏 30g　　黄　连 25g　　茯　苓 40g
半　夏 25g　　砂　仁 25g　　益智仁 40g
甘　草 25g　　连　须 40g

用法：共为末，开水冲，一次灌服。

87. 牛羊膀胱麻痹

由于中枢神经系统的损伤及支配膀胱的神经机能障碍引起。以不随意排尿，膀胱充满及无疼痛为特征。治宜消除病因，提高膀胱肌肉的收缩力。

【处方 1】

0.2%硝酸士的宁注射液　　7～15mL

用法：一次皮下或百会穴注射。每天 1 次。

【处方 2】

氯化铵　　0.4g
注射用水　　40mL

用法：一次静脉注射。

【处方 3】

熟　地 60g　　山　药 60g　　朴　硝 60g
红茶末 60g　　生　芪 30g　　肉　桂 30g
车前子 30g　　茯　苓 15g　　木　通 15g
泽　泻 15g

用法： 共为末，加竹叶、灯芯为引，开水冲调，一次灌服。

【处方 4】针灸

穴位：天平、百会、尾根、后海。

针法：电针。

88. 牛羊尿石症

由于饲料与饮水质量不佳，饮水不足，尿路感染等原因引起。以砂石堵塞尿路，排尿困难为特征。大结石宜用手术取出，小结石可用中西药化石排石。

【处方 1】

金钱草 45g　　海金砂 45g　　鸡内金 25g
滑　石 60g　　木　通 30g　　二　丑 25g
千金子 30g　　厚　朴 25g

用法： 共为细末，开水冲调，候温一次灌服。

【处方 2】

滑　石 45g　　木　通 15g　　续随子 75g
桂　心 100g　　厚　朴 3g　　豆　蔻 18g
白　术 90g　　黄　芩 90g　　黑　丑 120g

用法： 共为末，开水冲，一次灌服。

【处方 3】消石散

芒　硝 150g　　滑　石 50g　　茯　苓 30g
冬葵子 30g　　木　通 50g　　海金沙 35g

用法： 共为末，开水冲，一次灌服。

注： 中药治疗尿结石有独到之处，中药治疗有困难时，可考虑用西药。如用利尿剂使小结石随大量尿液排出，确诊为草酸盐结石者用硫酸镁及阿托品，硫酸盐结石者用稀盐酸。

89. 牛羊血尿

由泌尿器官本身的疾患引起。主要是尿液呈不同程度的红色，透明度发生改变。治宜消除病因，制止出血，抗菌消炎。

【处方 1】

（1）5%安络血注射液　　20mL

用法： 牛一次肌内注射，羊用 5mL。

（2）呋喃咀啶　　6g

用法： 每天分 2 次，口服。

说明： 也可用磺胺药或抗生素口服或肌内注射。

【处方 2】秦艽散

秦　艽 30g　　当　归 30g　　赤　芍 15g
炒蒲黄 30g　　瞿　麦 30g　　焦栀子 25g
大　黄 30g　　没　药 15g　　车前子 25g
连　翘 20g　　茯　苓 25g　　甘　草 10g
淡竹叶 15g　　灯　芯 15g

用法： 共为细末，开水冲调，候温一次灌服。

90. 牛羊脑炎及脑膜炎

由传染性或中毒性因素引起。主要表现兴奋或抑制，或两者交替发生。治宜消除病因，降低颅内压，消炎解毒。

【处方 1】

20%甘露醇注射液　　750mL
10%葡萄糖注射液　　1 000mL
10%磺胺嘧啶钠注射液　　200mL
1%地塞米松注射液　　4mL

用法： 一次静脉注射，每天 1 次。

说明： 也可用青霉素代替磺胺嘧啶。有兴奋症状时，用 25%硫酸镁静脉注射。

【处方 2】朱砂散加减

朱砂 10g　　茯神 45g　　黄连 30g
栀子 45g　　远志 35g　　郁金 40g
黄芩 45g

用法： 水煎去渣。冷后加蛋清 100mL、蜂蜜 120mL 混合，一次灌服。

说明： 用于兴奋型。

【处方 3】天麻散加减

天　麻 45g　　夏枯草 40g　　防　风 45g
川　芎 30g　　钩　藤 40g　　天竺黄 30g
蝉　蜕 30g　　僵　蚕 45g　　白　芍 45g
黄　芩 40g　　石　膏 100g　　甘　草 30g

用法： 水煎，候温一次灌服。

【处方 4】针灸

穴位：太阳、鹘脉、蹄头、耳尖、山根、尾尖。

针法：血针。

91. 牛羊中暑

由于夏季阳光直射家畜头部，或家畜处在炎热、潮湿、闷热的环境中引起。以体温升高，心跳、呼吸加快及中枢神经系统机能障碍为特征。治宜防暑降温，镇静安神，强心利尿，缓解酸中毒。

【处方 1】

5%碳酸氢钠注射液　　500mL

复方氯化钠注射液　　4 000mL

10%安钠咖注射液　　30mL

用法：一次静脉注射，每天 2 次。

说明：将病畜放在阴凉、通风处，井水浇头，静脉放血1 000～2 000mL（羊100～300mL）后静脉注射，必要时 4h 一次。

【处方 2】茯神散

茯神 40g　　朱砂 10g　　雄黄 15g

香薷 40g　　薄荷 30g　　连翘 35g

玄参 35g　　黄芩 30g

用法：共为末，开水冲调，加猪胆一只，一次灌服。

【处方 3】清暑香薷汤

香　薷 30g　　藿　香 30g　　青　蒿 30g

炙杏仁 30g　　知　母 30g　　陈　皮 25g

滑　石 60g　　石　膏 90g

用法：水煎，候温一次灌服。

【处方 4】针灸

穴位：颈脉、三江、蹄头、尾尖。

针法：血针。

92. 牛羊癫痫

由大脑皮层机能障碍引起。以突然发生，迅速康复，反复发作，运动和感觉及意识障碍为特征。治宜加强护理，镇静解痉，保护大脑机能。

【处方 1】

苯巴比妥钠　　4g

注射用水　　10mL

用法：一次肌内注射。

【处方 2】

溴化钠、溴化钾、溴化铵　　各 8g

用法：一次口服，连用 5～6d。

【处方 3】胆南星散

胆南星 20g	天　麻 25g	川　贝 40g
半　夏 25g	茯　神 50g	丹　参 25g
麦　冬 35g	远　志 30g	全　蝎 10g
僵　蚕 25g	白附子 15g	朱砂 10g（另包）

用法：共为末，开水冲服。

【处方 4】针灸

穴位：天门、风门、大椎、鬐甲、百会。

针法：电针。

93. 牛青草搐搦

由于放牧于幼嫩的青草地或谷苗地之后不久突发的低镁血症。表现背、颈及四肢震颤，眼球震颤及后躯强直。治宜镇静解痉。

【处方 1】

25％硫酸镁注射液	400mL
25％硼酸葡萄糖酸钙注射液	500mL
10％葡萄糖注射液	2 000mL

用法：乳牛、肉牛一次缓慢静脉注射。

说明：水牛用前两药，各减 100mL 一次皮下注射。

【处方 2】

氯化钙	35g
氯化镁	15g

用法：溶于1 000mL 生理盐水中，乳牛、肉牛一次缓慢静脉注射。

94. 水牛血红蛋白尿

由于严寒与长期干旱为诱因及未知因素引起，以低磷酸盐血症、血红蛋白尿及贫血为特征。治宜补磷。

【处方 1】

（1）20％磷酸二氢钠溶液　　400mL

用法：一次静脉注射。

（2）骨粉　　250g

用法：一次口服，每天 1 次，连用 5d。

【处方 2】

秦　艽 30g	蒲　黄 25g	瞿　麦 25g
当　归 30g	黄　芩 25g	栀　子 25g
车前子 30g	天花粉 25g	红　花 15g

大　黄 15g　　赤　芍 15g　　甘　草 15g

用法：共研细末，青竹叶煎汁同调，一次灌服。

95. 牛醋酮血病

由于血液中酮体（主要是β-羟丁酸）增高引起。以低血糖、酮血、酮尿、酮乳为特征。治宜增高血糖，缓解酸中毒。

【处方 1】

（1）50%葡萄糖注射液　500mL
1%地塞米松注射液　4mL
5%碳酸氢钠注射液　500mL
辅酶 A　500IU
用法：一次静脉注射，每天 1 次，连用 3d。
说明：也可用氢化可的松取代地塞米松。

（2）甘油或丙二醇　500g
用法：一次口服，每天 2 次，连用 2d，随后每天 250g，再用 2d。
说明：也可口服氯化钾、硫酸钴、乳酸铵、丙酸钠等。

【处方 2】

（1）10%葡萄糖酸钙注射液　300～500mL
50%葡萄糖注射液　500mL
10%安钠咖注射液　30mL
5%葡萄糖注射液　1 000mL
用法：一次静脉注射。每天 1 次，连用 3～5d。

（2）5%碳酸氢钠注射液　500～750mL
用法：一次静脉注射。每天 1 次，连用 3～5d。

（3）胰岛素　100～150IU
5%葡萄糖注射液　1 000mL

（4）0.1%高锰酸钾溶液　500mL
用法：一次口服，每天 3 次，连用 3～5d。

（5）2.5%氯丙嗪注射液　12mL
用法：一次肌内注射。
说明：处方（3）用于病牛酸中毒、昏迷时。

96. 牛羊佝偻病

由于钙、磷代谢障碍及维生素 D 缺乏引起的幼畜疾病。以消化紊乱、异嗜癖、跛行及骨骼变形为特征。治宜调整饲料钙、磷平衡，补充维生素 D。

【处方 1】

（1）鱼粉　　20～100g

用法：犊牛每天拌料喂服，羔羊用 10～30g。

（2）鱼肝油　　8～15mL

用法：犊牛一次分 2～3 点肌内注射。羔羊用 1～3mL。

【处方 2】

（1）10%葡萄糖酸钙注射液　　100～200mL

用法：犊牛一次静脉注射，羔羊用 30mL。

（2）维丁胶性钙注射液　　2.5 万～10 万 IU

用法：犊牛一次肌内注射，羔羊用 2 万 IU。也可用维生素 D。

【处方 3】

苍术末　　30～40g

用法：犊牛一次口服，羔羊用 5～10g，每天 2 次，连用数日。

97. 牛羊骨软病

主要由于磷缺乏引起的成畜疾病。以消化紊乱、异嗜癖、跛行、骨质疏松及骨变形为特征。治宜补磷，促进钙磷吸收。

【处方 1】

（1）20%磷酸二氢钠注射液　　400mL

用法：半量静脉注射，半量皮下注射。

（2）维丁胶性钙注射液　　10 万 IU

用法：牛一次肌内注射，羊用 2 万 IU。

【处方 2】

人工盐 300g

骨粉 250g

用法：分别拌料喂服，每天 1 次，5～7d 为一疗程。

【处方 3】

煅牡蛎 20 份　　煅骨头 30 份　　炒食盐 15 份

小苏打 10 份　　苍术 7 份　　炒茴香 3 份

炒黄豆 15 份

用法：共研细末，牛每天口服 90～150g。并将精粉料加酵母发酵 24h，拌草饲喂，连用 30～40d。

98. 牛羊维生素 A 缺乏症

由于某些疾病影响引起。临床见犊牛、羔羊皮肤呈麸皮样痂块，目盲及神经症状。治宜补充维生素 A。

【处方 1】

维生素 AD 注射液　　2～4mL

用法： 犊牛一次肌内注射，每天 1 次，连用 3d。羊用 0.5～1mL。

【处方 2】

苍　术 25g　　松　针 25g　　侧柏叶 25g

用法： 研末，拌料，牛一次喂服，每天 1 次，连喂数天。

99. 牛羊维生素 B_1 缺乏症

由于犊牛和羔羊瘤胃还处于不活动阶段，维生素供给不足引起。临床表现衰弱，共济失调及惊厥，腹泻，厌食，脱水等。治宜补充维生素 B_1。

【处方 1】

5%维生素 B_1 注射液　　4～6mL

用法： 犊牛一次肌内注射，羔羊用 50～100mg。每天 1 次，连用 3d。

【处方 2】

复合维生素 B 注射液　　10～20mL

用法： 牛一次肌内注射，羊用 2～6mL。

100. 牛羊白肌病

由硒和维生素 E 缺乏引起，以骨骼肌、心肌纤维及肝组织等发生变性、坏死为特征。治宜补充硒及维生素 E。

【处方】

（1）0.1%亚硒酸钠注射液　　5～10mL

用法： 犊牛一次肌内注射，羔羊用 2～4mL。每 10～20d 重复 1 次。

（2）10%维生素 E 注射液　　3～5mL

用法： 犊牛一次肌内注射，用 50～100mg。

101. 牛羊营养性衰竭症

由于营养不良、某些寄生虫病或机体能量消耗增加引起，以进行性消瘦为最突出症状。治宜调理胃肠，补充营养，提高能量代谢。

【处方 1】

（1）酵母片　　120～150g

人工盐　　50～150g

碳酸氢钠　　50g

常水　　适量

用法： 一次灌服。

（2）25%葡萄糖注射液　　1 000～2 000mL
25%维生素C注射液　　20～30mL
1%ATP　　20mL
辅酶A　　500～800IU
10%安钠咖注射液　　20mL
用法：一次静脉注射，连用5～7d。

（3）1%苯丙酸诺龙　　5.5～25mL
用法：一次肌内注射。

【处方2】八珍汤加味

党参20g　　白术25g　　茯苓20g
当归30g　　川芎30g　　熟地30g
芍药30g　　黄芪30g　　肉桂30g
甘草10g

用法：水煎，一次灌服。

102. 牛羊荨麻疹

由于体内外因素刺激引起的过敏性疾病。以体表出现圆形或扁平疹块，发展快、消失也快为特征。治宜消除病因，脱敏与局部处理。

【处方1】

（1）10%苯海拉明注射液　　4mL
0.1%盐酸肾上腺素注射液　　4mL
用法：分别一次肌内注射。
说明：也可用异丙嗪注射液代替苯海拉明注射液。

（2）5%碘酊　　250mL
用法：患部涂搽。

【处方2】

（1）0.25%～0.5%普鲁卡因注射液　　100～150mL
5%氯化钙注射液　　100mL
25%维生素C注射液　　20mL
用法：牛分别一次静脉注射，羊用1/5量。

（2）止痒酒精　　200mL
用法：患部涂搽。
说明：止痒酒精配方：薄荷1g、石炭酸2mL、水杨酸2g、甘油5mL、70%酒精加至100mL。

【处方3】

金银花50g　　蒲公英50g　　生　地40g
连　翘40g　　黄　芩30g　　山　栀30g

蝉　蜕 50g　　苦　参 40g　　防　风 30g

用法： 共为末，开水冲，一次灌服。

【处方 4】

金银花 50g　　苦　参 50g　　白鲜皮 100g

用法： 水煎取汁，候温一次灌服。

103. 牛羊氢氰酸中毒

由于采食含有氰苷的植物或误食氰化物引起。以呼吸困难、黏膜潮红、震颤及惊厥为特征。治宜解毒排毒。

【处方 1】

（1）5%亚硝酸钠液　　40mL

5%～10%硫代硫酸钠溶液　　200mL

用法： 牛一次先后静脉注射。5%～10%硫代硫酸钠羊用 50mL。

说明： 也可用亚硝酸钠 1～3g、硫代硫酸钠 2.5～15g、蒸馏水 50～200mL 混合后一次静脉注射，羊用低量，牛用高量。也可用亚甲蓝，按 1kg 体重 3～5mg 用药。

（2）0.1%高锰酸钾溶液　　10～20L

用法： 牛洗胃。

说明： 用于口服中毒的初期，重症配以强心、补液。

【处方 2】

金银花 120g　　绿　豆 500g

用法： 煎汤，候温一次灌服。

104. 牛羊亚硝酸盐中毒

由于青饲料存放或加工不当产生了亚硝酸盐后饲喂引起。以呼吸促迫，结膜发绀，角弓反张，流涎及血液凝固不良为特征。治宜特效解毒和对症治疗。

【处方 1】

1%亚甲蓝（美蓝）注射液　　40mL

用法： 配成 1%溶液一次静脉注射。按 1kg 体重 1～2mg 用药。必要时 2h 后重复用药 1 次。

【处方 2】

甲苯胺蓝　　2g

用法： 配成 5%溶液静脉、肌内或腹腔注射，按 1kg 体重 5mg 用药。

注： 配合使用维生素 C 和高渗葡萄糖可提高疗效。特别是无美蓝时，重用维生素 C 及高渗糖也可达治疗目的。

105. 牛羊食盐中毒

由于食入过多的食盐引起。表现口渴、呕吐、腹痛、腹泻、视觉障碍、共济失调。治宜镇静解痉，保护胃肠黏膜。

【处方】

(1) 25%硫酸镁注射液　　120mL
5%葡萄糖注射液　　1 500mL
10%葡萄糖酸钙注射液　　500mL

用法： 一次分别静脉注射。

说明： 也可用溴化钙、溴化钾镇静。重症配合强心补液。

(2) 麻油　　750mL

用法： 一次胃管投服。

106. 牛羊有机磷中毒

由于接触或食入某种有机磷制剂引起。临床以流涎、流鼻涕、便血、腹泻及呼吸麻痹为特征。治宜解毒排毒。

【处方】

(1) 解磷定　　8～20g
0.9%氯化钠注射液　　500mL

用法： 临用前配成4%溶液一次静脉注射。按1kg体重20～50mg、每2h用药1次。

说明： 也可用氯磷定、双解磷。

(2) 1%硫酸阿托品注射液　　1～5mL

用法： 一次皮下注射。

说明： 阿托品可重复用至阿托品化（出汗、瞳孔散大、流涎停止）。

(3) 活性炭　　100～200g

用法： 牛一次口服。羊用5～50g。

说明： 用于口服中毒。可配合应用泻剂。

107. 牛羊有机氯农药中毒

由于摄入有机氯农药污染的草料引起。临床以流涎、磨牙、兴奋不安、肌肉震颤为特征。治宜镇静解毒。经皮肤中毒者立即用碱水洗刷皮肤。

【处方】

(1) 25%硫酸镁注射液　　120mL

用法： 一次静脉注射。

说明： 必要时配以高渗葡萄糖、维生素 C、地塞米松、安钠咖等。

（2）碳酸氢钠粉　　100～250g

硫酸钠　　600g

用法： 一次口服。

说明： 用于经口中毒者。有出血的可用维生素 K 或钙剂。

108. 牛羊有机汞农药中毒

由于接触有机汞农药或吸入汞蒸汽引起。以咳嗽、流泪、流鼻涕、神经症状及急性肾炎综合征为特征。治宜解毒、排毒、镇静解痉。经口中毒者可灌服适量蛋清、牛奶解毒。重症配以强心、补液及尿路消毒药（如乌洛托品）。

【处方】

10%二巯基丙醇注射液　　20mL

用法： 一次肌内注射，首次量按 1kg 体重 5mg、以后减半重复用药。

109. 牛羊尿素中毒

由于误食或饲料中添加过量尿素引起。表现口鼻流泡沫，呼吸困难，肌肉震颤，步态不稳等。治宜解毒、排毒。

【处方 1】

食醋　　1 000mL

糖　　1 000g

常水　　2 000mL

用法： 一次灌服。

【处方 2】

10%硫代硫酸钠溶液　　150mL

10%葡萄糖酸钙注射液　　500mL

10%葡萄糖注射液　　2 000mL

用法： 一次静脉注射。

说明： 适当配合镇静、制酵。

【处方 3】

葛根粉　　250g

用法： 水冲服。

110. 牛霉稻草中毒

由于采食发霉稻草引起。临床表现跛行，蹄肢肿胀，溃烂及蹄匣脱落。治宜消除病因，抗菌消炎及对症处理。

【处方 1】

(1) 注射用青霉素钠　　400 万 U
注射用丁胺卡那霉素　　200 万 U
注射用水　　20mL
用法：一次肌内注射，每天 2 次，连 5d。

(2) 2.5%醋酸氢化泼尼松　　10mL
用法：一次肌内注射，隔周 1 次。

(3) 10%葡萄糖酸钙注射液　　300mL
1%地塞米松注射液　　4mL
10%葡萄糖注射液　　2 000mL
用法：一次静脉注射。

【处方 2】

辣子秆1 000g　　茄子秆1 000g　　大　葱1 000g
花　椒 30g

用法：煎水于蹄腿肿胀处热敷，每天 2 次。

【处方 3】

樟脑粉 50g　　胡椒粉 30g　　凡士林 500g

用法：加热制成软膏患部涂搽后包扎。

【处方 4】银翘解毒散加减

金银花 9g　　连　翘 45g　　牛　膝 45g
蒲公英 60g　　茵　陈 60g　　土茯苓 30g
木　瓜 25g　　黄　芩 30g　　秦　艽 30g
枳　壳 30g　　陈　皮 30g　　神　曲 30g
木　通 30g　　荆　芥 15g　　防　风 18g
甘　草 12g

用法：水煎一次灌服，每天 1 剂，连用 3 剂。

111. 牛霉烂甘薯中毒

由于吃入一定量的病甘薯引起。以呼吸困难，急性肺水肿及间质性肺气肿，后期皮下气肿为特征。治宜排毒、解毒，缓解呼吸困难。

【处方】

(1) 0.1%高锰酸钾溶液　　1 000～1 500mL
用法：一次灌服。

(2) 硫酸镁　　500～1 000g
人工盐　　150g
常水　　3 000～5 000mL
用法：一次灌服。

(3) 95%酒精　　250～500mL
5%氯化钙注射液　　100～150mL
40%乌洛托品溶液　　40～50mL
10%安钠咖注射液　　30mL
10%葡萄糖注射液　　1 000mL
1%地塞米松注射液　　3～5mL
用法：前四药先静脉注射，后药接着静脉注射。
(4) 毛花强心丙（西地兰 D）　　3mL
用法：一次肌内注射，每天 2 次，连用数天。

112. 牛蓖麻籽中毒

由于误食蓖麻籽引起。表现食欲、反刍废绝，消化紊乱，下痢，脉搏快而弱，有的有神经症状。治宜解毒、排毒。

【处方】
(1) 0.1%～0.2%高锰酸钾溶液　　5 000～10 000mL
用法：洗胃。
(2) 活性炭　　100～200g
硫酸镁　　500～1 000g
常水　　3 000～5 000mL
用法：一次灌服。
(3) 25%葡萄糖注射液　　1 000mL
40%乌洛托品注射液　　40～60mL
25%维生素 C 注射液　　20～40mL
复方氯化钠注射液　　5 000mL
10%安钠咖注射液　　20mL
用法：静脉放血1 500mL 后，一次静脉注射。

113. 牛羊氟中毒

由于误食或误饮有机氟化物污染的饲料或饮水引起。表现不反刍、不合群、尖叫、颤抖、呼吸促迫、角弓反张。治宜解毒、镇静。

【处方 1】
(1) 50%解氟灵（乙酰胺）　　80mL
用法：牛羊按 1kg 体重 0.1g 分 3～4 次肌内注射，首次量为全日量的一半，连用 5～7d。
(2) 5%氯化钙溶液　　100～150mL
20%甘露醇溶液　　500～1 000mL

辅酶 A　500～1 000IU
1%ATP　20mL
10%葡萄糖注射液　2 000mL
用法：牛一次静脉注射。

114. 牛蛇毒中毒

由于被毒蛇咬伤引起。表现伤口肿胀、坏死、溃烂，迅速出现全身症状，休克，麻痹，呼吸困难等。治宜急救解毒，减少毒素扩散和局部处理。

【处方 1】

（1）0.2%高锰酸钾溶液　500mL
用法：伤口清洗。
说明：新咬伤且伤口在四肢下部，应立即在伤口上方结扎，阻断静脉、淋巴回流，然后处理伤口。

（2）季德胜蛇药　适量
用法：参照说明书伤口涂布和口服，连用 7d。

（3）注射用头孢噻呋钠　2.5g
1%地塞米松注射液　4mL
10%安钠咖注射液　30mL
5%葡萄糖生理盐水　3 000mL
用法：一次静脉注射。

【处方 2】

七叶一枝花、半边莲、八角莲、山海螺、田基黄、白花蛇舌草、香茶菜、徐长卿、扛板归、地丁草、青木香、东风菜、蛇莓、两面针等鲜草药　适量
用法：取其中一种或数种鲜药洗净、捣烂、取汁外敷（不要盖住伤口，以利排毒）和内服，日敷多次，干后即换。

【处方 3】

重楼根 20g　青木香 60g　半边莲 90g
马齿苋 90g　徐长卿 60g
用法：煎汤，一次灌服。

115. 牛羊疖和疖病

由于皮肤不洁或受到摩擦，表层受伤，致病菌在毛囊、皮脂腺及皮肤和皮下组织繁殖引起的化脓性炎症。多疖同时发生且经久不愈者为疖病。初期在皮上出现热、痛、圆形小结节，继而形成小脓肿，常伴有全身症状。治宜局部和全身抗感染。当形成疖性脓肿时，应尽早切开，按脓肿处理。

【处方 1】

（1）5%碘酊　　100mL

用法：局部涂搽。

（2）注射用青霉素钠　　80 万 U

0.5%普鲁卡因注射液　　10～20mL

用法：病灶周围封闭注射。

（3）注射用青霉素钠　　400 万 U

注射用丁胺卡那霉素　　200 万 U

注射用水　　20mL

用法：分别一次肌内注射，每日 2 次，连用 3～5d。

说明：也可用头孢噻呋钠、庆大霉素等。

【处方 2】

金银花 60g　　野菊花 60g　　蒲公英 45g

紫花地丁 45g　　连翘 45g　　黄酒（为引）120mL

用法：共为末，开水，一次冲服。

说明：严重感染时配用抗生素。

116. 牛羊痈

由细菌引起的多数毛囊、皮脂腺及其周围组织的急性化脓性炎症和坏死。表现红肿热痛，皮肤坏死，痈腔内含有脓性坏死物。治宜抗菌消炎，成熟痈切开排脓。

【处方 1】

同牛羊疖和疖病处方 1。

说明：痈未成熟时应用。

【处方 2】

3%双氧水　　100～200mL

20%硫酸镁　　20mL

0.01%利凡诺（雷佛奴耳）　　100mL

用法：痈切开后用双氧水冲洗，然后用后两者混合液浸纱布引流。

说明：用于痈成熟时。还需结合普鲁卡因青霉素封闭及磺胺药或抗生素肌内注射。

117. 牛羊脓肿

由皮肤或黏膜损伤后感染，以及局部炎症、血肿的继发感染引起。表现在组织或器官内形成外有包膜包裹，内有脓汁潴留的脓腔。治疗原则：初期消散炎症，促进吸收；后期促进脓肿成熟，切开排脓。

【处方 1】

（1）鱼石脂软膏　　100g

用法： 患部外敷，促进脓肿成熟。

（2）3%过氧化氢溶液　500mL

碘甘油　200mL

用法： 成熟脓肿切开后双氧水冲洗，碘甘油浸纱布引流。

说明： 也可用0.1%高锰酸钾溶液冲洗，用土霉素鱼肝油引流。重症用普鲁卡因青霉素封闭及肌内注射抗生素或磺胺类药物。

【处方2】

雄黄 10g　黄柏 100g　冰片 5g

用法共为末，醋调外敷。

说明： 用于脓肿初期。

【处方3】白及拔脓散

白　及 50g　白　矾 50g　雄　黄 50g

黄　连 25g　大　黄 25g　木鳖子 15g

黄　柏 25g　龙　骨 25g　青　黛 25g

白　蔹 25g　姜　黄 25g

用法： 共为末，蛋清、冷水调敷。

说明： 用于脓肿初期促进脓肿成熟。

118. 牛羊血肿

由于外力引起血管破裂，溢出的血液分离周围组织形成充满血液的腔洞。早期表现肿胀形成迅速，波动明显，穿刺有血液排出。治宜制止出血，排除积血，预防感染。初期可冷敷或患部涂碘酊后装压迫绷带止血。大的血肿5d后切开清创，按创伤处理。

【处方】

（1）1%安络血注射液　5mL

用法： 一次肌内注射。

说明： 也可用止血敏、巴曲停等。

（2）12%复方磺胺-5-甲氧嘧啶注射液　80mL

用法： 一次肌内注射，每天2次，连用5d，首次量加倍。

说明： 也可用青霉素、庆大霉素及其他复方磺胺制剂。

119. 牛羊淋巴外渗

由于挫伤引起淋巴管破裂，淋巴液积聚在周围组织内的一种非开放性损伤。临床表现肿胀形成缓慢，无热无痛，柔软波动，穿刺排出橙色透明的液体。治宜制止渗出，防止感染。重症可患部切开，排出淋巴液，用浸95%酒精或95%酒精福尔马林溶液的纱布填塞创腔，皮肤假缝合。

【处方】

（1）95%酒精溶液　　100mL

福尔马林　　1mL

5%碘酊　　数滴

用法： 穿刺抽出淋巴液后注入，片刻后再抽出。必要时可再注入。

（2）注射用青霉素钠　　480 万 U

注射用水　　20mL

用法： 一次肌内注射，每天 2 次，连用数日。

120. 牛羊蜂窝织炎

由溶血性链球菌、葡萄球菌等引起的疏松结缔组织内发生的急性弥漫性化脓性炎症。以形成浆液性、化脓性、腐败性渗出液并伴有明显的全身症状为特征。治疗原则：减少炎性渗出，抑制感染，改善全身状况，增强抵抗力，局部和全身疗法并举。

【处方 1】

同牛羊脓肿处方 1。

【处方 2】

奥立柯夫氏液　　200mL

用法： 患部切开后引流。

说明： 奥立柯夫氏液组成：3%过氧化氢溶液 100mL，20%氯化钠溶液 100mL，松节油 10mL。

【处方 3】

注射用头孢噻呋钠　　2.5g

40%乌洛托品注射液　　50mL

5%碳酸氢钠注射液　　500mL

50%葡萄糖注射液　　100mL

樟酒糖溶液　　300mL

5%葡萄糖生理盐水　　3 000mL

用法： 分别一次静脉注射。

说明： ①头孢噻呋钠、碳酸氢钠、乌洛托品及樟酒糖溶液应分别静脉注射。②樟酒糖溶液组成：精制樟脑 4g、精制酒精 200mL、葡萄糖 60g、0.9%氯化钠溶液 700mL 混合灭菌而成。

121. 牛羊败血症

由化脓性致病菌及其毒素和组织分解产物通过局部化脓灶进入血液循环引起。以局部病灶腐败化脓，全身高热稽留，呼吸促迫，眼结膜充血甚至出血为特征。治宜局部和全身抗菌消炎。

【处方 1】

(1) 0.1%～0.2%高锰酸钾溶液　1 000mL
25%硫酸镁注射液　20mL
生理盐水　100mL
用法： 前者清创后冲洗，后者创腔引流。

(2) 头孢噻呋钠　2.5g
注射用水　40mL
用法： 一次肌内注射，每天 1 次，连用 5d。
说明： 也可用青霉素、庆大霉素、卡那霉素。

【处方 2】

同牛羊蜂窝织炎处方 3。

说明： 用于重症。

【处方 3】

生地黄 150g　紫　草 60g　紫花地丁 150g
野菊花 30g　双　花 60g　板蓝根 150g
栀　子 30g　甘　草 30g　石菖蒲 30g
牛　黄 15g　生石膏 150g　知　母 60g

用法： 水煎取汁，一次灌服，每天 1 剂。

122. 牛羊创伤

由于外力作用引起的组织或器官的机械性、开放性损伤。有新鲜污染创和化脓感染创之分。主要表现出血、疼痛、创口哆开和机能障碍。治宜抗感染，止血，促进愈合。

【处方 1】

(1) 10%止血敏注射液　20mL
破伤风抗毒素　2 万 U
用法： 分别一次肌内注射。
说明： 大的出血结合结扎或压迫止血。

(2) 生理盐水或 0.1%新洁尔灭溶液　500mL
5%碘酊　50mL
用法： 创腔冲洗后，创面涂布碘酊。
说明： 用于新鲜污染创。小创伤也可用碘仿磺胺创内撒布，大创伤配合创伤缝合。

【处方 2】

0.1%雷佛奴耳溶液　1 000mL
25%硫酸镁注射液　20mL
生理盐水　100mL
用法： 雷佛奴耳溶液冲洗创腔，奥立柯夫氏液生浸纱布引流。

说明：①用于化脓创。必要时配用抗生素或磺胺药。②也可用0.2%高锰酸钾溶液，0.05%洗必泰溶液冲洗创腔，魏氏流膏引流。

【处方3】

生理盐水　500mL

金霉素软膏或抗生素软膏　20g

用法：创腔冲洗后，创面涂布软膏。

说明：用于肉芽创。

【处方4】去腐生肌散

轻粉25g　乳香25g　没药25g

儿茶15g　龙骨15g　硇砂15g

用法：共为末，不能缝合的新鲜创、化脓创撒布。

【处方5】

黄　芪60g　白　及40g　煅石膏20g

用法：共为末，新鲜创撒布。

【处方6】验方

大蒜1份　蜂蜜4份

用法：大蒜捣成糊状与蜂蜜调匀，清创后创内涂布。

说明：用于经久不愈的化脓创。

【处方7】仙方活命饮

皂角刺15g　双花35g　当归25g

甘　草15g　赤芍20g　防风20g

贝　母20g　花粉25g　白芷20g

没　药25g　乳香20g　陈皮20g

白酒100mL（为引）

123. 牛羊挫伤

由钝性外力引起的皮肤无破口的闭合性损伤。表现局部溢血、肿胀、疼痛，机能障碍及全身体温升高，食欲减退等。治宜收敛止血、消炎止痛。

【处方1】

（1）1%止血敏注射液　5mL

30%安乃近注射液　40mL

用法：分别一次肌内注射。

（2）5%碘酊或樟脑酒精　100mL

用法：患部涂布。

说明：必要时用普鲁卡因青霉素封闭。

【处方2】金黄散

大　黄150g　黄　柏150g　姜　黄150g

白　芷 150g　　天南星 60g　　陈　皮 60g
苍　术 60g　　天花粉 60g　　厚　朴 60g
甘　草 60g

用法：共为末，植物油调患部外敷。

【处方 3】活血镇痛散

川芎 48g　　元胡 60g　　红花 18g
白芷 15g

用法：共为末，开水冲调，一次灌服。

【处方 4】同牛羊创伤处方 7。

124. 牛羊烧伤

由于高温引起的损伤。表现伤部被毛烧焦，有水疱，甚至皮肤全层被损伤。3 度烧伤时精神沉郁，反应迟钝，反刍停止，甚至引起休克。治宜局部创面处理，全身抗感染、抗休克。

【处方 1】

（1）5%～10%高锰酸钾溶液　1 500mL

用法：体表清洗后，反复涂布 3～4 次。

（2）注射用青霉素钠　400 万 U
注射用丁胺卡那霉素　200 万 U
注射用水　20mL

用法：一次肌内注射，每天 2 次，连用 5d。

说明：也可用复方磺胺类针剂。

【处方 2】

5%碳酸氢钠注射液　750mL
5%氯化钙注射液　120mL
0.25%普鲁卡因溶液　300mL
复方氯化钠注射液　3 000mL

用法：一次静脉注射，碳酸氢钠单独注射。

说明：用于严重烧伤时。感染严重时加头孢类静脉注射。

【处方 3】紫草膏

紫　草 30g　　白　芷 30g　　当　归 30g
忍冬藤 30g　　白　蜡 20g　　冰　片 10g（另包）
植物油 300mL

用法：油加热到 130℃加中药，到 150℃去渣，加白蜡融化，候温加冰片，搅匀后创面涂布。

【处方 4】

大　黄 60g　　地　榆 60g　　黄　连 15g

冰　片 10g　　　　麻　油 200mL

用法：共为细末，麻油调糊，创面涂布。

125. 牛羊风湿病

由溶血性链球菌感染或贼风、冷雨侵袭等多种原因引起。其特征是反复突然发作，肌肉或关节游走性疼痛，肢体运动障碍。治宜祛风除湿，通经活络，解热镇痛。

【处方 1】

水杨酸甲酯软膏　　40g

用法：患部涂搽。

说明：水杨酸甲酯软膏组成：水杨酸甲酯 15g、松馏油 5g、薄荷脑 7g、白凡士林 15g。

【处方 2】

（1）撒乌安液　　200mL

用法：一次静脉注射。

说明：撒乌安液组成：每 100mL 含水杨酸钠 6g、乌洛托品 8g、安钠咖 2g。

（2）30%安乃近注射液　　40mL

2.5%醋酸氢化泼尼松注射液　　10mL

用法：分别一次肌内注射。

【处方 3】独活寄生汤

独　活 30g　　桑寄生 45g　　秦　艽 15g

熟　地 15g　　防　风 15g　　炒白芍 15g

当　归 15g　　茯　苓 15g　　川　芎 15g

党　参 15g　　杜　仲 20g　　牛　膝 20g

桂　心 20g　　甘　草 10g　　细　辛 5g

用法：共为末，开水冲，白酒 150mL 为引，一次灌服。每天 1 剂，连用 3～4 剂。

【处方 4】四物牛膝散

当归 15g　　川芎 15g　　白芍 30g

熟地 30g　　牛膝 30g　　木瓜 15g

茜草 15g

用法：共为末，开水冲调，一次灌服。

【处方 5】针灸

穴位：根据发病部位选取。

针法：毫针、温针、电针或水针。也可在患部施醋酒灸、醋麸灸。

126. 牛羊休克

由大出血、大面积烧伤及骨折、大手术的异常刺激等引起的。主要以有效循环锐减、微循环障碍为病理特征的综合征。治宜消除病因，补充血容量，改善心脏机能，调节代谢障碍。

【处方】

代血浆（或右旋糖苷）注射液	1 000mL
复方氯化钠注射液	3 000mL
1%ATP 注射液	20mL
1%地塞米松注射液	4mL
0.1%去乙酰毛花苷（西地兰）	3mL
10%葡萄糖注射液	1 000mL

用法：一次静脉注射。

说明：针对不同原因首先治疗原发病。中毒性休克可配用氯皮质激素。补液量根据病情而定。

127. 牛舌损伤

由于舌被尖锐或锋利的物体损伤所致。表现流涎，混有血液，采食困难，开口检查发现舌面或舌系带有损伤。治宜消除病因，抗菌消炎。严重损伤可手术治疗。

【处方 1】

0.1%高锰酸钾溶液	500mL
碘甘油	100mL

用法：先用高锰酸钾溶液冲洗创伤，后用碘甘油涂布。

说明：也可用 0.1%新洁尔灭溶液、2%～4%硼酸溶液冲洗创伤，抗生素软膏涂布患部。

【处方 2】青黛散

青黛 30g	黄柏 30g	儿茶 30g
冰片 3g	胆矾 15g	

用法：共研末，创面涂布。

说明：有全身症状时应用磺胺药或抗生素。

128. 牛羊腮腺炎

由暴力挫伤或感染引起的炎症。临床表现局部肿胀、增温，触之敏感，流涎。重症有全身症状。非开放性炎症治宜抗菌消炎。形成脓肿的应切开排脓，有瘘管者应破坏瘘管。

【处方 1】

注射用青霉素钠	160 万 U
0.5%普鲁卡因注射液	50mL

用法：患部周围封闭注射。

【处方 2】金黄散

天花粉 120g　　黄　柏 60g　　大　黄 60g
姜　黄 60g　　厚　朴 25g　　陈　皮 25g
甘　草 25g　　苍　术 25g　　天南星 25g

用法： 共研细末，用鸡蛋清和水调敷患部。

说明： 用于急性非开放性型。有全身症状时加用磺胺类药或抗生素。

129. 牛颈静脉炎

主要由于静脉注射刺激性药物时渗漏到脉管外引起。临床表现颈静脉沟不同程度肿胀、热痛，严重时肿胀呈索状。治宜消炎与抗菌相结合。

【处方 1】

0.9％氯化钠注射液　　50mL
20％硫酸钠溶液　　200mL

用法： 氯化钠注射液注入皮下渗漏部，硫酸钠溶液热敷患部。

说明： 当氯化钙漏入皮下时，应立即皮下注射 20％硫酸钠使氯化钙转变为硫酸钙。

【处方 2】雄黄散

雄黄 15g　　白及 15g　　白蔹 15g
龙骨 15g　　大黄 15g

用法： 共为末，醋调外敷。

130. 牛羊结膜炎

由于外界刺激和感染引起。临床表现结膜充血、潮红，羞明，流泪，有浆液性或黏液性分泌物。治宜抗菌消炎。

【处方 1】

2％硼酸溶液　　100mL
金霉素眼膏　　10g

用法： 先用硼酸溶液冲洗，后用金霉素点眼。

说明： 也可用 0.1％雷佛奴耳溶液洗眼，红霉素眼膏、青霉素眼药水点眼。

【处方 2】

注射用青霉素钠　　40 万 U
1％普鲁卡因溶液　　3mL
0.5％氢化可的松注射液　　2mL

用法： 牛一次结膜内注射，羊用 1/5 量。

【处方 3】

2.5％醋酸氢化泼尼松注射液　　2.5mL

用法： 一次太阳穴注射。

【处方 4】

蒲公英 600g　　金银花 150g

用法： 加水1 000mL 煎成 500mL，过滤，取滤液点眼。

【处方 5】

黄柏 30g

用法： 加水 500mL 煮沸 20min，滤液点眼。

131. 牛羊角膜炎和角膜翳

由外伤性、传染性、寄生虫性因素引起。主要表现羞明，流泪，结膜充血，角膜混浊或形成不透明瘢痕（角膜翳）。治宜消散炎症，退翳明目。

【处方 1】

5%碘化钾注射液　　50mL

用法： 一次静脉注射，每天 1 次，连用 5d。

【处方 2】

2.5%醋酸氢化泼尼松注射液　2.5mL

用法： 一次太阳穴注射，隔周注射 1 次。

【处方 3】石决明散

石决明 30g　　草决明 20g　　栀　子 20g

白药子 20g　　龙胆草 20g　　大　黄 20g

蝉　蜕 20g　　黄　芩 20g　　白菊花 20g

用法： 共为细末，开水冲调，一次灌服。

132. 牛羊直肠脱

由于饲养失调，劳役过度，营养缺乏引起。表现直肠的一部分或大部分向肛门外翻转脱出，脱出的黏膜充血、水肿，甚至干裂、坏死。治宜整复、固定。

【处方 1】

（1）0.1%高锰酸钾温热溶液　1 000mL

用法： 整复前清洗脱出部分。

说明： 也可用 2%明矾热溶液清洗。

（2）10%氯化钠注射液　　20mL

用法： 整复后，直肠周围疏松结缔组织内注射。

说明： 也可用 2%普鲁卡因 30mL 后海穴、肛脱穴注射。

【处方 2】防风汤

防风 20g　　荆芥 20g　　薄荷 20g

苦参 20g　　黄柏 20g　　花椒 5g

用法： 加水煮沸，去渣，整复前洗患部。

【处方 3】补中益气汤

黄芪 30g	白术 30g	党参 30g
升麻 30g	柴胡 20g	陈皮 25g
当归 20g	甘草 15g	

用法：共为末，整复后开水冲调，一次灌服，每天 1 剂。

【处方 4】升陷汤

党　参 120g	生黄芪 120g	知　母 45g
柴　胡 30g	桔　梗 30g	升　麻 45g
炙甘草 45g		

用法：共为末，开水冲，一次灌服。

【处方 5】针灸

穴位：后海、肛脱。

针法：毫针、电针或水针。

说明：整复后施针。

133. 牛羊包皮炎

由于挫伤、创伤或异物进入包皮囊，以及某些传染病和寄生虫病引起。常伴发龟头炎。表现包皮口肿胀，淤血，有浆液性或脓性分泌物。治宜清除包皮内污物，抗菌消炎。

【处方 1】

温肥皂水	适量
3%过氧化氢溶液	200mL
香莲洗液	100mL

用法：先用肥皂水清洗包皮鞘，再用过氧化氢清洗包皮内，然后涂布香莲洗液。

说明：也可用 0.1%雷佛奴耳或 0.1%新洁尔灭溶液冲洗包皮内。

【处方 2】

注射用青霉素钠	80 万～160 万 U
0.5%普鲁卡因溶液	50mL

用法：局部封闭注射。

【处方 3】

呋喃咀叮	30g

用法：一次口服，每天 2 次，连用 5d。

说明：也可用庆大霉素、卡那霉素、庆大小诺霉素或头孢噻呋钠肌内注射。

注：①重症处方 1、2、3 可联合运用。②慢性病例包皮切成 V 形，以利药物冲洗和排污。

134. 牛羊睾丸炎和附睾炎

由于机械性损伤或泌尿生殖道化脓性疾病的蔓延所致，也可继发于某些传染病。表现运动障碍，阴囊皮肤紧张、肿胀、增温、触诊疼痛，拒绝配种，时有全身症候。治宜消肿散瘀，抗菌消炎。

【处方 1】

注射用青霉素钠　　80 万～160 万 U
0.5%普鲁卡因溶液　　50mL

用法：局部封闭。

说明：当有全身症状时用磺胺药或抗生素。

【处方 2】

川楝子 25g　　元　胡 20g　　广木香 15g
盐茴香 30g　　荔　枝 20g　　炒橘核 25g
青　皮 40g　　大　黄 30g　　炮附子 15g
桂　枝 15g

用法：共为末，开水冲，一次灌服。

135. 牛阴囊积水

由于睾丸、附睾及总鞘膜炎症引起。表现一侧或两侧阴囊显著膨大，触压有弹性，疼痛不明显，局部发凉。治宜促进吸收，抗菌消炎。药物无效者可进行手术。

【处方 1】

5%～10%鱼石脂软膏　　200g
注射用青霉素钠　　80 万～160 万 U
0.5%普鲁卡因溶液　　40mL

用法：鱼石脂软膏外敷，普鲁卡因青霉素局部封闭。

【处方 2】

（1）25%硫酸镁溶液（温热）　　500mL

用法：患部温敷。

（2）5%氯化钙注射液　　200mL

用法：一次静脉注射。

136. 牛羊骨折

由于外力作用，骨的完整性和连续性遭到破坏。临床表现肢体变形，异常活动，骨摩擦音，患部肿胀、疼痛，机能障碍。治宜先整复固定，后配以药物促进骨折愈合。

【处方 1】

（1）30%安乃近注射液　　30mL

破伤风抗毒素　　2 万 U

用法：分别一次肌内注射。

说明：破伤风抗毒素用于开放性骨折。

（2）浓鱼肝油　　30mL

用法：牛每天 1 次口服。羊用 5mL。

【处方 2】接骨膏

当　归 15g　　栀　子 15g　　刘寄奴 15g

秦　艽 15g　　杜　仲 15g　　仙鹤草 15g

透骨草 15g　　木　香 15g　　煅自然铜 15g

补骨脂 15g　　儿　茶 15g　　川　芎 15g

红　花 10g　　乳　香 10g　　牛　膝 15g

紫　草 20g　　木　瓜 20g　　骨碎补 20g

血　竭 20g　　乌鸡骨 60g　　黄　丹 250g

植物油 500g

用法：除乳香、血竭、黄丹外，余药捣碎，布包入油内炸成赤红色，药油滴入冷水中成珠不散为度，去药包，入碾碎之乳香、没药、血竭，待化开，再倒入黄丹，并不断搅动，见锅内冒白蓝色烟，闻有膏药味时，速将油锅端下，倾入冷水中，将药膏搓成条状，备用。应用时，将药膏化开，厚摊于纱布上，贴敷在整复好的断骨处，外用夹板固定。

【处方 3】接骨散

血　竭 60g　　乳　香 30g　　没　药 30g

川　断 30g　　煅自然铜 30g　　当　归 15g

土　虫 60g　　天南星 15g　　红　花 15g

川牛膝 30g

用法：共为末，开水冲，加黄酒 150mL 为引，一次灌服。每天 1 剂，连用 5 剂。

【处方 4】荆防汤

荆　芥 60g　　防　风 60g　　伸筋草 120g

透骨草 180g　　海桐皮 90g　　川　芎 30g

苏　木 30g

用法：煎水烫洗、搓擦患部。

说明：骨折后期出现肌肉萎缩、关节僵硬、骨痂过大时用。

137. 牛羊外周神经麻痹

由于外周神经受到损伤、压迫引起。表现该神经支配的组织和器官的运动、感觉、营养机能障碍。治宜兴奋神经机能，促进功能恢复，防止肌肉萎缩。

【处方 1】

（1）10%樟脑酒精溶液　　200mL

用法： 患部反复涂搽。

说明： 也可用四三一合剂涂搽。

（2）5%维生素 B_1 注射液　　10mL

用法： 一次肌内注射。

说明： 也可用维生素 B_{12} 注射液。

【处方 2】

3%毛果芸香碱注射液　　2mL

0.1%肾上腺素注射液　　1mL

2.5%醋酸氢化泼尼松注射液　　5mL

用法： 分别一次肌内注射。

【处方 3】

1%氢溴酸加兰他敏注射液　　4mL

用法： 一次肌内注射，每天 1 次。

说明： 用于预防肌肉萎缩。

【处方 4】

穴位：在麻痹神经径路和支配部位选穴。

针法：电针、水针、气针。

138. 牛羊关节透创

由于受到锐利物体冲击引起。表现出血，疼痛，创口哆开，有关节液流出。治宜尽快处理伤口，预防感染。

【处方 1】

注射用青霉素钠　　80 万～160 万 U

2%普鲁卡因溶液　　40mL

碘仿磺胺（1∶9）　　10g

魏氏流膏　　200mL

用法： 创缘剪毛消毒，由创口对侧向关节腔穿刺注入消毒防腐液（0.1%雷佛奴耳溶液或 0.1%甲紫溶液或 0.1%新洁尔灭溶液），缓慢冲洗，洗净后注入 2%普鲁卡因青霉素，大的新鲜创缝合关节腔，创口涂碘酊或撒碘仿磺胺粉。陈旧创不缝合，用魏氏流膏引流，最后包扎绷带。

【处方 2】

注射用青霉素钠　　600 万 U

注射用水　　30mL

用法： 一次肌内注射，每天 2 次，连用 5d。

说明： 也可用庆大霉素或复方磺胺类药物。

【处方 3】

注射用氯化钙 10g

注射用葡萄糖 30g

苯甲酸钠咖啡因 1.5g

0.9%氯化钠注射液 500mL

用法：混合溶解灭菌后一次静脉注射，每天 1 次。

【处方 4】

黄　芩 50g　　黄　柏 50g　　金银花 40g

板蓝根 40g

用法：共为末，开水冲调，一次灌服。

139. 牛羊关节炎

由损伤等原因引起的关节滑膜囊的渗出性炎症。以渗出液在关节腔积聚，关节肿痛、发热，机能障碍为特征。治宜制止渗出，消除积液。

【处方 1】

1%地塞米松注射液 0.5～1mL

注射用青霉素钠 80 万 U

0.5%普鲁卡因注射液 40mL

用法：地塞米松注入关节腔，0.5%普鲁卡因青霉素关节周围封闭注射。

说明：用于急性炎症。

【处方 2】

(1) 碘樟醚合剂 500mL

用法：患部涂搽 10min，每天 1 次。

(2) 2.5%醋酸氢化泼尼松注射液 10mL

用法：一次肌内注射，隔周 1 次。

说明：用于慢性炎症。

140. 牛关节周围炎

主要由于骨膜韧带和关节囊的骶趾部长期遭受刺激引起的慢性炎症。患病关节出现无明显热痛，界限不清的坚实性肿胀，关节不灵活。治宜消肿镇痛，患部强刺激激发急性炎症，以利康复。

【处方 1】

(1) 安痛定注射液 30～50mL

用法：一次肌内注射。

(2) 5%红色碘化汞软膏 100～200g

用法：患部涂搽。

（3）2.5%醋酸氢化泼尼松注射液　　10mL

用法： 一次肌内注射，隔7d一次肌内注射。

【处方2】

（1）30%安乃近注射液　　20～30mL

用法： 一次肌内注射。

（2）0.5%普鲁卡因青霉素（80万U）　　50mL

用法： 局部封闭。

（3）碘酊　　3mL

乙醚溶液　　3mL

用法： 患部周围分2～3点注射。

【处方3】白及膏

白及 60g　　乳香 30g　　没药 30g

血竭 30g　　冰片 10g（另包）

用法： 各药研成细末，加热醋调成糊状，待冷却至30℃左右加冰片调匀，趁热敷于患部，以后每天加温热醋2～3次。

说明： 化脓性关节周围炎可用。

141. 牛黏液囊炎

由于长期机械性摩擦引起。牛多发于腕前黏液囊。表现黏液囊呈椭圆形或圆形局限性肿胀、波动明显。治宜制止渗出，促进吸收，控制感染，严重者手术摘除。化脓性黏液囊炎可按化脓创处理。

【处方1】

2.5%醋酸氢化泼尼松注射液　　15mL

注射用青霉素钠　　160万U

0.5%普鲁卡因溶液　　60mL

用法： 黏液囊穿刺排液后，一次注入。

【处方2】

10%碘酊　　50～100mL

5%硫酸铜溶液　　50～100mL

用法： 穿刺排液后黏液囊内一次注入。

说明： 也可用10%福尔马林100～200mL。用于需手术摘除患病黏液囊时，于术前一周排液后注入。

【处方3】针灸

穴位：膝眼。

针法：宽针术穿刺排液。

说明： 适用于腕前黏液囊炎。

注： 预防或控制感染可用磺胺药或抗生素。

142. 牛羊腱和腱鞘炎

由于外伤、牵张和感染引起。多发生于四股下部肌腱和腱鞘。表现患部肿胀、热痛，跛行。治宜制止渗出，促进吸收，恢复机能。

【处方 1】

注射用青霉素钠　　80 万 U

0.5%普鲁卡因溶液　　20mL

用法：患部周围或上方封闭。

【处方 2】

2.5%醋酸氢化泼尼松注射液　　10mL

用法：一次肌内注射，必要时 5d 后再用药 1 次。

143. 牛蹄底挫伤

蹄底真皮受到磨损或钝性外力作用引起的损伤。轻症不引起跛行，重症呈支跛，蹄底出血，感染后流脓。治宜制止渗出，促进吸收，控制感染。

【处方 1】

(1) 2%来苏儿溶液　　500～1 000mL

用法：病初 3d 内冷浴，3d 后温浴。

(2) 注射用青霉素钠　　80 万～160 万 U

1%普鲁卡因溶液　　10～20mL

用法：趾、指部封闭。

【处方 2】

(1) 0.1%雷佛奴耳溶液　　500mL

用法：切开排脓后冲洗。

(2) 注射用头孢噻呋钠　　2.5g

注射用水　　20mL

用法：一次肌内注射，每天 1 次，连用 5d。

(3) 10%碘酊　　200mL

松馏油　　100mL

用法：先用碘酊创内涂布，然后用松馏油、棉花创内填塞。

144. 牛羊腐蹄病

由于蹄部损伤、坏死杆菌感染引起。病蹄肿胀腐烂，蹄底可见小孔或大孔有污灰色坏死组织或腐败性液体排出，重症伴有体温升高。治宜修蹄排污，抑菌消炎。

【处方1】

（1）1%高锰酸钾溶液　　1 000mL

用法：对肿胀严重的患蹄60～70℃温浴。

说明：也可用2%来苏儿温热洗浴。

（2）10%碘酊　　100mL

碘仿磺胺粉　　20g

松馏油　　100mL

用法：充分修蹄、清创后涂碘酊，撒碘仿磺胺粉，外用松馏油后包扎蹄绷带。

【处方2】

注射用青霉素钠　　400万U

注射用丁胺卡那霉素　　200万U

注射用水　　20mL

用法：分别一次肌内注射，每天2次，连用5d。

说明：重症可用头孢类抗生素静脉注射，必要时强心补液。

【处方3】

血竭粉　　200g

用法：彻底清创、涂10%碘酊后，创面撒血竭粉，用烙铁使其熔成保护膜。也可将血竭熔化后灌入创腔。

【处方4】激光烧烙

操作：蹄底清创，挖净坏死组织，用二氧化碳激光将创面烧焦。

145. 牛羊流产与死胎

由于饲养管理不善、冲撞腹部、医疗错误、传染病与寄生虫病等多种原因引起。临床表现为排出不足月的胎儿或死胎，或胎儿在体内干尸化或腐败等。如产道未开，胎儿尚存活，治宜镇静安胎。如产道已开或胎儿已死亡，宜尽早促进胎儿排出。

【处方1】

孕酮　　50～100mg

用法：牛一次肌内注射，羊用10～30mg。

说明：也可用1%硫酸阿托品注射3mL（30mg）皮下注射。

【处方2】

（1）雌二醇注射液　　10mg

用法：一次肌内注射。每天1～2次直至胎儿排出为止。

（2）催产素　　80IU

用法：一次肌内注射。

说明：在子宫颈充分开放时催产。必要时产道灌注液体石蜡500mL。

【处方3】白术安胎散

炒白术30g　　当　归30g　　砂　仁20g

川　芎 20g　　白　芍 20g　　熟　地 20g
炒阿胶 25g　　党　参 20g　　陈　皮 25g
苏　叶 25g　　黄　芩 25g　　甘　草 10g
生　姜 15g（为引）

用法： 共为末，开水冲，一次灌服，每天 1 剂。

说明： 用于先兆流产安胎。

【处方 4】加味桃仁汤

桃　仁 25g　　红　花 20g　　当　归 60g
川　芎 20g　　白　芍 20g　　熟　地 30g
益母草 45g　　炙甘草 15g　　党　参 30g
牛　膝 25g

用法： 共为细末，开水冲调，候温一次灌服。

说明： 用于催产。

146. 牛羊妊娠浮肿

由于运动不足、胎儿过大、饲料质劣等原因引起。以腹下、乳房及后肢等体表下垂部位水肿，无热、无痛为特征。治宜除适当运动，改善营养，对症强心利尿。

【处方 1】

（1）10%安钠咖注射液　　20～40mL

用法： 一次肌内注射。

说明： 也可用粉剂牛 6g、羊 1.5g，一次口服。

（2）樟脑酒精　　500mL

用法： 水肿部涂搽。

【处方 2】

氢氯噻嗪（双氢克尿噻）　　1g

用法： 一次口服，每天 1 次，连用 3 次。

说明： 也可用速尿 400mg，每天一次肌内注射。

【处方 3】当归散

当　归 30g　　天花粉 20g　　黄药子 20g
白　芍 20g　　枇杷叶 20g　　白药子 20g
桔　梗 20g　　丹　皮 20g　　没　药 20g
红　花 15g　　大　黄 15g　　甘　草 10g

用法： 共为末，开水冲，一次灌服。

【处方 4】五苓散

猪　苓 30g　　茯　苓 30g　　泽　泻 30g
炒白术 45g　　补骨脂 45g

用法： 共为细末，开水冲调，候温一次灌服。

147. 牛羊产前截瘫

由于饲料矿物质及维生素D不足或胎儿过大、胎水过多等原因引起。临床表现后肢不能站立，或卧地不起。治宜补钙，兴奋神经。

【处方1】

(1) 10%葡萄糖酸钙注射液　　500mL

用法：一次静脉注射。

(2) 2.5%醋酸氢化泼尼松注射液　　10mL

维丁胶性钙注射液　　10万IU

用法：分别一次肌内注射。

【处方2】

(1) 5%氯化钙注射液　　200mL

用法：一次静脉注射。

(2) 维生素AD注射液　　10mL

用法：牛一次肌内注射，羊用2～4mL。

(3) 0.2%硝酸士的宁注射液　　7～15mL

用法：臀部皮下注射，连用5～7d，每天1次，分别按20、30、40、50、40、30、20mg用药。

【处方3】当归散加减

当　归50g　　白　芍35g　　熟　地50g

续　断35g　　补骨脂35g　　川　芎30g

杜　仲30g　　枳　实20g　　青　皮20g

红　花15g

用法：煎汤去渣，候温一次灌服。

【处方4】针灸

穴位：百会、肾俞、大胯、小胯、大转、汗沟、八字。

针法：电针、白针、血针。

148. 牛羊子宫出血

由于妊娠母牛腹部受撞击致子宫黏膜及绒毛膜血管损伤引起。临床表现阴门中有较多的血液流出。治宜迅速止血。

【处方1】

10%止血敏注射液　　20mL

0.1%肾上腺素注射液　　5mL

用法：一次分别肌内注射。

说明：也可用维生素K_3、巴曲停。

【处方 2】

5%氯化钙注射液　　200mL

10%葡萄糖注射液　　1 000～2 000mL

用法：牛一次静脉注射。

149. 牛羊阴道脱及子宫脱

由于老龄、衰弱、饲养不良及运动不足，或腹内压持续过高引起。临床表现阴道和子宫部分或全部翻出阴门外。治宜尽快整复固定。

【处方 1】

（1）0.1%高锰酸钾溶液　　1 000～3 000mL

2%明矾溶液（温热）　　2 000mL

用法：分别清洗脱出阴道或子宫。

（2）氨苄西林粉　　10g

用法：整复后子宫腔内或阴道内（酌减）投放。羊用 2～4g。

说明：为防止阴道、子宫再次翻出，可整复后缝合阴门固定。同时，用 2%普鲁卡因 40mL 阴俞、阴脱穴注射。

【处方 2、3、4】同牛羊直肠脱处方 2、3、4。

【处方 5】针灸

穴位：阴俞、阴脱。

针法：电针或水针。

150. 牛羊阵缩及努责微弱

由于产前饲料质劣、运动不足、产道障碍或胎儿过大等因素引起。临床表现整个产程宫缩无力，不能自行排出胎儿。治宜促进宫缩。必要时剖宫取胎。

【处方】

催产素（或垂体后叶素）　　60～100IU

用法：一次肌内注射。羊用 10～50IU。

说明：用于产道、胎位正常者。

151. 绵羊妊娠毒血症

由于母羊怀双胎、三胎或胎儿过大引起的怀孕后期的代谢病。临床以低血糖、酮血症、酮尿症、虚弱和瞎眼为特征。治宜补糖保肝，纠正酸中毒，补钙强身，必要时引产。

【处方 1】

（1）25%维生素 C 注射液　　6mL

10%葡萄糖注射液　　500mL

用法：一次静脉注射。

（2）5%维生素 B_1 注射液　　2mL

用法：一次肌内注射。

【处方 2】

10%葡萄糖酸钙注射液　　50～100mL

5%碳酸氢钠注射液　　30～50mL

用法：分别一次静脉注射。

说明：必要时配合地塞米松 5mg、10%葡萄糖 500mL 静脉注射及磷制剂。

【处方 3】

1%地塞米松注射液　　1mL

用法：一次肌内注射。

说明：用于引产。也可用前列腺素 $F_{2\alpha}$ 肌内注射。

【处方 4】

（1）50%葡萄糖注射液　　50～150mL

硼葡萄糖酸钙注射液　　50～150mL

0.5%氢化可的松注射液　　10～20mL

10%安钠咖注射液　　5～8mL

5%碳酸氢钠注射液　　50～80mL

5%葡萄糖注射液　　500～1 000mL

用法：分别一次静脉注射。每天 1 次，连用 3～5d。

（2）胰岛素　　10～20IU

用法：补糖后肌内注射。

152. 牛羊子宫颈狭窄

由于阵缩过早或子宫颈瘢痕、增生引起。表现阵缩、努责及产道正常，子宫颈开张不全。治宜扩张子宫颈，无效时可切开子宫颈或剖宫取胎。

【处方 1】

雌二醇注射液　　10mg

催产素　　100IU

用法：先肌内注射雌二醇，1～2h 子宫颈开张后再用催产素。

【处方 2】

10%葡萄糖酸钙注射液　　500mL

用法：一次静脉注射。

【处方 3】

颠茄膏　　适量

用法：子宫颈口涂抹。

说明：也可用 5%～10%可卡因浸纱布敷于子宫颈口。

153. 牛羊胎衣不下

由于产后子宫收缩无力、子宫炎和胎盘炎等因素引起。表现产后 12h（牛）、4h（羊）不能自行排出胎衣，或部分胎衣悬垂于阴门外。除手术剥离胎衣外，可用药物促进胎衣排出。

【处方 1】

催产素　　80IU

用法：一次肌内注射。

【处方 2】

雌二醇注射液　　10mg

用法：一次肌内注射。

【处方 3】

5%～10%氯化钠溶液　　2 000mL

用法：子宫腔中灌注。羊用 300～500mL。

说明：为防感染，同时投放氨苄西林粉 5～10g。

【处方 4】加味生化汤

党　参 60g　　黄　芪 45g　　当　归 90g

川　芎 25g　　桃　仁 30g　　红　花 25g

炮　姜 20g　　甘　草 15g　　益母草 60g

用法：共为末，开水冲调，黄酒 150mL、童便一碗为引，一次灌服。

【处方 5】活血祛瘀汤

当　归 60g　　川　芎 25g　　五灵脂 10g

桃　仁 20g　　红　花 20g　　枳　壳 30g

乳　香 15g　　没　药 15g

用法：共为细末，开水冲调，黄酒 300mL 为引，一次灌服。

说明：用于体温升高、努责、疼痛不安者。

154. 牛羊阴道炎

由于损伤和感染引起。临床表现阴道黏膜肿胀、充血，甚至出血，有炎性分泌物，排尿时拱背有痛感。治宜抑菌消炎。

【处方】

0.1%高锰酸钾溶液　　500mL

碘甘油　　100mL

用法：先用高锰酸钾液冲洗，然后涂碘甘油。

说明：阴道黏膜水肿严重时，可用温的 2%～5%高渗氯化钠碘溶液冲洗，涂布磺胺软膏。

155. 牛羊子宫内膜炎

由于子宫内膜损伤、感染引起。以从阴门排出浆液性、黏液性或脓性分泌物为特征。治宜抗菌消炎、净化子宫。

【处方 1】

雌二醇注射液　　10mg

林可霉素注射液　　50 万～250 万 U

催产素　　80IU

用法： 先用雌二醇肌内注射，接着用林可霉素子宫腔灌注，羊用 25 万～50 万 U。2h 后肌内注射催产素，羊用 10～20IU。

【处方 2】

（1）0.1%高锰酸钾溶液　　1 000～2 000mL

用法： 子宫冲洗。

说明： 化脓性或腐败性子宫内膜炎也可用 0.2%雷佛奴耳溶液冲洗。

（2）氨苄西林粉　　5～10g

洗必泰粉　　1～2g

3%～5%氯化钠溶液　　200～500mL

用法： 一次子宫灌注，每 2～3 天 1 次，连用数次。

【处方 3】

注射用头孢噻呋钠　　2.5g

1%地塞米松注射液　　3mL

5%氯化钙注射液　　120mL

5%葡萄糖生理盐水　　2 000mL

用法： 头孢噻呋钠、地塞米松、氯化钙分别配糖盐水静脉注射。

说明： 用于重症子宫内膜炎有全身症状时。特别在肌内注射磺胺类药物或抗生素无效时。

注： 处方 2、3 可配合运用于化脓性子宫内膜炎。必要时配用雌二醇和催产素。

【处方 4】净宫液

当归 10g　　川芎 10g　　黄芩 10g

赤芍 5g　　白术 5g　　白芍 5g

用法： 水煎成 100～150mL，4 层纱布过滤，再用滤纸过滤煮沸备用。先用 40℃ 3%硼砂溶液 500～1 000mL 冲洗阴道和子宫，冲洗液导出后注入 40℃净宫液 1 剂，每天 1 次。

【处方 5】

酒当归 30g　　川　芎 15g　　酒白芍 20g

熟　地 30g　　吴茱萸 20g　　茯　苓 30g

丹　皮 20g　　元　胡 15g　　陈　皮 25g

制香附 30g　　白　术 30g　　砂　仁 15g

用法：共为末，开水冲，一次灌服，每日 1 剂，连用 3 剂。

说明：血虚有寒加肉桂 15g、炮姜 15g、熟艾 15g，血虚有热加炙黄芩 30g、白薇 25g。

156. 牛羊产后瘫痪

本病又称乳热症。多因产前营养不足或产后泌乳过多引起。以血钙、血糖急剧降低，知觉、意识丧失，四肢麻痹、瘫痪为特征。治宜补充血钙、血糖，也可采取乳房送风。

【处方 1】

(1) 10%葡萄糖酸钙注射液　500～700mL

用法：一次静脉注射，羊用 50～150mL。

(2) 2.5%醋酸氢化泼尼松注射液　10mL

用法：一次肌内注射。

【处方 2】

5%氯化钙注射液　300～500mL

10%氯化钾注射液　150mL

20%磷酸二氢钠注射液　200mL

5%葡萄糖生理盐水　4 000mL

10%安钠咖注射液　30mL

1%地塞米松注射液　3mL

用法：牛一次缓慢静脉注射。

说明：适用于缺钙同时伴有缺钾、缺磷者。疑缺钙缺钾者去 20%磷酸二氢钠溶液，加用 50%葡萄糖溶液 200mL。

【处方 3】

黄　芪 60g　党　参 60g　当　归 45g

川　芎 30g　桃　仁 30g　续　断 30g

桂　枝 30g　木　瓜 20g　牛　膝 30g

秦　艽 30g　益母草 90g　炮　姜 15g

白　术 30g　甘　草 15gg

用法：水煎去渣，加入骨粉 60g，黄酒 200g，调匀一次灌服。

【处方 4】针灸

穴位：山根、风门、抢风、百会、大胯、前三里、尾尖、蹄头。

针法：血针、白针、电针或水针。

157. 牛羊产后截瘫

由于生产、助产损伤坐骨神经、闭孔神经或荐髂关节及其韧带等引起。症状与产前截瘫相同。治宜加强护理，兴奋神经。

【处方 1】

（1）2.5%醋酸氢化泼尼松注射液　10mL

0.2%硝酸士的宁注射液　7～15mL

用法：分别一次肌肉、皮下注射，每天 1 次，连用 5～7d。

说明：可配合维生素 B_1 或维生素 B_{12}。

（2）10%葡萄糖酸钙注射液　500～600mL

用法：一次静脉注射，羊用 50～150mL。

【处方 2】独活散

独　活 30g	秦　艽 15g	熟　地 15g
炒白芍 15g	防　风 15g	归　尾 15g
焦茯苓 15g	川　芎 15g	桑寄生 15g
党　参 15g	杜　仲 20	牛　膝 20g
桂　枝 10g	甘　草 10g	细　辛 5g

用法：共为末，开水冲，一次灌服，每日 1 剂。

【处方 3】针灸

同产前截瘫。

158. 牛羊产后败血症

由于产后感染引起的全身性疾病。以高热稽留，子宫复旧不全，阴门排出恶臭分泌物为特征。治宜全身和局部抗菌消炎。

【处方 1】

注射用青霉素钠　480 万 U

注射用丁胺卡那霉素　200 万 U

注射用水　20mL

用法：分别一次肌内注射，每天 2 次，连用 5～7d。

说明：也可用复方磺胺类药物，牛羊按 1kg 体重 25mg 用药，首次量加倍。也可用庆大霉素、卡那霉素、氨苄青霉素等。

【处方 2】

注射用头孢噻呋钠　2.5g

5%氯化钙注射液　150mL

1%地塞米松注射液　3mL

10%安钠咖注射液　30mL

复方氯化钠注射液　4 000mL

用法：头孢噻呋钠与其余药物分别一次静脉注射，每天 1 次。

说明：用于重症。酸中毒时加用 5%碳酸氢钠注射液，食欲不振时加葡萄糖注射液。也可用注射液代替头孢噻呋钠。

注：局部处理参照化脓性子宫内膜炎处方。

159. 牛羊乳房炎

由于乳房感染，乳汁积滞等原因引起。表现乳房肿、痛，按压有硬结，乳汁异常或混有脓血。治宜抗菌消炎。

【处方 1】

注射用青霉素钠	160 万 U
注射用丁胺卡那霉素	200 万 U
0.9%氯化钠注射液	20mL

用法：挤净病乳区乳汁后一次乳区灌注。每天 2 次，连用 3～5d。

说明：也可用复方磺胺嘧啶注射液 20～30mL 或 3%环丙沙星注射液 30～50mL 乳区灌注。

【处方 2】

注射用青霉素钠	80 万 U
0.5%～1%普鲁卡因注射液	30mL

用法：乳房基部封闭注射，每天 1 次。

【处方 3】

乌洛托品	100g
盐酸普鲁卡因	5g
碘化钾	10g
催产素	100IU
灭菌蒸馏水	1 000mL

用法：滤过除菌，乳房分 3 点封闭注射。一次总量为奶牛 60～100mL、羊 5～10mL。

【处方 4】

注射用青霉素钠	480 万 U
注射用丁胺卡那霉素	200 万 U
庆大霉素注射液	20 万 U
安痛定或生理盐水	50mL

用法：一次会阴静脉注射，每天 2 次。

【处方 5】

注射用头孢噻呋钠	2.5g
10%葡萄糖酸钙注射液	300～500mL
0.25%普鲁卡因注射液	300mL
5%葡萄糖氯化钠注射液	2 000～3 000mL

用法：头孢噻呋钠溶入葡萄糖氯化钠注射液中，与其余药物分别一次静脉注射。

注：最好分离病原，做药敏试验，选用最敏感抗生素。必要时配合强心补液，缓解酸中毒，补钙等。

【处方 6】

明雄黄 30g　炙五倍子 30g　生大黄 30g
黄　柏 30g　冰　片 6g

用法：共研细末，用陈醋调和，涂敷患部，每天 1 次。

【处方 7】

金银花 120g　蒲公英 120g　紫花地丁 120g
连　翘 60g

用法：共为细末，开水冲调，加黄酒 300mL 为引，一次灌服。

160. 牛羊无乳及泌乳不足

由于营养不良、气血亏虚或气滞血瘀引起。临床表现产后无乳或乳汁很少。治宜补益气血，行气通络，通乳。

【处方 1】健胃增乳散

白　术 25g　川　断 20g　阿　胶 30g
皂　刺 10g　细　辛 10g　桔　梗 20g
赤　芍 20g　木　通 10g　杜　仲 25g
黄　芪 25g　炙龟板 15g

用法：共为末，开水冲调，清油 200mL 为引，一次灌服。隔日 1 次。

【处方 2】清通生乳散

全当归 25g　川　芎 25g　生　芪 25g
生白芍 40g　麦　冬 50g　王不留行 50g
生　地 50g　桔　梗 25g　通　草 15g

用法：共为末，开水冲调，清油 100mL 为引，一次灌服，隔日一剂，连服 2 剂。

【处方 3】

王不留行 100g　通　草 50g　猪蹄 1 对

用法：煎汤加红糖 200g，一次灌服。

161. 牛持久黄体

由多种原因引起。临床表现母牛长时间不发情。直肠检查发现卵巢有黄体突出表面。治宜消散黄体。

【处方 1】

0.5%前列腺素 $F_{2\alpha}$注射液　5mL

用法：一次肌内注射。

【处方 2】

促卵泡素（FSH）　150IU
生理盐水　10mL

用法：一次肌内注射，每隔3天1次，连用3次。

【处方3】

雌二醇注射液　　10mg

用法：一次肌内注射，连用3d。

【处方4】

促孕灌注液　　20～40mL

用法：直肠把握法子宫内灌注，若一次无效，隔10d再重复用1～2次。

【处方5】复方仙阳汤

淫羊藿 90g　　阳起石 90g　　益母草 90g

当　归 75g　　赤　芍 75g　　菟丝子 75g

补骨脂 75g　　枸杞子 75g　　熟　地 75g

用法：水煎取汁，一次灌服，每天1剂，连用3剂。

162. 牛卵巢囊肿

由于内分泌失调等多种原因引起。直肠检查可见卵泡囊肿或黄体囊肿。前者发现发情频繁，或“慕雄狂”；后者则长时间不发情。治宜消除囊肿。

【处方1】

促黄体素（LH）　　100～200IU

用法：一次肌内注射。

【处方2】

促卵泡素释放激素（LRH）　　1 000μg

用法：一次肌内注射。

【处方3】

0.5%前列腺素 $F_{2\alpha}$　　5mL

用法：一次肌内注射。

【处方4】

三　棱 30g　　莪　术 30g　　香　附 30g

藿　香 30g　　青　皮 25g　　陈　皮 25g

桂　枝 25g　　益智仁 25g　　肉　桂 15g

甘　草 15g

用法：共为末，开水冲，一次灌服。

注：也可用直肠穿刺或挤破法治疗。

163. 公牛精液品质不良

由于公牛睾丸结构或功能异常引起。以精子数减少，精子死亡、畸形或活力不强为特征。治宜加强饲养管理，改善性激素调节。

【处方 1】

5%丙酸睾酮注射液 2～4mL

用法：一次肌内注射，隔日 1 次，连用 3 次。

【处方 2】

绒毛膜促性腺激素（HCG） 3 000～5 000IU

用法：一次肌内注射，隔 1～2 天 1 次，连用 3 次。

【处方 3】

沙苑蒺藜 60g　芡　实 60g　莲　须 40g
龙　骨 30g　牡　蛎 30g　莲　子 30g
阳起石 30g　淫羊藿 45g　肉苁蓉 40g

用法：淡盐开水冲调，候温一次灌服。

164. 牛羊阳痿

由于配种过度或管理、利用不善等多种原因引起的公牛性机能障碍。主要表现性欲不强，配种时阴茎不能勃起。治宜加强饲养管理，增强体质，促进公牛性兴奋。

【处方 1】

5%丙酸睾酮注射液 2～4mL

用法：一次肌内注射。隔日 1 次，连用 3 次。

【处方 2】

桂　枝 45g　白　芍 60g　生　草 30g
龙　骨 30g　牡　蛎 30g　生　姜 30g
淫羊藿 30g　阳起石 30g　大　枣 6 枚

用法：共为末，开水冲调，一次灌服。

【处方 3】

肉苁蓉 24g　补骨脂 24g　胡卢巴 24g
肉　桂 18g　山茱萸 24g　枸杞子 30g
淫羊藿 30g　阳起石 30g　熟　地 24g
山　药 24g　五味子 24g

用法：共为末，开水冲调，一次灌服。

165. 犊牛脐炎

由于犊牛脐带断端感染引起。表现脐部肿胀、化脓，有脓汁排出。治宜清创，抗菌消炎。

【处方】

(1) 0.2%雷佛奴耳溶液 1 000mL
5%碘酊 100mL

用法：用雷佛奴耳溶液冲洗后涂布碘酊。

（2）注射用青霉素钾　　80 万 U
0.5%～1%普鲁卡因注射液　　10～20mL
用法： 脐部周围封闭注射。

166. 犊羔窒息

由于产道狭窄，胎儿过大，助产时间过长引起的犊牛、羔羊产出后呼吸障碍或无呼吸。治宜及时进行人工呼吸，兴奋呼吸中枢。

【处方 1】
尼可刹米注射液　　0.5g
用法： 一次肌内注射。

【处方 2】
山梗菜碱　　5～10mg
用法： 牛一次肌内注射，羔羊 1～3mg。

167. 犊牛便秘

由于初乳品质不好、新生犊牛未吃上初乳或体质较弱引起。表现出生后胎粪不能自行排出。治宜润肠通便。

【处方 1】
温肥皂水　　500mL
用法： 灌肠。

【处方 2】
液体石蜡　　300mL
用法： 灌肠。

168. 犊牛先天性衰弱

由于妊娠期营养不良等多种原因引起。表现生后不能马上站立，立不住，走不稳，不能吮乳或找不到乳头。除加强护理外，治宜补充营养。

【处方】
10%葡萄糖酸钙注射液　　10mL
25%葡萄糖注射液　　200mL
10%葡萄糖注射液　　500mL
25%维生素 C 注射液　　4～8mL
1%ATP 注射液　　4mL
辅酶 A　　100IU
用法： 一次静脉注射。
说明： 牛奶中加入健胃药喂服。冬季注意防寒保暖。

十、犬病处方

1. 犬瘟热

由犬瘟热病毒引起的急性热性传染病。以双相热、肺炎、肠炎和非化脓性脑炎为特征。本病以预防为主，发病早期治疗有一定效果，以抗病毒、预防继发感染和对症处理为原则。

【处方 1】

（1）抗犬瘟热高免血清　　5～20mL

用法： 一次皮下或肌内注射，或天门、脾俞穴注射，隔天重复 1 次。

说明： 也可用犬瘟热单抗克隆抗体（按每 1kg 体重 0.5mL）、注射用重组犬瘟热抑制蛋白冻干粉（按每 1kg 体重 80 万 U）皮下注射，每天 1 次。

（2）注射用氨苄青霉素　　0.5～2g
注射用水　　3～5mL

用法： 一次肌内注射，每天 2 次；或身柱、喉俞等穴位注射，每天 1 次，连用3～5d。必要时混于 0.9%氯化钠注射液中静脉注射。

说明： 青霉素用前必须做皮试。也可用乳糖酸阿奇霉素，或马波沙星注射液（按每 1kg 体重 0.1mL）、注射用阿莫西林钠舒巴坦钠（按每 1kg 体重 10mg）、注射用头孢噻呋钠（按每 1kg 体重 5mg）、注射用头孢喹肟（按每 1kg 体重 5～10mg）皮下注射，或混入 0.9%氯化钠注射液内滴注。

（3）10%磺胺嘧啶钠注射液　　3～5mL

用法： 一次皮下注射。每天 2 次；或三焦穴注射，每天 1 次；连用 3～5d。

【处方 2】

（1）0.9%氯化钠注射液　　250mL
25%维生素 C 注射液　　4.0mL
三磷酸腺苷二钠注射液　　10～40mg
注射用辅酶 A　　30～50IU

用法： 一次静脉注射，连用 3～5d。

（2）静脉注射用犬血白蛋白　　5～40mL

用法： 一次静脉注射，连用 3～5d。

说明： 静脉注射用犬血白蛋白需单独使用，不可以和其他药物混用。

【处方 3】

云南白药　　　　　　　　　1 瓶（5g）

用法：一次灌服或深部灌肠。

说明：有出血性肠炎时用。

【处方 4】

（1）清开灵颗粒　　　　　　3～6g

用法：一次口服。每天 2 次，连用 5～7d。

（2）安宫牛黄丸　　　　　　1 丸

用法：一次口服 1/4 丸。每天 2 次，连用 2d。

【处方 5】

金银花 9g　　　　连　翘 9g　　　　黄　芩 6g

葛　根 6g　　　　山　楂 12g　　　　山　药 12g

甘　草 9g

用法：水煎成 60mL，1d 内分两次口服，每天 1 剂，连服 10 剂。

说明：发热初期，配合应用。

【处方 6】

青蒿、鳖甲各 10g，生地、柴胡、知母、地骨皮、丹皮、秦艽、黄柏各 6g

用法：水煎成 60mL，1d 内分两次口服，每天 1 剂，连服 10 剂。

说明：低热不退时，配合应用。

【处方 7】

生脉饮（中成药）　　　　　5～15mL

用法：一次口服，每天 2 次，连服 7～10d。

说明：失水时，配合应用。

【处方 8】预防

犬瘟热-细小病毒病二联活疫苗　1 头份

用法：42 日龄幼犬一次皮下注射。

说明：隔 15d，注射犬瘟热-传染性肝炎-细小病毒病-副流感四联活疫苗 1 头份；再隔 15d，注射犬瘟热-腺病毒病-细小病毒病-副流感病毒 2 型呼吸道感染症四联活疫苗 1 头份、犬钩端螺旋体病—黄疸出血型钩端螺旋体病二联灭活疫苗 1 头份；再隔 15d，注射狂犬病灭活疫苗 1 头份。以后每隔 10 个月用犬瘟热-腺病毒病-细小病毒病-副流感病毒 2 型呼吸道感染症四联活疫苗、犬钩端螺旋体病—黄疸出血型钩端螺旋体病二联灭活疫苗和狂犬病灭活疫苗加强免疫 1 次。

2. 犬细小病毒病

由犬细小病毒引起的急性传染病。临床以出血性肠炎或心肌炎为主要特征。宜采取特异性疗法和对症治疗。

【处方 1】

抗犬细小病毒病高免血清　　5～20mL

用法：一次皮下或肌内注射。

说明：也可用细小病毒单克隆抗体（按每 1kg 体重 0.5mL）、注射用重组犬细小病毒抑制蛋白冻干粉（按每 1kg 体重 80 万 U）皮下注射，每天 1 次。

【处方 2】

林格氏液　　250～500mL

25%维生素 C 注射液　　4.0mL

维生素 B_6 注射液　　2.0mL

盐酸 654-2 注射液　　0.5～1.0mL

用法：一次静脉注射，连用 3～5d。

【处方 3】

丁胺卡那霉素注射液　　1.0～2.0mL

用法：一次后海穴注射或口服，每天 1～2 次，连用 3～5d。

说明：也可用乳糖酸阿奇霉素、庆大霉素，或马波沙星注射液（按每 1kg 体重 0.1mL）、注射用阿莫西林钠舒巴坦钠（按每 1kg 体重 10mg）、注射用头孢噻呋钠（按每 1kg 体重 5mg）、注射用头孢喹肟（按每 1kg 体重 5～10mg）皮下注射，或混入 0.9%氯化钠注射液内滴注。

【处方 4】

穿心莲注射液　　2～4mL

用法：一次后海穴注射，每天 1 次，连用 2～3d。

【处方 5】

药用炭　　0.3～0.5g

次硝酸铋　　0.3～2.0g

胃复安（甲氧氯普胺）　　0.1～0.8g

安络血　　1～6mg

用法：一次口服，每天 2 次，连用 3～5d。

【处方 6】

同犬瘟热处方 3。可同时灌服庆大霉素 4 万～16 万 U。

【处方 7】

健康犬血浆或鲜血　　20～50mL

用法：按每 1kg 体重 10～15mL，静脉注射。

【处方 8】

地　榆 3g	槐　花 3g	金银花 2g
龙胆草 3g	大青叶 2g	黄连须 3g
郁　金 3g	乌　梅 3g	诃　子 5g
茯　苓 3g	当　归 5g	甘　草 3g

用法：水煎成 60mL，一次或 2 次胃管灌服或直肠注入，每天 1 剂，连用 3～4 剂。

【处方 9】预防

同犬瘟热处方 8。

3. 犬传染性肝炎

由犬传染性肝炎病毒引起的一种急性败血性传染病，症状以腹痛、腹泻、呕吐、羞明流泪或见角膜蓝翳、黄疸等为主。宜采用特异性疗法和对症治疗。

【处方 1】

抗犬传染性肝炎高免血清　　5～20mL

用法：一次皮下或肌内注射，隔天重复注射 1 次。

【处方 2】

（1）注射用青霉素钠　　50 万～200 万 U

注射用水　　10mL

用法：一次肌内注射，每天 2 次，连用 2～4d。

说明：参照犬瘟热处方 2。

（2）10%庆大霉素注射液　　2mL

0.2%利多卡因注射液　　2mL

0.2%地塞米松注射液　　2mL

用法：混合后，滴眼，每天数次，连用 3d。

【处方 3】

（1）科特壮（复方布他磷注射液）　　1～2.5mL

用法：一次皮下注射。也可加入 0.9%氯化钠注射液内滴注，每天 1 次，连用 3～5d。

说明：科特壮主要成分为布他磷、维生素 B_{12}。

（2）久克坦　　0.25～2mL

用法：按每 1kg 体重 0.05mL，加入 0.9%氯化钠注射液内滴注，每天 1 次，连用 3～5d。

【处方 4】龙胆泻肝汤

龙胆草 3g	黄　芩 5g	栀　子 10g
泽　泻 3g	木　通 3g	车前子 10g
当　归 3g	柴　胡 3g	生　地 10g
甘　草 5g		

用法：水煎成 60mL 药液，一次或 2 次灌服，每天 1 剂。

【处方 5】预防

同犬瘟热处方 8。

4. 犬传染性气管支气管炎

由病毒（犬副流感病毒、腺病毒Ⅱ型、疱疹病毒）、细菌（条件性致病菌）、支原体等单独或混合感染引起。临床可见持续性咳嗽、肺部啰音等。除加强饲养管理外，以对症治疗为主。

【处方 1】

注射用氨苄青霉素	0.5～2g
注射用水	3～5mL
0.2%地塞米松注射液	2mL

用法：以注射用水溶解氨苄青霉素，再混入地塞米松，一次皮下或肺俞穴注射，每天 1 次，连用 3～5d。

【处方 2】

川贝止咳糖浆	5～10mL
氨茶碱	10mg

用法：一次口服，每天 3 次，连用 3～5d。

【处方 3】

鱼腥草注射液	2mL

用法：一次肺俞穴注射。

【处方 4】

复方鲜竹沥液	5～10mL

用法：一次灌服，每天 2 次，连用 3～5d。

5. 犬传染性口腔乳头状瘤

由乳头状瘤病毒感染所致，临床可见口腔内有乳头状肿块。治疗宜采取外科手术治疗，也可采用保守疗法。

【处方 1】

环磷酰胺	20～100mg
注射用水	10mL

用法：一次静脉注射，按每 1kg 体重 3mg 用药，每天 1 次，连用 9～14d。

【处方 2】

冰硼散	适量

用法：以刀形小烙铁切除乳头状瘤后创面喷撒。

6. 幼犬疱疹病毒病

由犬疱疹病毒感染 1～2 周龄的幼犬引起的高度接触和严重致死性的传染性疾病。其临床特征是呼吸道卡他性炎症、肺水肿、全身性淋巴结炎和体腔渗出液增多。个别耐过犬常遗留神经症状，如共济失调、失明等。5周龄以上的犬和成年犬，症状不明显，死亡率低。以对症疗法为主。

【处方1】

（1）高免血清　　3～5mL

用法：一次皮下注射，或天门百会穴注射，连用2～3d。

（2）注射用氨苄青霉素　　0.5～1g

注射用水　　2～4mL

用法：一次肌内注射，每天2次；或身柱、喉俞穴注射，每天1次；连用2～3d。

说明：用前必须做皮试。还可参照犬瘟热处方2。

【处方2】

清开灵颗粒　　2～4g

用法：一次口服，每天2次，连用3～5次。

7. 犬沙门氏菌病

由沙门氏菌属细菌引起的人兽共患病。症状主要为败血症和肠炎，幼畜发病可引起迅速脱水，衰竭而死。以抗菌消炎和对症治疗为主。

【处方1】

三甲氧苄氨嘧啶　　40～80mg

用法：一次口服，每天1次，连用5～7d。

【处方2】

大蒜酊　　20～40mg

用法：一次口服，每天3次，连用3～4d。

【处方3】

庆大霉素注射液　　4万～16万U

用法：一次后海穴注射。

【处方4】

穿心莲注射液　　2mL

用法：一次后海穴注射。

注：重症对症强心、解毒、补液。

8. 犬结核病

由结核分枝杆菌引起的人兽共患病，以消瘦、多种组织器官肉芽肿和干酪样钙化结节为主要特征，临床虽有胸部、腹部、关节及全身等类型，但犬以胸部型占多数。治宜消除病原。

【处方】

注射用硫酸链霉素　　0.5～1.8g

注射用水　　　　3～5mL

用法： 一次肌内注射，每天2次，连用5～7d。

9. 犬布鲁氏菌病

由布鲁氏菌感染所引起的人兽共患病。临床上可见流产和睾丸萎缩。治宜消除病原。

【处方1】

复方磺胺甲噁唑（百炎净）　　0.8g

用法： 一次口服，每天2次，连用7d。

【处方2】

硫酸卡那霉素注射液　　0.1～0.4g

复合维生素B注射液　　2mL

25%维生素C注射液　　2mL

用法： 一次分3点肌内注射，每天1～2次，连用2～4d。

说明： 3种药应单独使用，切勿混合。

【处方3】

注射用硫酸链霉素　　0.5～1.5g

注射用水　　3～5mL

用法： 一次肌内注射，每天2次，连用数天。

【处方4】

注射用四环素　　0.125～1g

用法： 按每1kg体重25mg加入5%葡萄糖注射液中静脉滴注，每天2次，或按每1kg体重50mg口服，每天2～3次。

10. 犬破伤风

由破伤风梭菌感染所致。临床特征是骨骼肌持续性痉挛和对外界刺激的反射性增高。宜消除病原、中和毒素、镇静解痉和对症治疗。

【处方1】

（1）3%双氧水　　适量

5%～10%碘酊　　适量

用法： 清理创口后用3%双氧水洗涤，然后用5%～10%碘酊涂搽。

（2）抗破伤风血清　　10万～20万U

用法： 分3d静脉注射，第1天10万U，第2～3天各用5万U。

（3）40%乌洛托品注射液　　5～10mL

用法： 一次肌内注射，每天1次，连用7～10d。

【处方2】

0.9%生理盐水　　100～200mL

注射用青霉素钠　　16 万～32 万 U

用法： 一次静脉滴注，每天 2 次，连用 2～3d。

说明： 青霉素用前必须做皮试。

【处方 3】

25%硫酸镁注射液　　1～2g

用法： 一次肌内注射或静脉滴注。

【处方 4】

1%普鲁卡因　　2～3mL

用法： 锁口、开关穴一次注射，每天 1 次，连用 3～5d。

【处方 5】

防　风 9g　　荆芥穗 9g　　薄　荷 9g

蝉　蜕 6g　　白　芷 6g　　胆南星 6g

天　麻 6g　　僵　蚕 6g　　葛　根 6g

用法： 水煎成 50mL，候温一次或分 2 次灌服。

11. 犬肉毒梭菌病

由于食入肉毒梭菌毒素所致的中毒病。临床以运动神经中枢和延脑麻痹为特征。治宜解毒、补液和强心。

【处方 1】

（1）0.01%～0.03%高锰酸钾溶液　　100～200mL

用法： 洗胃或深部洗肠。

（2）0.5%碳酸氢钠溶液　　100～200mL

用法： 灌肠或洗胃。

【处方 2】

A 型肉毒抗毒素　　1 万 U

B 型肉毒抗毒素　　1 万 U

用法： 一次肌内注射，间隔 5～10h 重复 1 次。

【处方 3】

5%葡萄糖注射液　　250mL

林格氏液　　250mL

25%维生素 C 注射液　　4mL

用法： 一次静脉注射，每天 2 次，连用 2d。

【处方 4】

（1）甲基硫酸新斯的明　　0.25～1mg

用法： 一次皮下或肌内注射。

（2）氢溴酸加兰他敏　　10mg

用法： 一次皮下或肌内注射。

12. 犬鼠咬热

由于被感染小螺菌或念珠杆菌的鼠咬伤后传染所致。临床上以胃肠炎和多发性关节炎为特征。治宜消除病原。

【处方】

注射用青霉素钠	80万～160万U
注射用硫酸链霉素	0.5～1g
注射用水	5～10mL

用法： 分别一次肌内注射，每天2次，连用2～3d。

说明： 青霉素用前必须做皮试。

13. 犬莱姆病

由疏螺旋体感染引起的一种人兽共患病，临床以发热和关节炎引起的跛行为特征。治宜消除病原。

【处方1】

盐酸四环素，或氨苄青霉素　　0.5～1g

用法： 一次口服，每天2次，连用21～28d。

【处方2】

注射用青霉素G钠　　40万～80万U

用法： 混于0.9%氯化钠注射液100mL内一次静脉注射，每天1次，连用7～10d。

【处方3】预防

犬莱姆病灭活菌苗　　1头份（1mL）

用法： 在感染性蜱叮咬前一次皮下或肌内注射，隔3周再注射1次，共2次；以后每年免疫1次。

说明： 通常用于12周龄以上的犬。

14. 犬钩端螺旋体病

由钩端螺旋体感染引起的一种人兽共患病。临床可见发热、出血、肾炎和黄疸等病变。宜消除病原和对症治疗。

【处方1】

（1）注射用青霉素钠	40万～160万U
注射用硫酸链霉素	0.5～1g
注射用水	5～10mL

用法： 分别一次肌内注射，每天2次，连用2～3d。

说明： 青霉素用前必须做皮试。

（2）5%葡萄糖注射液　　250～500mL
25%维生素C注射液　　2mL
肌苷　　0.1g
用法：一次静脉注射，每天1次。
（3）1%呋塞米（速尿）注射液　　0.5～1mL
用法：一次肌内注射。
（4）注射用四环素　　0.125～1g
用法：按每1kg体重25mg加入5%葡萄糖注射液中静脉注射，每天2次，或按每1kg体重50mg口服，每天2～3次。

【处方2】
板蓝根5g　　丝瓜络5g　　忍冬藤10g
陈　皮5g　　生石膏（研末）10g
用法：前四种煎水，冲入石膏粉，分3次拌料喂饲。每天1剂，连用5d。

【处方3】预防
同犬瘟热处方8。

15. 犬真菌感染

包括组织胞浆菌病、念珠菌病、绿孢子菌病、芽生菌病和隐球菌病等。治疗以消除病原为主。

【处方1】
注射用两性霉素B　　2.5～5.0mg
5%葡萄糖注射液　　500mL
用法：一次缓慢滴注，每周2次，连续数次。
说明：两性霉素B的总量不超过10mg/kg。静脉注射时如果发生寒战、呕吐等不良反应，加入10～30mg氢化可的松，可缓解不良反应。也可用安肤哆注射液（按每1kg体重0.1mL）皮下或肌内注射。

【处方2】
安肤哆（主成分为特比萘芬）　　1.5mL
用法：按每1kg体重0.1mL肌内注射，每3～5d 1次，连用3～5次。

16. 犬诺卡氏菌病

由诺卡氏菌引起的一种人兽共患的慢性传染病，以皮肤、浆膜或内脏中形成脓肿或肉芽肿为特征。虽然分全身、胸和皮肤等三种类型，但临床常以皮肤脓肿多见。治疗以消除病原为主。

【处方1】
注射用土霉素　　30～400mg

用法： 按每1kg体重6～10mg溶于5%葡萄糖溶液100mL内一次静脉注射，每天1～2次，连用7d。

【处方2】

氨苄青霉素	0.5～1g
注射用水	5～10mL

用法： 注入天门、大椎、百会、三焦、肩井、抢风、环跳、阳陵穴等脓肿附近穴位，每天1次，连用1周。

说明： 用药前必须做皮试，也可注射双黄连注射液5～15mL，每天1次，连用1周；或交替口服土霉素、青霉素、氨苄青霉素、链霉素、复方磺胺嘧啶等，连用3～4周。

【处方3】

黄芪9g，当归、白术、川芎、丹参、连翘、皂角刺、金银花、地丁各6g，甘草3g

用法： 水煎成60mL，分两次口服，每天1剂，连用1～2周。

【处方4】

如意金黄散	5～20g

用法： 蜜加醋调和稀泥状外敷患部。

说明： 脓肿未溃时应用。如脓肿已溃，先用消毒液清洗创腔，然后用碘酊或九一丹或七三丹引流条引流。

17. 犬链球菌病

由于链球菌感染所致，以突然发热、瘫痪、口吐黏稠泡沫及脓毒血症为特征。治宜消除病原，并配合补液纠正水和电解质平衡。

【处方1】

注射用青霉素钠	40万～160万U
注射用硫酸链霉素	0.5～1g
注射用水	5～10mL

用法： 分别一次肌内注射，每天2次，连用2～3d。

说明： 青霉素用前必须做皮试。也可参考犬瘟热处方2。

【处方2】

5%葡萄糖注射液	250mL
林格氏液	250mL
25%维生素C注射液	4mL

用法： 一次静脉注射。

【处方3】

5%葡萄糖氯化钠注射液	250～500mL
5%碳酸氢钠注射液	20mL

用法： 一次静脉注射。

18. 犬立克次氏体病

包括犬埃利希氏病、埃洛科明吸虫热、鲑中毒综合征、血巴尔通体病、附红细胞体病等，由立克次氏体目或类立克次氏体感染所致。以发热、贫血、茶色尿为特征。治宜消除病原，并加强环境卫生。

【处方 1】

磺胺二甲嘧啶　　1.0～2.0g

土霉素　　0.5～1.0g

用法：分别一次口服，每天 2 次，连用 2～3d。

【处方 2】

磺胺二甲嘧啶注射液　　0.5～1.0g

注射用盐酸土霉素　　0.3～0.6g

注射用水　　3～5mL

用法：土霉素以注射用水稀释，两药分别一次肌内注射，每天 2 次，连用 2～3d。

【处方 3】

健康犬血浆或鲜血　　100～200mL

用法：按每 1kg 体重 10～15mL 一次静脉注射。

19. 犬焦虫病

由巴贝斯虫科的犬巴贝斯虫和吉氏巴贝斯虫寄生所致。临床可见贫血、消瘦和黄疸等症状。宜以消除病原和对症治疗为原则。

【处方 1】

贝尼尔　　0.05～0.2g

用法：按 1kg 体重 7mg 分 2 次深部肌内注射，隔天 1 次。

【处方 2】

健康犬鲜血　　100～200mL

用法：按每 1kg 体重 10～15mL 一次静脉注射。

说明：用于贫血严重、体况虚弱者。第二次输血时必须做配血试验。

20. 犬弓形虫病

由龚地弓形虫感染所致。临床可见呼吸道、消化道和神经症状。宜以消除病原和对症治疗为原则。

【处方 1】

5%葡萄糖生理盐水　　250～500mL

20%磺胺嘧啶钠　　3～5mL

用法：一次静脉注射，每天1次，连用3～5d。须现配现用，4h内用完。

【处方2】

5%葡萄糖生理盐水　　250～500mL

复方磺胺-6-甲氧嘧啶　　2～18mL（0.2～0.8g）

用法：一次静脉注射，每天1次，连用3～5d。

【处方3】

磺胺间甲氧嘧啶片　　0.125～2g

用法：按1kg体重25～50mg一次口服，每天1次，连用5d，首次量加倍。

21. 犬黑热病（利什曼病）

由利什曼原虫寄生于内脏引起。以贫血、肝脾肿大及皮肤病变为主要特征。治疗以消除病原为主。

【处方1】

葡萄糖酸锑钠　　0.75～6.0g

用法：按每1kg体重150mg配成1%注射液分6次静脉注射，每天1次。必要时可重复一个疗程。

【处方2】

喷他脒　　0.02～0.16g

用法：按每1kg体重4mg用注射用水配成10%溶液一次肌内注射，每天1次，连用15d。必须新鲜配制。

22. 犬球虫病

由等孢属球虫感染引起。以血便、贫血、衰弱和食欲减退为特征。治疗以消除病原为主。

【处方1】

磺胺二甲嘧啶　　0.5～4.0g

用法：按每1kg体重50mg一次口服，每天2次，连用3d，隔7d再用1～2个疗程。

【处方2】

磺胺喹噁啉　　60～480mg

用法：一次口服，每天2次，连用3～5d。

【处方3】

磺胺喹噁啉　　60～480mg

维生素K_3　　65～520mg

用法：一次口服，每天2次，连用3～5d。

【处方4】

氨丙啉　　1.5～2.0g

用法：按每1kg体重150～200mg混入饲料中喂服，连喂7d。

【处方 5】

常山 3 份　　柴胡 5 份　　青蒿 5 份　　乌梅 1 份

用法： 共研末拌料喂服每日 5～10g，每隔 3d 用药。

23. 犬原虫病

包括毛滴虫病（以仔犬黏液性出血性腹泻为主）、贾弟氏虫病（多见于幼犬，以消瘦、腹泻、贫血为主）、小袋虫病和阿米巴病（主要表现结肠炎）等。治宜杀虫。

【处方】

甲硝唑　　0.6～1.0g

用法： 按每 1kg 体重 60mg 一次口服，每天 2 次，连服 5d。

24. 犬蛔虫病

由蛔科犬弓首蛔虫及狮小弓首蛔虫寄生所致。以消瘦、贫血、异嗜和消化道症状为主。治疗以驱除虫体为主。

【处方 1】

左旋咪唑　　50～400mg

用法： 按每 1kg 体重 10～15mg 一次口服。

【处方 2】

甲苯咪唑　　50～400mg

用法： 按每 1kg 体重 10mg 一次口服。

【处方 3】

伊维菌素　　1.0～8.0mg

用法： 按每 1kg 体重 0.2mg 一次肌内注射。

【处方 4】

土荆芥油　　0.15～1.2g

用法： 按每 1kg 体重 30mg 一次口服。

【处方 5】

槟　榔 5g　　雷　丸 5g　　使君子 6g

川楝子 6g　　木　香 5g　　大　黄 6g

用法： 水煎成 30mL，于早晨空腹时一次投服，隔天再用 1 剂。

【处方 6】

花　椒 3g　　槟　榔 3g　　硫酸镁 5g

用法： 前两味药煎汤去渣后冲硫酸镁，一次口服，每天 1 次，连用 2d。

25. 犬钩虫病

由钩虫科的多种钩虫寄生于小肠所致，表现为贫血、消瘦、下痢等症状。治宜驱虫。

【处方 1】

左旋咪唑　　50～400mg

用法： 按每 1kg 体重 10～15mg 一次口服。

【处方 2】

甲苯咪唑　　50～400mg

用法： 按每 1kg 体重 10mg 一次口服。

【处方 3】

伊维菌素　　1.0～8.0mg

用法： 按每 1kg 体重 0.2mg 一次肌内注射。

【中药处方】

参见犬蛔虫病处方 5、6。

26. 犬鞭虫病

由狐毛首线虫寄生于大肠所致。临床上以消化吸收障碍及贫血为特征。治疗以驱除虫体为主。

【处方 1】

甲苯咪唑　　500～4 000mg

用法： 按每 1kg 体重 100mg 一次口服，每天 2 次，连用 3～5d。

【处方 2】

左旋咪唑　　50～400mg

用法： 按每 1kg 体重 10～15mg 一次口服。

【处方 3】

羟嘧啶　　10～80mg

用法： 按每 1kg 体重 2mg 一次口服。

27. 犬绦虫病

主要由假叶目和圆叶目的绦虫寄生于小肠所致。表现为消瘦、贫血和消化吸收障碍。治疗以驱除虫体为主。

【处方 1】

吡喹酮　　50～300mg

用法： 按每 1kg 体重 5～10mg 一次口服。

【处方2】

氯硝柳胺　　0.8～6.4g

用法：按每1kg体重160～200mg一次口服。服药前禁食12h。

【处方3】

槟榔100g　　南瓜子150g

用法：南瓜子炒熟捣碎与槟榔同煎成300mL，按1kg体重10mL一次灌服。

【处方4】

生南瓜子　　12.5～50g

用法：研碎，按每1kg体重2.5g混于饲料内一次喂服。

【处方5】

鹤草酚　　125～500mg

用法：按每1kg体重25mg一次口服。

28. 犬眼线虫病

由结膜吸吮线虫寄生于眼结合膜内引起的结膜炎和角膜炎。治宜驱虫。

【处方】

2%可卡因　　适量

用法：滴眼，使虫体麻痹后去除虫体。也可用3%硼酸溶液冲洗眼结合膜，去除麻痹虫体。最后涂以抗生素眼膏或滴眼液。

29. 犬心丝虫病

本病又名犬恶丝虫病，由犬恶丝虫寄生于心室和肺动脉所致。临床上以循环障碍、呼吸困难及贫血为主要特征。治宜杀虫。

【处方1】

海群生（枸橼酸乙胺嗪）　　100～800mg

用法：按每1kg体重20～30mg一次口服，每天2次，连用1～2周。

说明：用于杀死成虫。

【处方2】

菲拉松　　5～30mg

用法：按每1kg体重5～10mg一次口服，每天3次，连用10d。

说明：用于杀死成虫。

【处方3】

左旋咪唑　　50～400mg

用法：按每1kg体重10mg一次口服，每天1次，连用2～3周。

说明：用于杀死微丝蚴。

【处方 4】

伊维菌素　　1.0～8.0mg

用法：一次肌内注射。按每 1kg 体重 0.2mg 用药。

30. 犬吸虫病

主要由血吸虫、肝片吸虫和肺吸虫等引起。治宜驱虫，必要时做对症治疗。

【处方 1】

吡喹酮　　0.25～2.0g

用法：按每 1kg 体重 50mg 一次口服。

【处方 2】

丙硫苯咪唑　　0.15～1.0g

用法：按每 1kg 体重 15mg 一次口服，每天 1 次，连用 1～2d。

说明：方 2～5 可用于肝片吸虫病和肺吸虫病。

31. 犬虱、蚤病

由蚤和虱寄生在体表所引起。临床可见由虱或蚤螫刺吸血及其排泄物刺激所出现的瘙痒、皮炎等症状。治宜杀虫。

【处方 1】

0.025%除虫菊酯　　适量

用法：体表喷洒。

【处方 2】

螨净　　适量

用法：按 1∶200 比例稀释，进行药浴或环境喷洒。

32. 犬螨病

由犬疥螨和犬耳螨或蠕形螨寄生所致。临床上以皮肤剧痒、皮肤增厚和脱毛为主要症状。治疗以驱杀螨虫为主。

【处方 1】

伊维菌素　　1.0～8.0mg

用法：一次肌内注射。按每 1kg 体重 0.2mg 用药。

【处方 2】

螨净　　适量

用法：按 1∶200 比例稀释，患部剪毛后擦洗。

【处方 3】

百　部 500g　　蛇床子 250g　　土荆皮 250g

用法：共研细末，加入60%酒精浸泡1周，过滤，涂搽患部。

说明：在涂药之前，患部先以饱和食盐水涂搽、干布拭干。

【处方4】

通灭　　1～20mg

用法：按每1kg体重0.2mg一次肌内注射。

33. 犬口炎

由机械性损伤、细菌和病毒等微生物感染所致。表现为流涎、口臭、咀嚼困难等症状。治疗宜消除病因及对症消炎。

【处方1】

0.1%高锰酸钾液　　适量

生理盐水　　适量

用法：依次冲洗口腔患部。

【处方2】

复方碘甘油　　适量

用法：患部涂搽。

【处方3】

枯矾20g　　冰片1g

用法：共研细末，用淡盐水冲洗口腔后撒患部。

说明：给予抗生素和能量合剂（主成分为ATP及营养类药）配合全身对症治疗。

34. 犬舌炎

外伤和其他疾病继发感染所致。临床上以舌面红肿、疼痛为特征。治疗以除去病因、患部消炎为主。

【处方1】

（1）0.1%高锰酸钾液　　适量

用法：冲洗患部。

（2）复方碘甘油　　适量

用法：患部涂搽。

【处方2】

（1）3%双氧水　　适量

用法：冲洗患部。

（2）维生素B_2　　0.1～0.5g

用法：一次口服，每天3次，连服3～5d。

说明：给予抗生素和能量合剂（主成分为ATP及营养类药）配合全身对症治疗。

【处方 3】

（1）2%～3%的硼酸溶液　　适量

用法：冲洗患部。

（2）复方碘甘油　　适量

用法：患部涂搽，每天 2～3 次。

35. 犬齿龈炎和牙周炎

主要由齿石、龋齿和异物等机械性刺激所致。临床表现为流涎、齿龈红肿和牙齿松动等症状。治疗应清除齿石等异物，对症消炎。

【处方 1】

（1）温生理盐水　　适量

用法：清洗患部。

（2）复方碘甘油　　适量

用法：患部涂搽。

说明：给予抗生素和能量合剂配合全身对症治疗。

【处方 2】

冰硼散　　适量

用法：撒于患部。

36. 犬唾液腺炎

由于唾液腺或其邻近组织的创伤或感染所致。临床上可见唾液腺肿胀、流涎、拒食等症状。治疗以除去病因、患部消炎为主。

【处方 1】

注射用青霉素钠　　10 万～80 万 U

注射用链霉素　　10 万～100 万 U

注射用水　　5mL

用法：分别一次肌内注射，每天 2 次，连用 3～5d。

【处方 2】

注射用青霉素钠　　80 万 U

鱼肝油　　10mL

用法：用于脓肿形成者。先切开排脓，用 3%双氧水清创，然后将二者混匀，涂于创面。

【处方 3】

白　及 3g　　白　蔹 3g　　白　矾 2g

大　黄 3g　　雄　黄 2g　　黄　柏 2g

木鳖子 1g

用法： 共研细末，用鸡蛋清调成糊状，涂敷患部。

【处方 4】

如意金黄散（中成药）　　适量

用法： 以适量醋和蜂蜜适量调成糊状，涂敷患部。

37. 犬咽炎

多由于感冒、化学药品刺激和创伤等原因所致。临床上以吞咽困难、咽部肿胀和流涎为特征。治疗以除去病因、加强护理为原则。

【处方 1】

复方醋酸铅溶液　　200mL

20%硫酸镁溶液　　200mL

用法： 先以复方醋酸铅溶液冷敷咽部，2～3d 后改用 20%硫酸镁溶液温敷。

说明： 用于炎症初期。

【处方 2】

（1）复方碘甘油　　适量

用法： 除去咽部假膜后涂搽。

（2）20%～25%葡萄糖注射液　50～100mL

25%维生素 C 注射液　　2mL

用法： 一次静脉滴注，每天 2 次，连用 5d。

【处方 3】

金银花 15g　　蒲公英 4g　　当　归 12g

元　参 4g

用法： 水煎成 40mL，一次内服，每天 2 剂，连用 2～3d。

说明： 给予抗生素和能量合剂配合全身对症治疗。

【处方 4】

锡类散　　适量

用法： 吹撒咽部。

38. 犬食管炎

原发性食管炎，主要由于机械性、化学性和温热性刺激引起的食管黏膜皮层和深层的炎症；其他食管疾病及咽部、胃部疾病也常继发本病。临床以发生吞咽困难、流涎和呕吐为特征。治宜抗菌消炎。

【处方 1】

（1）氧化镁　　适量

用法： 以温水配成 1∶25 溶液，抽吸排空胃内容物后缓缓灌服。

说明： 主要用于酸性物质损伤病例。

（2）香醋　　　　　　　适量

用法： 配成1∶4稀释液，抽吸排空胃内容物后缓缓灌服。

说明： 主要用于有腐蚀性的碱性物质损伤病例。

【处方2】

（1）1%利多卡因　　　　适量

庆大霉素注射液　　　1.0～2.0mL

生理盐水　　　　　　适量

用法： 混合后反复缓缓灌服。

（2）氨苄青霉素　　　　0.5～1g

用法： 溶于200mL的0.9%氯化钠注射液内，一次静脉注射。

说明： 用前必须做皮试。用于缓解疼痛和控制炎症。

【处方3】

雷尼替丁　　　　　　2.5～20mg

用法： 按每1kg体重0.5mg一次口服，每天2次，连用3～5d。

注： 用于频繁的胃液反流病例。

【处方4】

硫酸阿托品注射液　　0.25～2mg

用法： 按每1kg体重0.05mg一次皮下注射。必要时可重复1～2次。

说明： 用于大量流涎病例。

39. 犬食管阻塞

食团或异物停留于食管内不能后移而造成食管阻塞。临床以突发吞咽障碍、流涎为特征。治宜排除阻塞物。

【处方1】

（1）盐酸阿扑吗啡注射液　　0.2～1.6mg

用法： 按每1kg体重0.04mg一次皮下注射。

（2）盐酸阿扑吗啡　　　　0.1～0.8mg

用法： 按每1kg体重0.02mg一次静脉注射。

说明： 用于对不完全阻塞催吐。

【处方2】

液体石蜡或植物油　　　10～15mL

用法： 先灌入油，用手按摩颈部，将阻塞物推至咽部，再用异物钳取出。如阻塞物在颈以下，则灌入油后用胃管轻轻向下推送，同时还可接上打气筒边打气边推送，将阻塞物送入胃中，可随胃肠蠕动后移，与粪便一起自然排出。

说明： 阻塞物在颈部食管。

【处方3】

（1）威灵仙100g　　　　食醋100mL

用法： 水煎成100mL，加入食醋混合，每次口服5～10mL，每天5～10次，连续喂2～4d。

（2）威灵仙100g　　白及100g

用法： 水煎成200mg，每次口服5～10mL，每天5～10次，连续喂2～4d。

说明： 用于骨鲠食管不全梗塞。先用方（1），待能吃小块食物后，再用方（2）。

注： 如果上述方法不见效果，应采取手术疗法。

40. 犬急性胃炎

多由于过食或摄入不洁食物、饮水、毒物等所致。临床可见呕吐、胃痛等症状。治疗以除去病因、消炎和纠正酸碱平衡紊乱为原则。

【处方1】

0.1%盐酸阿扑吗啡　　0.2～1.6mL

用法： 按每1kg体重0.04mg一次肌内注射。

说明： 用于排除胃内异物、毒物。

【处方2】

注射用氨苄青霉素　　0.5～1g

注射用水　　5.0mL

0.2%地塞米松注射液　　2～5mL

用法： 一次肌内注射，每天2次，连用1～2d。

【处方3】

复方氯化钠注射液　　250mL

5%葡萄糖注射液　　250mL

10%氯化钾注射液　　1.2mL

25%维生素C注射液　　4mL

654-2注射液　　10mg

用法： 一次缓慢静脉滴注，每天1～2次，连用2～3d。

【处方4】香苓止呕汤

木　香3g　　茯　苓3g　　砂　仁3g

乌　药3g　　陈　皮3g　　鸡内金3g

用法： 水煎取汁，一次缓缓口服或直肠内滴入，每天1剂，连用2d。

41. 犬慢性胃炎

多由急性胃炎转化而来或神经机能失常导致消化障碍等所致。临床表现为消瘦、食欲不振、偶见呕吐等。治疗以除去病因、恢复胃功能为主。

【处方 1】

注射用氨苄青霉素　　0.5～1g

注射用水　　5.0mL

0.2%地塞米松注射液　　2～5mL

用法：一次肌内注射，每天 2 次，连用 1～2d。

【处方 2】

乳酶生　　1～2g

胃蛋白酶　　0.1～0.5g

用法：一次口服，每天 3 次，连用 5～7d。

【处方 3】

稀盐酸　　0.5～0.3mL

用法：一次口服，每天 2～3 次，连用 3～5d。

【处方 4】

碳酸氢钠　　2g

淀粉酶　　1g

龙胆末　　0.3g

用法：每天分 3 次于喂食后口服，连用 3～5d。

【处方 5】

胃复安　　10mg

用法：一次皮下注射。

42. 犬胃出血

由于异物刺伤、中毒、传染病等引起。临床表现为吐血、粪便潜血等。治疗宜即时消除病因、补血、止血和对症处理。

【处方 1】

（1）硫酸亚铁　　0.1～0.5g

叶酸　　5mg

安络血　　1～5mg

用法：一次口服，每天 2 次，连用 3d。

（2）健康犬鲜血　　100～200mL

用法：一次静脉注射。

【处方 2】

5%葡萄糖生理盐水　　500mL

10%维生素 K_3 注射液　　0.5～3mL

用法：一次缓慢静脉滴注，每天 2 次，连用 3d。

【处方 3】

蒲　黄 6g　　槐　角 2g　　五灵脂 6g

椿　皮 8g	炒当归 6g	白　芍 6g
苦　参 6g	香附子 6g	甘　草 2g

用法： 水煎成 50mL，一次或分 2 次灌服或直肠滴入，每天 1 剂，连用 3～5 剂。

43. 犬幽门痉挛

由于植物性神经机能障碍所致。临床上以采食或饮水后出现无规律的呕吐为特征。治疗宜抑制幽门括约肌痉挛性收缩。

【处方】

0.1%氢溴酸东莨菪碱注射液　　0.1～0.3mL

用法： 采食饮水前 30min 一次皮下注射，按每 1kg 体重 0.03mg 用药。

44. 犬胃动力障碍

由于胃功能性动力下降或胃功能紊乱所致，以慢性间接性呕吐为特征。治宜兴奋胃肠。

【处方 1】

（1）胃复安　　1.5～12mg

用法： 按每 1kg 体重 0.2～0.4mg 于饲喂前半小时口服，每天 3 次。

说明： 用于胃食管炎呕吐、胃十二指肠性呕吐、胃动力障碍，如果怀疑为幽门或肠管阻塞时，忌用此药。

（2）西沙必利（主成分为苯甲酰胺衍生物）　　0.4～50mg

用法： 按每 1kg 体重 0.08～1.25mg 于饲喂前半小时口服，每天 3 次。

【处方 2】

（1）中成药平胃液（以平胃散为主制成的中成药）　　5～10mL

用法： 加常水 5～10mL 混合，深部直肠滴注，每天 1 次，连用 3～5d。

（2）25%维生素 B_1 注射液　　2mL

用法： 脾俞和胃俞穴注射，每穴 1mL。

45. 犬胃肠炎

由于饲喂不洁、中毒、微生物侵袭等所致。症状主要表现为食欲废绝、剧烈呕吐和腹泻等。治疗宜首先查明并除去病因，然后补液、止呕、止泻和恢复胃肠功能。

【处方 1】

维生素 B_1　　1.0～2.0mL

用法： 一次肌内注射，每天 1 次，连用 3d。

【处方 2】

复方氯化钠注射液	250～750mL
5%葡萄糖注射液	250mL
25%维生素 C 注射液	2～4mL
5%维生素 B_6 注射液	2mL
0.2%地塞米松注射液	1～3mL

用法：一次静脉注射，每天 2 次，连用 3～5d。

【处方 3】

磺胺脒	0.2～0.8g
次硝酸铋	0.3～2.0g

用法：一次口服，每天 2～3 次，连用 4 天。

【处方 4】

郁金 3g	大黄 3g	诃子 2g
黄芩 2g	黄柏 2g	白芍 2g
木香 2g	陈皮 2g	

用法：水煎，内服或直肠内滴入，每天 1 剂，连用 3 剂。

【处方 5】

庆大小诺霉素注射液	8 万～16 万 U

用法：一次后海或脾俞穴注射，每天 1 次，连用 2～3d。

【处方 6】

穿心莲注射液	2～4mL

用法：一次后海或脾俞穴注射，每天 1 次，连用 2～3d。

46. 犬胃肠溃疡

多种病因引起。临床可见慢性顽固性呕吐、吐血、便血和贫血等症状。治疗以加强护理对症处理为主。

【处方 1】

复方胃舒平（主成分为复方氢氧化铝）	1～2 片
硫糖铝	0.5～1.0g

用法：喂食后 2～3h 内口服，每天 3 次，连用 5～10d。

说明：严重出血病例可口服安络血 1.0～5.0mg，每天 3 次。

【处方 2】

元　胡 3g	木　香 3g	香　附 4g
佛　手 4g	乌　药 3g	乳　香 4g
没　药 4g	海螵蛸 5g	贝　母 2g
吴茱萸 3g	砂　仁 3g	甘　草 2g

用法：水煎成 50mL，加入阿托品 2mg，分上、下午 2 次服完，连用 5 剂。

47. 犬结肠炎

多由细菌感染、食物或异物损伤、精神障碍及全身疾病或自身免疫反应所致。临床可见粪便稀薄如水、里急后重等症状。治疗应首先改变饲养条件和方式，然后对症处理。

【处方 1】

硫酸阿托品	0.25～1.0mg
磺胺脒	0.5～2.0g
鞣酸蛋白	0.5～1.0g

用法：每天分 3 次服完，连用 3～5d，硫酸阿托品按每 1kg 体重 0.05mg 用药。

【处方 2】

诃子 5g	郁金 3g	山楂 3g
乌药 3g	大黄 3g	乌梅 5g

用法：水煎成 30mL 药液，一次直肠滴入。

48. 犬便秘

多因饲喂不当、饮水不足、运动太少及其他疾病继发所致。临床可见反复努责、难以排粪等症状。治疗应首先多喂富含纤维素的易消化饲料，严重病例采用药物通便或手术通便。

【处方 1】

温肥皂水　　100～200mL

用法：一次灌肠，每天或隔日重复 1 次，连用 2～3 次。

【处方 2】

液体石蜡　　10～20mL

用法：一次灌服，每天 1 次，连用 1～2d。

【处方 3】

硫酸镁或硫酸钠	10～20g
常水	200mL

用法：一次灌服，每天 1 次，连用 1～2d。

49. 犬肛门囊炎

由于肛门囊内分泌物潴留、腐败、刺激黏膜而发生的炎症。表现为频频摩擦和舔咬肛门部，肛门囊部位肿胀疼痛，甚至形成瘘管。治宜排出囊内炎性物，消炎。

【处方 1】

庆大小诺霉素注射液　　4 万～8 万 U

用法：一次后海穴注射。用药前术者带上胶皮手套，手指涂润滑剂后伸入肛门内，挤出肛门囊内容物。若形成瘘管可手术摘除肛门囊。

【处方 2】

双氧水　适量

生理盐水　适量

高效碘伏消毒剂　适量

用法：用于肛门囊破溃后。依次用前两药冲洗，然后用纱布条浸碘伏消毒剂引流。

50. 犬急性肝炎

由中毒、微生物感染及药物过敏等原因所致。临床上可见黄疸、急性消化不良和神经症状等。治疗以除去病因，促进肝细胞再生，恢复肝功能为原则。

【处方 1】

（1）25%葡萄糖注射液　50～300mL

1%维生素 B_2 注射液　0.5～1mL

5%维生素 B_6 注射液　1～2mL

0.1%维生素 B_{12} 注射液　0.5～1mL

1%维生素 K_1 注射液　1～2mL

1%硫辛酸注射液　2～3mL

用法：每天分 2 次静脉注射，连用 3～5d。

（2）5%维生素 B_1 注射液　2mL

用法：一次肌内或肝俞穴注射，每天 1 次，连用 3～5d。

【处方 2】

林格氏液　50～200mL

25%葡萄糖注射液　50～300mL

复合氨基酸注射液　20～100mL

用法：依次静脉注射，每天 1 次，连用 3～5d。

【处方 3】

注射用氨苄青霉素　0.5～2.0g

注射用水　5.0～10mL

0.2%地塞米松注射液　1～2mL

用法：混合，一次肌内或大椎、三焦穴注射，每天 1 次，连用 3～5d。

【处方 4】

（1）科特壮　1～2.5mL

用法：一次皮下注射；也可加入 0.9%氯化钠注射液内静脉注射，每天 1 次，连用3～5d。

（2）久克坦（主成分为硫辛酸）　0.25～2mL

用法：按每 1kg 体重 0.05mL 加入 0.9%氯化钠注射液内静脉注射，每天 1 次，连用3～5d。

【处方 5】

茵栀黄注射液　　适量

用法： 加入 0.9%氯化钠注射液内滴注，每天 1 次，用 3～5d。

【处方 6】

生　地 3g　　白茅根 15g　　木　通 3g

败酱草 5g　　大青叶 15g

用法： 水煎成 50mL 药液，一次内服，每天 1 剂，连用 5～6 剂。

51. 犬慢性肝炎

多由急性肝炎转化而来或其他致病因素所致。可分为慢性持续性肝炎和慢性活动性肝炎。临床可见食欲不振、消瘦和轻度黄疸等症状。治疗以抑制炎症和保肝为原则。

【处方 1】

10%去氢胆酸钠注射液　　2～5mL

用法： 一次静脉滴注。隔日 1 次，连用 4～6 次。

【处方 2】

(1) 5%葡萄糖注射液　　50～300mL

0.2%地塞米松注射液　　1～2mL

氨基酸制剂　　100mL

用法： 一次静脉注射，每天 1 次，连用 3～5d。

(2) 5%维生素 B_1 注射液　　2mL

用法： 一次肌内或肝俞穴注射，每天 1 次，连用 3～5d。

说明： 用于活动性肝炎。

【处方 3】

肝泰乐　　50～200mg

用法： 一次口服，每天 2 次，连用 3～5d。

【处方 4】

注射用氨苄青霉素　　0.5～2.0g

注射用水　　5.0～10mL

0.2%地塞米松注射液　　1～2mL

用法： 一次肌内或大椎穴注射，每天 1 次，连用 3～5d。

52. 犬肝脓肿

由各种化脓菌感染所致。临床可见渐进性消瘦、黄疸和肝区压痛等症状。治疗宜采用大量广谱抗生素消除病原，对于单发性脓肿可采取手术治疗。

【处方 1】

注射用氨苄青霉素　　0.5～2.0g

0.9%氯化钠注射液　　100mL

用法： 一次静脉注射，每天1次，连用3～5d。

【处方2】

头孢曲松钠　　1g

0.9%生理盐水　　100mL

用法： 一次静脉注射。每天1次，连用3～5d。

53. 犬急性胰腺炎

由于微生物感染、中毒或饲喂高脂肪食物所致。临床可见突发性前腹部剧痛、休克和腹膜炎等症状。治疗以抑制胰腺分泌、镇痛解痉、抗休克和纠正水与电解质失衡为原则。

【处方1】

5%葡萄糖注射液　　250～500mL

复方氯化钠注射液　　250～500mL

25%维生素C注射液　　2～4mL

5%维生素B_6注射液　　1～2mL

用法： 一次静脉注射，每天1次（重症每天2～3次），连用3～5d。

【处方2】

硫酸阿托品注射液　　0.05～0.4mg

用法： 按每1kg体重0.01mg一次肌内注射，每天1次，连用2～3d。

【处方3】

丁胺卡那霉素　　4万～16万U

用法： 一次脾俞穴注射，每天1次，连用2～4d。

54. 犬慢性胰腺炎

胰腺呈反复或持续性炎症变化。临床以腹痛、黄疸、脂肪便、糖尿病为特征。治宜消除炎症。

【处方1】

胰酶制剂，或胰粉　　适量

用法： 拌料喂服。连续饲喂叶酸、维生素K、维生素A、维生素D、B族维生素和钙剂等饲料添加剂，直至逐渐恢复。

【处方2】

柴胡、元胡、赤芍、黄芪、黄芩各30g，木香15g，大黄、山楂各45g

用法： 水煎成300mL，每次服10mL，每天3次，连服10d为一个疗程。

55. 犬腹膜炎

多由于外伤、细菌感染或化学药物刺激等所致。临床上可见腹部隐痛，腹内渗出液体等症状。治疗以除去病因、控制感染和制止渗出为原则。

【处方 1】

注射用氨苄青霉素　0.5～2.0g

注射用水　5.0～10mL

0.2%地塞米松注射液　1～2mL

用法：混合，一次肌内或大椎、三焦穴注射，每天 1 次，连用 3～5d。

【处方 2】

(1) 0.2%普鲁卡因注射液　20mL

注射用青霉素钠　160 万 U

用法：腹腔穿刺放液后一次注入腹腔。

(2) 10%葡萄糖酸钙注射液　20mL

10%葡萄糖注射液　100～200mL

用法：一次缓慢静脉注射。每天 1 次，连用 2～3d。

说明：用于腹腔渗出液过多病犬。

【处方 3】

痛立定注射液　0.5～4mL

用法：按每 1kg 体重 0.1mL 一次皮下或肌内注射，每天 1 次，连用 3～5d。

【处方 4】

大腹皮 20g　桑白皮 20g　陈　皮 10g

茯　苓 15g　白　术 10g　二　丑 15g

用法：水煎成 90mL，按 1kg 体重 5mL 深部灌肠，每天 1 次。

56. 犬腹水

多种疾病导致腹腔内体液潴留。临床上可见下腹部对称性膨大，水平浊音和穿刺液为透明微黄色液体等症状。治疗应首先治疗原发病，然后进行对症治疗。

【处方】

速尿　16～160mg

抗醛固酮剂　20～160mg

用法：按每 1kg 体重速尿 2～5mg、抗醛固酮剂 4mg 在 1 天内分 2 次口服。

57. 犬感冒

由气候应激、病毒、感染等引起。临床可见咳嗽、流涕等症状。治宜解热镇痛，防止继发感染。

【处方】

板蓝根冲剂或感冒清热冲剂　0.5～1.0 包

用法：一次口服，每天 2 次，连用 2～3d。

58. 犬鼻出血

由于外伤或其他病继发所致。临床可见单侧或双侧鼻孔出血。治疗以保持安静、止血为主。

【处方 1】

止血敏　50～400mg

10%维生素 K_3 注射液　0.5～3mL

用法：分别一次肌内注射。

【处方 2】

1∶1 500 盐酸肾上腺素溶液　适量

用法：滴入鼻腔。

【处方 3】

鲜紫苏叶　适量

用法：洗净，捣烂，塞入鼻孔内。

【处方 4】

巴曲停（注射用血凝酶）　2IU

用法：按每 1kg 体重 0.05IU 一次肌内注射。

59. 犬鼻炎

多由异物刺激、外伤和某些疾病继发感染所致。临床上有鼻黏膜充血、肿胀，打喷嚏和流鼻涕等症状。治疗以除去病因为主，同时对症治疗。

【处方 1】

（1）注射用氨苄青霉素　0.5～1.0g

用法：一次肌内或皮下注射，每天 3 次，连用 3d。

说明：用前应做皮试。

（2）庆大小诺霉素　4 万～8 万 U

利多卡因　20～40mg

地塞米松　2～4mg

用法：分多次滴入鼻腔内，连用 3d。

【处方 2】

0.1%高锰酸钾溶液　200mL

复方碘甘油　50mL

用法：使犬低头，先用0.1%高锰酸钾溶液冲洗鼻腔，再用复方碘甘油喷涂，每天1次，连用3～5d。

60. 犬喉炎

多由于微生物感染和异物损伤所致。临床上以咳嗽喉部肿胀和疼痛为主要症状。治疗以消炎止咳为原则。

【处方1】

（1）注射用青霉素钠　　50万～400万U

用法：一次喉俞穴注射，每天1次，连用3～5d。

说明：用前应做皮试。

（2）冰硼散　　适量

用法：喉腔内喷撒，每天3次，连用3d。

（3）氢化泼尼松　　2.5～20mg

用法：一次口服，每天2次，连用3～5d。

【处方2】

金银花15g　　当　归10g　　蒲公英5g

玄　参5g

用法：水煎成30mL，候温一次灌服。

61. 犬支气管炎

由于微生物感染、寒冷刺激等因素所致。临床上可见呼吸加快、咳嗽和支气管啰音等症状。治疗以消除炎症、止咳祛痰为主。

【处方1】

（1）注射用氨苄青霉素　　0.5～2.0g

0.2%地塞米松注射液　　1～2mL

注射用水　　3.0～5.0mL

用法：一次肌内或喉俞、身柱穴注射，每天2次，连用3～4d。

（2）氯化铵　　0.2～1.0g

用法：一次口服，每天2次，连用3～4d。

【处方2】

碘化钾　　0.2～1.0g

用法：一次口服，每天1～2次，连用5～7d。

说明：用于慢性支气管炎。

【处方3】

乌药10g　　百部5g　　杏仁5g

麻黄3g　　桔梗5g　　石膏10g

用法：水煎成50mL，候温一次灌服，每天1剂，连服2～3剂。

62. 犬肺炎

由于应激刺激、机体抵抗力下降时病毒、细菌等微生物感染所致。临床症状主要为体温上升、咳嗽和呼吸异常等。治疗以消除炎症、抑制感染为主。

【处方1】

头孢氨苄　　100～800mg

盐酸麻黄碱　　5～15g

用法：一次口服，每天2次，连用3d。

【处方2】

复方甘草合剂　　5～15mL

用法：一次口服，每天2次，连用3d。

63. 犬霉菌性肺炎

由霉菌和霉菌孢子引起的慢性炎症，临床可见咳嗽、呼吸困难，鼻液中可查出霉菌的菌丝。治疗以除去病因为主。

【处方】

5%葡萄糖注射液　　500mL

注射用两性霉素B　　2.5～5.0mg

用法：混合后一次缓慢静脉注射，每周1次，总量不超过10mg/kg。

说明：静脉注射发生寒战、呕吐等不良反应时可加入10～30mg氢化可的松。

64. 犬异物性肺炎

由于吸入异物到肺内引起支气管和肺泡的炎症，以高热、呼吸急促和呼出恶臭气味为特征。

【处方1】增加气管分泌，促使异物排出

2%盐酸毛果芸香碱　　0.2～0.4mL

用法：一次皮下注射。

【处方2】防止继发感染

头孢氨苄　　100～800mg

用法：按每1kg体重20mg内服，每天3次，连用2～3d。

【处方3】

链霉素　　0.1～0.8g

克霉唑片　　50～400mg

用法：按每1kg体重链霉素20mg、克霉唑10mg一次口服，每天3次。

65．犬肺水肿

肺毛细血管内血液异常增加，血液中的液体成分渗漏至肺泡，支气管及肺间质内过量积聚，引起非感染性炎症。临床以呼吸极度困难，流泡沫样鼻液为特征。治宜对症处理。

【处方 1】镇静

（1）苯巴比妥　10～80mg

用法：按每 1kg 体重 2～4mg 一次肌内注射。

（2）速尿　10～80mg

用法：按每 1kg 体重 2～4mg 一次口服，每天 3～4 次。

（3）氨茶碱　50～400mg

用法：按每 1kg 体重 10～15mg 口服，每天 1～2 次。

【处方 2】制止渗出，消除水肿

（1）10％葡萄糖酸钙　5～10mL

10％葡萄糖注射液　100mL

地塞米松注射液　5mg

用法：一次静脉缓慢注射，每天 1 次。

（2）硫酸阿托品　0.1～0.8mg

用法：按每 1kg 体重 0.02～0.04mg 口服，每天 1～2 次。

（3）山莨菪碱（654-2）　0.5～4mg

用法：按每 1kg 体重 0.1～0.2mg 口服，每天 2～3 次。

【处方 3】加味二陈汤

姜半夏、陈皮、茯苓各 9g，炙甘草、葶苈子、丹参各 6g

用法：水煎成 60mL 药液，每次服 10mL，每天 3 次。

66．犬胸膜炎

多由微生物感染、外伤等原因所致。临床可见体温上升、呼吸异常、胸部叩诊浊音等症状。治疗以消除炎症和制止渗出为主，有条件的给予输氧。

【处方 1】

（1）注射用氨苄青霉素　0.5～2.0g

注射用水　1.0～3.0mL

用法：混合后一次肌内注射，每天 3 次，连用 3～5d。

说明：也可用头孢噻肟、头孢噻呋等。

（2）10％葡萄糖酸钙注射液　10～30mL

10％葡萄糖注射液　100mL

用法：一次缓慢静脉注射，每天 1 次，连用 3d。

【处方 2】

（1）呋塞米（速尿）　　20～40mg

用法：一次口服，每天 2 次，连用 2～3d。

（2）10%樟脑酒精　　适量

用法：胸壁涂抹，每天 3 次，连用 3d。

【处方 3】

痛立定注射液　　0.5～4.0mL

用法：按每 1kg 体重 0.1mL 一次皮下或肌内注射，每天 1 次，连用 3～5d。

67. 犬胸腔积水

多由于心脏和肺部疾病以及其他恶病质引起的炎性或非炎性的浆液性液体在胸腔内潴留。临床上可见呼吸困难，叩诊胸壁水平浊音。治疗以强心利尿、消除积水为主。

【处方 1】

醋酸可的松　　35～300mg

用法：胸腔穿刺放出胸水后一次注入。每天 1 次，连用 2～3d。

【处方 2】

（1）25%葡萄糖注射液　　200mL

10%氯化钙注射液　　10mL

20%安钠咖注射液　　2mL

用法：一次静脉注射。每天 1 次，连用 3d。

（2）双氢克尿噻　　20～160mg

用法：一次口服，每天 2 次，连用 3d。

【处方 3】

心得安（普萘洛尔）　　2.5～20mg

用法：按每 1kg 体重 0.5～4.0mg 一次口服，每天 3 次，连用 3d。

68. 犬心力衰竭

不是独立疾病，而是多种疾病过程中发生的一种综合征。以急性循环障碍，心音、脉搏异常为特征，甚至窒息和休克。治宜迅速急救，有条件的鼻罩加压给氧。

【处方 1】迅速恢复心力

0.1%肾上腺素注射液　　1mL

用法：一次肌内注射。

说明：也可将肾上腺素注射液混入 25%葡萄糖注射液 100mL 中缓缓静脉注射。必须分秒必争抢救，按摩心脏，气管插管输氧，同时将舌拉出口腔外，以利呼吸。

【处方 2】镇静，减轻心脏负担。

（1）安定注射液　　1～2mL

用法：一次皮下或肌内注射。

说明：也可用度冷丁 25～50mg 或吗啡 3～5mg 一次皮下或肌内注射，休克及严重肺疾患时禁用。同时静脉穿刺或切开静脉放血 100～200mL，但贫血者禁用泄血。

（2）速尿注射液　　1.0～2.0mL

用法：一次肌内注射，必要时重复 1 次。

说明：也可用双氢克尿噻 10～20mg 或利尿酸 10～20mg 一次口服；或用苄胺唑啉5～10mg 混入 10%葡萄糖溶液 200mL 一次静脉注射。

【处方 3】增强心肌收缩，改善心脏功能

毛花强心丙注射液　　0.3～0.6mg

用法：加入 10～20 倍 5%葡萄糖溶液中缓缓静脉注射，必要时 4～6h 后重复 1 次。

【处方 4】支持治疗

（1）10%葡萄糖溶液　　250～500mL

维生素 C 注射液　　2.0～4.0mL

维生素 B_6 注射液　　50～100mg

辅酶 A　　50～100IU

肌苷注射液　　4.0～8.0mL

10%氯化钾注射液　　5～10mL

用法：一次静脉缓慢注射。

说明：用于低血钾患犬。

（2）5%～10%葡萄糖溶液　　150mL

0.9%氯化钠注射液　　100mL

1/6mol/L 乳酸钠溶液　　50mL

用法：混合，一次静脉滴注。

说明：用于调整酸碱失衡。

【处方 5】

环磷腺苷葡胺　　30mg

5%葡萄糖注射液　　100mL

用法：一次静脉注射。环磷腺苷葡胺按每 1kg 体重 1mg 用药。

【处方 6】

党参、黄芪、白术、茯苓各 6g，半夏、陈皮、甘草各 4g

用法：水煎成 40mL 药液，每次口服 10mL，每天 2 次。可较长时间服用。阴虚低热者加麦冬、五味子；四肢发冷阳虚者加干姜、附子；口色发绀、舌体肿大、淤血内阻者加当归、川芎、桃仁、红花；呼吸困难、体腔积液者加葶苈子、苏子、牵牛子。

69. 犬急性肾衰

病因复杂，主要由于肾局部缺血或毒素危害而导致的肾小球的滤过率突然下降，形成以肾机能障碍为主，甚至危及生命的临床综合征。临床常见休克、少尿、多尿和恢复期等。治宜对症处理。

【处方 1】

（1）生理盐水　　　　　　250～500mL

同类犬鲜血　　　　　　50～100mL

用法： 一次静脉滴注。

（2）地塞米松　　　　　　1kg 体重 0.25～1mg

用法： 一次皮下或肌内注射。

说明： 用于失血性休克。第二次输血时必须做配血试验。

【处方 2】

（1）呋塞米　　　　　　　20～160mg

用法： 一次口服，每 8～12h 1 次。

说明： 也可用呋噻咪肌内注射。

（2）5%碳酸氢钠注射液　　20～40mL

5%葡萄糖生理盐水　　　250～500mL

用法： 一次静脉注射。

说明： 用于酸中毒病例。

（3）乳酸林格氏液　　　　100mL

5%葡萄糖溶液　　　　　100～200mL

用法： 一次静脉注射。

说明： 用于伴有心力衰竭和高血钾症者。

【处方 3】

生石膏、芒硝各 12g，知母、玄参、生地、麦冬、大黄、山楂、连翘、白茅根各 3g

用法： 煎成 40mL 药液，每次口服 10mL，每天 2 次，连服 5～6 剂。

说明： 用于少尿期。

【处方 4】

知母、地黄、山药、山茱萸、麦冬、五味子各 5g，牡丹皮、茯苓、泽泻、甘草各 3g

用法： 煎成 40mL 药液，每次口服 10mL，每天 2 次，可连服 10 剂。

说明： 用于多尿期。

【处方 5】

大黄 40g

用法： 水煎成 40mL 药液，每次口服 10mL，每天 2 次，连服 10 剂。

说明： 用于恢复期。

70. 犬慢性肾衰

由多种原因引起。临床表现多尿或少尿、贫血、呕吐、腹泻、脱水、乏力、心力衰弱、血尿氮和肌酐极度升高等尿毒症状。治疗可用急性肾衰竭处方，当出现消瘦、被毛枯焦、口色淡、脉数沉细、四肢发凉时，可用中药口服或深部直肠给药，或腹腔透析、血液透析。

【处方】

大黄、附子、牡蛎、白芍、甘草等

用法：提取，装胶囊（0.5g/粒），每次口服1丸，每天2次。若不食或食后呕吐，将1粒的药粉加入25～50mL温生理盐水内混匀，再加入20%甘露醇50～100mL，混匀，通过静脉滴管滴入结肠内，堵住肛门，使药液保留10～20min，然后让其自由排出。每天1次，连续10d。用此法前，必须用温生理盐水灌肠，促使粪便排尽。当病犬有食欲或停止呕吐时改为口服。

71. 犬肾炎

由于感染、中毒、免疫复合物沉积和自身免疫等原因所致的肾脏损害。临床可见肾区疼痛、口渴多饮、水肿、血尿和蛋白尿等症状。由于病因复杂，治疗应确定并消除病因，消炎利尿和对症处理。

【处方1】

（1）注射用氨苄青霉素　　0.5～2.0g

注射用水　　5～10mL

用法：一次肌内注射，每天2次，连用2～3d。

（2）呋塞米（速尿）　　10～20mg

用法：一次肌内注射。

说明：用于少尿和水肿病例。

【处方2】

5%葡萄糖氯化钠注射液　　250mL

注射用氨苄青霉素　　0.5～2.0g

0.2%地塞米松注射液　　2～4mL

用法：一次静脉注射，每天1～2次，连用3d。

说明：氨苄青霉素用前要做皮试，地塞米松每天只用1次。

【处方3】

石　韦10g　　黄　柏5g　　知　母5g

栀　子5g　　车前子5g　　甘　草3g

用法：水煎成50mL，一次口服，每天1剂，连用2～3d。

72. 犬膀胱炎

由于感染所致膀胱黏膜下层的炎症。临床以排尿疼痛，尿中含有大量膀胱上皮细胞为特征。治疗宜及早消除炎症。

【处方1】

（1）0.1%利凡诺溶液　　100～200mL

用法：先取2/3注入膀胱内，停留10～20min放出，再注入剩余的1/3。每天冲洗 1 次，连用 3～5d。

（2）头孢拉定　　0.5～2.0g

注射用水　　5～10mL

用法：一次肌内注射，每天 2 次，连用 3～5d。

【处方 2】

乌洛托品　　0.25～1.0g

氯化铵　　2～3g

用法：加水混合，一次内服，连服数天。

73. 犬尿道感染

由于尿道黏膜损伤感染所致。临床可见排尿痛苦、断续排尿等症状。治疗宜抗菌消炎。

【处方 1】

（1）0.1%利凡诺溶液　　适量

用法：冲洗尿道，每天 1～2 次，连用 2～3d。

（2）呋喃咀啶　　50～100mg

用法：一次口服，按每 1kg 体重 2～5mg 用药，每天 2 次，连用 3～5d。

【处方 2】

同犬膀胱炎处方 2。

74. 犬尿石症

多因单纯饲喂高蛋白饲料、饮水不足、管理不当引起，以频尿和尿石为特征。治宜促进结石溶解排出，重症手术取出。

【处方】

金钱草　　140g

用法：水煎成 140mL 药液，每次服 10mL，每天 2 次，连用 1 周，休息数天后，再服用 4～5 个疗程。

75. 犬日射病和热射病

由于日光直接照射头部或环境过热所致。临床可见体温急剧升高、呕吐、呼吸急促、共济失调、昏迷等症状。治疗宜迅速降温、对症急救，有条件的给予输氧。

【处方 1】

0.9%氯化钠注射液　　500～1 000mL

5%碳酸氢钠注射液　　50～100mL

用法：一次静脉滴注。

【处方 2】

5%葡萄糖生理盐水　　250～500mL
注射用氨苄青霉素　　0.5～2.0g
0.2%地塞米松注射液　　2～5mL

用法：一次静脉注射。

说明：氨苄青霉素用前要做皮试。

【处方 3】

氟欣安（氟尼辛葡甲胺注射液）　　0.5～4mL

用法：一次肌内注射，按每 1kg 体重 0.1mL 用药。

说明：用于退热。

【处方 4】针灸

穴位：耳尖、尾尖、六缝等穴。

针法：血针。

76. 犬脑震荡和脑损伤

脑震荡是由于颅骨受到钝性冲撞打击之后而发生的脑机能全面损害的脑病，临床以昏迷、反射机能减退或消失为特征。如果脑组织发生了肉眼或显微镜可见的病变，即称脑损伤或脑挫伤。治宜对症处理。

【处方 1】

复方氯化钠　　100～500mL
50%葡萄糖溶液　　20～60mL
地塞米松　　2～5mg

用法：混合，一次静脉注射。

说明：用于休克的病犬。

【处方 2】

（1）25%氨茶碱　　0.5～2.0mL

用法：一次肌内注射。

（2）0.9%氯化钠注射液　　100mL
10%安钠咖注射液　　0.5～4.0mL
或 1%呋塞米注射液　　0.5～2.0mL

用法：一次静脉注射。

（3）20%甘露醇注射液　　10～25mL

用法：一次静脉注射。

说明：用于防止脑水肿。

【处方 3】

（1）维生素 K_1 注射液　　5～10mg
或维生素 K_3 注射液　　5～10mg

用法：一次肌内或皮下注射，每天2～3次，连续2～3d。

（2）安络血注射液 1～8mg

用法：按每1kg体重0.2mg一次肌内或皮下注射，每天2～3次，连续2～3d。

说明：用于脑损伤伴有出血者。

【处方4】

注射用青霉素 20万～160万U

地塞米松 2～5mg

5%葡萄糖注射液 100～200mL

用法：一次静脉注射。

说明：用于防止感染。

77. 犬癫痫

由于大脑出现遗传性异常或功能性紊乱所致。临床可见突然发病、全身僵硬、意识丧失、口吐白沫等症状。治疗以控制或缓解症状为主。

【处方1】

苯妥英钠 50～150mg

用法：按每1kg体重10～15mg一次口服，每天2次，连用5～7d。

【处方2】

扑米酮 0.125～1.0g

用法：按每1kg体重55mg一次口服，每天2次，连用数天。

【处方3】

癫安舒（主成分为苯巴比妥） 10～80mg

用法：按每1kg体重2～8mg一次口服，每天1次，或分成早晚两次口服，连用数天。

【处方4】

癫痫康（主成分为天麻、石菖蒲等中药） 0.6～1g

用法：一次口服。前期按每1kg体重120mg，每天1次，连用5d；后期降为每1kg体重25mg，每天1次，连用数天。

【处方5】

全　蝎1.5g　胆南星1.5g　白僵蚕1.5g

天　麻1.5g　川　芎2g　当　归2g

钩　藤2g　朱　砂1.5g（另研）

用法：煎汤冲入朱砂，一次灌服，2天1剂，连用5剂以上。

【处方6】

清开灵颗粒 5～20g

用法：一次口服，同时应用或先后配合扑米酮。

78. 犬急性多发性神经根炎

由于多个神经根的炎症，急性发作，故称急性多发性神经根神经炎。又多因被浣熊咬伤或搔伤后发生，以麻痹为特征，故又称猎浣熊犬麻痹症。治宜抗菌消炎。

【处方 1】

（1）氨苄西林钠　　1kg 体重 20～30mg

注射用水　　5mL

用法：混合，一次肌内注射，每天 2～3 次，连用 2～3d，最多连用 7d。

（2）地塞米松　　2～5mg

用法：一次肌内注射。每天 1～2 次，最多连用 3d。

（3）磺胺嘧啶　　0.5～4g

用法：按每 1kg 体重 70～100mg 一次肌内注射，每天 2～3 次，连用 2～3d，最多连用 7d。

【处方 2】水针

穴位：身柱、肩井、抢风、肘俞、百会、环跳、阳陵、膝下。

针法：轮流注入上述西药，每天 1 次，连用 3d。同时按摩前六缝、后六缝。

说明：也可用当归注射液、维生素 B_1 注射液。或电针上述穴位。

79. 犬糖尿病

由于胰岛素分泌不足所致。临床可见多饮、多尿、多吃、消瘦等症状。治疗以纠正代谢紊乱为原则。

【处方 1】

降糖灵（苯乙双胍）　　20～30mg

用法：一次口服，每天 1 次，连喂数天，至尿糖含量下降后酌情减量。

说明：不适用于胰岛素依赖型糖尿病。

【处方 2】

胰岛素　　4～10IU

用法：一次皮下注射，每天 3 次。

说明：胰岛素的用量根据当天血糖值和尿糖总量计算，按每 1IU 胰岛素控制 2g 葡萄糖计算出 1d 需要的胰岛素总量，分 3 次皮下注射。

80. 犬佝偻病和骨软症

佝偻病是幼犬缺乏维生素 D 和钙所致，临床表现为异嗜和四肢弯曲等症状。骨软症是成年犬体内缺钙所致。治疗除加强饲养管理外，宜补充维生素 D 和钙制剂。

【处方 1】

浓鱼肝油　　5～15mL

泛酸钙片　　100～500mg

用法：一次口服。钙片按每 1kg 体重 20～40mg 用药。每天 2 次，连用 10～15d。

【处方 2】

维生素 D_2 胶性钙注射液　　2 500～5 000IU

用法：一次肌内或皮下注射。

【处方 3】

维生素 AD 注射液　　1～2mL

用法：一次肌内或皮下注射。

81. 犬不耐乳糖症

本病是一种乳糖分解酶缺乏导致消化吸收不良的综合征。随着年龄的增长，发病增多。以肠鸣、腹泻和腹胀为特征。治宜对症处理，病犬立即停止喂牛奶。

【处方 1】

庆大霉素　　2 万～4 万 U

用法：一次口服，每天 2 次，连续 3～4d。

【处方 2】

诃子、郁金、板蓝根、山楂、大黄各 5g，苏子、乌药、半夏、甘草各 3g

用法：水煎成 40mL，每次口服 10mL，每天 2 次，连服 2～3 剂。或直肠内滴入，每次 20mL，每天 1 次，连续 2d。

82. 犬痛风

由核酸嘌呤碱基和蛋白质代谢障碍，产生大量尿酸，形成过多尿酸盐或尿酸盐排泄减少，从而在关节囊、关节软骨、内脏和其他间质组织（特别是肾小管和输尿管）形成结晶并蓄积而引起的一种疾病。临床上以关节肿胀、变形、运动障碍、肾功能不全、尿酸血症和尿石症为特征。幼犬多发。治宜对症对因处理。

【处方 1】用于急性发作期

（1）痛风宁　　50～400mg

用法：按每 1kg 体重 10mg 一次口服，第一天 3 次，以后每天 1 次。

说明：痛风宁主成分为天麻、沉香、玉桂、麝香、杜仲、鸡血藤、雪松果等中药。

（2）保泰松　　0.1g

用法：一次口服，每 6h1 次，首次用量加倍，症状减轻后可减为 0.05g，每天 3 次。

（3）消炎痛（吲哚美辛）　　150～600mg

用法：按每 1kg 体重 15mg 口服，每天 2 次，首次用量加倍。

【处方 2】用于慢性病例

（1）羧苯磺胺（丙磺舒）　　0.25g

用法：一次口服，每天 2 次，10d 后剂量增至 0.5g。但肾功能衰竭禁用。

（2）苯磺唑酮　　50mg

用法：一次口服，每天 2 次，10d 后剂量增至 100mg，每天 3 次。

【处方 3】

山楂 20g　　鲜白萝卜 1.50g　　鲜橘皮 30g

用法：水煎成 80mL，每次口服 20mL，每天 2 次。可较长时间服用。

83. 犬维生素 A 缺乏症

由于维生素 A 摄入不足或吸收不良所致。临床可见眼角膜干燥、皮肤角化和皮疹等症状。治疗宜增加富含维生素 A 的食物和补充维生素 A。

【处方 1】

维生素 A 制剂　　0.5 万～4 万 IU

用法：按每 1kg 体重1 000IU 一次口服，每天 1 次，连用 7～10d。以后按每 1kg 体重 500IU 用药，每周 1 次，连用 3～4 周。

【处方 2】

粉剂鱼肝油　　1g

用法：一次口服，每天 1 次，连用 1 个月。

84. 犬维生素 E 缺乏症

由于维生素 E 摄入不足所致。临床表现为肌肉变性、脂肪组织炎和不育不孕等症状。治疗宜补充富含维生素 E 的食物，少喂鱼肉，同时投给维生素 E。

【处方】

醋酸生育酚注射液　　0.1～1g

5%碳酸精氨酸注射液　　2.0～4.0mL

用法：醋酸生育酚肌内注射，碳酸精氨酸皮下注射，隔天 1 次，连用 5～7d。

85. 犬维生素 B_1 缺乏症

由于维生素 B_1 摄入不足、吸收不良或遭到破坏所致。临床表现为四肢肿胀、僵硬、神经症状等。治疗宜加强食物的营养搭配，并补充维生素 B_1。

【处方 1】

维生素 B_1　　50～100mg

用法：一次口服，每天 1 次，连用 5d。

【处方 2】

1%丙舒硫胺注射液　　0.5～10mL

用法： 一次肌内注射，每天 1 次，连用 5d。

86. 犬维生素 B_6 缺乏症

由于维生素 B_6 摄入不足或吸收不良所致。临床表现为皮炎、贫血和神经症状等。治疗宜加强饲养管理，并补充维生素 B_6。

【处方 1】

盐酸吡哆醇　　15～45mg

用法： 一次口服，每天 2 次，连用 5d。

【处方 2】

1%盐酸吡哆醇注射液　　2～3mL

用法： 一次肌内或皮下注射，每天 1 次，连用 5d。

87. 犬烟酸缺乏症

由于长期烟酸摄入不足或吸收不良所致。临床可见舌头发黑、皮炎，以及不安和痉挛等症状。治疗以补充烟酸为主。

【处方】

烟酰胺　　50～100mg

用法： 一次口服，每天 2 次，连用 5～7d。

88. 犬丙酮苄羟香豆素中毒

由于误食敌鼠钠盐和杀鼠灵所致，临床可见广泛性出血。治疗以迅速止血和解毒为主。

【处方 1】

复方氯化钠注射液　　250mL

维生素 K_1 注射液　　20～30mg

用法： 一次静脉注射，每天 2 次，连用 3～5d。

【处方 2】

10%维生素 K_3 注射液　　0.5～3mL

用法： 一次肌内注射。每天 3 次，连用 3～5d。

【处方 3】

乌药 50g　　麻油 1 盅

用法： 乌药煎汤，冲入麻油，一次灌服。

89. 犬氟乙酰胺中毒

由于误食氟乙酰胺类灭鼠药饵或被此药毒死的老鼠所致。临床以兴奋不安、无目的冲撞、呕吐、流涎、全身肌肉阵发性痉挛为特征。

【处方 1】

50%解氟灵（乙酰胺）　　5～10mL

用法：一次肌内注射。按每 1kg 体重 0.1～0.3g 分 2～4 次肌内注射，首次用日用量的一半，连用 5～7d。

说明：配合镇静、静脉滴注葡萄糖和葡萄糖酸钙，以控制脑水肿等治疗措施。

【处方 2】

高度白酒　　20～50mL

用法：1d 内分 2～3 次口服。

90. 犬毒蛇咬伤

由于毒蛇咬伤所致。临床可见咬伤处发热、肿胀、全身痉挛等症状。治疗宜中和毒素、对症处理为主。

【处方 1】

抗蛇毒素血清　　15～30mL

用法：一次皮下注射。每隔 2～3d1 次，连用 2～3 次。

【处方 2】

季德胜蛇药　　4～12 片

用法：一次口服。每天 2 次，连用 2～3d。

【处方 3】

季德胜蛇药　　适量

用法：醋调糊状敷于患处。

【处方 4】

山慈菇 9g	金银花 12g	黄　连 6g
黄　柏 9g	白　芷 6g	甘　草 3g

用法：煎汤去渣，候温一次灌服。每日 1 剂，连用 2～3d。

91. 犬结膜炎

多由于机械性、化学性及生物性病因所致。临床以结膜充血、羞明和流泪为特征。治疗以除去病因，消炎镇痛为原则。

【处方 1】

（1）2%硼酸溶液　　适量

用法：冲洗患部，每天2次，连用5d。

（2）金霉素眼膏　　1～2支

用法：点眼，每天2次，连用5d。

【处方2】

注射用青霉素钠　　5万U

利多卡因注射液　　10mg

氢化可的松注射液　　0.5mL

用法：混合，结膜、眼底或太阳穴一次注射，或滴眼。

92. 犬角膜炎

由于创伤、物理化学因素及微生物感染所致。临床以大量流泪、角膜混浊为特征。治疗以除去病因，抑菌消炎为原则。

【处方1】

甘汞粉　　0.5g

注射用葡萄糖粉　　5g

用法：混匀，分成数包，每次吹入眼内1包，每天2次，连用10d。

说明：使用于角膜混浊病犬。

【处方2】

同结膜炎处方2。

93. 犬中耳炎

多由病原菌感染或其他炎症蔓延所致。临床可见抓耳摇头等症状。治疗以抗菌消炎为主。

【处方】

（1）抗生素点耳液　　适量

用法：用洗耳液清洗后滴入数滴，每天2次，连用3～4d。

（2）庆大小诺霉素　　8万～16万U

0.5%普鲁卡因注射液　　2mL

用法：耳根穴注射。每天1次，连用2～3d。

94. 犬皮炎

由多种病因（物理、化学、微生物等）所致。临床可见皮肤红肿、结痂、脱屑、瘙痒等症状。治疗宜除去病因，对症处理。

【处方1】

硫黄水杨酸软膏（硫黄10份、水杨酸2份、氧化锌30份、凡士林50份）　　适量

用法：涂抹患处，每天2次，连用5d。

【处方 2】

苯唑卡因油膏（苯唑卡因 1g、硼酸 2g、无水羊毛脂 10g）　　适量

用法： 涂抹患处，每天 2 次，连用 5d。

【处方 3】

0.2%地塞米松注射液　　1～4mL

头孢拉定　　0.5～2.0g

注射用水　　5～10mL

用法： 一次肌内注射，每天 1 次，连用 3～5d。

【处方 4】

百部、苦参、地肤子、黄柏、蛇床子、花椒、明矾　　各等份

用法： 水煎去渣，浓缩成每毫升含 1g 生药的药液，涂抹患处。

95. 犬过敏性皮炎

由于接触变应原（花粉、尘埃、寄生虫等）或内在因素（遗传、过敏性素质等）所致。临床可见皮肤红肿、剧烈瘙痒等症状。治疗宜除去病因、脱敏止痒为主。

【处方 1】

苯海拉明　　20～60mg

用法： 按每 1kg 体重 2～4mg 一次口服，每天 2 次，连用 1～2d。

【处方 2】

0.1%肾上腺素注射液　　0.1～1.0mL

用法： 一次皮下注射，每天 2 次，连用 1～2d。

【处方 3】

10%葡萄糖酸钙注射液　　10～30mL

5%葡萄糖生理盐水　　250mL

用法： 一次静脉注射，每天 1 次，连用 2～3d。

96. 犬风湿症

由于受湿、受凉、免疫反应等原因所致。临床可见肌肉僵硬、运动困难、关节不灵活等症状。治疗以消炎镇痛为主。

【处方 1】

阿司匹林　　0.12～1g

用法： 按每 1kg 体重 25mg 一次口服，每天 3 次，连用 5～7d。效果不明显时可适当加大剂量，但不超过 1kg 体重 50mg。

【处方 2】

强的松龙　　10～80mg

用法： 初期按每 1kg 体重 1～2mg 肌内或穴位注射（前躯选身柱、肩井、六缝

穴，后躯选百会、阳陵、六缝穴)，每天1次，连用2～3d。

97. 犬阴道炎

由于细菌、霉菌和滴虫感染所致。临床可见阴道流出黏液性或脓性分泌物。治疗以抗菌消炎为主。

【处方】

(1) 0.1%利凡诺溶液　　适量
土霉素眼膏　　1支
用法：先用0.1%利凡诺溶液冲洗阴道，然后涂土霉素眼膏，每天1次至愈。

(2) 灭滴灵　　0.3～0.6g
磺胺二甲基嘧唑　　0.5～1.5g
用法：一次口服，每天1次，直到痊愈。

98. 犬子宫内膜炎

由于感染、流产或胎儿滞留等原因所致。临床可见阴门流出污秽、腥臭分泌物。治疗以抗菌消炎为主。重症手术切除子宫卵巢。

【处方1】

垂体后叶素注射液　　2～15μg
头孢拉定　　0.5～2.0g
注射用水　　5～10mL
用法：分别一次肌内注射或二眼、后海穴注射。每天1次，连用3～5d。

【处方2】

益母草膏　　5～20mL
用法：一次口服。每天1次，连用10～15d。

99. 母犬低血糖症

由于分娩前后受应激刺激(仔犬过多、营养缺乏等)引起血糖降低所致。临床可见肌肉痉挛、反射亢进等症状。治疗以提高血糖为主。

【处方】

(1) 20%葡萄糖注射液　　20～60mL
用法：一次静脉注射，每天1次，直到临床症状消失为止。

(2) 葡萄糖　　1.0～5.0g
用法：注射4h后一次口服，每天1次，直到临床症状消失为止。

100. 犬流产

多种原因（感染、维生素或矿物质缺乏、内分泌失调等）引起的妊娠中断。临床可见早产、死产、木乃伊等症状。常突然发生，往往难于治疗。对于有流产史的病例，治疗以安胎、保胎为原则。

【处方 1】

1%黄体酮　　　　0.5～1mL

用法：一次肌内注射。每周 1～3 次。

【处方 2】

1%持续型孕酮制剂　　　　2.5mL

用法：一次肌内注射，每周 1 次，连用数周。

说明：用于黄体激素缺乏病例。

101. 犬产后惊癫

由于分娩后母犬血钙浓度下降所致。临床可见肌肉强直性或间歇性痉挛、体温升高等症状。治疗以补充血钙为主。

【处方 1】

10%葡萄糖酸钙注射液　　　　10～30mL

5%葡萄糖生理盐水　　　　250～500mL

用法：一次缓慢静脉注射。

【处方 2】

维丁胶钙注射液　　　　1～3mL

用法：一次肌内注射或脾俞穴注射。

十一、猫病处方

1. 猫瘟热

由猫泛白细胞减少病毒引起。以高热、呕吐、腹泻、腹水、脱水和白细胞减少为特征。治宜抗病毒，防止继发感染和对症治疗。

【处方 1】

(1) 猫瘟单克隆抗体　　2～5mL

硫酸庆大小诺霉素注射液　　4 万～8 万 U

用法：分别一次肌内注射，或大椎、天门穴注射。

(2) 复方氯化钠注射液　　100～250mL

25%维生素 C 注射液　　1～2mL

0.1%维生素 B_{12}注射液　　0.1～0.2mL

ATP 注射液　　10～40mg

用法：一次静脉注射，每天 1 次，连用 3～5d。

(3) 云南白药　　0.5 瓶

用法：一半口服，余药溶于 50mL 温开水中深部灌肠。

【处方 2】

黄连 5g　　黄柏 3g　　三棵针 5g

半边莲 5g　　大黄 5g　　白头翁 5g

用法：水煎，分早晚两次内服，连用 2～3d。

说明：配合西药强心补液治疗。

2. 猫传染性鼻气管炎

由疱疹病毒Ⅰ型引起猫的一种急性高度接触的传染性非常强的呼吸道传染病。临床常出现频频喷嚏、流泪、鼻炎及支气管炎症状。治宜控制感染，对症处理。

【处方 1】控制继发感染

(1) 庆大霉素　　4～8mg

用法：按每 1kg 体重 2～4mg 一次皮下或肌内注射。第一天 2 次，以后每天 1 次。

(2) 氨苄青霉素　　20～40mg

用法： 按每 1kg 体重 10～20mg 一次肌内或皮下注射，每天 2～3 次，连用 2～3d。

(3) 磺胺二甲嘧啶　　30mg

用法： 一次肌内注射，首次倍量，每天 2 次，连用 2～3d。

【处方 2】对症疗法

(1) 1%三氟哩啶（曲氟尿苷/三氟尿苷）溶液　　适量

用法： 点眼，每 4h 1 次。

(2) 诺氟沙星滴眼液　　适量

用法： 点眼，每 4h 1 次。

【处方 3】支持疗法

10%葡萄糖注射液　　250mL

维生素 C 注射液　　4.0mL

维生素 B_6 注射液　　50mg

三磷酸腺苷二钠　　40mg

注射用辅酶 A　　50IU

肌苷　　0.2g

用法： 一次静脉注射，每天 1 次。

【处方 4】

生脉饮　　5～10mL

用法： 一次口服，每天 2～3 次，连服 5～6d。

【处方 5】预防

传染性鼻气管炎-猫瘟-传染性鼻结膜炎三联弱毒疫苗 1 头份

用法： 3 月龄开始皮下接种，以后每隔两周免疫 2 次。第二年以后每年免疫 1 次。

3. 猫传染性鼻结膜炎

由猫杯状病毒感染引起的上呼吸道疾病，主要表现为浆液性鼻漏，以及结膜炎、口腔炎、气管炎和支气管炎，故称传染性鼻结膜炎。治宜控制感染，对症处理。

【处方】同传染性鼻气管炎。

4. 猫抓热

由汉赛巴通体等引起的，以局部皮肤出现丘疹或脓疱，继而发展为局部淋巴结肿大为特征的猫和人共患传染病。治宜控制菌血症，对症处理。

【处方 1】

强力霉素　　10～20mg

用法： 按每 1kg 体重 5～10mg 一次口服，每天 1 次，连用 3～5d。

说明： 也可用林可霉素 20mg 或恩诺沙星 5～10mg 一次肌内注射，或红霉素 5～40mg 一次口服，每天 2 次，连用 3～5d。

【处方 2】

（1）磺胺二甲嘧啶　　30mg

用法： 注入天门、大椎穴。

（2）生脉饮　　5～10mL

用法： 一次口服，每天 2～3 次，连用 3～5d。

5. 猫衣原体病

由鹦鹉热衣原体引起的一种以肺炎和结膜炎为特征的猫传染病。临床常出现呼吸困难、结膜水肿、鼻腔和口腔黏膜溃疡等症状。治宜抗菌消炎，对症处理。

【处方 1】

（1）强力霉素　　10～20mg

用法： 按每 1kg 体重 5～10mg 一次口服，每天 2 次，连用 3～5 周。

（2）四环素眼膏　　适量

用法： 点眼，每天 3 次，连用数周。

说明： 该药对猫可产生过敏反应，一旦出现，立即停用。

【处方 2】预防

猫衣原体疫苗　　1 头份

用法： 一次皮下注射。只用于已知或疑似接触过的病原体的猫。

6. 猫皮肤真菌病

由大小孢子菌或毛霉菌等真菌引起。初期在颜面、耳壳、头部或四肢等部位出现散在圆形或椭圆形斑秃，以后逐渐向全身蔓延，皮肤增厚、粗糙、多屑，形成痂皮和皲裂。治宜杀菌消炎。

【处方 1】

克霉唑软膏　　适量

用法： 患部涂抹至愈。

【处方 2】

土荆皮、百部、苦参、蛇床子　　各等份

用法： 研碎，放入 60 度酒泡 1 周，过滤去渣，制成每毫升含 0.5g 生药的药液，患部用 10%食盐水清洗、擦干、涂上药液。每天 2 次，连用 5～7d。

7. 猫弓形虫病

由弓形虫引起。表现为体温升高，下痢，呼吸困难和肺炎，偶尔出现神经症状。成年猫症状不明显。治宜杀虫。

【处方】

磺胺嘧啶注射液　　100mg

用法：按每1kg体重50mg一次肌内注射，首量加倍，每天2次，连用3～5d。

说明：也可用复方新诺明片或磺胺间甲氧嘧啶片50mg一次口服，首次量加倍，每天2次，连用3～5d。

8. 猫蛔虫病

由蛔虫引起。以慢性消瘦、贫血、时有腹泻为特征，重症粪便中出现虫体。治宜驱虫。

【处方1】

丙硫咪唑　　20～40mg

用法：按每1kg体重10～20mg一次口服。

【处方2】

左旋咪唑　　20mg

用法：按每1kg体重10mg一次口服。

9. 猫绦虫病

由绦虫引起。表现为消瘦、时有腹泻，粪便中出现黄白色的绦虫节片。治宜驱虫。

【处方1】

吡喹酮　　10～20mg

用法：按每1kg体重5～10mg一次口服。每天1次，连用2～3d。

【处方2】

硫双二氯酚（别丁）　　400mg

用法：按每1kg体重200mg、一天内分2次口服。

【处方3】

氯硝柳胺（灭绦灵）　　200mg

用法：按每1kg体重100mg一次口服。

【处方4】

槟榔1g　　花椒0.4g　　木香0.3g

用法：研细，温开水一次调服。

【处方5】

南瓜子　　30g

用法：捣碎拌食，一次喂服，每天1次，连用2～3d。

10. 猫疥螨病

由疥螨所致的接触性传染性皮肤病。表现为皮肤剧烈瘙痒、脱毛和皮炎等。治宜驱虫。

【处方】

伊维菌素　　0.4mg

用法： 按1kg体重0.2mg一次皮下注射，隔1周再注射1次。

11. 猫跳蚤病

由跳蚤引起。表现为被毛粗糙、污秽、皮肤瘙痒，并在毛丛间发现虫体。治宜驱虫。

【处方1】

溴氰菊酯粉　　0.1g

用法： 混入1kg淀粉中，适量撒布毛根处，隔20min梳理一遍全身。

【处方2】

土烟叶　　适量

用法： 切碎加水煎汁制成每毫升含1g生药的药液，涂擦全身，并喷洒猫舍。

【处方3】

福来恩滴剂　　适量

用法： 按体重选择规格，按说明书选3～5个点，直接滴在背中线。

说明： 福来恩滴剂主成分为非泼罗尼、非班太尔、地克珠利、吡喹酮。

12. 猫口炎

因口腔损伤后感染引起。以口腔黏膜发炎、溃疡、大量流涎、口腔恶臭为特征。治宜消炎和对症治疗。

【处方1】

（1）注射用青霉素钠　　40万～80万U

注射用水　　3mL

0.2%地塞米松注射液　　1～2mL

用法： 分别一次肌内注射，每天2次，连用3～5d。

（2）复合维生素注射液　　0.5～2mL

用法： 一次肌内注射或喂服，每天2次，连用7d。

（3）碘甘油或冰硼散　　适量

用法： 患处涂抹。

【处方2】

0.1%高锰酸钾溶液，或1%明矾溶液　　适量

用法： 冲洗口腔。

【处方 3】

甲硝唑注射液　　适量

用法：冲洗口腔。

13. 猫咽炎

主要由于咽部损伤感染引起。以流涎、吞咽困难为特征。治宜消炎和对症治疗。

【处方 1】

注射用青霉素钠　　20 万～40 万 U

0.5%盐酸普鲁卡因溶液　　10mL

用法：咽部周围皮下注射。

【处方 2】冰硼散

冰　片 5g　　朱　砂 6g　　硼　砂 50g

玄明粉 50g

用法：共研细末，混匀装瓶备用。每取适量，吹入咽喉部，每天 2～3 次。

【处方 3】

金银花 5g　　蒲公英 4g　　当　归 5g

元　参 4g　　乌　药 4g

用法：水煎服，每天 1 剂，连用 2～3 剂。

14. 猫消化不良

主要由于过食或食滞损伤胃肠引起。表现为少食、腹胀、腹泻、呕吐等。治宜消食健胃、助消化。

【处方 1】

酵母片　　4g

宠儿香（益生菌）　　0.5～1 袋

吗丁啉片　　0.5g

用法：一次口服，每天 2～3 次，连用 5～7d。

【处方 2】

乌药 50g　　木香 50g

用法：加水煎成 100mL，每次服 2～5mL，每天 2 次，连用 3～5d。

15. 猫胃炎

由于饲喂不当、饲料变质、误食异物或刺激性药物所致。以呕吐、流涎、腹痛为主要特征。治宜温胃止呕，并积极治疗原发病。

【处方 1】

(1) 爱茂尔(溴米那普鲁卡因)注射液　0.5mL

5%维生素 B_6 注射液　1mL

用法: 分别一次肌内注射或脾俞穴注射。

(2) 硫酸庆大小诺霉素注射液　4 万～8 万 U

用法: 一次口服或脾俞穴注射。

【处方 2】

伏龙肝 3g　姜　皮 0.5g　大　枣 3g

用法: 水煎一次喂服。

【处方 3】

藿　香 5g　法半夏 5g　代赭石 5g

生　姜 2g

用法: 水煎一次喂服，小猫酌减。

【处方 4】

砂仁 5g　乌药 5g　甘草 5g

用法: 共研细末，一次口服。

16. 猫胃肠炎

由于胃肠道感染引起，以呕吐、腹泻、腹痛、便中带血为特征。宜消炎和对症治疗。

【处方 1】

(1) 硫酸庆大小诺霉素注射液　4 万～8 万 U

0.2%地塞米松注射液　1～2mL

用法: 一次肌内注射或后海穴注射。每天 1～2 次，连用 3～5d。

(2) 5%维生素 B_6 注射液　0.5～1mL

25%维生素 C 注射液　0.5～1mL

用法: 一次肌内注射或后海穴注射。每天 1～2 次，连用 3～5d。

【处方 2】

庆大霉素注射液　4 万～8 万 U

用法: 用注射器灌服，每天 2 次，连用 2～3d。

17. 猫便秘

由于饲料单纯、误食异物或继发于其他疾病所致。主要表现频频努责举尾而无便排出或仅排出少量带黏液的干粪球，腹痛不安，触诊可感到肠内有硬粪团。治宜泻下通便。

【处方 1】

液体石蜡　5～10mL

用法: 一次灌服或与水混合灌肠。

【处方 2】针灸

穴位：后海、脾俞。

针法：电针。

【处方 3】

温肥皂水　　100～200mL

用法：一次灌肠，每天或隔天重复 1 次，连用 2～3 次。

【处方 4】

化毛膏（主成分为泻药）　　适量

用法：口服，每天多次，连用 7d。

【处方 5】

硫酸镁或硫酸钠　　10～20g

常水　　200mL

用法：一次灌服，每天 1 次，连用 1～2d。

18. 猫腹泻

主要由于肠道感染等原因引起，以腹泻、迅速脱水为特征。治宜抗菌止泻。

【处方 1】

（1）庆大霉素注射液　　4 万～8 万 U

用法：后海穴一次注射，每天 1 次，连用 2～3d。

（2）硫酸阿托品注射液　　0.2～0.4mL

5%维生素 B_1 注射液　　0.5～1mL

用法：分别一次肌内注射或脾俞穴注射。

【处方 2】

白　术 3g　　茯　苓 3g　　猪　苓 3g

泽　泻 5g　　车前子 3g　　乌　药 5g

用法：水煎一次喂服，小猫酌减。每天 1 剂，连用 2～3d。

【处方 3】

庆大霉素注射液　　4 万～8 万 U

用法：用注射器灌服，每天 1 次，连用 2～3d。

19. 猫胃毛球阻塞

由于舔毛将毛吞入胃内，日久形成毛球所致。表现为食少、消瘦，腹部触诊有时可发现胃内有一球状物。治宜促进毛球排出。

【处方】

液体石蜡　　3～5mL

用法：一次灌服或与水混合灌肠。

说明：不能排出者，宜尽早做手术取出。

20. 猫肠套叠

主要由于过度活动和肠道痉挛性蠕动所致。表现食欲不振、饮欲亢进、顽固性呕吐、腹痛、脱水，腹部触诊可触摸到香肠状套叠肠段。治宜对症止痛，促进复位，不能复位的宜尽早做手术整复。

【处方】

温肥皂水　　适量

用法：深部灌肠。

说明：适于套叠早期。

21. 猫感冒

主要由于突然受寒引起。表现寒战、流鼻涕、咳嗽、轻度发热、少食。治宜解热镇痛，预防继发感染。

【处方 1】

（1）注射用青霉素钠　　40 万～80 万 U

用法：一次肌内注射，每天 2 次，连用 2～3d。

（2）板蓝根注射液　　1～2mL

用法：一次喂服，每天 3 次，连用 2～3d。

【处方 2】

硫酸庆大小诺霉素　　4 万～8 万 U

用法：一次肌内注射，每天 3 次，连用 2～3d。

22. 猫脂肪肝

由于脂质蓄积于肝细胞而造成肝肿大的一类疾病。临床常表现开始肥胖、腹围膨大、少食或绝食、嗜睡、无力、脱水，时有呕吐，皮肤和黏膜均黄染，尿色发暗或变黄。治宜降脂保肝。

【处方 1】

葡萄糖注射液　　250mL

维生素 C 注射液　　2.0mL

维生素 B_6 注射液　　2.0mL

三磷酸腺苷二钠　　40mg

注射用辅酶 A　　50IU

肌苷　　0.2g

10%氯化钾　　5mL

用法：一次静脉注射，每天 1 次，连用 1 周。

【处方 2】

0.9%氯化钾溶液　　100mL

茵栀黄注射液　　5～10mL

用法：一次静脉注射。

【处方 3】

陈皮、半夏、苍术、薏仁、车前子各 6g，茯苓皮、山楂各 15g

用法：水煎成 60mL 药液，每次灌服 10mL，每天 3 次，连服 3～4 剂。

【处方 4】

冬瓜皮、西瓜皮、黄瓜皮　　各 20g

用法：水煎成 60mL，每次灌服 10mL，每天 3 次，连服 3～4 剂。

23. 猫上呼吸道感染

由病毒或细菌引起。以脓涕、咳嗽、发热为特征。治宜抗菌消炎，控制继发感染。

【处方 1】

鱼腥草注射液　　1～2mL

用法：一次肌内注射或身柱穴注射，每天 2 次，连用 3～5d。

【处方 2】

头孢噻呋　　50～400mg

注射用水　　2mL

用法：一次肌内注射，按每 1kg 体重 10mg 用药，每天 1 次，连用 3～5d。

24. 猫肺炎

由感冒或上呼吸道感染进一步加重引起。表现呼吸困难、咳嗽、发热、呻吟等。治宜抗菌消炎。

【处方 1】

（1）注射用氨苄西林钠　　0.5～1g

注射用水　　3mL

0.1%地塞米松注射液　　1～2mL

用法：一次肌内注射或身柱穴注射，每天 1～2 次，连用 3～5d。

（2）磺胺甲基异噁唑　　0.1～0.4g

用法：一次喂服，每天 2 次，连用 3～5d。

（3）鱼腥草注射液　　1～2mL

用法：一次肌内注射或身柱穴注射，每天 2 次，连用 5d 以上。

【处方 2】

板蓝根 6g　　葶苈子 3g　　甘　草 3g

浙贝母 2g　　　　　　　　桔　梗 3g

用法： 水煎取汁，加入蜂蜜 100g 调匀后分 2 次喂服，每天 1 剂，连用 3～5d。

25. 猫膀胱炎

由于细菌感染引起。表现为尿频、尿痛、尿淋漓或血尿。治宜抗菌消炎。

【处方 1】

（1）注射用氨苄西林钠　　0.25～1g

注射用水　　3～5mL

用法： 一次肌内注射或百会、后海穴注射，每天 2 次，连用 3d。

（2）安络血　　1～2g

用法： 一次肌内注射，每天 2 次，连用 2～3d。

说明： 用于血尿病例。

【处方 2】

（1）呋喃妥因　　10～20mg

用法： 按每 1kg 体重 5～10mg 一次口服，每天 2 次，连用 5～7d。

（2）痛立定注射液　　0.2mL

用法： 按每 1kg 体重 0.1mL 一次皮下或肌内注射，每天 1 次，连用 3～5d。

26. 猫营养性贫血

主要由于营养不良等因素造成。表现为可视黏膜和舌质苍白、精神委顿、衰弱无力。除对因治疗外，通常宜补充铁质、钴和维生素。

【处方 1】

（1）25%葡萄糖铁钴注射液　　0.5～1mL

用法： 一次肌内注射或脾俞穴注射，隔天 1 次，连用 2～3 次。

（2）1%葡萄糖钴注射液　　2mL

用法： 一次肌内注射或脾俞穴注射，隔天 1 次。

【处方 2】

复合维生素 B　　2mL

用法： 一次肌内注射或脾俞穴注射，每天 1 次。

【处方 3】

促红细胞生成素　　200IU

用法： 按每 1kg 体重 100IU 一次皮下注射，隔天 1 次，连用 3～5 次。

【处方 4】

补血肝精　　适量

用法： 一次口服，每天 2 次，连用数天。

说明： 补血肝精主成分为党参、枸杞子、肝精膏、枸橼酸铁铵、维生素等。

27. 猫骨营养不良

由于营养不良或矿物质吸收障碍引起。幼猫表现佝偻病，成猫表现软骨病。以骨骼发育不良、跛行、骨或关节变形为主症。治宜补充钙质。

【处方 1】

维丁胶性钙　　　　0.5～1mL

用法：一次肌内注射或脾俞穴注射，每天 1 次，连用 10d 以上。

【处方 2】

维生素 D_2 注射液　　　　0.25 万～0.5 万 IU

用法：一次肌内注射或脾俞穴注射，每天 1 次，连用 5d 以上。

【处方 3】

10%葡萄糖酸钙注射液　　　　5～10mL

用法：一次缓慢静脉注射，每天 1 次，连用 3d。

28. 猫 B 族维生素缺乏症

由于 B 族维生素缺乏引起。表现为溃疡性口炎、结膜炎、糙皮病、贫血等。治宜补充 B 族维生素。

【处方 1】

复方维生素 B 注射液　　　　0.5～1mL

用法：一次肌内注射或口服，每天 1 次，连用 5～7d。

【处方 2】

维生素 B_1　　　　20mg

用法：一次内服，每天 2～3 次，连用 5～7d。

29. 猫维生素 A 缺乏症

由于维生素 A 缺乏引起。主要表现干眼病，成猫影响繁殖力。治宜补充维生素 A。

【处方】

浓鱼肝油　　　　0.1～0.2mL

用法：一次口服，每天 2 次，连用数天。

30. 猫维生素 E 缺乏症

由于维生素 E 摄入不足引起。临床特征为肌肉萎缩、脂肪组织炎症和不孕。治宜补充维生素 E。

【处方】

10%维生素 E 注射液　　0.2～0.3mL

用法：一次肌内注射，隔天 1 次，连用数天以上。

31. 猫鼠药中毒

由于误食鼠药、被鼠药毒死的老鼠而引起。鼠药包括安妥、磷化锌、有机氟化物、杀鼠灵等。共同症状是突然发生呼吸困难、呕吐或腹泻带血，很快死亡。轻症可解毒救治。

【处方 1】

维生素 K_3 注射液　　5～10mg

用法：一次肌内注射，每天 2～3 次，连用 3～5d。

说明：用于杀鼠灵中毒时止血。

【处方 2】

5%葡萄糖注射液　　20mL

25%维生素 C 注射液　　1～2mL

用法：一次静脉注射。

说明：用于安妥中毒时治疗肺水肿、保肝。

【处方 3】

0.2%～0.5%硫酸铜溶液　　10～30mL

用法：一次灌服。

说明：用于磷化锌中毒时诱吐排毒。

【处方 4】

0.9%氯化钠注射液　　100mL

10%乳酸钠注射液　　10mL

用法：一次静脉注射。

说明：用于磷化锌中毒、发生酸中毒时。

【处方 5】

1%硫代硫酸钠注射液　　2～3mL

5%葡萄糖注射液　　50～100mL

用法：一次静脉注射。

说明：用于安妥中毒。

【处方 6】

20%甘露醇注射液　　50～100mL

用法：一次静脉注射。

说明：用于出现肺水肿时。

【处方 7】

乙酰胺　　0.2g

用法：分 2 次肌内注射，每天 1 次。

说明： 用于有机氟化物中毒解毒。

【处方 8】

高度白酒　　5～15mL

用法： 1d 内分 2～3 次口服。

说明： 用于氟乙酰胺中毒。

【处方 9】

甘草　　5g

用法： 研末水调一次灌服，每天 2 次，连用 2～3d。

32. 猫湿疹

由过敏反应引起。表现为皮肤出现粟粒型疹块/瘙痒，病猫抓擦或啃咬患部，日久毛发脱落，皮肤增厚，形成痂皮。治宜脱敏及对症治疗。

【处方 1】

(1) 盐酸苯海拉明注射液　　0.2～0.4mL（2～4mg）

用法： 一次肌内注射，每天 1 次，连用 3d 以上。

(2) 3%硼酸溶液　　适量

3%龙胆紫溶液　　适量

用法： 患部先用硼酸溶液冲洗干净，再涂搽龙胆紫溶液。

【处方 2】

蛇床子 30g　　苦　参 60g　　花　椒 15g

白　矾 15g

用法： 水煎取汁，涂抹患部。

33. 猫难产

这里主要指子宫收缩无力性难产。主要表现为母猫阵缩无力，超过 4～6h 仍娩不出胎儿。治宜诱发阵缩，增加产力。

【处方】

催产素　　2～5IU

用法： 一次皮下或肌内注射。

说明： 配合人工助产，无效者行剖腹产。

34. 猫乳房炎

由于乳腺损伤或乳汁长时间积滞引起。表现为乳房充血、红肿、热痛。治宜抗菌消炎。

【处方 1】

注射用青霉素钠　　40 万～80 万 U

0.5%盐酸普鲁卡因　　5～10mL

用法：混匀，乳房基部封闭性注射。

【处方2】

金银花6g　　蒲公英7g　　败酱草7g

芦　根5g　　葛　根3g　　柴　胡1g

用法：水煎，一次灌服，每天1剂，连用2～3剂。

【处方3】

如意金黄散　　适量

用法：醋和蜜调成糊状敷于患处。

十二、兔病处方

1. 兔病毒性出血症

本病简称兔出血症，俗称兔瘟。是由兔出血症病毒引起的急性、高度致死性传染病。以全身实质器官出血为特征。本病以预防为主，早期可用抗血清试治。

【处方 1】

抗血清　　3～6mL

用法： 一次肌内注射。

【处方 2】预防

兔出血症灭活疫苗　　1～2mL

兔出血症-巴氏杆菌病二联灭活疫苗　　1～2mL

用法： 种兔一次皮下注射 2mL 兔出血症灭活疫苗或兔出血症-巴氏杆菌病二联灭活疫苗，每年 2 次，间隔 6 个月。仔兔 35 日龄左右首免，每只兔 2mL，60 日龄加强免疫 1 次，每只兔注射 1mL。

说明： 紧急预防用 4～5mL。

2. 兔黏液瘤病

由黏液瘤病毒引起的急性、高度致死性传染病。特征是全身皮下，尤其是颜面部和天然孔周围皮下发生黏液性肿胀。本病主要靠预防。

【处方】预防

肖扑氏纤维瘤病毒疫苗　　1 头份

用法： 按说明稀释，兔断乳后皮下或肌内注射。

3. 兔传染性水疱性口炎

本病又称流涎病，是由病毒所致的急性传染病。特征是口腔黏膜水疱性炎症，形成水疱和溃疡，伴有大量口涎流出。治宜对症消炎，控制继发感染。

【处方 1】

（1）2%硼酸溶液　　15～30mL

碘甘油　　5mL

用法：硼酸清洗口腔后涂以碘甘油。

（2）磺胺二甲嘧啶　　100～200mg

用法：一次口服。首次量加倍，每天 1 次，连服 3～5d。并配以苏打水饮水。

【处方 2】

青黛 10g　　黄连 10g　　黄芩 10g

儿茶 6g　　冰片 6g　　桔梗 6g

用法：共研末，每次内服 2～3g，每天 3 次，连用 3～5d。

【处方 3】

青黛 0.5g　　白及 1g　　白蔹 1g

甘草 1g

用法：共研末，每次 0.2g 吹入患处，每天 3 次，连用 3～5d。

【处方 4】

大青叶 10g　　黄　连 5g　　野菊花 15g

用法：煎汤去渣，给 5 只兔灌服。

4. 兔巴氏杆菌病

由多杀性巴氏杆菌引起。临床症状以侵害部位不同而异，如鼻炎、地方流行性肺炎、败血症、中耳炎、结膜炎、子宫积脓、睾丸炎等。治宜抗菌消炎。

【处方 1】

硫酸庆大霉素注射液　　2 万～4 万 U

用法：一次肌内注射。每天 2 次，连用 3～5d。

【处方 2】预防

兔多杀性巴氏杆菌病灭活疫苗　1mL

用法：一次皮下或肌内注射。每年 2～3 次。

【处方 3】

黄连 5g　　黄芩 5g　　黄柏 10g

用法：水煎服，每天 1 剂。连用 3～5d。

【处方 4】

蒲公英 20g　　菊　花 10g　　赤　芍 10g

用法：水煎服，每天 1 剂。连用 3～5d。

5. 兔沙门氏菌病

本病又称兔副伤寒，由鼠伤寒沙门氏菌和肠炎沙门氏菌引起。特征是腹泻、阴道和子宫流出黏液性或脓性分泌物，不孕和流产。治宜抗菌消炎。

【处方 1】

硫酸庆大小诺霉素注射液　　4 万～8 万 U

用法：一次肌内注射。每天 2 次，连用 3d。

【处方 2】

硫酸卡那霉素注射液　　2 万～4 万 U

用法：一次肌内注射。每天 1 次，连用 3～5d。

【处方 3】

黄　连 5g　　黄　芩 10g　　黄　柏 10g

马齿苋 12g

用法：水煎服。每天 1 剂，连用 3～5d。

【处方 4】

车前子 25g　　鲜竹叶 25g　　马齿苋 25g

鱼腥草 25g

用法：水煎服。每天 1 剂，连用 3～5d。

【处方 5】针灸

穴位：脾俞、后海、尾根、三焦俞。

针法：白针或水针。

说明：用于对症止泻。

6. 兔葡萄球菌病

由金黄色葡萄球菌引起。特征是体表感染部位形成脓肿，严重时转移到内脏器官引起脓毒败血症。临床上常见的类型有脓肿、脚皮炎、乳房炎、仔兔急性肠炎等。治宜抗菌消炎，体表脓肿外科处理。

【处方】

（1）注射用青霉素钠　　20 万～40 万 U

注射用水　　2mL

用法：一次肌内注射或在发病部位分多点注射。每天 2 次，连用 3～5d。

（2）0.2%高锰酸钾溶液或 3%双氧水　　50～100mL

碘甘油　　5～10mL

5%碘酊或 5%龙胆紫酒精溶液　　5～10mL

用法：切开皮下脓肿排脓，用高锰酸钾或双氧水冲洗后涂以碘甘油。对脚皮炎患部清洗后涂以碘酊或龙胆紫，并用铝皮包扎，隔 2d 换 1 次药。

（3）野菊花 5g　　少花龙葵 3g　　草　龙 3g

用法：水煎分 2 次喂服，连喂 3～5d。

7. 兔密螺旋体病

本病又称兔梅毒，是由兔密螺旋体引起的慢性传染病。特征是外生殖器官皮肤及黏膜发炎，形成结节和溃疡。严重时可传至颜面、下颌、鼻部及爪部等处。治宜杀灭病原、消炎。

【处方 1】

（1）注射用青霉素钠　　20 万～40 万 U
注射用水　　2mL
用法：一次肌内注射。每天 2 次，连用 3d。

（2）碘甘油或青霉素软膏　　适量
用法：外用。

【处方 2】

金银花 15g　　大青叶 15g　　丁香叶 15g
黄　芩 10g　　黄　柏 10g　　蛇床子 5g
用法：煎汤去渣，早、晚 2 次分服。

8. 兔支气管败血博代氏菌病

由支气管败血博代氏菌引起。主要表现为鼻炎和支气管肺炎，严重时肺部形成脓肿。治宜抗菌消炎。

【处方 1】

硫酸卡那霉素注射液　　2 万～4 万 U
用法：一次肌内注射。每天 1 次，连用 3～5d。
说明：肺部形成脓肿时，治疗效果不显著。

【处方 2】

白　及 15g　　白茅根 15g　　桔　梗 5g
用法：煎汤去渣，一次拌饲喂服或滴服。
说明：用于早期化痰止咳。

9. 兔魏氏梭菌病

主要由 A 型魏氏梭菌引起的急性、致死性传染病。特征是剧烈腹泻，粪呈水样或呈胶冻样腥臭、带血，死亡快。治宜抗菌、抗毒素、补液。

【处方 1】

（1）抗血清　　6～10mL
用法：一次肌内注射。

（2）注射用青霉素钠　　20 万～40 万 U
注射用水　　2mL

用法：一次肌内注射。每天 2 次，连用 3d。

（3）5%葡萄糖生理盐水　　20～50mL

用法：一次静脉注射或腹腔注射。

【处方 2】预防

魏氏梭菌灭活苗　　2mL

用法：一次皮下注射。每年 2 次。

注：本病发病急、病程短，轻症者疗效较好，重症者应尽早淘汰。患病兔群可用土霉素或红霉素等口服或混于饲料中喂服，以紧急预防。

10. 兔坏死杆菌病

由坏死杆菌引起。特征是口腔黏膜、皮肤和皮下组织发生坏死、溃疡和脓肿。治宜清创、抗菌、消炎。

【处方 1】

注射用青霉素钠　　20 万～40 万 U

注射用硫酸链霉素　　25 万～50 万 U

注射用水　　2mL

用法：分别一次肌内注射。每天 2 次，连用 3～5d。

【处方 2】

龙　骨 30g　　枯　矾 30g　　乳　香 20g

乌贼骨 15g

用法：共研细末，以适量撒于患部，每天 1～2 次，连用 3～5d。

11. 兔泰泽氏病

由毛发样芽孢杆菌引起的急性传染病。特征为严重腹泻、脱水和迅速死亡。治宜抗菌、补液。

【处方】

（1）注射用乳糖酸红霉素　　5～10mg

5%葡萄糖生理盐水　　20～50mL

用法：一次静脉注射，每天 2 次，连用 3～5d。

（2）全群用 0.1%土霉素拌料，连用 5～7d。

12. 兔伪结核病

由伪结核耶尔森氏菌引起的慢性消耗性传染病。临床症状不明显。剖检特征是在盲肠蚓突、圆小囊浆膜下、肝、脾和淋巴结出现乳脂样或干酪样粟粒大坏死结节。治宜抗菌消炎。

【处方 1】

注射用硫酸链霉素　　　　30 万～50 万 U

用法：一次肌内注射。每天 2 次，连用 3～5d。

说明：还可用硫酸卡那霉素等治疗。

【处方 2】

盐酸四环素　　　　250mg

用法：一次口服。每天 2 次，连用 3～5d。

【处方 3】

穿心莲 3g　　　　铁包金 6g

用法：煎汤去渣，分早、晚两次服完。

13. 兔李氏杆菌病

本病又名单核细胞增多症。急性以败血症死亡为特征，慢性以脑膜炎症为特征，有些病例表现为脑脊髓炎和子宫炎。治宜抗菌消炎。

【处方 1】

注射用青霉素钠　　　　20 万～40 万 U

注射用硫酸链霉素　　　　30 万～50 万 U

注射用水　　　　2mL

用法：分别一次肌内注射。每天 2 次，连用 5～7d。

【处方 2】

忍冬藤 3g　　　　栀子根 3g　　　　野菊花 3g

茵　陈 3g　　　　钩藤根 3g　　　　车前草 3g

用法：水煎，分早、晚两次灌服。连用 3～5d。

14. 兔结核病

由结核杆菌引起的慢性传染病。特征是形成结节性肉芽肿，病灶常见于肝、肺、肾、胸膜、心包、支气管和肠系膜淋巴结。治宜抗菌消炎。无特殊价值的病兔以淘汰为宜。

【处方】

注射用硫酸链霉素　　　　30 万～50 万 U

用法：一次肌内注射。每天 2 次，连用 5～7d。

15. 兔大肠杆菌病

由致病性大肠杆菌及其毒素引起的兔肠道疾病。特征是腹泻，排出水样或胶冻样粪便，脱水死亡。治宜抗菌消炎，强心补液。收敛止泻。

【处方 1】

（1）注射用硫酸链霉素　　30 万～50 万 U

5%葡萄糖生理盐水　　30～50mL

用法：一次静脉注射或腹腔注射。每天 2 次，连用 3～5d。

（2）硫酸庆大霉素注射液　　2 万～4 万 U

用法：一次口服。每天 2 次，连用 3～5d。

【处方 2】

恩诺沙星　　5～10mg

用法：一次肌内注射。每天 2 次，连用 3～5d。

【处方 3】

大蒜酊　　2～4mL

用法：一次口服。每天 2 次，连用 3d。

16. 兔绿脓杆菌病

由绿脓假单胞菌引起。以出血性肠炎为特征，在肺及其他器官偶见淡绿色或褐色脓疱。治宜抗菌消炎。

【处方 1】

多黏菌素注射液　　2 万～4 万 U

用法：一次肌内注射。每天 1～2 次，连用 3～5d。

【处方 2】

新霉素注射液　　2 万～6 万 U

用法：一次肌内注射。每天 2 次，连用 3d。

17. 野兔热

本病又名土拉杆菌病或土拉伦斯杆菌病，多发于啮齿动物。其特征是体温升高，肝、脾肿大、充血和多发性灶性坏死或粟粒状坏死，淋巴结肿大并有针头大干酪样坏死灶。治宜抗菌消炎。

【处方】

注射用硫酸链霉素　　30 万～50 万 U

注射用水　　2mL

用法：一次肌内注射。每天 2 次，连用 3～5d。

说明：还可用盐酸土霉素、盐酸金霉素、硫酸卡那霉素、硫酸庆大霉素等治疗。

18. 兔溶血性链球菌病

由溶血性链球菌引起的急性败血症。特征是体温升高、呼吸困难和间歇性下痢。治宜抗菌消炎。

【处方】

注射用青霉素钠　　20 万～40 万 U

注射用硫酸链霉素　　30 万～50 万 U

注射用水　　2mL

用法：分别一次肌内注射。每天 2 次，连用 3～5d。

说明：还可用盐酸四环素 30～60mg，先锋霉素 10～20mg 等肌内注射。

19. 兔肺炎克雷伯氏菌病

由克雷伯氏菌引起的家兔传染病。青年、成年兔以肺炎及其他器官化脓性病变、幼年兔以腹泻为特征。治宜抗菌消炎。

【处方】

硫酸链霉素注射液　　30 万～50 万 U

用法：一次肌内注射。每天 2 次，连用 3d。

20. 兔棒状杆菌病

由鼠棒状杆菌和化脓棒状杆菌引起。以实质器官和皮下形成小化脓灶为特征。治宜抗菌消炎。

【处方】

硫酸链霉素注射液　　30 万～50 万 U

用法：一次肌内注射。每天 2 次，连用 5～7d。

21. 兔肺炎球菌病

由肺炎双球菌引起的以呼吸道症状为主的传染病。成年兔表现咳嗽、流黏性或脓性鼻液。幼兔常无特征症状而突然死亡。治宜抗菌消炎。

【处方】

注射用青霉素钠　　20 万～40 万 U

注射用水　　2mL

用法：一次肌内注射。每天 2 次，连用 2～3d。

22. 兔癣病

由致病性皮肤霉菌引起的皮肤传染病。特征是体表，特别是头部、颈部和腿部皮肤发生炎症和脱毛。治宜抗菌消炎。

【处方 1】

（1）3%来苏儿溶液　　适量

用法：患部剪毛后擦洗。

（2）2%益康唑软膏　　适量

用法：患部涂搽。

（3）灰黄霉素　　25～50mg

用法：一次口服，每天 1 次，连用 30d。群体可按 0.08%拌料，连喂 30d。

【处方 2】

5%碘酊或山苍子油　　适量

用法：患部涂搽。

23. 兔球虫病

由球虫引起的寄生虫病。通常表现急性死亡、下痢、消瘦、尿淋漓、黄疸等症状。治宜杀虫。

【处方 1】

地克珠利　　2g

用法：混入1 000kg 饲料中，连喂 7～10d。预防量减半，混饲从 1 月龄喂至 3 月龄。

【处方 2】

氯苯胍　　300mg

用法：混入 1kg 饲料中，连喂 7～15d。预防量减半。

【处方 3】

莫能菌素　　50mg

用法：混入 1kg 饲料中喂服，连喂 7d。预防量减半。

【处方 4】

黄连 18g　　黄柏 18g　　大黄 15g

黄芩 45g　　甘草 24g

用法：研成细末，每次 2g 喂服。每天 2 次，连喂 3～5d。

注：球虫对药物易产生抗药性，不宜长期使用一种药物，交替或联合用药效果更好。

24. 兔弓形虫病

由龚地弓形虫引起的寄生虫病。通常表现浆液性或脓性眼垢和鼻漏，嗜睡或惊厥，后肢麻痹等症状。治宜杀虫。

【处方】

磺胺氯吡嗪钠可溶性粉　　60g

用法：按每100kg饲料60g混饲，连用3d。

25. 兔螨病

本病俗称疥癣，由疥螨和痒螨寄生于皮肤引起的慢性皮肤病。特征是剧痒、脱毛、结痂、消瘦。治宜杀螨。

【处方1】

伊维菌素　　0.4～1.0mg

用法：按每1kg体重0.2mg一次肌内注射。间隔7～10d再注射1次。

【处方2】

1%～2%敌百虫水溶液　　适量

用法：患部涂搽，每天1次，连用2d。7～10d后再用1次。

【处方3】

10%除虫精乳剂　　1mL

用法：用2.5～5kg温水稀释后涂搽患部，一般一次即可，重症者7d后再用一次。

【处方4】

20%戊酸氰醚酯（杀灭菊酯、速灭虫净、S-5602）　　1mL

用法：用5～10kg水稀释后涂搽患部，重症7d后再用1次。

【处方5】

雄黄20g　　豆油100mL

用法：豆油加热至沸后加入雄黄混匀，冷却后涂搽患部，每天1次，连用2～3d。

说明：治疗前先用温水软化痂皮，揭去痂皮后再涂搽药物，疗效更佳。

【处方6】

硫　黄30g　　大枫子10g　　蛇床子12g

木鳖子10g　　花椒子25g　　五倍子15g

用法：共为细末，加入120～200mL麻油中调匀后涂搽患部。

26. 兔虱病

由兔虱寄生于兔体表引起的慢性外寄生虫病。对幼兔危害严重，常引起皮炎、脱毛、消瘦等症。治宜灭虱。

【处方1】

伊维菌素　　4mg

用法：按每1kg体重0.2mg一次肌内注射。

【处方2】

10%除虫精乳剂　　1mL

用法：用2.5～5kg温水稀释后涂搽或喷洒患部。

【处方 3】

硫黄粉、烟草粉　　各等份

用法：混匀后，倒于手掌上，逆毛擦入毛根，再顺毛抚摸，除掉多余药粉。

【处方 4】

百部　　20g

用法：加 7 倍水煎 20～30min，煎液候凉，涂搽患部。

27. 兔便秘

常因精粗饲料搭配不当、饮水不足、缺乏运动、误食兔毛、过食等引起。表现粪量减少、粪球干小、腹部膨胀、食欲不振乃至废绝。治宜通便。

【处方 1】

（1）果导（酚酞）　　1 片

用法：一次内服。

（2）硫酸钠　　5g

用法：加适量水溶解后一次灌服。

说明：也可用人工盐 5g 或植物油 15～25mL 或蜂蜜 10～20mL。

【处方 2】

中性肥皂水　　30～40mL

用法：加热至 38℃后灌肠。

【处方 3】

大黄 5g　　芒硝 8g　　枳实 5g

厚朴 4g

用法：煎汤一次灌服。

28. 兔积食

主要由于贪食豆科饲料、难消化饲料或霉变腐败饲料引起。主要表现腹部膨胀、呼吸困难等症状。治宜健胃、消胀、通便。

【处方 1】

（1）大蒜　　6g

香醋　　15mL

用法：大蒜捣烂加香醋混匀，一次灌服。

（2）10%安钠咖注射液　　0.5mL

用法：一次肌内注射。

【处方 2】

水杨酸苯酯　　0.3g

姜酊　　2mL

大黄酊　　　　　　　　1mL

用法： 加适量温水混匀后一次灌服。

【处方 3】

石菖蒲 6g　　　　　　青木香 6g　　　　　　野山楂 6g

橘　皮 10g　　　　　　神　曲 1 块

用法： 水煎，一次内服。

注： 必要时可皮下注射新斯的明 0.1～0.25mg；也可灌服植物油 20～25mL 通便；或灌服十滴水 3～5 滴消胀。

29. 兔胃肠炎

主要由于管理不良、饲喂不洁饲料和饲草引起。主要表现下痢、粪便恶臭、脱水等症状。治宜抗菌消炎，对症处理。

【处方 1】

硫酸阿咪卡星注射液　　　　1～2mL

5%葡萄糖生理盐水　　　　20～40mL

用法： 一次耳静脉注射。

【处方 2】

口服补液盐　　　　　　适量

用法： 自由饮服。

说明： 口服补液盐配方：氯化钠 3.5g、碳酸氢钠 2.5g、氯化钾 1.5g、葡萄糖 20g，加凉开水至1 000mL。

【处方 3】

马齿苋 10g　　　　　　鱼腥草 10g　　　　　　车前子 10g

用法： 水煎，一次内服。

30. 兔毛球病

常因饲养管理不当、饲料营养不全，或患有皮炎、螨病时，吃进兔毛而引起。表现食欲减退，便秘，渴欲增加，常伏卧，胃膨胀等症状，有时可触诊到毛球。治宜泻下，必要时手术处理。

【处方 1】

（1）蛋氨酸　　　　　　0.5g

用法： 混于 1kg 饲料中喂服，连服 7d。

（2）蓖麻油　　　　　　15～30mL

用法： 一次灌服。

【处方 2】

多酶片　　　　　　　　2～3g

用法：每天内服 1 次，连服 5～7d。

注：重症宜尽早淘汰。

31. 兔佝偻病

由于饲料中钙或磷缺乏，体内钙磷平衡失调所致。病兔表现腹部鼓起，肌肉无力，肋骨肋软骨接合处或四肢骨骨骺增大而造成胸骨和四肢骨畸形。治宜补充维生素 D 及钙剂。

【处方 1】

维生素 AD 注射液　　0.5～1mL

用法：一次肌内注射。

说明：也可用维生素 D_2 胶性钙注射液1 000～5 000IU，一次肌内注射。

【处方 2】

鱼肝油　　1～2g

磷酸钙　　1g

乳酸钙　　0.5～2g

骨粉　　2～3g

用法：一次内服。

【处方 3】

陈石灰 3g　　鸡蛋壳 15g　　黑豆 200g

用法：共研细粉，每次喂 5g，每天 1 次。

32. 兔维生素 A 缺乏症

由于饲料内维生素 A 原或维生素 A 不足或吸收机能障碍引起。临床上以生长迟缓、角膜角化、生殖机能低下为特征。治宜补充维生素 A。

【处方】

鱼肝油　　2mL

用法：混匀于 10kg 饲料中饲喂，可用于群体治疗。

说明：补充胡萝卜素丰富的饲料，如豆科绿叶、南瓜、胡萝卜和黄玉米等。重症病例可内服或肌内注射鱼肝油制剂。

33. 兔维生素 E 缺乏症

由于饲料中维生素 E 不足、部分或全部破坏，以及兔球虫病等造成维生素 E 缺乏。主要表现肌肉僵直，进行性肌无力和萎缩，饲料消耗减少，体重下降，最后衰竭而死。治宜补充维生素 E。

【处方】

0.1%维生素 E 注射液　　1～2mL

用法： 一次肌内注射。每天1次，连用2d。

说明： 用花生油或其他植物油混饲也有治疗作用。

34. 兔乳房炎

母兔泌乳不足或分娩前后由于饲喂过多精料和多汁饲料，使乳汁分泌过多、过稠或仔兔不能将乳汁吸完或外伤感染引起。以乳房局部或全部红肿、发热，或颜色变青、化脓为特征。治宜消炎消肿。

【处方1】

(1) 鱼石脂软膏或氧化锌软膏　　适量

用法： 乳房外涂搽。

(2) 注射用青霉素钠　　40万～80万U

注射用水　　5～10mL

用法： 炎症部位一次多点注射，每天2次，连用3～5d。

说明： 如形成脓肿，可切开排脓后再肌内注射青霉素。

【处方2】

蒲公英3g　　金银花3g　　紫花地丁3g

连　翘3g　　玄　参3g　　黄　芩3g

用法： 水煎取汁，分早、晚2次灌服，连服2～3d。

【处方3】

蒲公英、紫花地丁、菊花、金银花、芙蓉花　　各等份

用法： 用鲜药适量捣烂，敷患处。

35. 兔眼结膜炎

由于眼睑外伤，灰尘或砂土吹入眼中，兔笼不洁，细菌感染和维生素A缺乏等引起。主要表现卡他性和化脓性炎症。治宜去除病原，抗菌消炎。

【处方1】

(1) 注射用青霉素钠　　5万～10万U

醋酸可的松　　5mg

注射用水　　2mL

用法： 一次肌内注射。每天2次，连用3～5d。

(2) 鱼肝油　　1～2mL

用法： 一次内服。

【处方2】

草决明30g　　青葙子15g

用法： 煎水内服，每天2次。

【处方 3】

野菊花 15g　　桑　叶 15g　　木贼草 15g

用法：煎水洗患眼，每天 2 次。

36. 兔足皮炎

由于足部创伤感染或足部皮肤压迫性坏死引起。特征是足部皮肤有溃疡区，上面覆盖干性痂皮。治宜抗菌消炎。

【处方】

（1）氧化锌软膏　　1 支

用法：清除坏死组织后涂以软膏。

（2）注射用青霉素钠　　20 万～40 万 U

注射用水　　2mL

用法：一次肌内注射。每天 2 次，连用 3d。

37. 兔产后瘫痪

常因饲料缺乏钙、磷等矿物质，产仔窝次过密，哺育仔兔过多及饲养管理不当或其他疾病引起。表现产后跛行，后肢或四肢麻痹，有的出现子宫脱出等症状。治宜消除病因后，补充钙、磷。

【处方 1】

（1）10%葡萄糖酸钙注射液　　5～10mL

用法：一次静脉注射，每天 1 次，连用 3～5d。

（2）蜂蜜　　3～5g

用法：一次内服。每天 1 次，连用 3～5d。

【处方 2】

当　归 3g　　川　芎 3g　　鸡血藤 6g

用法：煎水灌服，每天 1 次，连服 3～5d。

38. 兔中暑

由于降温措施不当引起。表现身体过热，呼吸困难。治宜解暑降温，同时将兔移到阴凉处。

【处方 1】

十滴水　　2～3 滴

用法：一次口服。

说明：还可用仁丹 2～3 粒口服。将病兔置于阴凉处，在头部敷冷水浸湿的纱布或冰袋。

【处方 2】针灸

穴位：耳尖、尾尖、太阳、指趾间。

针法：点刺放血。

说明：配合补液效果更好。

39. 兔子宫脱出

常因分娩引起。表现子宫外翻脱出，阴道流血。治宜整复固定，预防感染。

【处方】

（1）3%温明矾水溶液　　适量

用法：清洗脱出子宫后整复入腹腔。

（2）注射用青霉素钠　　40 万 U

注射用水　　2mL

用法：一次肌内注射，每天 2 次，连用 3～5d。

十三、马属动物疾病处方

1. 马流行性感冒

由马流行性感冒病毒引起的呼吸道传染病。以发热、咳嗽和流水样鼻液为特征。轻症不治即可自然耐过，重症以解热、止咳为治疗原则。

【处方 1】

注射用硫酸链霉素	300 万 U
注射用水	10mL

用法： 一次肌内注射。每天 2～3 次。

【处方 2】清瘟败毒散加减

生石膏 120g	生　地 30g	栀　子 25g
桔　梗 20g	牛蒡子 30g	黄　芩 30g
知　母 30g	玄　参 30g	大青叶 30g
连　翘 25g	薄　荷 15g	甘　草 20g

用法： 水煎一次灌服，每天 1 剂，连服 2～3d。

2. 马传染性支气管炎

本病又称马传染性咳嗽，是由病毒引起的以咳嗽为主症的急性传染病。其流行病学特征为传染性极强，传播速度极快。治宜清热解表，止咳化痰，预防并发症。

【处方 1】

注射用青霉素钠	200 万 U
注射用硫酸链霉素	200 万 U
注射用水	20mL

用法： 分别一次肌内注射，每天 2 次。

【处方 2】桑菊散加味

桑　叶 45g	菊　花 45g	连　翘 45g
薄　荷 30g	苦杏仁 20g	桔　梗 30g
甘　草 15g	芦　根 30g	板蓝根 30g
贯　众 30g		

用法：共为细末，开水冲调，候温一次灌服，每天1剂，连服2～3d。

3. 马传染性胸膜肺炎

本病又名马胸疫，是一种急性传染病，其病原可能是一种病毒，可能还与支原体和多种条件致病菌混合感染有关。临床表现为纤维素性肺炎或纤维素性胸膜肺炎。治宜清热润肺，化痰止咳。

【处方1】

新胂凡纳明（914）　　4.5g（15mg/kg）

5%葡萄糖生理盐水　　500mL

用法：将新胂凡纳明充分溶解于葡萄糖生理盐水中，一次静脉缓慢滴注，每3～5d 1次，共注射2～3次。

注意事项：①注射时切忌漏到血管外，以免引起炎症，甚至坏死；②为防止注射时个别马骡发生虚脱现象，应在用药前使用强心剂，以改善心脏功能。

【处方2】

注射用青霉素钠　　200万～400万U

注射用链霉素　　200万～300万U

注射用水　　10～30mL

用法：分别一次或分别肌内注射，每天2次。

【处方3】

10%磺胺嘧啶钠注射液　　200mL

用法：一次静脉注射，每天1次，直至痊愈。

【处方4】

硫酸钠　　300g

大黄末　　50g

碳酸氢钠　　50g

常水　　5 000mL

用法：混合后一次灌服。

说明：当病马出现消化机能障碍时，用此方清理肠道。

【处方5】银翘散

金银花45g　　连　翘45g　　薄　荷30g

荆芥穗25g　　桔　梗25g　　淡豆豉30g

牛蒡子30g　　生甘草25g　　淡竹叶20g

芦　根25g

用法：共为细末，开水冲调，一次灌服。

说明：适用于发病初期。

【处方6】苇茎汤

苇　茎250g　　薏苡仁120g　　桃　仁30g

冬瓜仁 90g

用法：酌加金银花、连翘、鱼腥草、败酱草、桔梗、葶苈子。热重者加黄芩、栀子、知母、石膏，咳嗽重者加杏仁、百部，痰多者加桑白皮、贝母，大便干者加瓜蒌、蜂蜜。共为末，开水冲服或煎汤饮服。

说明：适用于中后期肺部成脓者。

4. 马狂犬病

由狂犬病毒引起的接触性传染病。主要表现神经兴奋和意识障碍。一旦确诊，一律扑杀，尸体深埋，被疯犬咬伤动物宜紧急免疫预防和处理伤口。

【处方 1】

狂犬病疫苗　　25～50mL

用法：一次肌内注射，间隔 3～5d 再免疫一次，一岁以下幼驹剂量减半。

【处方 2】

20%温热肥皂水或 5%～10%碘酊或 3%石炭酸　　适量

用法：伤口反复清洗、消毒。

【处方 3】

食醋 100mL　　白酒 100mL　　葱白 100g

甘草 250g

用法：后两味煎水，候温混入醋、酒清洗患处。

5. 马流行性乙型脑炎

由流行性乙型脑炎病毒感染所致的急性传染病，又称日本乙型脑炎。3 岁以下，尤其是当年驹易发，成年马多呈隐性感染。治宜降低颅内压，解毒。

【处方 1】

25%山梨醇注射液，或 20%甘露醇注射液　　1 200～2 400mL

用法：按每 1kg 体重 1～2g 一次静脉注射，间隔 8～12h 重复一次，连用 3d。

【处方 2】

10%～25%葡萄糖注射液　　500～1 000mL

用法：一次静脉注射。

【处方 3】

10%氯化钠注射液　　100～300mL

用法：一次静脉注射。

说明：用于病后期、血液黏稠的情况下。

【处方 4】天竺黄散

天竺黄 25g　　黄　连 15g　　郁　金 15g

栀　子 15g　　生　地 30g　　朱　砂 6g（另包）

茯　神 20g　　远　志 15g　　防　风 15g
桔　梗 10g　　木　通 15g　　甘　草 15g

用法： 共为末，开水冲，候温加蜂蜜 200g、鸡蛋清 6 个，同调一次灌服。

说明： 用于惊狂型，清热化痰安神。

【处方 5】涤痰汤

制半夏 45g　　陈　皮 45g　　茯　苓 60g
炙甘草 25g　　制南星 15g　　枳　实 30g
党　参 30g　　石菖蒲 50g　　竹　茹 20g

用法： 共为末，开水冲调，候温一次灌服。

说明： 适用于呆痴型，豁痰开窍安神。

【处方 6】针灸

穴位：颈脉、太阳。

针法：血针。

说明： 适用于惊狂型。

【处方 7】针灸

穴位：大风门、风门。

针法：火烙。

说明： 适用于呆痴型。

6. 马传染性贫血

由马传染性贫血病毒感染引起的马属动物慢性传染病，主要特征为病毒持续感染和临床反复发作，在发作期症状明显，呈现发热、贫血、出血、黄疸、心脏衰弱、浮肿和消瘦等，间歇期则症状缓解或暂时消失。防控以预防为主，加强检疫，阳性病畜扑杀、深埋、消毒。

【处方】

马传染性贫血活疫苗　　2mL

用法： 一次皮下注射。

说明： 冻干苗按瓶签说明使用。

7. 马痘

由痘病毒引起的接触性传染病。病愈马可获得坚强免疫力。治宜局部外科处理。

【处方】

1%醋酸或 2%硼酸或 0.1%高锰酸钾溶液　　适量

用法： 清洗创面，每天 1～2 次。

8. 马炭疽

人兽共患急性败血性传染病。一旦发现，严格隔离治疗。以杀灭病原为主。

【处方】

（1）抗炭疽血清　100～300mL

用法：一次静脉注射。必要时 12h 后重复一次。

说明：如用异种动物血清，应少量多次注射，以防过敏。

（2）注射用青霉素钠　200 万～300 万 U

注射用硫酸链霉素　100 万～200 万 U

注射用水　10～30mL

用法：分别一次肌内注射，每天 2～3 次。

说明：也可用硫酸庆大霉素 20 万～30 万 U。

9. 马恶性水肿

由梭菌引起的急性创伤性传染病。以局部气肿及全身毒血症为主要特征。治宜抗菌消肿。

【处方 1】全身性治疗

（1）注射用青霉素钠　200 万 U

注射用硫酸链霉素　200 万 U

注射用水　10mL

用法：分别一次肌内注射，每天 2～3 次。

（2）四环素　2～3g

5%葡萄糖生理盐水　2 000mL

用法：一次静脉注射，每天 1 次。

【处方 2】局部治疗

2%高锰酸钾溶液　适量

3%双氧水　适量

用法：患处扩创后，冲洗。或用双氧水在患部周围分点注射。

【处方 3】对症治疗

（1）10%苯甲酸钠咖啡因（安钠咖）　10～30mL

用法：一次皮下或肌内注射。

（2）5%葡萄糖生理盐水　2 000～3 000mL

用法：一次静脉注射。

（3）5%碳酸氢钠注射液　500～1 000mL

用法：一次静脉注射。

10. 马破伤风

由破伤风梭菌的外毒素引起的一种人兽共患急性传染病。主要特征是患畜对外界刺激的兴奋性增高，全身或部分肌肉出现强直性痉挛。治宜消除病原，中和毒素，解痉镇静，对症处理。

【处方 1】

（1）破伤风抗毒素　　60 万～80 万 U

用法：一次皮下或肌内注射。第二次注射 30 万～50 万 U，以后每隔 3～5d 注射 5 万～10 万 U。幼畜用量略减。

（2）25%硫酸镁注射液　　100mL

用法：一次缓慢静脉注射（用于解痉）。

（3）5%盐酸氯丙嗪注射液　　6～10mL

用法：一次静脉或肌内注射（用于镇静）。

（4）5%葡萄糖生理盐水　　3 000～5 000mL

5%碳酸氢钠注射液　　500～1 000mL

用法：一次静脉注射（用于解除酸中毒）。

（5）注射用硫酸链霉素　　200 万～300 万 U

注射用青霉素钠　　300 万 U

注射用水　　10mL

用法：分别一次肌内注射，每天 2～3 次。

（6）3%双氧水或 2%高锰酸钾溶液　　适量

5%碘酊或碘仿磺胺粉　　适量

用法：扩创、清创及伤口涂撒。

【处方 2】千金散加减

天　麻 30g　　全　蝎 15g　　羌　活 30g
蝉　蜕 30g　　僵　蚕 30g　　川　芎 30g
南　星 30g　　防　风 15g　　乌　蛇 30g
独　活 30g　　半　夏 30g　　白　芷 15g
细　辛 15g　　麻　黄 45g　　荆芥穗 30g
蜈　蚣 10 条　　杏　仁 15g　　当　归 30g

用法：水煎取汁，加黄酒 250mL 为引，一次灌服，每天 1 剂，连服 5 剂。

【处方 3】针灸

（1）腰背部醋酒灸或醋麸灸。

（2）火针大风门、百会。

（3）白针、电针或水针锁口、开关。

说明：本病中西医结合治疗效果更好。

【处方 4】预防

破伤风类毒素　　1mL

用法：一次皮下注射，幼驹量减半，免疫期 1 年。第二年再免疫接种 1 次，免疫期可达 4 年。

11. 马坏死杆菌病

由坏死杆菌引起的、以组织坏死为主要特征的慢性传染病。蹄部坏死多见。治疗宜局部处理。

【处方 1】

1%高锰酸钾溶液　　适量

用法：患处冲洗。

【处方 2】

4%醋酸溶液　　适量

用法：冲洗患部。

【处方 3】

10%～20%碘酊溶液　　适量

用法：涂搽患部或向瘘管内灌注。

12. 马巴氏杆菌病

由马巴氏杆菌引起的一种急性、发热性、败血性传染病。治宜抗菌消炎。

【处方 1】

出血性败血症多价免疫血清　　60～100mL

用法：一次静脉注射，12～24h 后无明显好转者，可以重复注射一次。

【处方 2】

注射用硫酸链霉素　　200 万～300 万 U

注射用水　　10～15mL

用法：一次肌内注射，每天 3 次。

【处方 3】

四环素　　100 万～250 万 U

5%葡萄糖生理盐水　　2 000～3 000mL

用法：一次静脉注射，每天 2 次。

13. 马腺疫

由马腺疫链球菌引起的一种马属动物急性传染病。以下颌淋巴结急性化脓为特征。治宜全身或局部抗菌消炎。

【处方 1】

注射用青霉素钠　　160 万 U

用法：一次肌内注射，每天 2 次，连用 2～3d。

【处方 2】

鱼石脂软膏　　适量

用法：肿胀部涂抹。

【处方 3】

10%～20%松节油软膏　　适量

用法：涂搽患处。

说明：脓肿成熟时，应及时切开引流，外科处理。有窒息危险时，应及时施行气管切开术。为防止并发病，应注意全身治疗。

【处方 4】白及拔毒散

白　及 50g	白　蔹 30g	大　黄 15g
明雄黄 30g	煅龙骨 15g	青　黛 15g
姜　黄 10g	白　矾 30g	木鳖子 10g
黄　柏 15g	黄　连 15g	

用法：共为细末，加鸡蛋清 5 枚，温开水调成糊状，外敷患部。用于发病初期。

【处方 5】清咽利膈汤

桔　梗 30g	玄　参 30g	银　花 30g
栀　子 30g	大　黄 30g	芒硝 30g（另冲）
连　翘 25g	牛蒡子 20g	黄　芩 25g
防　风 20g	黄　连 20g	薄　荷 20g
荆　芥 20g	甘　草 15g	

用法：水煎取汁，候温入鸡蛋清 3 枚，一次投服，每天 1 次，连服 3 剂。用于发病初期。

【处方 6】仙方活命饮加味

金银花 90g	蒲公英 60g	紫花地丁 60g
野菊花 60g	连　翘 50g	黄　连 30g
防　风 30g	当　归 30g	赤　芍 30g
陈　皮 25g	白　芷 20g	甘　草 15g
浙贝母 20g	天花粉 20g	乳　香 15g
没　药 15g	皂　刺 10g	炮甲珠 10g

用法：水煎取汁，候温加黄酒 120mL，鸡蛋清 3 枚，一次投服，每天 1 次，连服 3 剂。用于开始化脓时。

【处方 7】黄芪散

黄　芪 200g	栀　子 50g	当　归 30g
郁　金 30g	黄药子 30g	桔　梗 30g
甘　草 15g		

用法：用于化脓破溃者。水煎取汁，候温入蜂蜜120g、鸡蛋清3枚，一次投服，每天1次，连服3剂。

【处方8】针灸

穴位：颈脉、大椎。

针法：颈脉穴血针；大椎穴水针，注射用青霉素钠120万U，注射用水10mL溶解后一次注射，每天2次，连用3～5d。

14. 马副伤寒

由马流产沙门氏菌引起的传染病。特征是妊娠母马流产，幼驹关节肿大，下痢，公畜表现睾丸炎等。治宜抗菌、消炎、止泻。

【处方1】

注射用链霉素	200万U
注射用水	10mL

用法：溶解后，一次肌内注射，以连用5d、停药2d为一疗程，共治疗2～3个疗程。

【处方2】

0.5%高锰酸钾溶液	适量

用法：流产病马冲洗阴道及子宫，直至恶露消除。

【处方3】

当　归15g	川　芎15g	白芍15g
丹　皮15g	金银花15g	连翘15g
红　花15g	茯　苓15g	桃仁12g
土鳖虫12g		

用法：共为末，开水冲，候温一次灌服，每天1剂，连服5剂。

说明：用于母马有子宫内膜炎者。

【处方4】

黄　芩20g	黄　柏20g	白头翁20g
甘　草30g		

用法：加车前草煎液适量，做成舐剂内服，每天1次，连服3～4d。

说明：用于幼驹腹泻者。

【处方5】

乌　梅25个	干柿饼20个	炒黄连100g
栀　子100g	黄　芩100g	炙甘草100g
郁　金100g	神　曲100g	焦山楂100g
猪　苓100g	泽　泻100g	

用法：研碎，加水，煎成3 000mL，半月龄幼驹一次内服200～300mL，每天1次，连用3～4次。

说明：用于幼驹腹泻。

15. 驹大肠杆菌病

由某些致病性大肠杆菌引起的传染病。出生后几天的幼驹多表现下痢和败血症症状。治宜抗菌止泻。

【处方 1】

0.5%高锰酸钾溶液　　800～1 000mL

用法：一次灌服，每天 1～2 次（多用于发病初期）。

【处方 2】

(1) 5%葡萄糖生理盐水　　500～1 000mL

用法：一次静脉注射，每天 1～2 次。

(2) 磺胺脒　　5～10g

用法：一次内服，每天 2 次。

【处方 3】白术散加减

焦白术 4g　　白头翁 30g　　广陈皮 10g
白茯苓 30g　　白　芍 15g

用法：水煎取汁，分 2～3 次内服。

说明：泻甚加炒乌梅 10g、诃子肉 10g；伤食者去白头翁加焦三仙各 10g。用于无热性腹泻。

【处方 4】白头翁汤加减

白头翁 60g　　秦　皮 15g　　炒黄芩 15g
黄　柏 30g　　木　香 15g　　陈　皮 30g
甘　草 15g

用法：水煎取汁，分 2～3 次内服。

说明：用于发热、粪腥臭或排脓血痢者。

16. 驹棒状杆菌性肺炎

为幼驹特有的一种传染病。以肺及多器官内形成局限性病变为特征。临床上主要表现为肺炎。治宜抗菌消炎。

【处方】

(1) 母马全血　　200～400mL

用法：一次静脉注射，隔天 1 次。

(2) 注射用链霉素　　100 万 U
注射用水　　5mL

用法：一次肌内注射，每天 2 次，连用 6～7d。

说明：本病呈化脓性肺炎经过，用一种抗生素很难奏效，故可选用敏感抗生素等联合使用。

17. 马钩端螺旋体病

本病为人兽共患病。急性型以出血、黄疸、血红蛋白尿为特征。多数病例呈隐性感染。治宜杀灭病原。

【处方 1】

抗血清　　20～120mL

用法：一次皮下注射。重症隔 1～2d 后再注射 1 次。

说明：初期应用效果更好。

【处方 2】

注射用链霉素　　200 万～300 万 U

注射用水　　10～15mL

用法：一次肌内注射，每天 2 次，连用 9～10d。

说明：青霉素、金霉素、土霉素均有效。同时结合强心、补液、利尿等对症疗法。

18. 马流行性淋巴管炎

由流行性淋巴管囊球菌引起。以体表淋巴管索状肿、串珠状结节和溃疡为特征。治宜抗菌消炎，结合手术摘除。

【处方 1】

康复血清　　50～100mL

用法：一次皮下注射，每天 1 次，连用 3d。

【处方 2】

硫酸庆大霉素注射液　　40 万～80 万 U

5%葡萄糖生理盐水　　500～1 000mL

用法：一次静脉注射，每天 1 次，3 次为一个疗程。

19. 马蛔虫病

由蛔虫引起，幼驹感染严重。以营养不良、发育迟缓、异嗜和消化障碍为特征。治宜驱虫。

【处方 1】

敌百虫　　9～15g

用法：按每 1kg 体重 30～50mg 配成 5%溶液灌服。

【处方 2】

噻苯咪唑　　15g

用法：按每 1kg 体重 50mg 一次口服。

【处方 3】

丙硫咪唑　　1.5g

用法：按每 1kg 体重 5mg 一次口服。

【处方 4】

1%伊维菌素　　6mL

用法：按每 1kg 体重 0.2mg 一次皮下注射。

说明：注射给药时，局部可能出现暂时性水肿和瘙痒。

20. 马蛲虫病

马蛲虫寄生在盲肠、结肠，由雌虫受精后向直肠移动引起本病。以肛门剧痒、会阴不洁为特征。治宜驱虫。

【处方 1】

敌百虫　　9～15g

用法：按每 1kg 体重 30～50mg 一次内服。

【处方 2】

噻苯咪唑　　15g

用法：按每 1kg 体重 50mg 一次内服。

【处方 3】

雷　丸 60g　　使君子 60g　　槟　榔 60g

用法：研末，一次灌服。

【处方 4】

槟榔 30g　　百部 20g　　苦楝根皮 60g

用法：共研细末，加适量蜂蜜做成药栓，塞入肛门，每天 1 次，连用 2d。

21. 马圆线虫病

由圆形科 40 多种线虫引起。以幼驹发育不良、成马慢性肠卡他为特征。治宜驱杀虫体。

【处方 1】

丙硫咪唑　　3～6g

用法：按每 1kg 体重 10～20mg 一次口服。

【处方 2】

噻苯咪唑　　15g

用法：按每 1kg 体重 50mg 一次内服。

【处方 3】

贯众 30g　　雷丸 15g　　蒜皮 15g

花椒 10g　　芜荑 15g　　大黄 90g

用法： 先灌 90g 红糖水，取各药共研细末，开水冲调，候温一次灌服。

22. 马柔线虫病

由柔线属 3 种线虫引起。成虫寄生在胃内，引起慢性胃卡他，幼虫可引起皮肤和肺脏疾患。治宜驱杀虫体。

【处方 1】

丙硫咪唑　　3～6g

用法： 按每 1kg 体重 10～20mg 一次口服。

【处方 2】

石膏粉 100g　　明　矾 20g　　樟脑粉 10g

用法： 共研细末，撒布皮肤创面。

23. 马血汗症

由多乳突副丝虫寄生于马皮下引起。以皮肤出血如同“血汗”为特征。治宜杀灭虫体。

【处方 1】

5%敌百虫液　　100～120mL

用法： 出血点周围分点注射。

【处方 2】

1%～2%石炭酸溶液或 3%敌百虫溶液　　适量

用法： 患部涂抹。

24. 马腰痿病

由丝虫科 3 种脑脊髓丝虫的幼虫误入马脑脊髓腔引起。以后躯和后肢运动机能障碍为特征。治宜早期杀虫。

【处方】

海群生　　15～30g

用法： 按每 1kg 体重 50～100mg 一次内服，每天 1 次，连用 1～2 周。

25. 马混睛虫病

由牛腹腔丝虫的幼虫误入马的眼前房内引起。以羞明流泪，角膜混浊，视力减退为特征。治宜开天穴穿刺取虫。

【处方 1】针治

方法：保定确实，开张眼睑，眼球表面麻醉，以三弯针（或三棱针用白线缠定深度）对准开天穴（角膜与巩膜交界处）轻手急刺，虫随眼房水流出，流不出者可用注射器吸出虫体。

【处方 2】手术治疗

方法：同上法保定麻醉，在角膜边缘切开角膜，指压眼球，幼虫随眼房水流出。术毕点眼药膏，上眼绷带。

26. 马绦虫病

由裸头科 3 种绦虫寄生于肠管引起。以肠卡他性或出血性肠炎为特征。治宜驱杀虫体。

【处方 1】

二氯酚　　7.5g

用法：按每 1kg 体重 25mg 一次内服。

【处方 2】

氯硝柳胺　　60～90g

用法：按每 1kg 体重 0.2～0.3g 一次内服。

【处方 3】

槟　榔 50g　　南瓜子 400g　　芒　硝 500g

用法：给药前禁食 12h，取南瓜子炒熟研粉灌服，1h 后灌槟榔末，再过 1h 后灌芒硝。

27. 马伊氏锥虫病

由伊氏锥虫寄生于血液和造血器官引起。以间歇热、贫血、黄疸、浮肿为特征。治宜杀虫。

【处方 1】

萘磺苯酰脲（拜尔 205）　　3～4g

用法：按每 1kg 体重 12mg 用注射用水或生理盐水配成 10%溶液一次静脉注射。间隔 6d 后再用 1 次。对重症或复发病列，可与新胂凡纳明交替使用，第 1、10、16 天用萘磺苯酰脲，第 4、7、13 天用新胂凡纳明。

【处方 2】

注射用喹嘧胺　　1.2～1.5g

用法：按每 1kg 体重 4～5mg 用注射用水配成 10%溶液，皮下或肌内注射。隔日注射 1 次，连用 2～3 次。

说明：处方 1、处方 2 交替使用效果更好。马骡注射本品后有腹痛、不安、肌肉震颤、全身出汗、频排粪尿等副作用，一般在 12h 内消失。

28. 马媾疫

由马媾疫锥虫寄生于生殖器官引起。以外生殖器官炎症、水肿，皮肤轮状丘疹为特征。治宜杀虫。

【处方 1、2】

同马伊氏锥虫病处方 1、处方 2。

【处方 3】

土茯苓 500g　　鸦胆子 100g　　黄　柏 100g
益母草 100g　　淫羊藿 100g　　大艾叶 500g

用法： 共研细末，用温开水拌入麸皮中，每天上、下午各喂 1 次。大马喂 5d，小马喂 7d。

29. 马巴贝斯虫病

由巴贝斯虫属的两种原虫寄生于红细胞内引起。以高热、贫血、黄疸为主要症状。治宜杀虫。

【处方】

三氮脒（贝尼尔）　　0.9～1.2g

用法： 按每 1kg 体重 3～4mg 用药，用注射用水配成 5%浓度一次分 3～4 点肌内注射。

30. 马疥癣

由螨类侵袭体表引起的慢性皮肤病。以皮肤剧烈痒觉、炎症、脱毛为特征。治宜杀虫。

【处方 1】

伊维菌素注射液　　60mg

用法： 按每 1kg 体重 0.2mg 一次皮下注射。

说明： 注射局部可能出现暂时性水肿和瘙痒。

【处方 2】

20%氰戊菊酯乳油　　适量

用法： 配成 0.05%～0.1%溶液喷洒体表，隔周重复 1 次。

【处方 3】擦疥方

狼毒 120g　　牙皂 120g　　巴豆 30g　　雄黄 9g　　轻粉 6g

用法： 共为细末，用热油调匀擦之。隔日一次。

说明： 本方有杀疥、止瘙痒的作用，所用药物均为有毒之品，应用时应分片涂搽，并防止患畜舔食。

【处方 4】外洗方

大枫子 25g　　蛇床子 25g　　荆　芥 25g
防　风 35g　　红　花 25g　　枇杷叶 25g

用法： 水煎，外洗患部。

31. 马胃蝇蛆病

由马胃蝇幼虫寄生于胃肠道内引起的慢性寄生虫病。以高度贫血、消瘦、中毒、使役能力下降为特征。治宜杀虫。

【处方 1】

伊维菌素注射液　　60mg

用法： 按每 1kg 体重 0.2mg 一次皮下注射。

【处方 2】

敌百虫　　5g

豆　油　　100mL

用法： 加温溶解，用木棒一端缠上棉花蘸药油涂于口腔，杀灭口腔内幼虫。

【处方 3】

槟　榔 35g　　使君子 30g　　木香 25g

石榴皮 90g　　猪　油 250g

用法： 前 4 味水煎取汁，趁热加猪油化开，候温，一次灌服。

32. 马皮蝇蛆病

由牛皮蝇幼虫寄生于马皮下引起的皮肤病。以脊背、腰部皮肤有疼痛性硬结、瘘孔为特征。治宜局部杀虫。

【处方 1】

阿维菌素片　　90mg

用法： 按每 1kg 体重 0.3mg 一次皮下注射。

【处方 2】

碘酊　　适量

用法： 硬结部位剪毛消毒，挤出幼虫、脓汁，用碘酊灌涂瘘管。

33. 马口炎

马口腔黏膜表层或深层组织的炎症。主要表现流涎和咀嚼障碍。治宜消炎。中兽医分为异物损伤、心火上炎、胃火熏蒸三个证型，分别采用外治、内治方法。

【处方 1】

（1）1%氯化钠溶液，或 0.1%高锰钾溶液，或 2%硼酸溶液　适量

用法： 口腔冲洗，每天 2～3 次。

（2）碘甘油（5%碘酊 1mL 加甘油 9mL）　　适量

用法： 患处冲洗后涂抹。

【处方 2】青黛散（用于异物损伤型）

青　黛 20g　　黄　连 10g　　黄　柏 10g
薄　荷 5g　　桔　梗 10g　　儿　茶 10g

用法： 共为细末，吹撒患部或口噙法，即装入布袋内，热水浸湿后衔于口内，吃草时取下，吃完再衔上，饮水时不必取下，每天更换1次。

【处方3】洗心散（用于心火上炎型）

天花粉 30g　　黄　柏 20g　　桔　梗 30g
栀　子 30g　　牛蒡子 20g　　木　通 15g
白　芷 10g

用法： 共为细末，开水冲调，候温加蜂蜜 60g，一次内服，隔日一剂。

【处方4】石膏知母汤（用于胃热熏蒸型）

石　膏 250g（先下）　　板蓝根 30g　　薄　荷 30g
栀　子 30g　　连　翘 30g　　金银花 30g
大　黄 30g　　甘　草 20g

用法： 水煎，候温一次灌服。

【处方5】针灸

穴位：通关、玉堂、颈脉。

针法：血针。

34. 马舌损伤

由于齿病或口勒等引起。以舌的黏膜、肌肉炎症或损伤为特征。治疗应首先消除病因，然后对症处理。

【处方1】

0.1%高锰酸钾溶液　　适量
碘甘油　　适量

用法： 创面清洗、涂布。

【处方2】青黛散口衔（参照马口炎处方2）

说明： 创伤裂口较大者，应外科缝合。

35. 马咽炎

因不良刺激或继发于其他疾病引起的咽部黏膜及其深层组织的炎症。以吞咽障碍，大量流涎，饮水及饲料从鼻孔中逆出为特征。治疗主要是消炎。

【处方1】

30%鱼石脂软膏　　适量

用法： 外敷。

【处方2】口咽散

青　黛 15g　　冰　片 5g　　白　矾 15g

黄　连 15g	黄　柏 15g	硼　砂 10g
柿　霜 10g	栀　子 10g	人中白 5g

用法： 共为细末，装入布袋，衔于口内，每天更换 1 次。

【处方 3】雄黄散

雄黄、白及、白蔹、龙骨、大黄　　各等份

用法： 共为末，醋调成糊状，外敷。

说明： 其他处理方法可参照口腔炎方，并视病情适当补液和使用抗生素。

36. 马消化不良

马属动物消化机能障碍的统称。饲养及饮水不当、使役过度均可引起。治疗原则是在消除病因的基础上，健胃清肠止酵。

【处方 1】

（1）人工盐　　200～300g

常水　　4 000～6 000mL

用法： 溶解后一次灌服。

（2）鱼石脂　　15～20g

酒精　　50～60mL

常水　　300～500mL

用法： 搅匀后，一次灌服。

【处方 2】

乳酸　　15mL

鱼石脂　　20～30g

酒精　　50～80mL

常水　　100mL

用法： 混合一次灌服，每天 1～2 次。

【处方 3】

龙胆酊　　50～60mL

稀盐酸　　20～30mL

姜酊　　60～80mL

常水　　500mL

用法： 混合后 1 次灌服，每天 1～2 次。

【处方 4】

胃蛋白酶　　5～8g

用法： 一次内服，每天 2 次（多与其他健胃剂配合使用）。

37. 马胃肠炎

胃肠黏膜及黏膜下层组织的炎症，急性型炎多见。治疗主要是抑菌消炎，清肠止泻，调节酸碱和水盐平衡。

【处方 1】

10%恩诺沙星注射液　　7.5mL

5%葡萄糖生理盐水　　2 000～3 000mL

用法：一次静脉注射，每天 1～2 次。

【处方 2】

液体石蜡　　500～1 000mL

鱼石脂　　30～50g

常水　　适量

用法：一次灌服。

【处方 3】

0.1%高锰酸钾溶液　　3 000～4 000mL

用法：一次灌服。

【处方 4】

磺胺脒　　25～30g

用法：每天 3 次内服。

【处方 5】

10%葡萄糖酸钙注射液　　300～500mL

用法：一次静脉注射（胃肠有出血情况时选用）。

【处方 6】

5%氯化钙注射液　　100～200mL

用法：一次缓慢静脉注射（作用同处方 5）。

【处方 7】

5%碳酸氢钠注射液　　500～1 000mL

用法：一次缓慢静脉注射（酸中毒时选用）。

38. 马急性盲结肠炎

本病为马属动物急性致死性疾病，青壮年马多发。临床特征是突然出现剧烈腹泻。治宜解痉，消炎，防止过度失水，解除酸中毒，维持心脏功能。

【处方 1】

硫酸庆大霉素注射液　　50 万～60 万 U

用法：一次肌内注射，每天 2～3 次。

【处方 2】

磺胺脒	1.5～3g
鞣酸蛋白	15～25g
常水	300～500mL

用法：一次灌服。

【处方 3】

0.5%氢化可的松注射液	60～100mL
5%葡萄糖生理盐水	2 000mL

用法：一次静脉滴注（配合抗生素同用）。

【处方 4】

1%硫酸阿托品注射液	1～5mL

用法：一次皮下注射。

说明：补液及解除机体酸中毒可参照胃肠炎的有关处方。

39. 马急性胃扩张

由于饲养管理不当引起，或继发于小肠疾病。特征是突然发病，腹痛、腹泻剧烈。治疗应尽早排除胃内容物，镇痛解痉，强心补液。

【处方 1】

水合氯醛	15～25g
95%酒精	30～50mL
福尔马林	10～20mL
温水	500mL

用法：先导胃、洗胃，然后取各药加入 1%淀粉混合，一次灌服。

【处方 2】

鱼石脂	20～30g
95%酒精	100～200mL
温水	500mL

用法：搅匀后一次灌服。

说明：处方 1、处方 2 适用于气胀性胃扩张。

【处方 3】

液体石蜡	500～1 000mL
稀盐酸	15～20mL
普鲁卡因粉	3～4g
温水	500mL

用法：一次灌服。

说明：适用于食滞性胃扩张。

【处方 4】

乳酸 15～20mL

95％酒精 100～200mL

液体石蜡 500～1 000mL

常水 适量

用法： 混合后一次灌服。

说明： 适用于液胀性胃扩张。

【处方 5】

普鲁卡因粉 3～4g

稀盐酸 15～20mL

液体石蜡 500～1 000mL

常水 500mL

用法： 调匀后一次灌服。

40. 马肠痉挛

多由于寒伤肠道引起。多表现间歇性疝痛，肠音亢进，排便频数。治疗主要是解痉、镇痛。

【处方 1】

（1）30％安乃近注射液 20～40mL

用法： 一次肌内注射。

（2）硫酸钠 200～300g

常水 3 000～5 000mL

用法： 溶解后一次灌服。

【处方 2】

青　皮 15g　　陈　皮 15g　　官　桂 15g

小茴香 15g　　白　芷 15g　　细　辛 6g

当　归 15g　　元　胡 12g　　厚　朴 20g

茯　苓 15g

用法： 共研细末，开水冲，候温加白酒 60mL，一次灌服。

【处方 3】针灸

穴位：三江、姜牙、分水、耳尖、尾尖等穴。

针法：血针。

41. 马肠臌气

多由于草料原因引起。治疗主要是排除气胀，镇痛解痉，清肠止酵。气胀严重者先穿肠放气。

【处方】

(1) 30%安乃近注射液　　20～30mL

用法：一次肌内注射。

(2) 人工盐　　200～300g

鱼石脂　　20～30g

常水　　3 000～5 000mL

用法：一次灌服。

42. 马便秘

因肠管的运动机能和分泌功能紊乱而引起的排便机能障碍。治疗主要是通便、镇痛和防止自体中毒等。

【处方 1】

硫酸钠　　300～500g

大黄末　　60～80g

常水　　5 000～6 000mL

用法：溶解后一次灌服。

【处方 2】

人工盐　　300～400g

常水　　5 000～6 000mL

用法：溶解后一次灌服。

【处方 3】

液体石蜡　　500～1 000mL

松节油　　30～50mL

克辽林　　20～30mL

常水　　500～1 000mL

用法：混匀后一次投服（小肠便秘用药前应导胃）。

【处方 4】

5%～7%碳酸氢钠溶液　　3 000～4 000mL

用法：盲肠秘结后期，直接注入盲肠，并配合直肠按压。

说明：如果肠管多处秘结或泻剂不能奏效时，应考虑手术治疗，强心补液可参照胃肠炎有关处方。

【处方 5】

大黄 60g（后下）　芒硝 300g（冲）　厚朴 30g　枳实 30g

用法：水煎取汁，一次灌服。

【处方 6】针灸

穴位：耳钉、关元俞、脾俞、后海。

针法：巧治、电针。

注：配合直肠掏结术。

43. 马肝炎

肝脏实质及肝细胞变性、坏死。表现黄疸，消化机能障碍。治疗宜保肝利胆，促进消化机能恢复。

【处方 1】

（1）5%葡萄糖生理盐水　　2 000～3 000mL

25%维生素 C 注射液　　4～6mL

用法：一次静脉注射，每天 2 次。

（2）5%维生素 B_1 注射液　　10～15mL

用法：一次肌内或肝俞穴注射，每天 1 次。

【处方 2】

2%肝泰乐注射液　　50～100mL

用法：一次静脉注射，每天 2 次。

【处方 3】

1%维生素 K_3 注射液　　20～30mL

用法：一次肌内注射（有出血性倾向时选用）。

【处方 4】

速尿　　0.15～0.3g

用法：按每 1kg 体重 0.5～1mg 一次肌内注射，每天 1～2 次（有腹水时选用）。

【处方 5】加味茵陈蒿汤

茵陈 120g　　栀子 60g　　大黄 60g

郁金 45g　　黄芩 45g

用法：共为末，开水冲，候温一次灌服。

说明：适用于急性肝炎。

【处方 6】加味茵陈术附汤

茵　陈 60g　　白　术 40g　　制附子 10g

干　姜 15g　　甘　草 15g　　茯　苓 45g

猪　苓 30g　　泽　泻 30g　　陈　皮 30g

用法：共为末，开水冲，候温一次灌服。

说明：适用于慢性肝炎寒湿内郁型。

44. 马感冒

多因气温突变引起。表现上呼吸道炎症状。治疗原则是解热镇痛，祛风散寒。

【处方 1】

30%安乃近注射液　　10～30mL

用法：一次肌内注射。

【处方 2】

安痛定注射液　　20～50mL

用法：一次肌内注射，每天 2 次。

【处方 3】桑菊银翘散

桑　叶 50g　　菊　花 40g　　金银花 35g
连　翘 35g　　杏　仁 30g　　桔　梗 30g
薄　荷 20g　　牛蒡子 30g　　生　姜 50g
甘　草 20g

用法：共为末，开水冲，候温一次灌服。

说明：适用于表热型。

【处方 4】荆防败毒散

荆芥 50g　　防风 50g　　羌活 40g
独活 40g　　柴胡 40g　　前胡 40g
枳壳 40g

用法：共为末，开水冲，候温一次灌服。

说明：适用于表寒型。

注：为防止继发感染，可配合应用抗生素。

45. 马鼻炎

多种原因引起鼻黏膜的炎症。主要表现鼻黏膜充血、肿胀，并有浆液性或黏液脓性分泌物。治疗主要是局部处理。

【处方 1】

2%～3%硼酸溶液　　适量

用法：冲洗鼻腔，每天 1～2 次。

【处方 2】

1%碳酸氢钠溶液　　适量

用法：同处方 1。

说明：还可用 0.1%鞣酸溶液、0.1%高锰钾溶液或温生理盐水冲洗鼻腔，用克辽林或松节油蒸气吸入。

46. 马鼻旁窦炎

由细菌感染或理化损伤所致鼻旁窦黏膜的炎症反应过程，病马常因鼻黏膜肥厚而引起呼吸困难，低头或咳嗽震动时自患侧鼻孔流出大量脓性恶臭鼻液，病久则鼻浮面肿，叩之呈浊音或半浊音，伴随痛感。治宜消炎，通鼻窍。

【处方 1】

0.1%高锰酸钾溶液或 5%碳酸氢钠溶液　　1 000mL

用法： 施行圆锯术后患侧鼻旁窦冲洗，每天 1 次，连用 3～5d。

【处方 2】

辛　夷 75g	知　母 50g	黄　柏 50g
沙　参 35g	广木香 15g	郁　金 25g
明　矾 15g		

用法： 共为细末，开水冲调，候温一次灌服，每天一剂，连服 3～5 剂。

【处方 3】黄芪知柏散

黄　芪 100g	知　母 100g	黄　柏 100g
制乳香 40g	广木香 25g	制没药 40g
土贝母 30g	血余炭 30g	

用法： 共为细末，开水冲调，候温一次灌服，每天 1 剂，连服 3～5 剂。

47. 马鼻出血

由于外伤等原因引起鼻黏膜或鼻旁窦血管破裂所致。治疗应保持安静并止血。

【处方 1】

1%～2%明矾水溶液　　适量

用法： 病马鼻腔内灌注。

【处方 2】

0.1%肾上腺素液　　适量

用法： 将少许纱布或棉花浸透药液后填塞于一侧鼻腔内，并系一长线露出鼻腔外，以便随时取出。

【处方 3】

5%氯化钙注射液　　100～200mL

用法： 一次缓慢静脉注射。

说明： 使病马保持安静，鼻部冷敷亦有一定效果。

48. 马支气管炎

由于上呼吸道感染引起，主要表现咳嗽、气喘。治宜消炎、镇咳。

【处方 1】

氯化铵　　15～25g

用法： 加水适量溶解后一次投服。

【处方 2】

碳酸氢钠　　15～30g

远志酊　　30～50mL

常水　　500mL

用法：一次投服。

【处方 3】

水合氯醛　　10～15g

淀粉　　适量

常水　　500mL

用法：混合，一次投服。

【处方 4】

注射用链霉素　　200 万 U

注射用水　　10～20mL

用法：一次气管内注入，每天 1 次。

【处方 5】

10%磺胺噻唑钠注射液　　100～150mL

用法：一次静脉注射或一次肌内多点注射。

【处方 6】

1%麻黄素　　2～3mL

用法：一次皮下注射，每天 1 次。

【处方 7】加味止咳散

桔梗 45g　　荆芥 30g　　百部 45g

白前 45g　　甘草 25g　　陈皮 30g

防风 45g

用法：共为末，开水冲，候温一次灌服。

说明：适用于急性支气管炎风寒型。

【处方 8】桑菊银翘散

桑　叶 50g　　菊　花 45g　　连　翘 35g

杏　仁 30g　　桔　梗 30g　　甘　草 20g

薄　荷 20g　　生　姜 50g　　牛蒡子 30g

用法：共为末，开水冲，候温一次灌服。

说明：适用于急性支气管炎风热型。

【处方 9】百合固金汤

百　合 45g　　麦　冬 45g　　生　地 60g

熟　地 60g　　川　贝 30g　　当　归 30g

白　芍 30g　　生甘草 30g　　玄　参 20g

桔　梗 20g

用法：水煎取汁，一次灌服。

说明：用于慢性支气管炎干咳少痰。

49. 马肺充血肺水肿

常发生在盛夏炎热季节，多因过度使役或因某种刺激性气体的吸入引起。治疗应使病畜保持安静，缓解肺循环障碍，制止肺渗出。

【处方 1】

5%氯化钙注射液　　100～150mL

用法：一次缓慢静脉注射，每天 1～2 次。

【处方 2】

10%葡萄糖酸钙注射液　　200～500mL

用法：一次静脉注射，每天 1～2 次。

【处方 3】

10%甘露醇注射液　　500～1 000mL

用法：一次静脉滴注。

【处方 4】

10%安钠咖注射液　　10～20mL

用法：一次肌内注射（用于加强心脏机能，但不可用肾上腺素）。

说明：在病情危急时，注意选用镇静剂，同时静脉放血1 000～2 000mL，有条件的可行氧气吸入。

50. 马急性肺泡气肿

由于肺泡组织弹性减退，致使气体滞留。表现呼吸困难。治宜消除病因，保持安静，缓解呼吸困难。

【处方 1】

1%硫酸阿托品注射液　　1～2mL

用法：一次皮下注射（可以视病情重复使用）。

说明：当呼吸极度困难时使用氧气吸入法。

【处方 2】平喘散

桑白皮 50g　　炒葶苈子 50g　　莱菔子 100g

杏　仁 40g　　黄　芩 50g　　川郁金 30g

生石膏 50g　　大　黄 30g　　木　通 30g

栀　子 45g　　苏　子 30g

用法：一次水煎服或研末冲服。

说明：病情减轻后可去桑白皮、石膏，加党参 20g、白术 25g。

51. 马间质性肺气肿

由于肺泡压力突然增加或肺泡气肿继发引起。以突发呼吸困难和迅速窒息为特征。治宜镇静，减少空气继续进入间质。

【处方 1】

水合氯醛　　10g

用法：加淀粉适量调服或直肠灌注。

【处方 2】

磷酸可待因　　0.2～2g

用法：一次内服。

注：呼吸极度困难时，可考虑氧气吸入疗法。

52. 马支气管肺炎

本病又名小叶性肺炎，幼驹及老龄体弱马骡多发。治疗原则是消炎，镇咳，促进渗出物的吸收。

【处方 1】

长效磺胺　　25～50g

用法：首次量按每 1kg 体重 100～200mg 投服，第二天后剂量减半，每天服 1 次。

【处方 2】

注射用青霉素钠　　200 万～300 万 U

注射用链霉素　　200 万～300 万 U

注射用水　　10～20mL

用法：分别一次肌内注射，每天 2～3 次，7d 为一疗程。

【处方 3】

25%硫酸卡那霉素注射液　　12～18mL

用法：按每 1kg 体重 10～15mg，一次肌内注射，每天 2～3 次，1 周为一疗程。

【处方 4】

注射用青霉素钠　　200 万 U

注射用水　　15～20mL

用法：溶解后一次气管内注射。

说明：亦可使用链霉素 100 万～200 万 U。

【处方 5】

10%盐酸环丙沙星注射液　　7.5mL

用法：按每 1kg 体重 2.5mg 一次肌内注射。

【处方 6】

5%氯化钙注射液　　100～200mL

用法：缓慢静脉注射，每天 1 次。

【处方 7】

同马支气管炎处方 8。

【处方 8】麻杏石甘汤加味

麻　黄 30g	杏　仁 30g	生石膏 150g
金银花 60g	连　翘 60g	黄　芩 45g
黄　连 45g	玄　参 45g	知　母 45g
白药子 30g	甘　草 30g	

用法：水煎取汁，一次灌服。

说明：适用于肺经热盛。

53. 马大叶性肺炎

本病又称纤维素性肺炎。以高热稽留，全身功能紊乱，肺纤维素性炎为特征。治宜抑菌消炎，促进炎性产物吸收和对症处理。

【处方 1】

5%葡萄糖生理盐水	50～100mL
新胂凡纳明	3～4g

用法：溶解后一次静脉注射。

【处方 2】

注射用青霉素钠	100 万～150 万 U
注射用链霉素	150 万～200 万 U
注射用水	10～20mL

用法：分别一次肌内注射，每天 2 次。

【处方 3】

鱼腥草 250g　　黄芩 60g（先煎）

用法：水煎，每天分 2 次灌服，连用 5～7d。

【处方 4】知贝散

知　母 30g	贝　母 30g	连　翘 30g
柴　胡 40g	马兜铃 40g	黄　柏 40g
天花粉 40g	百　合 50g	黄　芩 50g
桔　梗 50g	甘　草 100g	

用法：共为末，开水冲调，加蜂蜜 250g 为引，一次灌服。

说明：其他治疗方法可参照支气管肺炎方。特别注意维护心脏功能。

54. 马肺坏疽

本病又称坏疽性肺炎，由于异物呛肺或腐败细菌感染而引起。治疗可采用大剂量抗菌类药物抑菌消炎。

【处方 1】

注射用青霉素钠　　100 万～200 万 U

注射用链霉素　　200 万～300 万 U

注射用水　　10～20mL

用法：分别一次肌内或气管内注射，每天 2 次。

【处方 2】

10%磺胺嘧啶钠注射液　　100～200mL

40%乌洛托品注射液　　60mL

5%葡萄糖注射液　　500mL

用法：一次静脉注射，每天 1 次。

【处方 3】苇茎汤

苇　茎 250g　　薏苡仁 120g　　桃　仁 30g

冬瓜仁 90g

用法：酌加金银花、连翘、鱼腥草、败酱草、桔梗、葶苈子等。共为末，一次冲服或煎汤灌服。

说明：适于成脓期化瘀排脓。

【处方 4】加减百合散

百　合 25g　　贝　母 20g　　天花粉 30g

桔　梗 20g　　甘　草 15g　　大　黄 30g

白药子 15g　　杏　仁 30g　　知　母 30g

葶苈子 20g　　防　己 15g　　马兜铃 30g

栀　子 15g　　连　翘 15g　　黄　芩 15g

用法：共为细末，开水冲调，加蜂蜜 120g、鸡蛋清 4 个为引，一次灌服。

说明：适用于溃脓期养阴润肺。

55. 马胸膜炎

由多种原因引起。以胸壁疼痛、胸腔积聚大量渗出液为特征。治宜抑菌消炎，制止渗出。

【处方 1】

注射用青霉素钠　　100 万～200 万 U

注射用链霉素　　200 万～300 万 U

注射用水　　10～20mL

用法：分别一次肌内或胸腔注射，每天 2 次。

【处方 2】

10%葡萄糖酸钙注射液　　150～200mL

用法：一次静脉注射，每天 1 次，连用 5～7d。

【处方 3】

5%氯化钙注射液　　100～200mL
40%乌洛托品注射液　　50～100mL
20%安钠咖注射液　　10～20mL

用法：一次静脉注射，每天 1 次，连用 3～5d。

【处方 4】

0.1%雷佛奴耳溶液　　适量

用法：冲洗胸腔，再取处方 1 注入胸腔。

说明：适用于化脓性胸膜炎。

【处方 5】

瓜蒌皮 60g　　柴　胡 30g　　白　芍 30g
牡　蛎 30g　　郁　金 25g　　黄　芩 25g
薤　白 18g　　甘　草 15g

用法：共为末，开水冲调，候温一次灌服。

56. 马肾炎

肾小球/肾小管及肾间质组织发生炎性病理变化。有急性及慢性肾炎之分。治疗应消除病因，消炎利尿。

【处方 1】

注射用青霉素钠　　200 万～300 万 U
注射用链霉素　　200 万～300 万 U
注射用水　　10～20mL

用法：分别一次肌内注射，每天 2～3 次，连用 7～10d。

【处方 2】

10%乳酸环丙沙星注射液　　6～8mL

用法：一次肌内注射（按每 1kg 体重 2.5mg）或静脉注射（按每 1kg 体重 2mg），每天 2 次。

【处方 3】

10%卡那霉素注射液　　3～5mL

用法：按每 1kg 体重 10～15mg 一次肌内注射，每天 2 次。

【处方 4】

40%乌洛托品注射液　　10～50mL

用法：一次静脉注射。

【处方 5】

醋酸泼尼松　　0.05～0.15g

用法：一次口服，每天 2 次，连用 3～5d 后减量至 1/10～1/5。

【处方 6】

双氢克尿噻　　0.5～2g

用法： 加水适量后内服，每天 1～2 次，连用 3～5d。

【处方 7】

5%碳酸氢钠注射液　　300～500mL

用法： 一次缓慢静脉注射。

说明： 发生尿毒症时选用。出现心力衰竭时配合心力衰竭治疗处方，大量血尿时配合出血性贫血治疗处方。

【处方 8】滑石散

滑石 60g　　瞿麦 30g　　灯芯 10g
猪苓 30g　　泽泻 30g　　茵陈 30g
知母（酒炒）30g　　黄柏（酒炒）30g

用法： 水煎，加童便同调，空腹一次灌服。

57. 马肾盂肾炎

肾盂和肾实质因细菌感染而引起的一种炎性病证，临床以发热，肾区及腰部叩痛，小便淋漓和尿检验指标异常为特征，属中兽医学淋证的范畴，治疗以清热通淋为主。

【处方 1】

注射用青霉素钠　　200 万 U
注射用硫酸链霉素　　200 万 U
注射用水　　20mL

用法： 分别一次肌内注射，每天 2 次。

【处方 2】

阿莫西林钠　　1.5g
注射用水　　10mL

用法： 一次肌内注射，每天 2 次。

【处方 3】土茯苓散

土茯苓 50g　　瞿　麦 30g　　石　韦 30g
半枝莲 30g　　白花蛇舌草 30g　　扁　蓄 30g
车前子 30g　　滑　石 50g　　丹　皮 30g
木　通 20g　　淡竹叶 30g　　甘草梢 20g

用法： 用于热淋。共为细末，开水冲调，候温入蜂蜜 150g、鸡蛋清 4 枚搅匀，一次灌服，每天 1 剂，连服 3～5 剂。

【处方 4】小蓟饮子加味

小　蓟 60g　　生地黄 60g　　滑　石 30g
知　母 40g　　黄　柏 40g　　炒蒲黄 30g
淡竹叶 30g　　藕　节 30g　　当　归 30g

通　草 20g　　栀　子 20g　　甘　草 20g

用法： 用于血淋。共为细末，开水冲调，候温入蜂蜜 150g、鸡蛋清 4 枚搅匀，一次灌服，每天 1 剂，连服 3～5 剂。

【处方 5】萆薢分清饮

川萆薢 60g　　石菖蒲 45g　　黄　柏 45g
白　术 30g　　莲子心 30g　　丹　参 40g
车前子 45g

用法： 用于膏淋。共为细末，开水冲调，候温入蜂蜜 150g、鸡蛋清 4 枚搅匀，一次灌服，每天 1 剂，连服 3～5 剂。

【处方 6】针灸

穴位：肾俞、膀胱俞、三焦俞、大椎。

针法：水针注入抗生素，也可施以白针或艾灸。

58. 马膀胱炎

由细菌感染、理化损伤或邻接炎症蔓延所致膀胱黏膜表层或深层的炎症反应过程。临床主要表现排尿异常、尿液变化和痛性尿淋漓等典型症状。治疗以消炎、通淋为主。

【处方 1】

2%硼酸溶液　　1 000mL

用法： 温热至接近体温做膀胱冲洗，每天 1 次，连用 2～3d。

【处方 2】

注射用青霉素钠　　120 万 U
注射用硫酸链霉素　　200 万 U
注射用水　　20mL

用法： 分别一次肌内注射，每日 2 次。

【处方 3】

阿莫西林钠　　1.5g
注射用水　　10mL

用法： 一次肌内注射，每日 2 次。

【处方 4】八正散

木　通 30g　　瞿　麦 30g　　萹　蓄 30g
车前子 30g　　滑　石 60g　　甘草梢 25g
栀　子 30g　　酒大黄 30g　　灯心草 15g

用法： 共为细末，开水冲调，候温一次灌服，每天 1 剂，连服 3～5d。

【处方 5】滑石散

滑　石 50g　　泽　泻 40g　　灯心草 40g
猪　苓 40g　　茵　陈 30g　　车前子 30g

知　母 40g　　　　黄　柏 50g

用法： 共为细末，开水冲调，候温一次灌服，每天 1 剂，连服 3～5d。

59. 马脑炎及脑膜炎

由传染性或中毒性因素引起。治疗主要是降低颅内压，消除炎症等综合措施。

【处方 1】(降低颅内压)

20%甘露醇注射液　　　　500～1 000mL

用法： 按每 1kg 体重 1～2g 一次静脉滴注，每天 2 次。

说明： 亦可用同等剂量的 25%山梨醇注射液静脉注射。

【处方 2】(镇静)

2.5%盐酸氯丙嗪注射液　　　　10～15mL

用法： 一次肌内注射。

【处方 3】(消炎解毒)

10%磺胺嘧啶钠注射液　　　　100～200mL

用法： 一次静脉注射，每天 1 次，连用 3～5d。

【处方 4】(强心)

10%安钠咖注射液　　　　10～20mL

用法： 心脏机能衰竭时一次肌内注射。

说明： 为降低颅内压，消除脑水肿，可先行颈静脉放血1 000～1 500mL (幼驹放血 200～300mL)，随后静脉注入等量的 10%～25%葡萄糖溶液。

60. 马日射病及热射病

由于高温高湿等因素引起的急性疾病。病马多呈急性中枢神经系统机能障碍。治宜迅速降温，将病马移至阴凉通风处并保持安静，用井水浇头，或敷以冰袋，或用冰盐水灌肠等，维护心肺功能，防止酸中毒等。

【处方 1】(强心、抗休克)

5%葡萄糖生理盐水　　　　2 000～3 000mL

氢化可的松　　　　0.3～0.5g

用法： 一次静脉滴注。

【处方 2】(纠正酸中毒)

11.2%乳酸钠溶液　　　　250～300mL

用法： 一次静脉滴注。

【处方 3】(降低颅内压)

甘露醇　　　　250～350g

用法： 按每 1kg 体重 1～2g 配制成 20%的溶液一次静脉滴注，每天 2～3 次。

【处方 4】针灸

穴位：颈脉、太阳、耳尖、尾尖。

针法：血针。颈脉穴可放血 1 000～1 500mL。

说明：用于中暑休克急救。针后用生理盐水或复方氯化钠注射液 1 500～2 000mL、10%安钠咖注射液 10～20mL 静脉注射。

【处方 5】止渴人参散

党参（或人参）30g	芦　根 30g	茯　苓 25g
葛　根 30g	生石膏 60g	黄　连 25g
知　母 25g	玄　参 25g	甘　草 18g

用法：共研末，开水冲，候温一次灌服。

说明：病情稳定后用此方，无汗者加香薷，神昏加石菖蒲、远志，狂躁不安加茯神、朱砂，热极生风、四肢抽搐加钩藤、菊花。

【处方 6】

西瓜水	1 000～1 500mL

用法：一次胃管投服。

【处方 7】香薷散

香　薷 60g	黄　芩 30g	黄　连 25g
甘　草 20g	柴　胡 30g	当　归 30g
连　翘 45g	天花粉 60g	栀　子 30g

用法：共为末，水冲，候温一次灌服。

说明：适用于慢性中暑。

61. 马脊髓炎及脊髓膜炎

由细菌毒素或有毒植物中毒等原因引起。以感觉、运动障碍和组织营养障碍为特征。治宜消炎止痛、镇静、兴奋中枢。

【处方 1】

5%～10%葡萄糖注射液	1 000～2 000mL
氢化可的松	0.3～0.5g

用法：一次静脉注射，每天 1 次至病情好转。

【处方 2】

30%复方安乃近注射液	30～40mL

用法：一次皮下或肌内注射。

【处方 3】

10%磺胺嘧啶钠注射液	100～150mL

用法：一次静脉注射，每天 2 次。

【处方 4】

0.2%硝酸士的宁注射液	10～15mL

用法： 一次皮下注射，每天 1 次，连用 5～7d。

【处方 5】

碘化钾或碘化钠　　10～15g

用法： 一次内服。

【处方 6】针灸

穴位：麻痹部位选穴，百会、肾俞、腰中等。

针法：电针或按摩患部。

【处方 7】苍术石膏汤加味

苍术 40g　　石膏 100g　　知母 50g
粳米 40g　　黄柏 40g　　牛膝 30g

用法： 水煎取汁，一次内服。

说明： 用于急性脊髓炎利湿通络。

62. 马膈肌痉挛

多因突然受寒、膈神经兴奋性增高所致，表现肷部呈现有节律的震颤。治宜镇静解痉。

【处方 1】

25%硫酸镁注射液　　50mL

用法： 一次静脉注射。

【处方 2】

30%安乃近注射液　　20～30mL

用法： 一次皮下注射。

【处方 3】

10%葡萄糖酸钙注射液　　200～400mL

用法： 一次静脉注射。

说明： 用于低血钙性膈痉挛。

【处方 4】针灸

穴位：脾俞、肝俞、肺俞、后三里。

针法：白针或电针。

【处方 5】桂皮散

桂皮 30g　　白术 40g　　当归 50g
肉桂 25g　　厚朴 20g　　枳壳 25g
茯苓 25g　　香附 25g　　乌头 25g

用法： 共为末，开水冲调，候温一次灌服。

63. 马癫痫

由于大脑皮层的机能障碍引起。突然发病、迅速恢复，反复发作，呈现短期运动、感觉和意识障碍。治疗应加强护理，镇静解痉，恢复中枢神经系统的正常机能。

【处方 1】

注射用苯巴比妥钠　　3～4.5g

用法： 按每 1kg 体重 10～15mg，用注射用水溶解后一次肌内注射。

【处方 2】

2.5%盐酸氯丙嗪注射液　　10～15mL

用法： 一次肌内注射。

【处方 3】胆南星散

胆南星 20g　　远　志 30g　　天　麻 25g
川　贝 40g　　姜半夏 25g　　陈　皮 30g
茯　神 50g　　丹　参 25g　　麦　冬 35g
全　蝎 25g　　僵　蚕（炒黄）25g　　白附子 25g
朱　砂 10g（另研）

用法： 共为末，开水冲调，候温一次灌服。

说明： 用于火盛痰多型。

【处方 4】安神散

生　地 30g　　芍　药 18g　　当　归 15g
川　芎 15g　　党　参 15g　　白　术 15g
茯　神 25g　　远　志 15g　　黄　连 10g
胆南星 15g　　炒枣仁 20g　　石菖蒲 20g
钩　藤 15g　　甘　草 10g

用法： 共为末，开水冲，候温一次灌服。

说明： 用于气血双亏型。

【处方 5】镇痛散

当归 10g　　白芍 g　　川芎 10g
僵蚕 10g　　钩藤 10g　　全蝎 5g
朱砂 5g（另包）、　　蜈蚣 2 条　　麝香 0.5g（另包）

用法： 共为末，开水冲，候温加入朱砂、麝香一次灌服。

说明： 用于百日内幼驹癫痫。

【处方 6】针灸

穴位：天门、脑俞、大椎、鬐甲、百会。

针法：电针。

64. 马心力衰竭

多种原因引起心肌收缩力减弱。呈现全身性血液循环障碍。治宜增强心脏功能。

【处方 1】

10%安钠咖注射液　　10～20mL

用法： 一次肌内或静脉注射，每6～8h用药1次。

【处方2】

（1）0.1%肾上腺素注射液　3～5mL

25%～50%葡萄糖注射液　500mL

用法： 一次静脉滴注。

（2）0.2%硝酸士的宁注射液　5～10mL

用法： 一次皮下注射。

【处方3】参附汤

党　参60g　熟附子30g　生　姜60g

大　枣60g

用法： 水煎，候温一次灌服。

说明： 用于急性心衰。

【处方4】补心散

柏子仁30g　酸枣仁25g　五味子25g

党　参30g　当　归30g　天　冬20g

麦　冬15g　丹　参15g　玄　参15g

生　地30g　桔　梗15g　远　志25g

朱　砂5g（另包冲服）

用法： 共为末，开水冲调，候温一次灌服。

说明： 适用于慢性心衰。

65. 马心肌炎

多继发或并发于其他疾病。以心肌兴奋性增强和心肌收缩机能减弱为特征的。治宜强心，并积极治疗原发病。

【处方1】

25%葡萄糖注射液　500～1 000mL

用法： 一次静脉滴注。

【处方2】

10%安钠咖注射液　10～20mL

10%樟脑磺酸钠注射液　10～20mL

用法： 二者交互皮下注射，6～8h重复1次。

说明： 在心肌出现明显衰竭时使用。急性心肌炎时禁止选用洋地黄制剂，以免引起心脏停搏，或加剧心力衰竭。

【处方3】

磺胺嘧啶　30～50g

用法： 按每1kg体重0.1g一次口服，每天2次，连用1周，首量加倍。

说明： 用于原发病链球菌感染。

66. 马急性心内膜炎

由于细菌、寄生虫感染和过敏原引起。以心功能异常、循环障碍为特征。治宜抗菌消炎、对症强心。

【处方 1】

注射用青霉素钠　　100 万～200 万 U

注射用链霉素　　200 万～300 万 U

注射用水　　10～20mL

用法： 分别一次肌内注射，每天 2～4 次。

【处方 2】

25%葡萄糖注射液　　500mL

用法： 一次静脉注射，每天 1～2 次。

说明： 根据病情适当配用强心剂。

67. 马贫血

按病因可分为失血性、溶血性、营养性、再生障碍性贫血等多种类型，也可继发于传染病、寄生虫病。治宜根据病因采取相应的措施。

【处方 1】

(1) 5%氯化钙注射液　　100～150mL

用法： 一次静脉注射。

(2) 5%葡萄糖生理盐水　　1 000～2 000mL

0.1%肾上腺素注射液　　3～5mL

用法： 一次静脉注射。

说明： 用于急性出血性贫血。

【处方 2】

5%葡萄糖生理盐水　　2 000～4 000mL

用法： 先颈脉放血 1 000～2 000mL，随后一次静脉注射。

说明： 用于毒物引起的溶血性贫血。

【处方 3】

硫酸亚铁　　6～8g

人工盐　　200～300g

用法： 混入饲料中一次喂给。

说明： 用于缺铁性贫血。

【处方 4】

0.5%～1%氯化钴溶液　　50～100mL

用法： 每天分两次内服。

说明：用于再生障碍性贫血。

注：本病还可采用输血疗法，对于寄生虫继发的贫血应采取相应的驱虫措施。

68. 马血斑病

本病为一种过敏性疾病。以可视黏膜和内脏有出血点、出血斑及体表出现的对称性界限明显的肿胀为特征。每年春季多发。治宜脱敏止血。

【处方 1】

盐酸苯海拉明 0.2～1.0g

用法：一次内服。每天 1～2 次。

【处方 2】

0.5%氢化可的松注射液 50～100mL

5%葡萄糖生理盐水 1 000mL

用法：混合加温后一次静脉滴注，每天 1 次，病情好转时，氢化可的松的量逐渐减少至原剂量的 1/6～1/2。

【处方 3】

5%氯化钙或葡萄糖酸钙注射液 100～150mL

用法：一次静脉注射。

【处方 4】

1%安络血注射液 10～15mL

用法：一次肌内注射，每天 1～2 次。

注：也可用输血疗法。

69. 马麻痹性肌红蛋白尿

由于糖代谢紊乱、肌乳酸大量蓄积所致肌肉变性的急性病。临床上以后躯运动障碍，臀和股部肌肉肿胀、僵硬及排红褐色肌红蛋白尿为特征。治宜改善糖代谢。

【处方 1】

5%碳酸氢钠注射液 1 000～2 000mL

用法：一次静脉注射；第 1 天 2 次，以后每天 1 次，连用 3～5d。

【处方 2】

5%葡萄糖注射液 1 000mL

醋酸氢化可的松 750mg

用法：一次静脉注射，每天 1 次，连用 5d 后逐步减量，至能自行站立行走停药。

【处方 3】

40%乌洛托品注射液 50mL

用法：一次静脉注射，每天 1 次，连用 3～5d。

【处方 4】清热活血散

生地黄 60g	连　翘 50g	白茅根 50g
淡竹叶 40g	柴　胡 35g	大　黄 35g
当　归 50g	白　芍 50g	桃　仁 30g
红　花 30g	乳　香 30g	没　药 30g
土鳖虫 30g	甘　草 20g,	

用法： 共为细末，开水冲调，候温入黄酒 200mL，一次灌服，每日 1 剂，连服 3～5 剂。

【处方 5】秦艽散

秦　艽 40g	炒蒲黄 30g	瞿　麦 30g
车前子 30g	天花粉 30g	黄　芩 30g
大　黄 25g	红　花 30g	当　归 30g
白　芍 30g	栀　子 30g	淡竹叶 30g
甘　草 20g		

用法： 共为细末，开水冲调，候温入黄酒 200mL，一次灌服，每天 1 剂，连服 3～5 剂。

【处方 6】

金银花 35g	当　归 25g	白　芍 30g
炒栀子 30g	黄　芩 30g	大　黄 25g
茵　陈 25g	车前子 35g	瞿　麦 25g
泽　泻 25g	乳　香 20g	炒蒲黄 25g
没　药 20g	桃　仁 20g	红　花 20g

用法： 共为细末，开水冲调，候温一次灌服，每天 1 剂，连服 3～5 剂。

【处方 7】针灸

穴位：百会、肾俞、巴山、大跨、肾堂（血针）。

针法：每次选取 1～2 穴，白针、电针、艾灸或水针均可，隔日针 1 次。

70. 马急性过劳

由于过度使役引起的代谢机能严重紊乱和心肺机能障碍。表现大汗淋漓，不堪使役，有的卧地不起。治宜缓解心肺功能障碍。

【处方 1】

5%葡萄糖生理盐水　　1 000～2 000mL

用法： 患马可先行静脉放血 1 000～1 500mL 后一次静脉注射。

【处方 2】

复方氯化钠注射液　　1 000～2 000mL

用法： 同处方 1。

【处方 3】

25%葡萄糖注射液　　300～500mL

5%碳酸氢钠注射液　　300～800mL

用法：一次静脉注射。

说明：出现心脏衰弱时，可参考心力衰竭方治疗。

71. 马纤维性骨营养不良

由钙、磷代谢障碍引起的以骨质疏松、肿胀变形为主的慢性骨病。治疗主要是补充钙剂及维生素D制剂。

【处方1】

5%葡萄糖酸钙注射液　　200～300mL

用法：一次静脉注射，每天1次。

【处方2】

沉降碳酸钙　　30～50g

鱼肝油　　30～50g

用法：混合制成舔剂内服。

【处方3】

南京石粉　　100～150g

用法：每天分两次拌入饲料中喂给。

说明：日常饲养应注意钙、磷平衡及钙剂的有效供给。

【处方4】

维丁胶性钙注射液　　10～15mL

用法：一次肌内多点注射，每隔5～7d注射1次。

【处方5】

奥斯呜溶液　　100～200mL

用法：一次静脉注射，每天1次，7～10d为一疗程。重症可重复一个疗程。

说明：奥斯呜配方：碘化钾2g、水杨酸钠3g、氯化钙4g、葡萄糖15g、蒸馏水100mL，溶解、滤过、灭菌后应用，最好新鲜配制。

【处方6】

党　参30g　　黄　芪30g　　当　归30g

白　术30g　　苍　术30g　　谷　芽30g

龙　骨30g　　牡　蛎30g　　牛　膝30g

茯　苓15g　　大麦芽15g　　首　乌15g

川　断15g

用法：共为末，开水冲调，候温灌服，每天1剂，5～7剂为一疗程。

72. 驹白肌病

由于硒和维生素E缺乏引起的代谢障碍性疾病。治宜补充硒剂和维生素E。

【处方 1】

0.1%亚硒酸钠注射液　　5～10mL

10%维生素 E 注射液　　3～5mL

用法： 分别一次肌内注射，每 10～20d 重复 1 次。

【处方 2】预防

0.1%亚硒酸钠注射液　　10～20mL

10%维生素 E 注射液　　2～3mL

用法： 冬季给怀孕马分别一次肌内注射，每隔 15～30d 注射 1 次，共 2～3 次。

73. 马荨麻疹

过敏性疾病。特征为皮肤出现许多圆形或扁平形的疹块，瘙痒。治宜消除病因，脱敏止痒。

【处方 1】

2%盐酸苯海拉明　　10～20mL

用法： 一次肌内注射。

【处方 2】

扑尔敏（马来酸氯苯那敏）　　0.08～0.1g

用法： 一次内服，每天 1～2 次。

【处方 3】

10%葡萄糖酸钙注射液　　100～150mL

25%维生素 C 注射液　　4～10mL

用法： 一次静脉注射，每天 1 次。

【处方 4】

5%葡萄糖注射液　　1 000mL

0.5%氢化可的松注射液　　40～100mL

用法： 混合后一次缓缓静脉注射（多用于反复发作病例）。

【处方 5】

荆　芥 25g　　防　风 25g　　羌　活 25g

独　活 25g　　前　胡 15g　　柴　胡 18g

川　芎 12g　　茯苓皮 30g　　大腹皮 25g

生姜皮 30g　　猪　苓 25g　　泽　泻 25g

车前子 30g　　滑　石 20g　　当　归 25g

甘　草 9g

用法： 共为细末，开水冲调，候温一次灌服。

74. 马有机磷中毒

由于误食有机磷农药污染的饲草引起的以神经和消化系统症状为主的急性中毒病。大量积蓄体内，宜迅速解毒排毒。

【处方 1】

1%硫酸阿托品注射液　　20～30mL

用法：以 1/3 量混入输液中缓缓静脉注射，其余 2/3 量皮下注射。1～2h 后，如果效果不明显或症状又出现，再重复应用，直至症状缓解后，逐渐减少剂量和延长用药间隔时间，并改为皮下注射。

【处方 2】

解磷定　　5～8g

用法：按每 1kg 体重 15～30mg 加入 5%葡萄糖溶液或生理盐水稀释成 5%～10%溶液缓缓静脉注射，2～4h 一次，症状缓解后可减少用药量并延长间隔时间。

说明：亦可用相同剂量的氯磷定静脉注射或肌内注射或口服。

【处方 3】

双复磷　　5～8g

用法：按每 1kg 体重 15～30mg 一次肌内或静脉注射，2～3h 重复注射，剂量减半。

75. 马砷化物中毒

多因误食被砷化物污染的草料饮水所致。以消化道炎症、麻痹和各器官功能障碍为特征。治宜排毒、解毒。

【处方 1】

0.1%高锰酸钾溶液　　适量

用法：早期病例彻底洗胃。

说明：亦可使用 1%～2%氧化镁或 1%盐水。

【处方 2】

10%二巯基丙醇油剂　　10～15mL

用法：一次肌内注射，首次用量按每 1kg 体重 2.5～5mg，以后每隔 6h 减半量重复使用。症状缓解后可延长用药间隔时间。

【处方 3】

二巯基丁二酸钠　　5～10g

生理盐水　　500mL

用法：溶解后一次缓慢静脉注射。

【处方 4】

5%二巯基丙烷磺酸钠溶液　　5～10mL

用法：一次皮下或肌内注射。第一天每 6h 注射，第二天起适当延长间隔时间，

7d 为一疗程。

76. 马霉饲料中毒

由于饲喂被霉菌污染的饲料而引起。治宜排毒、解毒和对症处理。

【处方 1】

(1) 人工盐　300～400g

鱼石脂　15～20g

常　水　5 000～6 000mL

用法：溶解后一次灌服。

(2) 10%～25%葡萄糖注射液　300～500mL

25%维生素 C 注射液　20mL

用法：一次静脉注射，每天 1～2 次

【处方 2】

1%鞣酸溶液　适量

碘甘油　适量

用法：口腔溃烂处冲洗、涂抹。

说明：亦可以用 0.1%的高锰酸钾溶液或 3%的碳酸氢钠溶液或 1%～2%盐水冲洗口腔。

77. 马棉籽饼中毒

长期大量饲喂棉籽饼引起，以胃肠炎为主要特征。治疗主要是排除胃肠道内的有毒物质并对症处理。

【处方 1】

0.02%～0.03%高锰酸钾溶液　适量

用法：多次反复洗胃。亦可用 5%的苏打水灌肠。

【处方 2】

硫酸钠　250～500g

常　水　4 000～6 000mL

用法：溶解后一次灌服。

【处方 3】

25%葡萄糖注射液　500～1 000mL

25%维生素 C 注射液　20mL

用法：一次静脉注射。

78. 马食盐中毒

由于饲料中食盐含量过高引起。治疗主要是排钠消除水肿。

【处方 1】

(1) 0.5%～1%鞣酸溶液　　适量

用法： 反复多次洗胃。

(2) 5%葡萄糖酸钙注射液　　300～400mL

10%氯化钾注射液　　5mL

用法： 一次缓慢静脉注射。

【处方 2】

甘露醇　　250～300g

用法： 按每 1kg 体重 1～2g 配成 20%的溶液一次静脉滴注，每天 2～3 次。

【处方 3】

5%氯化钙注射液　　100～200mL

用法： 一次缓慢静脉注射。

说明： 病马心脏机能衰弱时慎用。还可灌服生豆浆5 000mL 或 10 倍稀释后的食醋5 000～6 000mL。

79. 马大麻中毒

大麻又名胡麻、线麻、印度大麻，马骡过度采食易引起中毒。治宜清除胃内毒物，对症处理。

【处方 1】

0.1%高锰酸钾溶液或 1%碳酸氢钠溶液　　适量

用法： 反复洗胃。

【处方 2】

5%葡萄糖生理盐水　　1 000～2 000mL

5%碳酸氢钠注射液　　1 000mL

40%乌洛托品溶液　　100mL

用法： 一次静脉注射（处方 1、处方 2 常配合使用）。

80. 马蛇毒中毒

由于毒蛇咬伤引起。一旦发生，应首先在被咬伤部位上方 5～10cm 处用绳索结扎，防止毒液扩散，及时处理伤口，同时应用解毒药。

【处方 1】

5%高锰酸钾液或 3%双氧水　　适量

用法： 伤口扩创后反复冲洗。

【处方 2】

2%乙二胺四乙二酸二钠液　　适量

用法： 伤口扩创后冲洗。

说明： 用于五步蛇、蝰蛇、竹叶青等咬伤时。

【处方 3】

抗蛇毒血清（选用单价或多价血清）

用法： 用量参照说明书。

【处方 4】

季德胜药片　　20 片

用法： 研碎水调成糊外敷，或加白酒 100～150mL、温水适量，一次灌服。

说明： 季德胜药片主成分为重楼、蟾干皮、蜈蚣、地锦草等制成的中成药。

【处方 5】

鲜草药：七叶一枝花、半边莲、八角莲、山海螺、田基黄、白花蛇舌草、徐长卿，扛板归、地丁草、青木香、东风菜、两面针等。

用法： 取一种或数种适量，洗净，捣碎，外敷（注意不要盖住伤口，以利排毒），一日多次，干后即换。

注： 重症病例对症强心利尿、防伤口感染。

81. 马疖和疖病

毛囊、皮脂腺及其周围皮肤和皮下蜂窝组织因感染而发生的急性化脓性炎症。单发为疖，多个疖并发或反复出现为疖病。治宜局部处理为主，结合全身抗菌消炎。

【处方 1】

20%鱼石脂软膏或 5%碘软膏　适量

用法： 患部消毒后外敷。

【处方 2】

注射用青霉素钠　　5 万～20 万 U

0.5%普鲁卡因溶液　　10～20mL

用法： 混匀后病灶周围分点注射。

【处方 3】

大　黄 150g　　黄　柏 150g　　姜　黄 150g

白　芷 150g　　天南星 60g　　陈　皮 60g

苍　术 60g　　厚　朴 60g　　甘　草 60g

天花粉 300g

用法： 共研细末，醋调外敷患部。

【处方 4】五味消毒饮

金银花 60g　　野菊花 60g　　蒲公英 60g

紫花地丁 60g　　连　翘 45g　　紫背天葵 45g

用法：煎汤，候温加黄酒 120mL，一次灌服。

注：疖形成脓肿时，应立即切开排脓，行开放疗法，按脓肿处理。大面积疖病考虑全身抗生素疗法。

82. 马脓肿

由于感染、药物或异物刺激引起的局灶性化脓性炎症。治疗，初期宜消（消炎、促进炎症消散）、中期宜托（促进脓肿成熟）、后期宜补（补养气血、促进生肌收口）。

【处方 1】如意金黄散

天花粉 60g　　黄　柏 30g　　大　黄 30g
姜　黄 30g　　白　芷 30g　　厚　朴 12g
苍　术 12g　　甘　草 12g　　陈　皮 12g
生天南星 12g

用法：共为细末，用醋或鸡蛋清调敷患部。

说明：用于初期，证见红肿热痛，漫肿无头者。

【处方 2】消黄散

知　母 20g　　栀　子 20g　　大　黄 20g
黄药子 20g　　白药子 15g　　连　翘 20g
贝　母 20g　　郁　金 20g　　芒　硝 60g
甘　草 15g

用法：共为细末，开水冲调，加蜂蜜 200g，鸡蛋清 4 个，一次灌服。

说明：方 1、2 用于初期，局部肿胀炎性阶段。

【处方 3】

鱼石脂软膏　　适量

用法：局部外敷。

【处方 4】透脓散加减

黄　芪 60g　　党　参 40g　　生　地 40g
金银花 40g　　蒲公英 40g　　紫花地丁 40g
皂　刺 15g

用法：共为末，开水冲，候温一次灌服。

说明：处方 3、处方 4 用于中期，促进脓肿成熟。

【处方 5】九一丹

煅石膏 450g　　升　丹 50g

用法：共为细末，脓肿切开冲洗干净后将药撒入脓腔或用纱布条蘸药塞入脓腔。

【处方 6】八珍汤加减

当归 45g　　赤芍 45g　　川芎 30g
熟地 45g　　党参 60g　　茯苓 60g

甘草 30g　砂仁 45g　生姜 10g
大枣 30g

用法： 共为末，开水冲，候温一次灌服。

说明： 适用于后期，促进愈合。

83. 马蜂窝织炎

由细菌、药物等引起疏松结缔组织弥漫性化脓性炎症。以发展迅速，大面积肿胀、疼痛、机能障碍和全身各系统机能紊乱为特征。治宜局部和全身抗菌消炎并重。

【处方 1】同马脓肿处方 1。

【处方 2】雄黄散

雄黄、白及、白蔹、龙骨、大黄　各等份

用法： 共研细末，醋调外敷患部。

【处方 3】连翘败毒散

连　翘 30g　金银花 30g　天花粉 30g
紫花地丁 30g　蒲公英 30g　黄药子 30g
白药子 30g　牛蒡子 25g　薄　荷 15g
荆　芥 15g　菊　花 25g　黄　芪 30g
黄　芩 25g　甘　草 10g

用法： 共为细末，开水冲调，候温一次灌服。

【处方 4】

注射用青霉素钠　80 万～160 万 U
注射用链霉素　200 万～300 万 U
注射用水　10～20mL

用法： 分别一次肌内注射，每天 2 次。

【处方 5】

注射用青霉素钠　80 万～160 万 U
0.5%普鲁卡因溶液　40～80mL

用法： 混匀后病灶周围分点封闭注射。

注： 上述治疗症状不见减轻时，立即进行手术切开，按化脓创处理。可参考脓肿中后期处方，并注意全身治疗，预防败血症。

84. 马鞍伤

由鞍具过度压迫摩擦鬐甲、颈及背腰等部组织所引起的损伤。临床表现为皮肤擦伤、炎性肿胀、血肿、淋巴外渗、浅层黏液囊炎、脓肿、蜂窝织炎等类型。

【处方 1】防风汤

防风 50g　荆芥 50g　花椒 30g

薄荷 50g　　苦参 60g　　黄柏 30g

用法：水煎 2 沸取汁，候温冲洗肿部。

【处方 2】白及拔毒散

白　芨 30g　　白　蔹 9g　　大　黄 12g
雄　黄 9g　　白　矾 9g　　龙　骨 9g
赤小豆 15g　　芙蓉叶 30g　　木鳖子 9g
黄　柏 15g

用法：研细，过 120 目筛，保存，用时取适量加醋、少量鸡蛋清调成糊状敷于患部。

注：处方 1、处方 2 用于初期，局部无破溃者。

【处方 3】丹矾散

枯矾 30g　　黄丹 15g　　诃子 9g

用法：研细，过 120 目筛,保存。用时局部以 3%过氧化氢溶液或防风汤冲洗后撒布。

【处方 4】脱腐生肌散

枯　矾 15g　　冰　片 15g　　章　丹 15g
煅石膏 15g　　雄　黄 15g　　朱　砂 9g
陈石灰 30g

用法：同处方 3。

注：处方 3、处方 4 适用于化脓破溃或久不收口。

85. 马创伤

由于锐性外力或强烈的钝性外力作用引起。以局部皮肤或黏膜出现伤口及深在组织与外界相通为特征。治宜根据创伤的新旧、感染与否分别采用清创消毒、促进愈合的治疗方法。

【处方 1】

（1）生理盐水，或 0.1%高锰酸钾溶液，或 0.05%新洁尔灭溶液　　适量

用法：创伤清洗。

（2）2%～5%碘酊，或 0.25%普鲁卡因青霉素溶液，
或 1∶9 碘仿磺胺粉，或去腐生肌散　　适量

用法：创面涂布或创内灌注、撒布、湿敷。

说明：用于新鲜创，处理后适当缝合、包扎，深部创伤须扩创和应用破伤风抗毒素。去腐生肌散配方：轻粉 9g、乳香 15g、没药 15g、儿茶9g、龙骨 9g、硇砂 6g，共研细末。

【处方 2】

（1）3%过氧化氢溶液，或 0.2%高锰酸钾溶液，
或 0.05%洗必泰溶液，或 2%～4%硼酸溶液　　适量

用法：创伤清洗

（2）10%硫酸钠溶液或 10%食盐溶液，
或 10%水杨酸钠溶液，或奥立可夫氏液　　适量

用法：创伤灌注、引流或湿敷。

说明： 用于化脓创，配合全身抗感染及对症强心、解毒。奥立可夫氏液配方：硫酸镁（或钠）80g、5%碘酊 20mL、碳酸钠 4g、甘油 280mL、洋地黄叶浸液 100mL，蒸馏水 80mL，混合。

【处方 3】

魏氏流膏，或 10%磺胺鱼肝油，或抗生素软膏　　适量

用法： 创面涂布。

说明： 用于肉芽创。魏氏流膏配方：松馏油 5mL，碘仿 3g，蓖麻油 100mL 调匀。

86. 马挫伤

由于钝性外力引起的非开放性创伤。以局部肿胀、增温和功能障碍为特征。治宜消炎镇静，促进肿胀消散。

【处方 1】如意金黄散见马脓肿处方 1。

【处方 2】

10%鱼石脂软膏　　适量

用法： 局部涂搽。

【处方 3】白及散

白及 60g　　白蔹 60g　　大黄 30g
栀子 30g　　黄柏 30g　　郁金 30g
乳香 30g　　没药 30g

用法： 共为细末，醋调外敷。

【处方 4】

玄胡 60g　　川芎 45g　　红花 30g
白芷 15g

用法： 共为细末，开水冲调，候温一次灌服。

说明： 初期用冷敷，2～3d 后改用温热疗法。

87. 马淋巴外渗

由于钝性外力作用使皮下及肌内淋巴管破裂，淋巴液聚集于局部组织内，可见明显的局限性肿胀，治宜闭塞淋巴管断端。

【处方】

95%酒精　　100mL
福尔马林　　1mL
5%碘酊　　8 滴

用法： 将局部淋巴渗出液排除后注入本液，停留片刻后抽出。对于较大范围的淋巴外渗应手术切开排液，并用浸透本液的纱布填塞，经 1～2d 后取出，操作过程严格无菌。

说明： 不得使用按摩和冷敷。

88. 马烧伤

由于高温作用于体表引起的损伤，治宜根据烧伤的程度进行全身镇静、抗休克、抗感染和局部创面处理。

【处方 1】

5%～10%高锰酸钾溶液，或 5%鞣酸溶液　　适量

用法： 创面冲洗，每天 3～4 次。

【处方 2】紫草膏

紫　草 50g	当　归 50g	白　芷 50g
忍冬藤 50g	白　蜡 50g	冰　片 10g
麻　油 500mL		

用法： 麻油加热到 130℃左右，加入前四味炸焦，滤去渣后加入白蜡溶化，候温加入研细的冰片，搅匀后外敷创面。

【处方 3】大黄地榆膏

大黄，地榆　　各等量

用法： 共研细末，加入香油调匀（如加入少量冰片、黄连更好）外敷。

说明： 重症考虑全身应用抗生素、强心补液和植皮。

89. 马风湿病

多因风、寒、湿侵袭引起。主要侵害肌肉及关节，特征为游走性疼痛，易复发，运动机能障碍。治宜祛风除湿，解热镇痛。

【处方 1】

2.5%醋酸可的松注射液　　10～40mL

用法： 一次肌内注射，隔日 1 次，连用 3～5 次。

【处方 2】

自家血（病马颈静脉血）　　100～150mL

用法： 一次皮下多点注射。

说明： 常与处方 1、处方 2 配合使用

【处方 3】

0.5%强的松龙注射液　　10～20mL

5%葡萄糖生理盐水　　1 000mL

用法： 一次静脉注射。

【处方 4】通经活络散

黄　芪 50g	当　归 35g	白　芍 35g
木　瓜 30g	牛　膝 30g	巴戟天 40g
藁　本 40g	破故纸 40g	木　通 40g

泽　泻 40g　　薄　荷 40g　　桑　枝 50g

威灵仙 50g

用法：共为末，开水冲调，候温一次灌服。

【处方 5】四物牛膝散

当归 20g　　川芎 25g　　白芍 50g

熟地 50g　　牛膝 50g　　木瓜 25g

茜草 25g

用法：共为末，开水冲调，候温一次灌服。

【处方 6】独活寄生散

独　活 45g　　桑寄生 60g　　杜　仲 45g

牛　膝 45g　　秦　艽 45g　　茯　苓 45g

防　风 45g　　芍　药 45g　　细　辛 10g

党　参 60g　　当　归 60g　　川　芎 30g

甘　草 30g　　干地黄 75g

用法：煎汤去渣，候温一次灌服。

说明：用于风湿日久，气血两虚。

【处方 7】针灸

穴位：根据发病部位选穴。

颈部：九委。

背腰部：百会、肾俞、肾棚、肾角、腰前、腰中、腰后等。

前肢部：抢风、冲天、天宗、膊尖等。

后肢部：百会、巴山、大胯、小胯、汗沟、阳陵等。

针法：根据病情和穴位分别采用白针、电针、火针、血针（蹄部穴位）。

注：亦可结合醋酒灸、醋麸灸、电热疗法及局部涂搽刺激剂，出现其他症状时对症治疗。

90. 马结膜炎

许多物理化学因素均可导致本病。常见患眼红肿、疼痛、怕光、流泪，若为细菌感染则引起化脓性结膜炎。治宜消炎。

【处方 1】

3%硼酸溶液或生理盐水　　适量

用法：冲洗病眼。

【处方 2】

3%盐酸普鲁卡因　　5～10mL

用法：急性炎症疼痛明显时点眼。

【处方 3】

醋酸可的松眼药水，或金霉素眼药膏　　适量

用法： 点眼。

91. 马周期性眼炎

马属动物多见，多呈不规则周期性反复发作，严重的可导致失明。治宜对症消炎。

【处方 1】

新霉素，或可的松，或其他抗生素眼药膏　　适量

用法： 点眼。

【处方 2】

1%～2%硫酸阿托品溶液　　适量

用法： 点眼，每天 4～6 次，待瞳孔散大后，再改用 0.5%溶液，每天 1～2 次。

【处方 3】

注射用链霉素　　2.5～3g

注射用水　　10～20mL

用法： 一次肌内注射，每天 2 次，连用 7～10d。

【处方 4】

石决明 18g　　草决明 18g　　郁　金 15g

蒺　藜 15g　　青葙子 15g　　谷精草 25g

蜈　蚣 25g　　黄连藤 25g　　生　地 10g

用法： 水煎服，每天 1 剂，直至痊愈。

【处方 5】针灸

穴位：太阳、眼脉、睛明、睛俞、垂睛。

针法：血针、白针或水针。水针注入抗生素或葡萄糖溶液。

92. 马角膜炎

主要由于外伤、异物、感染等引起。以羞明、流泪、疼痛、角膜混浊或溃疡为特征。治宜消除炎症，明目退翳。

【处方 1】

5%碘化钾注射液　　20～40mL

用法： 一次静脉注射。

【处方 2】自家血疗法

自家血　　3～5mL

用法： 点眼或注入眼睑皮下。

【处方 3】拨云散

朱　砂 3g　　硼　砂 3g　　硇　砂 1.5g

乳　香 1.5g　　没　药 1.5g　　炉甘石（制）6g

用法： 共研细末，过绢筛，每次取少许吹入眼内，每天 2～3 次。

93. 马湿疹

主要由于过敏引起的皮肤炎症反应。以患部皮肤出现红斑、丘疹、水疱、脓疱、糜烂、痂皮及鳞屑，并伴有热、痛、痒症状。治宜去除病因，脱敏消炎止痒。

【处方 1】

2%鞣酸，或 3%硼酸溶液　　适量

用法：患部外洗。

【处方 2】

1∶9 碘仿鞣酸粉　　适量

用法：患部清洗后撒布

说明：也可用碘仿鞣酸软膏（碘仿 10g、鞣酸 5g、凡士林 100g)、氧化锌软膏涂抹。

【处方 3】

1%～2%石炭酸酒精溶液　　适量

用法：患部涂搽（用于止痒）。

【处方 4】

煅石膏 18g　　枯　矾 18g　　雄　黄 6g

冰　片 1g

用法：共研细末，患部撒布。

【处方 5】

茵　陈 75g　　蒲公英 50g　　生　地 50g

苦　参 50g　　苍　术 50g　　黄　芩 25g

泽　泻 40g　　栀　子 25g　　车前子 40g

用法：共为末，水冲服。

说明：剧痒者加蝉蜕 25g、白蒺藜 40g。

94. 马面神经麻痹

主要由于外伤或局部脓肿、血肿、肿瘤等压迫导致面神经机能障碍。以患侧耳壳、眼睑、鼻孔及上、下唇歪向健侧为特征。治宜兴奋神经。

【处方 1】

0.2%硝酸士的宁注射液　　5～10mL

用法：一次皮下或面神经干周围注射。

【处方 2】针灸

穴位：锁口、开关、上关、下关、分水、抱腮等穴。

针法：电针每次 1～2 个穴组（1 对穴位），每穴组电针 20～30min，每天或隔日 1 次，6～10 次为一疗程。

【处方 3】加味奇正散

白附子 20g　　僵　蚕 20g　　当　归 20g
全　蝎 10g　　川　芎 40g　　防　风 40g
羌　活 30g

用法： 共为细末，开水冲调，黄酒 250mL 为引，一次灌服，每天 1 剂。

95. 马肩胛上神经麻痹

由于外力作用等所致肩胛上神经受损而麻痹，引起其分布的冈上肌、冈下肌与三角肌等紧张性及运动功能障碍。临床表现为负重时肩、肘关节外展，运步时出现支跛，后退时患肢拖拽等症状。治疗宜兴奋神经。

【处方 1】

0.2%盐酸士的宁注射液　　10mL

用法： 皮下注射，每天 1 次，连用 7d。

【处方 2】

2.5%维生素 B_1 注射液　　10mL
0.1%维生素 B_{12} 注射液　　1mL

用法： 分别肌内注射，每天 1 次，连用 3～5d。

【处方 3】威灵仙散

威灵仙 45g　　木　瓜 40g　　当　归 35g
红　花 30g　　川　芎 30g　　牛　膝 35g
制乳香 20g　　制没药 20g　　羌　活 20g
防　风 30g

用法： 共为细末，开水冲调，入黄酒 250mL，候温一次灌服，每天 1 剂，连用 3～5 剂。

【处方 4】针灸

穴位：抢风、冲天、膊尖、膊栏、肺门、肺攀、膊中、肩井。

针法：每次选择 1～2 穴，白针、电针或水针均可，隔日 1 次。或以特定电磁波肩胛部照射，每天 20～30min。

96. 马腰扭伤

由于冲撞、跳跃、摔倒等外力作用所致的腰部脊髓、关节及其他软组织损伤，临床以突然出现运动障碍、脊髓损伤时会出现局部感觉迟钝，甚至消失等为特征。

【处方 1】

0.2%盐酸士的宁注射液　　10mL

用法： 皮下注射，每天 1 次，连用 7d。

【处方 2】

2.5%维生素 B_1 注射液　　10mL

0.1%维生素 B_{12}注射液　　1mL

用法：分别肌内注射，每天1次，连用3～5d。

【处方3】

当　归 45g　　丹　参 30g　　乳　香 20g
没　药 20g　　红　花 25g　　川　断 30g
杜　仲 30g　　醋元胡 35g　　血　竭 25g
牛　膝 30g　　赤　芍 30g　　木　瓜 35g

用法：共为细末，开水冲调，候温加鸡蛋清5枚、黄酒120mL为引，一次灌服，每天1剂，连用3～5剂。

【处方4】针灸

穴位：百会、肾俞、腰中、腰后、四窖、大胯。

针法：每次选择1～2穴，白针、电针或水针均可，隔日1次。

97. 马关节捻挫

由于关节突然受到外力作用，使其活动超越了生理活动范围，瞬时间的过度伸展、屈曲或扭转而发生的损伤。以疼痛、肿胀、跛行为特征。治宜制止出血和渗出，镇痛消炎、舒筋活血。

【处方1】

5%碘酊　　20mL
10%樟脑酒精　　80mL

用法：混合后患部涂搽。

【处方2】如意金黄散（冷敷）

见马脓肿处方1。

【处方3】

30%安乃近注射液　　20～50mL
安痛定注射液　　20～50mL

用法：选其一或二者交替肌内注射。

【处方4】（四三一散）

大黄4份　　雄黄3份　　冰片1份

用法：共为细末，鸡蛋清调敷。

【处方5】荆防汤

荆　芥 150g　　防　风 150g　　透骨草 30g
伸筋草 120g　　海桐皮 120g　　花椒枝 150g
干蒜苗 150g　　鲜韭根 500g

用法：煎汤，候温洗浴，每次30min，每天2次。

【处方6】活血散瘀汤

当　归 25g　　川　芎 25g　　桃　仁 25g

红　花 20g　　乳　香 20g　　没　药 20g

土　鳖 15g　　威灵仙 30g

用法： 水煎去渣，加白酒 200mL，一次灌服。

【处方 7】针灸

穴位：关节周围及近端、远端穴位。

针法：白针（近端）或血针（远端穴位）。

注： 初期宜冷敷，2～3d 后改用热敷。早期有出血者配用止血剂，晚期经常牵蹓，促进关节功能恢复。

98. 马关节滑膜炎

主要由于关节损伤、捻挫等原因引起滑膜层渗出性炎症。以关节肿胀、积液、久之变形为特征。治宜制止渗出，消炎镇痛，恢复机能。

【处方 1】

0.5%盐酸普鲁卡因注射液　　20mL

注射用青霉素钠　　20 万 U

用法： 关节腔内一次注射，注射前放出一些关节液。

【处方 2】

1%醋酸氢化可的松　　5～25mL

注射用青霉素钠　　20 万 U

用法： 同处方 1。

说明： 对于化脓性滑膜炎应首先穿刺排脓，并用 0.5%普鲁卡因青霉素冲洗，然后注入抗菌类药物，亦可切开关节腔排脓，冲洗后向关节腔内注入抗生素。

99. 马腱鞘炎

为腱鞘部位发生的无菌性炎症，主要见于腕、跗、指（趾）部腱鞘，患部出现椭圆形或长条形的肿胀区，初期患部热痛明显，按压有波动感，并出现捻发音。不同部位的腱鞘炎会引起不同的跛行症状。

【处方 1】雄黄拔毒散

雄　黄 15g　　栀　子 20g　　大　黄 20g

黄　柏 20g　　五灵脂 15g　　没　药 15g

用法： 共为极细末，用醋调成糊，摊于纱布上贴敷，外用压迫绷带包扎于患部。

【处方 2】双白二黄散

白蔹 20g　　白及 20g　　大黄 20g

雄黄 20g

用法： 加少量冰片共研细末后，用醋调成糊状贴敷肿胀处，外加压迫绷带。药干时浇醋，每天浇醋 4～5 次，以保持敷药湿润。隔日换药 1 次，连用 3～5 次。

【处方 3】加味四生散

生草乌 20g	生川乌 20g	生南星 20g
生半夏 20g	川　椒 20g	硫　黄 20g

用法：捣成泥状后加食醋、浓米汤熬至糊状，待温（约 45℃）后贴敷肿胀处，外加压迫绷带。敷 24h 后拆除，隔天再敷 1 次。

说明：适用于慢性腱鞘炎，对促进纤维凝块吸收，防止粘连有较好效果。

【处方 4】针灸

方法：软烧患部，每次软烧 20min，7d 后再烧 1 次。

说明：适用于患部肿胀硬固、肢形改变、病程较久病例。

100. 马骨折

由于直接或间接暴力作用引起，或骨质疾病继发。以局部变形、异常活动和出现骨摩擦音为特征。治宜及时整复固定后，对症处理。

【处方 1】接骨膏

白　芨 70g	大　黄 70g	栀　子 70g
乳　香 45g	没　药 45g	骨碎补 45g
天南星 45g	白　蔹 45g	血　竭 20g
冰　片 10g		

用法：共为细末，加适量蛋清和醋调匀后敷患处。

【处方 2】接骨散

杜仲、牛膝、川断、骨碎补　各 30g

当归、元胡、土鳖虫　各 25g

用法：共为末，开水冲，候温加黄酒 150mL，一次灌服。

【处方 3】消炎汤

当归 25g	花粉 30g	双花 30g
柴胡 15g	赤芍 15g	乳香 15g
没药 15g	白芷 15g	红花 10g
桃仁 10g	陈皮 10g	防风 10g
甘草 10g		

用法：共为末，开水冲，候温加黄酒 120mL，一次灌服。

101. 马脱臼

主要由于强烈外力直接或间接作用于关节引起。以关节变形、异常固定、关节肿胀、肢势改变和机能障碍为特征。治宜及时整复固定后，对症处理。

【处方 1】消肿止痛汤

红花 25g	乳香 25g	没药 25g

川断 25g　　当归 50g　　甘草 15g

用法： 共为末，开水冲，候温一次灌服。

【处方 2】伸筋透骨汤

伸筋草 60g　　透骨草 60g　　桃　仁 30g

红　花 30g　　水　蛭 30g　　威灵仙 30g

木　瓜 30g　　桂　枝 30g　　桑　枝 120g

用法： 水煎取汁，加入醋 150mL，白酒 60mL，患处热敷 30～40min，每天 3 次，直至肿胀消失。

102. 马蹄叶炎

由于使役过急、骤增精料、修蹄不当等原因引起的蹄真皮无菌性炎症。急性型蹄部增温疼痛，慢性型蹄变形。急性型治宜消炎、脱敏、止痛，慢性型注意护蹄。

【处方 1】

0.5%～1%盐酸普鲁卡因溶液　30～60mL

注射用青霉素钠　20 万～40 万 U

用法： 指（趾）神经封闭，每侧 15～30mL，隔日 1 次，连续 3～4 次。

说明： 蹄冠冷敷或冷蹄浴，每天 2 次，每次 1～2h。2d 后改用温敷、温蹄浴。

【处方 2】

盐酸苯海拉明　0.5～1g

用法： 一次内服，每天 1～2 次。

【处方 3】针灸

穴位：颈脉、蹄头。

针法：血针。颈脉穴放血2 000～4 000mL；蹄头穴放血 100～300mL。

说明： 用于急性、料伤性蹄叶炎早期。

【处方 4】

0.5%氢化可的松注射液　80～100mL

用法： 一次肌内或静脉注射，每天 1 次，连用 4～5 次。

【处方 5】

10%水杨酸钠注射液　100～200mL

用法： 一次静脉注射，每天 1 次，连用 3～5 次。

【处方 6】茵陈散

茵　陈 40g　　当　归 50g　　川　芎 25g

桔　梗 35g　　柴　胡 30g　　紫　菀 30g

青　皮 30g　　陈　皮 30g　　乳　香 20g

没　药 20g　　杏仁（去皮）25g　　白　芍 25g

黄药子 25g　　白药子 25g　　甘　草 15g

用法： 共为末，开水冲调，候温一次灌服。

说明： 用于走伤型。

【处方 7】红花散

红　花 40g	没　药 40g	神　曲 50g
炒麦芽 50g	焦山楂 40g	莱菔子 40g
桔　梗 30g	当　归 30g	炒枳壳 30g
川厚朴 30g	陈　皮 30g	白药子 25g
黄药子 25g	甘　草 15g	

用法： 共为末，开水冲调，候温一次灌服。

说明： 适用于料伤型。

注： 以上均为急性型用方。

103. 马蹄叉腐烂

由于蹄底损伤、粪尿长期侵蚀、装蹄及护蹄不良等原因引起的蹄叉角质腐烂分解，同时伴有蹄叉真皮的慢性化脓性炎症。治宜清除病因、局部抗菌消炎。

【处方 1】

0.1%高锰酸钾溶液	适量
松馏油，或 2%甲醛，或高锰酸钾粉	适量
黄蜡	适量

用法： 患蹄用清水洗净，除去坏死组织，用高锰酸钾溶液清洗消毒，用麻丝蘸松馏油填塞创腔，或用纱布块浸甲醛溶液填塞创腔，或创腔撒布高锰酸钾粉，创口用黄蜡封闭或裹松馏油绷带。

【处方 2】

3%煤酚皂溶液	适量

用法： 患部清洗干净后温蹄浴 1h。

【处方 3】

碘酊或 1∶1 碘仿磺胺粉	适量

用法： 创面清洗消毒后涂布或撒布，缠上蹄绷带。

【处方 4】

血竭粉	适量

用法： 彻底清创后，撒入血竭粉，用烧红的烙铁熔化血竭封闭创腔。

【处方 5】激光烧烙

方法：彻底清创后，用二氧化碳激光烧烙创面。

104. 马阳痿

阳痿是指公马性欲衰退，阴茎萎软，不能勃起，或举而不坚，或一举即泄的病证。治宜补肾壮阳。

【处方 1】巴戟散

巴戟天 50g	肉苁蓉 50g	补骨脂 50g
胡卢巴 50g	小茴香 30g	肉豆蔻 30g
陈　皮 30g	青　皮 30g	肉　桂 25g
木　通 15g	川楝子 15g	槟　榔 15g

用法： 共为细末，开水冲调，入蜂蜜 120g、黄酒 200mL 为引，候温一次灌服，每天 1 剂，连服 3～5 剂。

说明： 用于肾阳虚型。

【处方 2】生水散

怀山药 60g	生地黄 50g	知　母 30g
玄　参 30g	沙　参 30g	酒黄柏 30g
麦门冬 30g	陈　皮 30g	龙眼肉 30g
泽　泻 30g	枸杞子 30g	甘　草 15g

用法： 共为细末，开水冲调，入蜂蜜 120g、黄酒 200mL 为引，候温一次灌服，每天 1 剂，连服 3～5 剂。兼有早泄者，加韭菜籽 60g、牡蛎 80g、龙骨 80g、煅阳起石 30g。

说明： 用于肾阴虚型。

【处方 3】柴胡疏肝散

柴　胡 30g	白　芍 35g	醋香附 50g
枳　壳 30g	丹　参 30g	炒杜仲 30g
巴戟天 25g	陈　皮 20g	

用法： 共为细末，开水冲调，入蜂蜜 120g、黄酒 200mL 为引，候温一次灌服，每天 1 剂，连服 3～5 剂。

说明： 用于肝气郁滞型。

【处方 4】龙胆泻肝汤

龙　胆（酒炒）45g	栀　子（酒炒）45g	生地黄 40g
当　归 30g	黄　芩（酒炒）30g	柴　胡 30g
泽　泻 25g	木　通 18g	车前子 20g

用法： 共为细末，开水冲调，入蜂蜜 120g、黄酒 200mL 为引，候温一次灌服，每天 1 剂，连服 3～5 剂。

说明： 用于湿热下注型。

【处方 5】杜仲散

炒杜仲 50g	炙黄芪 50g	苍　术 30g
秦　艽 30g	怀牛膝 50g	地　龙 30g
醋香附 40g	生　姜 20g	羌　活 20g
黄　柏 20g	没　药 15g	红　花 12g

用法： 共为细末，开水冲调，入蜂蜜 120g、黄酒 200mL 为引，候温一次灌服，每天 1 剂，连服 3～5 剂。

说明： 用于腰肾损伤型。

105. 驴、马妊娠毒血症

驴、马妊娠末期发生的营养代谢病，尤以驴怀骡时多发。主要由于饲管不善、胎儿过大、过食精料等原因导致胃肠功能紊乱。临床上以顽固性不食为特征。治宜补充营养，调整胃肠功能。

【处方 1】

12.5%肌醇注射液　　20～30mL
10%葡萄糖注射液　　1 000mL
25%维生素 C 注射液　　8～12mL

用法：驴一次静脉注射。马可增加肌醇用量 0.5～1 倍，每天注射 1～2 次。

【处方 2】

10%葡萄糖酸钙注射液　　100～150mL
50%葡萄糖注射液　　200～300mL
25%维生素 C 注射液　　6～12mL

用法：一次静脉注射，每天 1 次，连用 3～5d。

【处方 3】

5%葡萄糖注射液　　500～1 000mL
0.5%氢化可的松注射液　　60～100mL

用法：一次静脉注射，每天 1 次，连用 2～3 次。

【处方 4】泰山盘石散加减

当　归 30g　　白　芍 30g　　白　术 25g
黄　芩 20g　　川　芎 20g　　砂　仁 20g
党　参 30g　　炙黄芪 30g　　川　断 25g
熟　地 25g　　柴　胡 20g　　青　皮 20g
枳　壳 15g　　炙甘草 15g

用法：共研末，开水冲调，候温一次灌服，每天 1 剂。

说明：适于脾胃虚弱型。

【处方 5】

食　醋 300mL　　姜　酊 20mL　　陈皮酊 40mL
液体石蜡 500mL

用法：胃管一次投服。

说明：适于胃滞型。

【处方 6】济世消黄散

款冬花 30g　　白药子 30g　　黄药子 30g
栀　子 30g　　知　母 30g　　大　黄 30g
黄　连 30g　　黄　芩 30g　　黄　柏 30g
贝　母 25g　　秦　艽 25g　　郁　金 25g

甘　草 15g

用法： 共研末，开水冲调，候温一次灌服。

说明： 适于慢性肠黄型。

【处方 7】一贯煎加味

北沙参 30g	麦　冬 30g	当　归 30g
枸　杞 30g	白　芍 30g	生　地 45g
川楝子 15g	柴　胡 15g	郁　金 25g

用法： 共为末，开水冲调，候温一次灌服。

说明： 适于肝肾阴虚型。

106. 马阴道及子宫脱出

由于营养不良、运动不足、长期卧地等原因引起。以阴道部分或全部或与子宫一起翻转于阴门外为特征。治宜整复、固定，配合中药升提中气。

【处方 1】

0.1%高锰酸钾溶液	适量
3%盐酸普鲁卡因注射液	20～30mL

用法： 使病畜处在前低后高体位，用高锰酸钾溶液清洗脱出的阴道或子宫黏膜，去除坏死组织，如水肿严重，可用小宽针散刺，涂布明矾水，挤出淤血和水肿液，然后整复。病马努责强烈时，再用普鲁卡因进行硬膜外腔麻醉后整复。如难以整复，可行切除术。固定方法可用内置皮球、阴门缝合等方法。

【处方 2】针灸

穴位：治脱、后海。

针法：整复后电针或水针。水针可每穴注入 75%酒精 10～15mL。

【处方 3】补中益气汤加减

炙黄芪 60g	党　参 45g	炙甘草 18g
当　归 30g	陈　皮 15g	蜜升麻 15g
柴　胡 15g	炒白术 30g	益母草 30g

用法： 共为末，开水冲调，整复后候温一次灌服，每天 2 次，连服 6～8d。

107. 马子宫出血

由于妊娠母马腹部受到外力作用使子宫黏膜及绒毛膜血管破裂引起。以阴门流出血液为特征。治宜镇静、止血。

【处方】

10%止血敏，或 1%安络血，或 10%维生素 K_3 注射液　　10mL

用法： 一次肌内注射。

说明： 配合安胎、补液和输血。若出血不止危及母马生命时，应行人工流产。

108. 马子宫内膜炎

由于分娩或产后子宫黏膜感染引起。以阴门排出黏液性或黏液脓性分泌物为特征。治宜抑菌消炎，促进子宫复原。

【处方 1】

0.1%高锰酸钾，或 0.05%新洁尔灭溶液　　1 000～2 000mL

注射用青霉素钠　　320 万 U

注射用链霉素　　200 万 U

注射用水　　20～30mL

用法：取前任一种消毒液冲洗子宫，排尽消毒液后，取后 3 种混合溶解注入子宫。

【处方 2】

氯前列烯醇　　2mg

用法：一次肌内注射。

【处方 3】

益母草 60g　　当　归 60g　　赤　芍 25g

香　附 25g　　丹　参 30g　　桃　仁 30g

青　皮 20g

用法：共为细末，开水冲调，候温一次灌服，每天 1 剂，连用 3d。

109. 马胎衣不下

由于体虚子宫收缩无力或胎盘感染粘连等原因引起，表现产后 1.5h 内排不出胎衣。治宜促进子宫收缩，补气养血，散寒行瘀。无效时采用手术剥离。

【处方 1】

催产素　　75～100IU

用法：一次肌内或皮下注射。

【处方 2】参灵汤

黄　芪 30g　　党　参 30g　　生蒲黄 30g

五灵脂 30g　　当　归 60g　　川　芎 30g

益母草 30g

用法：共为末，同调一次灌服，12h 后不见效者再服 1 剂。

【处方 3】加味生化散

当　归 60g　　川　芎 25g　　桃　仁 25g

炮　姜 25g　　炙甘草 15g　　党　参 30g

黄　芪 30g

用法：共为细末，黄酒 200mL 为引，开水冲调一次灌服。

110. 马产后败血症

母马、母驴产后感染性疾病。多因产道感染、胎衣腐败分解等原因引发。治疗主要是大剂量使用抗菌类药物，补液及解除酸中毒。

【处方 1】

（1）注射用青霉素钠　　300 万 U

注射用链霉素　　300 万～400 万 U

注射用水　　10～20mL

用法：分别一次肌内注射，每 6h 一次。

（2）5%葡萄糖生理盐水　　1 500～2 000mL

25%维生素 C 注射液　　8～12mL

用法：一次静脉注射，每天 1～2 次。

【处方 2】

注射用盐酸四环素　　1.5～3g

5%葡萄糖生理盐水　　500mL

用法：将四环素溶解在葡萄糖生理盐水中一次静脉注射，每天 1～2 次。

【处方 3】

5%碳酸氢钠注射液　　300～500mL

用法：有酸中毒症状时一次静脉注射。

111. 马产后截瘫

由于分娩时胎儿过大或胎位不正时强行拉出胎儿，造成荐髂关节剧伸，或胎儿压迫、挫伤臀神经引起。表现孕马产后不能站立。治宜活血理气、祛风止痛。

【处方 1】

25%葡萄糖酸钙注射液　　200～300mL

用法：一次静脉注射。

【处方 2】

5%氯化钙注射液　　200～300mL

用法：一次缓慢静脉注射（切勿漏于皮下）。

【处方 3】

0.2%硝酸士的宁注射液　　10mL

用法：一次百会穴注射。

【处方 4】针灸

穴位：百会、肾俞、肾棚、肾角、汗沟、仰瓦等穴。

针法：电针。左右侧穴位交替进行，每天 1 次。

【处方 5】

血　竭 15g　　胡卢巴 30g　　当　归 30g
没　药 25g　　白　术 25g　　木　通 20g
川楝子 15g　　巴戟天 25g　　牵牛子 20g
补骨脂 30g　　茴　香 25g　　秦　艽 30g
木　瓜 30g

用法：共为末，开水冲调，候温一次灌服。

注：加强护理，防止褥疮。

112. 马子宫复旧不全

本病又称子宫弛缓，是指产后子宫的大小、形状、结构和机能恢复至未孕状态的时间延迟。临床表现为产后宫缩乏力，子宫颈弛缓开张，恶露排出迟滞，母马卧下时由于腹压作用使恶露排出量增多。治宜促进子宫复原。

【处方 1】

10%盐水　　2 000mL

用法：加温至 40～42℃，反复冲洗子宫 2～3 次，待冲洗液完全排出后，在子宫内注入或放置抗生素。

【处方 2】

0.1% 15-甲基前列腺素 $F_{2\alpha}$注射液　　2～4mL（2～4mg）

用法：一次肌内注射。

【处方 3】

0.025%氯前列醇钠注射液　　2mL（0.5mg）

用法：一次肌内注射。

【处方 4】益母生化散

益母草 120g　　当　归 75g　　川　芎 30g
桃　仁 30g　　炮干姜 25g　　炙甘草 15g

用法：共为细末，开水冲调，入蜂蜜 120g、黄酒 200mL 为引，候温一次灌服，每天 1 剂，连服 3～5 剂。

【处方 5】针灸

穴位：肾俞、雁翅、百会。

针法：电针、白针或水针。

113. 马乳房炎

由于产后乳汁淤积或细菌感染所致。以患侧乳房肿胀、增温、疼痛为特征。治宜抑菌消炎，消肿散结。

【处方 1】

注射用青霉素钠 10 万～20 万 U

注射用链霉素 50 万～100 万 U

0.25%普鲁卡因注射液 30～50mL

用法：挤尽患侧乳房乳汁，经乳导管分别一次注入乳池内，每天 2 次，连用 2～4d。

【处方 2】瓜蒌散加味

全瓜蒌 1～2 个　当　归 15g　甘　草 10g

乳　香 10g　没　药 10g　贝　母 30g

天花粉 10g　地　丁 60g　金银花 60g

蒲公英 60g　木　香 10g

用法：共为细末，开水冲调，黄酒 120mL 为引，候温一次灌服。

【处方 3】雄黄散

雄黄 16g　白及 30g　白蔹 30g

龙骨 30g　大黄 30g

用法：共为细末，醋调涂患处。

注：上二方适用于乳房炎初期，清热解毒，消肿散结。

【处方 4】透脓散加味

当　归 30g　川　芎 30g　黄　芪 30g

炒山甲 18g　皂角刺 15g　党　参 30g

白　术 18g　升　麻 9g　瓜　蒌 30g

用法：共为细末，开水冲调，候温一次灌服。

说明：用于脓成欲溃时。

【处方 5】托里消毒散

黄　芪 30g　党　参 30g　白　术 24g

茯　苓 24g　川　芎 15g　当　归 24g

白　芍 18g　熟　地 24g　金银花 30g

甘　草 15g

用法：共为细末，开水冲调，候温一次灌服。

说明：用于排脓不畅或久不收口时。

114. 初生驹脐炎

由细菌感染所致脐血管及周围组织的炎症，临床表现为拱腰站立，脐部潮红、肿胀，触摸疼痛，肿大的脐管触摸时呈硬索状，用手捏挤可流出血水、脓汁。

【处方 1】

0.1%新洁尔灭溶液，或 0.1%高锰酸钾溶液 适量

5%碘酊 适量

用法：用前者清洗脐部，涂抹后者，每天 2 次。

说明：形成脓肿者，手术切开排脓，用3%双氧水冲洗后涂抹5%碘酊。

【处方2】针灸

穴位：大椎穴。

针法：水针。取注射用青霉素钠80万U、注射用水10mL，稀释后注入，每天1次，连用3d。

说明：用于体温升高者。

115. 初生驹胎粪停滞

是指幼驹出生24h内胎粪排出很少或未排出的病证。临床表现为腹痛不安，拱腰努责，摇尾踢腹或卧地滚转等症状。若胎粪结于直肠后部，可用直取法，食指剪平指甲、磨光涂油，伸入直肠内，将粪球轻轻掏出；粪球结于较深部位，可用肥皂水或液体石蜡灌肠。

【处方1】

温肥皂水　　适量

用法：由浅入深灌肠。必要时2～3h后再灌一次。

【处方2】

液体石蜡　　100～150mL

用法：一次灌服。

【处方3】一捻金

人参10g　　大黄10g　　黑丑10g

白丑10g　　槟榔10g

用法：共为细末，每次5g，开水冲调，入蜂蜜100g为引，候温一次灌服，每天1剂，共服2剂。

【处方4】润肠散

当　归30g　　肉苁蓉10g　　麦　冬9g

黄　芩9g　　郁　金9g　　知　母6g

用法：共为细末，开水冲调，入蜂蜜100g为引，候温一次灌服，每天1剂，共服2剂。

【处方5】

蜂蜜或食用油　　150g

用法：温开水冲调，一次灌服，每天1剂，共服2～3剂。

116. 初生驹奶泻

1月内幼驹由于母畜血热、乳汁污染粪便等引起的腹泻。以腹痛、排出黄白黏稠或糊状粪便，混有未消化的奶块或血液为特征。治宜消食导滞，涩肠止泻。

【处方1】

黄连素或磺胺脒或土霉素　　1～2g

用法： 一次内服，每天1～2次，连服3d。

【处方2】乌梅散

乌　梅1个　　干　柿半个　　黄　连6g

炒诃子6g　　姜　黄6g

用法： 煎汁去渣，候温一次灌服。

【处方3】针灸

穴位：后海。

针法：毫针、水针或激光照射。

117. 初生骡驹溶血病

见于驴和马种间杂交所生骡驹。由于仔畜与母畜的血型不相合所引起的急性溶血性疾病。特征是骡驹吮食初乳后，迅速发生贫血、黄疸和血红蛋白尿。防治原则是立即停止吸吮母乳，尽早进行输血及对症施治。

【处方1】

健康马血　　500～1 000mL

用法： 一次静脉注射，必要时12～24h重复1次。

说明： 有条件时应事先进行配血试验，如果情况紧急又无条件做配血试验，可先试输入50～100mL；如无异常反应，再输入全部血液。

【处方2】

10%低分子右旋糖苷　　500mL

用法： 可在输血前一次静脉注射。

【处方3】

10%葡萄糖注射液　　500mL

用法： 在输血后4～6h一次静脉输入。

118. 初生驹出血性紫斑病

由于自身免疫所引起的出血性疾病。治疗主要是停吃母乳，同时输血、止血。

【处方1】

健康新鲜马血　　500～1 000mL

用法： 一次静脉注射。

【处方2】

0.5%氢化可的松注射液　　40～100mL

用法： 一次肌内注射。病情好转时，逐日递减剂量。

注： 也可应用维生素C、维生素K_3注射液和止血剂，伴有胃肠炎时，应内服消炎剂和止泻剂。同时根据病情，对症强心、补液和抗感染。

十四、骆驼病处方

1. 驼痘

由骆驼痘病毒引起的。以在体表少毛部位产生痘疹为特征。治宜杀灭病毒，局部外科处理。

【处方 1】

（1）康复驼的血清或血液　200～500mL

用法： 一次皮下多点注射。

（2）0.1%高锰酸钾溶液或 3%双氧水　适量

用法： 冲洗破溃患部。

（3）氧化锌、氨苯磺胺或青霉素软膏　适量

碘甘油（5%碘酊 1 份，甘油 9 份）　适量

金霉素眼药水　适量

用法： 氧化锌软膏用于涂抹皮肤患部。碘甘油用于涂布黏膜患部。金霉素用于伴发结膜炎的病驼滴眼。

【处方 2】预防

用病驼的痂皮粗制成疫苗，划痕涂搽于易感幼驼的唇部。或用牛痘疮制剂接种，初种不成时应复种。但人用痘苗不能用于本病的防疫。

2. 驼传染性脓疱口疮

由痘病毒科副痘病毒属病毒引起。主要危害幼驼，发病率可高达 95%，以口腔和唇部出现丘疹、水疱、脓疱、结痂或形成烂斑，流发臭而混浊的唾液等为特征。治宜抗菌消炎，防止继发感染。

【处方 1】

（1）5%硫酸铜溶液或 0.3%高锰酸钾溶液　适量

用法： 前者用于已形成脓疱或被细菌感染的溃烂面擦洗。后者用于冲洗口腔。

（2）碘甘油　适量

用法： 涂布于溃烂面上。

（3）注射用青霉素钠　400 万 U

注射用链霉素　　500 万 U

注射用水　　10～30mL

用法： 分别一次肌内注射，每天 2 次，连用 5d。

【处方 2】

（1）枯矾 15g　　青黛 12g　　黄连 12g

雄黄 6g

用法： 共为末，口内吹之，每天 1 次。

（2）连翘散

连　翘 45g	大　黄 45g	黄　柏 30g
二　花 30g	板蓝根 30g	生枣仁 30g
香　薷 30g	白　矾 30g	党　参 30g
当　归 30g	半　夏 24g	甘　草 30g

用法： 共为末，开水冲调，加蜂蜜 120g 混合一次灌服，每天1剂，连服3～5 剂。

【处方 3】针灸

穴位：舌阴穴。

针法：血针。

说明： 针刺舌阴穴放血，可缓和口腔症状。

3. 驼炭疽

由炭疽杆菌经消化道、呼吸道及伤口感染而引起。在洪水泛滥或严重干旱的时期更易发生。以体温升高，尸僵不全，天然孔流血，血凝不良，呼吸困难，黏膜发紫，孕驼流产等为特征。病驼严格隔离。治宜杀灭病原。可疑病尸，严禁解剖，及时销毁。

【处方 1】

（1）注射用青霉素钠　　320 万 U

注射用水　　10～20mL

用法： 一次肌内注射，每天 2 次，连用 5d。

说明： 也可用磺胺嘧啶、土霉素等治疗（剂量一般为马、牛的 2 倍）。

（2）抗血清　　300mL

用法： 一次肌内多点注射。

【处方 2】预防

无毒炭疽芽孢苗　　0.5～1mL

用法： 疫区内每年接种 1 次。1 岁以上驼用 1mL，1 岁以下驼用 0.5mL。

4. 驼金黄色葡萄球菌病

由金黄色葡萄球菌引起的。以体温升高，咳嗽，跛行，病变区皮肤出血，奇痒，掉毛和出现大量脓疱等为特征。治宜杀灭病原。

【处方】

(1) 5%葡萄糖生理盐水　　1 000mL

注射用青霉素钠　　2 400～3 600 万 U

25%维生素 C 注射液　　50mL

用法：一次静脉注射，每天 1 次，连用 3d。

说明：也可用磺胺嘧啶钠（每千克体重 70mg）、恩诺沙星（每千克体重 0.1mL）等。

(2) 5%的来苏儿或 10%的敌百虫溶液　　适量

用法：涂搽患部。

5. 驼破伤风

由破伤风杆菌经伤口感染引起。以肌肉强直，运动不协调，鼻孔扩张，耳朵竖立，应激时会加重肌肉的痉挛性收缩等为特征。病程超过 12d 者，转归良好。治宜消除病原、中和毒素、镇静解痉和支持疗法。

【处方 1】

(1) 1%～2%高锰酸钾溶液　　适量

用法：冲洗伤口。

(2) 破伤风抗毒素　　60 万～100 万 U

用法：肌内或静脉注射，首次可用 20 万～30 万 U，以后每日 10 万 U，连用 3～6d。也可注入百会穴，每次 5 万～10 万 U；或天门穴注入 2 万～3 万 U。

(3) 25%硫酸镁静脉注射液　　50～100mg

用法：一次静脉注射。

(4) 注射用青霉素钠　　300 万 U

注射用水　　15mL

用法：一次肌内注射。

说明：配合常规补液，以维持营养。

【处方 2】四物熄风汤

当　归 60g	川　芎 45g	白　芍 30g
熟　地 30g	蝉　蜕 30g	防　风 30g
麦　冬 30g	红　花 30g	胡黄连 30g
天　麻 30g	南　星 30g	羌　活 30g
乌　蛇 30g	丹　皮 30g	全　蝎 30g
甘　草 30g		

用法：共为末，开水冲调，加白酒 120mL，混合一次灌服，隔日 1 剂，连服 5～7 剂。

6. 驼恶性水肿病

多因去势或助产造成创伤，感染腐败梭菌所致。以患部水肿，热痛，气肿，体温升高，流出腐臭分泌物等为特征。治宜及时清创，抗菌消炎，防止继发感染。

【处方】

（1）1%～2%高锰酸钾或3%过氧化氢溶液　　适量

用法：切开患部，除去腐败组织后冲洗患部。

（2）磺胺药粉　　适量

用法：撒布患部。

（3）注射用青霉素钠　　300万U

注射用链霉素　　400万U

注射用水　　15～20mL

用法：分别一次肌内注射，每天2次，连用3～5d。

7. 驼脓肿

是由伪结核棒状杆菌引起。急性病例以咳嗽、呼吸困难、口吐白沫为特征，3～5d或10d左右死亡；多数病例呈慢性经过，以体温升高（弛张热型），咳嗽，呼吸困难，颈、背中线皮下出现串珠状脓肿，肺、下颌淋巴结、肌肉、肢关节等处出现脓肿为特征。治宜杀灭病原。

【处方1】

注射用青霉素钠　　300万U

注射用链霉素　　400万U

注射用水　　10～20mL

用法：分别一次肌内注射，每天2次，连用5d。

说明：也可用红霉素（40万～80万U）、磺胺药治疗（剂量为马、牛的2倍）。

【处方2】

0.5%高锰酸钾或3%过氧化氢溶液　　适量

用法：局部清创，每隔2～3天换药1次。

【处方3】

大　黄45g　　黄　连45g　　黄　芩45g

菊　花45g　　莲子心45g

用法：碾碎一次灌服，隔天灌1次，连用3次。与抗生素隔天使用效果更佳。

【处方4】预防

骆驼伪结核棒状杆菌灭活苗　　1头份

用法：一次肌内注射。7天后产生抗体，20天抗体达到高峰。

8. 驼肠毒血症

由产气荚膜梭菌毒素引起。由 A 型梭菌毒素引起者又称红柳中毒，以阵发性抽搐为特征。由 C、D 型梭菌毒素引起者以神经系统机能紊乱、痉挛为特征。亚急性型可用抗毒素血清、抗生素试治，疫区做好预防。

【处方 1】

抗 C、D 型梭菌毒素血清　　200～300mL

用法：一次皮下多点注射。

【处方 2】

注射用青霉素钠　　250 万 U

注射用金霉素　　300 万 U

注射用水　　5～15mL

用法：每次选一种抗生素交替肌内注射，每天 3 次，连用 3～4d。

【处方 3】预防

四环素　　10～15g

用法：拌料饲喂，按 1kg 体重成年驼 20～30mg、幼驼 5～8mg 用药。

说明：可用甲醛-明矾疫苗或类毒素疫苗免疫预防。

9. 驼巴氏杆菌病

由巴氏杆菌引起的一种急性、热性传染病。以发热、咽部和肩前水肿、胃肠炎等为特征。治宜除去病原，抗菌消炎。

【处方 1】

（1）抗出败血清　　200～300mL

用法：一次皮下多点注射。

（2）注射用青霉素钠　　240 万 U

用法：一次肌内注射，按 100kg 体重 50 万 U 用药，每天 2 次，连用 3～5d。

说明：也可用链霉素（200 万～300 万 U）、土霉素、磺胺类药物等。

【处方 2】

香附 45g　　葛根 30g　　升麻 30g

陈皮 45g　　川芎 45g　　元参 30g

黄芩 45g　　白芷 30g　　麻黄 20g

赤芍 30g　　射干 45g　　甘草 30g

用法：共为末，开水冲调，加大葱 250g（捣烂），混合，一次灌服，每天 1 剂，连服 3～5 剂。

注：可试用牛出败菌苗进行免疫接种。

10. 驼沙门氏菌病

由沙门氏菌引起。以肠炎、败血症、流产等为特征。治宜抗菌消炎。

【处方】

氟苯尼考　　　　5～7.5g

用法： 按1kg体重10～15mg一次内服，每天2次，连续3～5d。

说明： 也可用新霉素，用法同氟苯尼考。

注： 可用当地沙门氏菌株制成灭活苗进行免疫接种。

11. 驼传染性咳嗽

由肺炎链球菌引起。以咳嗽、体温升高、浅淋巴结肿大为特征。治宜抗菌消炎。

【处方1】

长效磺胺　　　　60片

用法： 一次口服，第二次以后减半，每天2次，连用5d。

说明： 也可用磺胺嘧啶钠注射液15mL一次深部肌内注射或气管内注射。

【处方2】

注射用青霉素钠　　　　800万U

安痛定　　　　20mL

用法： 一次肌内注射，每天2次，连用5d。

【处方3】桂枝橘红散

桂　枝30g	橘　红45g	麻　黄24g
苏　叶30g	防　风30g	姜半夏30g
荆　芥30g	前　胡30g	冬　花30g
云　苓30g	枯　矾30g	炙杏仁30g
白　芍24g	甘　草30g	马兜铃30g

用法： 共为细末，开水冲药，大葱200g（捣烂），混合灌服。

【处方4】

清肺止咳散500g　　　　砖茶100g

用法： 先把砖茶熬成浓茶水后再把清肺止咳散加入，一次灌服，1～2次即可。

【处方5】

西瓜水500～1 000mL　　　　白砂糖300～500g

用法： 混合，一次灌服，一般灌服1～2次即可治愈。

12. 驼放线菌病

由放线菌引起的散发性传染病。以颌骨下有一界限明显、不可移动的硬肿隆起，骨体增大，显著变形等为特征。治宜杀灭病原。

【处方 1】

(1) 注射用青霉素钠　　480 万 U

注射用链霉素　　400 万 U

用法：在肿胀周围注射，每天 1 次，连用 4～6d 为一疗程。

(2) 10%碘酊　　适量

用法：局部每天涂 2 次，至愈。

【处方 2】

2%碘酊　　20～25mL

用法：局部分点注射，注射后局部按摩 3～5min，3d 后复注 1 次。

说明：也可用碘化钾 10g 溶于 5mL 注射用水中，再加入 5%碘酊 10mL 混匀，局部分点注射，每天 1 次，连续 2～3 次。或 5%碘化钙 70～140mL、5%葡萄糖液静脉注射，隔日 1 次，连用 2 次。重症且有心脏功能扰乱者同时静脉注射 10%碘化钠 70～140mL，隔日 1 次，注射 3～5 次。

【处方 3】

碘化钾　　15g

用法：一次内服，连服 5d；停 3d 后，再服 3～5d。

说明：成年母驼每次内服碘化钾 10g，每天 2 次。如出现碘中毒现象（减食、流涎、黏膜卡他、眼结膜发炎、流泪、咳嗽、皮肤发疹、脱毛、皮屑增多），应暂停 1 周或减少喂量。

13. 驼传染性结膜炎

由结膜炎立克次氏体感染引起。以结膜发炎，流泪，结膜囊内有多量清亮或混浊的分泌物，成年驼暂时失明，驼羔无法吃奶，触片姬姆萨染色镜检可见结膜炎立克次氏体为特征。治宜除去病原。

【处方 1】

土霉素碱粉　　0.05g

用法：拨开上下眼睑，用药匙挑取药粉填入结合膜囊内。

【处方 2】

四环素眼药膏　　适量

用法：点眼。

14. 驼秃毛癣

由小孢霉、葡萄酒色青霉、断毛癣菌等一些皮肤真菌引起的皮炎。以脱毛和局部无毛为特征。有表面型、毛囊型和全身型三种。治宜清洁皮肤，活血理气，败毒止痒。

【处方 1】

碘酊　　　　适量

用法： 用肥皂水擦洗患部干后涂抹，隔天 1 次。

说明： 可配合水杨酸、苯甲酸治疗。

【处方 2】败毒通圣散

大　黄 60g	防　风 30g	白　芍 30g
当　归 30g	川　芎 30g	连　翘 30g
栀　子 30g	白　术 30g	土茯苓 120g
桔　梗 30g	滑　石 30g	石　膏 30g
芒　硝 180g	甘　草 30g	

用法： 共为末，开水冲调，候温一次灌服，隔日 1 剂，连服 3～5 剂。

【处方 3】杂癣败毒汤

五倍子 20g	花　椒 20g	防　风 20g
钩　丁 20g	川　芎 20g	木鳖子 20g
蝉　蜕 20g	雄　黄 20g	红娘子 20g

用法： 加水煎煮，加胆矾 15g，候温洗患部，每天 1 次，连洗 5 次。

15. 驼锥虫病

由骆驼伊氏锥虫引起。以体温升高，喜饮，易疲乏，精神不振，逐渐消瘦，被毛粗乱，双峰下垂，浅表淋巴结肿胀，眼结膜苍白，眼角有灰白色黏性分泌物，流泪，常仰视太阳，先便秘后腹泻，针刺耳血镜检可见活的虫体等为特征。治宜杀虫。

【处方 1】

那加诺（萘磺苯酰脲）　　　　4.3～8.5g

用法： 按每 1kg 体重 8.5～17mg 用无菌生理盐水配成 10%溶液一次静脉注射。

【处方 2】

硫酸安锥赛　　　　5g

用法： 按每 1kg 体重 10mg 用无菌蒸馏水配成 10%溶液一次皮下注射。

【处方 3】

贝尼尔　　　　1.5g

用法： 按每 1kg 体重 3mg 用 10%葡萄糖配成 0.2%溶液（最适温度为 35℃）静脉注射，每天 1 次，5 天为一个疗程。

说明： 除使用上述特效药物治疗外，还应根据病情，进行强心、补液、健胃等对症治疗。

16. 驼肝片吸虫病

由肝片吸虫引起。以精神沉郁，双目闭合，流泪，被毛干枯，消瘦，死前卧地不起，头颈伸直，粪便中可查出大量肝片吸虫卵为特征。治宜驱虫。

【处方 1】

硝氯酚　　　　　　　　2.5g

用法：按 1kg 体重 5mg 一次口服。

【处方 2】

硫双二氯酚　　　　　　25～30g

用法：按 1kg 体重 50～60mg 一次口服。

17. 驼绦虫病

由裸禾科扩展莫尼茨绦虫、贝氏莫尼茨绦虫等引起。以食少，下痢，后期可因虫体的毒素作用而表现出神经中毒症状等为特征。治宜驱虫。

【处方】

1%硫酸铜溶液　　　　　10g

用法：一次灌服，按 1kg 体重 20mg 用药。

说明：也可用硫双二氯酚、氯硝柳胺。经常给骆驼服用氯化钠可减少发病。

18. 驼胃肠圆线虫病

由血矛线虫、突尾毛圆线虫、食道口线虫、仰口线虫等经口或皮肤感染寄生于皱胃、小肠、大肠、胰脏等器官引起。以贫血、胃肠损害、代谢紊乱等为特征。治宜驱虫。

【处方 1】

左旋咪唑　　　　　　　2.5g

用法：一次口服，按每 1kg 体重 5mg 用药。

【处方 2】

丙硫咪唑　　　　　　　2.5g

用法：一次口服，按每 1kg 体重 5mg 用药。

【处方 3】

吩噻嗪　　　　　　　　50g

用法：一次口服，按 1kg 体重 100mg 用药，隔日重复 1 次。

说明：在饲料中补充食盐，注意放牧和饮水卫生。

19. 驼网尾线虫病

由骆驼网尾线虫寄生于肺内引起。驼羔多发。以咳嗽，喷鼻，摇头，颈与地面及周围物体摩擦，鼻排出大量分泌物，食少，贫血，消瘦，周期性腹泻，水肿等为特征。治宜驱虫。

【处方 1】

左旋咪唑或丙硫咪唑　　2.5g

用法： 同驼胃肠圆线虫病。

【处方 2】

枸橼酸乙胺嗪　　11g

用法： 一次口服，按每 1kg 体重 22mg 用药。

【处方 3】

5%～10%敌百虫溶液　　150mL

用法： 加温至 41℃，分 2 次气管内注射。

20. 驼潘尾线虫病

由潘尾线虫引起。当大量幼虫侵入枕骨部，可引起急性渗出性炎症，颈部的肿胀无痛感，很坚硬，有时可见到周期性的跛行、骨瘤、腱鞘炎、滑液囊炎等症状，剖检可发现虫体或已钙化的硬块状痕迹。治宜驱虫。

【处方】

0.1%碘溶液　　适量

用法： 视病情进行静脉注射。

说明： 也可试用海群生内服。

21. 驼吸吮线虫病

是由吸吮线虫寄生于骆驼的结膜囊和泪管内引起。以结膜炎、角膜炎、角膜浑浊等为特征。治宜驱虫。

【处方】

2%～3%硼酸溶液或 0.5%来苏儿溶液或 1∶1 500碘溶液　　适量

用法： 冲洗患眼。

22. 驼小袋虫病

由小袋虫引起的寄生虫病。以食少，反刍次数减少，嗳气酸臭，粪便稀糊状，腥臭，内混有少许黏液及血丝等为特征。治宜驱虫。

【处方】

甲硝唑片　　适量

用法： 按 0.002g/kg 拌料内服，连用 7d。

说明： 同时内服液体石蜡或植物油加大蒜汁、黄连素片、大黄苏打片，或保和丸，以防腐止酵，内服次硝酸铋以保护肠黏膜，肌内注射黄连素或硫酸丁胺卡那霉素防止继发感染。

23. 驼脑脊髓丝虫蚴病

由指形丝状线虫、唇乳突丝状线虫和阿勒泰丝状线虫的微丝蚴引起。以两眼流泪，磨牙，后躯无力，瘫痪，卧地不起等为特征。治宜驱虫。

【处方】

5%氯氰碘柳胺　　　　适量

用法：按1kg体重2.5～5mg一次口服，连用5d。

注：由于该病的传染媒介为吸血昆虫，因此夏季应进行灭蚊，疫区骆驼每年4月、11月应定期驱虫。

24. 驼喉蝇蛆病

由骆驼喉蝇的幼虫寄生于鼻腔及鼻窦内引起。以骚动不安，鼻孔流出黏液性或脓性分泌物，鼻出血，呼吸困难等为特征。治宜杀灭幼虫。

【处方1】

3%来苏儿溶液　　　　适量

用法：喷射鼻腔。

【处方2】

0.03%～0.05%敌百虫水溶液　适量

用法：自由饮服。

【处方3】

硝羟碘苄腈注射液　　　　5g

用法：一次皮下注射，按每1kg体重10mg用药。

25. 驼阴道蝇蛆病

由骆驼黑须污蝇的幼虫寄生于阴道引起。以阴道黏膜的损伤、坏死等为特征。治宜杀灭幼虫。

【处方1】

蝇蛆粉　　　　适量

用法：黏附于阴道。

【处方2】

5%敌百虫水溶液或敌百虫粉　适量

用法：喷射阴道。

26. 驼伤口蝇蛆病

由壮丽吴氏蝇蛆侵害骆驼的阴户、包皮及其他部位的皮肤破口处引起。以伤口周围组织肿胀，长期不愈，身体消瘦为特征。治宜杀灭蝇蛆。

【处方】

3%煤酚皂溶液或0.1%高锰酸钾溶液	适量
鱼石脂或松馏油或碘软膏	适量

用法： 清除创内蝇蛆，刮除坏死组织，用前一种消毒液冲洗、后一种软膏涂布。

27. 驼疥螨病

由疥螨或部分痒螨寄生引起。以皮肤形成厚痂，皲裂，溃烂，奇痒，脱毛，骚动不安，刀刃刮带血皮屑加液体石蜡或50%甘油镜检可查出螨为特征。治宜杀螨。

【处方1】

0.05%蝇毒磷水溶液	适量

用法： 喷洗。

【处方2】

阿维菌素	0.1g

用法： 按1kg体重0.2mg一次肌内注射。

【处方3】

20%碘硝酚注射液	25mL

用法： 按10kg体重0.5mL一次颈部皮下注射。

28. 驼前胃弛缓

由多种原因引起。表现前胃兴奋性降低，收缩力减弱，瘤胃内容物运转缓慢，菌群失调，产生大量腐败和酵解的有毒物质，消化障碍，食欲、反刍减退以及全身机能紊乱病。治宜加强前胃收缩、止酵、健胃。

【处方1】

(1) 0.1%氨甲酰胆碱　　6～8mL

用法： 分2～3次皮下注射，每次间隔30min。

说明： 老、弱、妊娠病驼禁用。

(2)

鱼石脂	30～40g
克辽林	15～20mL
水	800～1 000mL

用法： 混合，一次灌服。

(3) 人工盐　　80～100g

番木鳖酊　　10～15mL
龙胆　　30～50g

用法：混合一次灌服，每天1次，连服3～5次。

说明：也可用10%氯化钠水溶液400～500mL静脉注射。

【处方2】

党参30g　　白术30g　　云苓15g
甘草15g　　神曲30g　　麦芽30g
山楂20g　　陈皮30g　　厚朴30g
砂仁15g　　生姜15g

用法：共研末，开水冲，候温一次灌服，每日1剂，连用3～5剂。

【处方3】针灸

穴位：脾俞

针法：火针。

29. 驼前胃积食

由于体瘦消化力弱或重役后采食大量饲料而又饮水不足引起。表现食少，反刍减少或停止，前胃蠕动音减弱或消失，触诊前胃胀满，有时呈腹痛不安，摇尾踢腹，粪干黑等。治宜除去病因，促进前胃蠕动。

【处方1】

（1）硫酸镁　　800～1 000g

用法：加水一次灌服。

（2）0.1%氨甲酰胆碱　　1～1.5mL

用法：灌服硫酸镁后6～8h分2～3次皮下注射，必要时6～8h后再重复1次。

说明：禁用于老、弱、妊娠骆驼。

【处方2】

10%生理盐水　　400～500mL

用法：一次静脉注射。

说明：出现尿闭结时，使用强心利尿剂。

【处方3】

党参30g　　白术30g　　厚朴30g
枳壳30g　　枳实30g　　陈皮30g
大黄60g　　槟榔15g　　芒硝30g
甘草15g

用法：共研末，加麻油500g，开水冲调，候温一次灌服。

30. 驼前胃臌气

多因采食大量易发酵的青绿饲料、露水草、发酵腐败的草料而致病。以前胃迅速臌起，呼吸困难为特征。治宜除去病因，放气，止酵。

【处方 1】

(1) 用套管针在左肷部进行前胃穿刺，排出气体。

(2) 福尔马林 10～15mL

水 500～1 000mL

用法：放完气体，经套管针注入。

说明：也可用来苏儿 10～20mL 加水 500～1 000mL 注入。

【处方 2】

醋 1 000～2 000mL

植物油 500mL

用法：一次灌服。

【处方 3】

生石灰 250～300g

水 3 500～4 000mL

用法：将生石灰溶于水中，取澄清液灌服。

【处方 4】

芳香氨醑 40～50mL

鱼石脂 20～30g

植物油 500～1 000mL

水 5000～10 000mL

用法：一次灌服。

【处方 5】

炒盐 250g

水 2 000～2 500mL

用法：开水冲化，候温一次灌服。

【处方 6】

白酒 250mL

用法：加浓茶适量一次灌服。

【处方 7】针灸

穴位：蹄窝、尾本、脾俞、舌根。

针法：前 2 穴血针，后 2 穴火针。

31. 驼胃肠积沙

多因长期放牧，久食带土包沙的草，久饮不洁带泥沙之水使泥沙沉积于胃肠所致。干旱时期易发。以逐渐消瘦，多卧，被毛无光泽，反刍减少，粪先干后稀，排便时表现痛苦为特征。治宜消积导滞，通肠泻便。

【处方 1】

生姜 30g　　食盐 120g

用法：共为末，加清油1 000mL 混合，一次灌服。

【处方 2】

川乌 21g　　木香 24g

用法：共为末，开水冲，加液体石蜡1 500mL 混合，一次灌服。

【处方 3】消积导滞散

炒香附 45g　　滑　石 30g　　枳　实 30g
二　丑 45g　　千金子 30g　　皂　角 30g
厚　朴 60g　　番泻叶 30g　　大　黄 60g
山　楂 45g　　神　曲 60g（另包）

用法：共为末，开水冲，加清油 500mL，候温加神曲一次灌服，隔日 1 剂，连服 2～4 剂。

32. 驼急性肠炎

多因饲喂霉烂草料或长途运输、闷热等所致。以腹痛，呼吸迫促，肠音响亮，粪便糊状、恶臭，小便短赤等为特征。治宜消炎解毒，清热止泻。

【处方 1】加味郁金散

郁　金 60g　　土茯苓 45g　　槐　花 45g
白　芍 30g　　菊　花 30g　　黄　连 30g
黄　芩 30g　　连　翘 30g　　桔　梗 30g
桑　皮 30g　　栀　子 30g　　二　花 45g
甘　草 30g

用法：共为末，开水冲调，加蜂蜜 250g 混合，一次灌服，每天 1 剂，连服 4 剂。

【处方 2】黄连解毒散

黄　连 30g　　生　地 30g　　丹　皮 30g
白　蔹 30g　　二　花 30g　　白头翁 60g
甘　草 30g

用法：共为末，开水冲调，加童便适量，一次灌服，每天 1 剂，连服 3～5 剂。

33. 驼腹泻

包括肠痛腹泻，胃肠受凉、受寒、腹泻，暑热泄泻等。以病初肠音亢进，排黄水样便，后期粪便黑紫，肚腹卷缩，小便短赤，饮食、反刍停止，口色黄白，肛门失禁等为特征。治宜除去病因，抑菌止泻。

【处方 1】

大蒜酊　　250mL

用法：加水适量一次灌服。

【处方 2】

0.1%高锰酸钾水溶液　　适量

用法：反复饮用。

【处方 3】

萨罗（主成分为水杨酸苯酯）　　20～30g

用法：加水一次灌服。

【处方 4】

安痛定注射液　　20～30mL

用法：一次肌内注射。

说明：也可用1%硫酸阿托品3～5mL一次皮下注射。视病情可连续用药3～5d。

【处方 5】官桂散（用于寒泻）

党　参 30g　　官　桂 30g　　陈　皮 30g
白　术 30g　　藿　香 30g　　甘　草 15g
云　苓 15g　　高良姜 30g　　乌　梅 30g
生　姜 15g

用法：研末，开水冲调，候温灌服。每天1剂，连用2～4剂。

【处方 6】香薷散（用于暑泻，暴泻如水）

香　薷 30g　　党　参 30g　　白　术 30g
陈　皮 30g　　茯　苓 30g　　白　芍 30g
甘　草 15g　　乌　梅 30g　　灯心草 1撮
扁　豆 30g

用法：研末，开水冲调，候温一次灌服。每天1剂，连用2～4剂。

【处方 7】胃苓散（用于泄泻清浊不分）

苍　术 30g　　猪　苓 30g　　陈　皮 30g
泽　泻 30g　　厚　朴 30g　　白　术 30g
云　苓 30g　　白　芍 30g　　肉　桂 30g
甘　草 15g

用法：同处方5。

【处方 8】云苓散（用于口干发渴）

云　苓 30g	猪　苓 30g	白　术 30g
苍　术 30g	泽　泻 30g	栀　子 30g
山　药 30g	白　芍 30g	陈　皮 30g
乌　梅 30g	甘　草 15g	

用法：同处方 5。

【处方 9】五苓散（用于湿泻）

官　桂 30g	砂　仁 30g	诃　子 30g
云　苓 30g	陈　皮 30g	白　术 30g
猪　苓 30g	泽　泻 30g	山　药 30g
苍　术 30g	肉豆蔻 30g	生　姜 15g
乌　梅 30g		

用法：同处方 5。

【处方 10】胃风散（用于风泻）

当　归 60g	川　芎 30g	白　芍 30g
焦白术 90g	党　参 30g	云　苓 30g
肉　桂 30g	炒玉米面 1 撮	

用法：同处方 5。

【处方 11】

炒麸子 1kg	大　葱 200g

用法：开水浸泡，候温灌服。

说明：用于不辨寒热腹泻

【处方 12】

苦豆子根	0.5～1kg

用法：煎汤，候温灌服。

【处方 13】针灸

穴位：带脉、通关、脾俞。

针法：前两穴血针，后一穴火针。

34. 驼便秘

多因长期采食难以消化的粗硬饲料或误食多量沙土、或患牙齿疾病及慢性胃肠炎引起。多见于冬春枯草季节。以食少，反刍减少，磨牙，轻度腹胀，腹痛，初期排两头尖的少量粪球，并附黏液，后期排粪停止，肠蠕动减弱等为特征。治宜润肠通便。

【处方 1】

硫酸镁	800～1 000g

用法：加水适量一次灌服。

【处方 2】

10%氯化钠注射液　500mL

10%葡萄糖注射液　500mL

10%安钠咖注射液　30mL

用法：一次静脉注射。

【处方 3】

芒硝 60g　大黄 60g　枳实 30g

厚朴 30g　二丑 30g　生姜 15g

用法：共研末，加麻油 500mL、开水 2 500～3 000mL 冲调，候温一次灌服。

说明：直肠便秘时，可行灌肠或直肠掏结。

【处方 4】针灸

穴位：尾本、蹄窝、脾俞、通关、后海、百会。

针法：白针和火针。

35. 驼支气管肺炎

由于受寒感冒、过劳、感染引起的肺小叶及相连的细支气管发炎。以体温升高（弛张热），呼吸浅表，可视黏膜暗红色，流灰白色鼻液，反刍减少等为特征。治宜抗菌消炎，平喘止咳。

【处方 1】

注射用青霉素钠　320 万 U

注射用链霉素　400 万 U

注射用水　20～30mL

用法：分别一次肌内注射，每天 2 次，连用 3～5d。

【处方 2】

磺胺嘧啶钠　50g

碳酸氢钠　50g

用法：分 3 次口服，连服 3～5d。

【处方 3】

氯化铵　30～40g

碘化钾　5～8g

远志酊　30～50mL

用法：一次内服，每天 1 次。

【处方 4】

知母 30g　贝母 30g　白芍 30g

甘草 30g　大黄 60g　郁金 30g

陈皮 30g　半夏 15g　桔梗 30g

用法：共为末，加蜂蜜 120g，开水冲调，一次灌服，每天 1 剂，连用 3～5 剂。

说明：喘气粗而咳嗽者去桔梗加紫苏、冬花各 30g；毛焦不食者加白术 60g；口腔干燥者去陈皮、半夏，加乌梅、南星各 30g；气虚者加党参、苍术各 60g。

36. 驼氟中毒

主要发生在水、土和牧草含氟量高的沙漠、沼泽地区。表现幼驼发育不良，跛行，成驼的门齿齿面珐琅质失去光泽，粗糙或有黄褐色、黑色斑纹，臼齿过度磨损。下颌骨肿大，跛行，易发生骨折等。本病以预防为主。

【处方】预防

明矾或不含氟的钙、磷等矿物质和骨粉　　适量

用法：加入饲料中喂服。

说明：必要时可静脉注射葡萄糖酸钙。每年远牧 3～5 个月。

37. 驼棘豆草中毒

多因骆驼采食了棘豆属的植物（如小花棘豆、黄花棘豆等）引起。表现迟钝，四肢无力，步态不稳，共济失调，采食不自如，多因瘫痪而亡。治宜解毒强心。

【处方 1】

（1）25%葡萄糖注射液　　1 000～2 000mL

15%硫代硫酸钠注射液　　40～80mL

用法：一次静脉注射。

（2）2%盐酸毛果芸香碱注射液　　8～16mL

用法：一次皮下注射，每天 1 次。同时点眼，以缩小瞳孔。

【处方 2】

砖茶　　250g

用法：加水 5 000mL 煮沸 1h，加白糖 200g 候温灌服，隔日 1 次，连用 3～4 次。

【处方 3】

黄连 100g　　黄芩 100g　　大黄 200g

用法：加白糖 200g 煮沸后放凉灌服，每天 1 次，连用 3～4 次。

38. 驼沙葱中毒

多因骆驼采食沙葱所致。以食少，反刍减少或停止，呼吸困难，鼻孔开张，尿色紫色，肝炎，胃肠炎等为特征。目前尚无有效疗法，宜对症治疗。

【处方 1】

消黄散　　250～500g

用法：加开水 1 000～1 500mL 搅匀，候温空腹灌服，隔日重复 1 次。

说明：同时每天灌服酸奶或食醋 5～10kg，连用 2d。体质较弱者应进行补液。

注：避免在生长有沙葱的草场放牧。

【处方 2】

参考驼棘豆草中毒处方。

39. 驼麻黄中毒

多因采食麻黄充饥所致。以兴奋不安，神志不清，两眼朦胧，步态不稳，心悸，四肢呈游泳状，后期麻痹，卧地不起等为特征。治宜停食有毒植物，对症治疗。

【处方】

25%硫酸镁注射液　　50～100mL

用法： 一次静脉注射或混入葡萄糖注射液静脉注射。

说明： 对膘情较好的骆驼可先颈静脉放血 500～1 000mL，然后输入 10%葡萄糖液1 500～2 000mL，每天 2 次，连用 3～4d；灌服 30%硫酸钠溶液1 000mL。

注： 不要到密生麻黄的地带放牧。

40. 驼锁阳中毒

多因采食锁阳充饥所致。以兴奋不安，易惊，口吐白沫，流泪，行步蹒跚，呻吟，不顾一切向前冲或后退，有时攀登或冲撞墙壁、圈舍、沙丘、河谷等为特征。治宜停食有毒植物，对症治疗。

【处方 1】

砖茶 200g　　白砂糖 100g

用法： 砖茶加水 500mL 煮沸半小时，取汁化入白糖候温一次灌服。

【处方 2】

5%葡萄糖注射液　　3 000～6 000mL

25%维生素 C 注射液　　10～20mL

用法： 一次静脉注射。

说明： 体质好的可先颈静脉放血 300～500mL，然后静脉注射。也可灌服小米汤（小米 100g、青萝卜 500g、加水2 500mL 煮烂捣碎），或酸奶水（酸牛奶或羊奶 500～1 000mL，加水3 000mL），或醋水（食用醋 500mL，加水3 000mL）。

41. 驼风湿病

在由于潮湿、寒冷、气候急剧变化等引起。以患部关节疼痛、僵硬、屈伸困难等为特征。治宜解热镇痛，祛风除湿。

【处方 1】

水杨酸钠注射液　　80～100g

碳酸氢钠　　60～80g

用法：一次内服，每天 1 次，连服 1 周。

【处方 2】

(1) 10%水杨酸钠　　200～300mL

用法：一次静脉注射，每天 1 次，连用 1 周。

(2) 冬青油（水杨酸甲酯）　　5～10mL

用法：患部分点注射。

【处方 3】

2.5%醋酸可的松注射液　　30～50mL

用法：一次肌内多点注射。

【处方 4】防风散

防　风 45g　　羌　活 30g　　独　活 60g
黑附子 30g　　当　归 60g　　乌　药 30g
升　麻 30g　　葛　根 30g　　柴　胡 30g
山　药 30g　　连　翘 30g　　甘　草 15g

用法：共为末，开水冲调，候温一次灌服，每天 1 剂。

【处方 5】独活散

独　活 45g　　羌　活 30g　　防　风 30g
肉　桂 45g　　泽　泻 30g　　黄　柏 30g
大　黄 45g　　当　归 45g　　桃　仁 30g
连　翘 45g　　汉防己 30g　　甘　草 15g

用法：共为末，开水冲调，白酒为引，候温一次灌服，每天 1 剂。

【处方 6】

当归 60g　　元胡 60g　　乳香 30g
没药 30g　　茴香 60g　　肉桂 60g

用法：研末灌服。

说明：用于全身风湿。

【处方 7】针灸

穴位：在患病部位选取。

针法：根据穴位火针或电针。

说明：也可用醋酒灸、醋麸灸。

42. 驼蹄病

多由局部外伤感染，口蹄疫等原因引起。以蹄部炎性肿胀，掌裂或掌通（漏蹄）等为特征。治宜除去病因，清创消炎。

【处方 1】

(1) 0.1%高锰酸钾溶液或 3%过氧化氢　　适量

用法：清洗创口。

（2）鱼石脂软膏或冰硼散油剂 适量

用法：涂布于已清洗的创口处。

【处方 2】针灸

穴位：蹄窝、蹄掌、蹄门、蹄甲、缠腕。

用法：血针或水针。

【处方 3】

生羊油 1 块　　熟牛皮 1 块

用法：清创，贴敷生羊油，用烙铁烧烙。随后在伤口上覆盖熟牛皮，并缝到周围健康的角质上。

说明：用于漏蹄。

43. 驼鞍伤

多因鞍具不当，构造不良，装载失宜等引起。以背部肿胀、破溃、化脓及坏死等为特征。治宜局部外科处理。

【处方 1】

2%龙胆紫　　适量

用法：仅用于皮肤擦伤时涂布。

【处方 2】

（1）0.1%高锰酸钾溶液　　适量

用法：冲洗破溃、化脓创口。

（2）黄丹 5 份　　枯矾 10 份　　诃子 3 份

用法：共研为极细末，撒布创面。

说明：也可撒布消炎粉或樟脑白糖粉（精制樟脑 1.5 份、白糖 2 份、大黄 0.5 份）。

44. 驼烧伤

多因骆驼在有火的灰烬中打滚所致。治宜抗菌消炎，防止继发感染。

【处方 1】

（1）熟石灰水　　适量

用法：涂于患部。

（2）獾油　　适量

冰片　　少许

用法：调匀后涂抹患部。

【处方 2】

大黄末 30g　　生地末 30g　　清　油 30g

用法：加鸡蛋清或少量冷水搅拌成糊状，用鸡毛刷于患部，等干后再刷。

【处方 3】

大黄 30g　没药 30g　乳香 30g

用法：共研末，加清油和冷水调和，反复涂患部。

45. 驼毒蛇咬伤

骆驼在荒漠戈壁放牧时易被毒蛇、主要是蝮蛇咬伤。表现伤口周围红肿热痛，但很少致死。治宜防止蛇毒扩散，排毒解毒。

【处方 1】

高锰酸钾粉　2g

用法：寻找伤口，在上方结扎，用 0.1%高锰酸钾溶液清洗伤口，并扩创排毒，同时向创口及其周围分点注入 1%高锰酸钾溶液 20～30mL。

【处方 2】

蛇药片　50～100 片

用法：内服或碾碎局部外敷。

46. 驼流产

多因母驼使役过度，拥挤，踢伤，打击腹部或骑乘奔跑太急所致。表现突然发生流产为特征。治宜安胎益肾，理气止痛。

【处方 1】

黄体酮　75～100mg

用法：一次肌内注射，每天 1 次，连用 5～7d。

【处方 2】白术安胎散

炒白术 45g　当　归 45g　川　芎 25g
熟　地 30g　白　芍 45g　陈　皮 30g
炒黄芩 25g　云　苓 25g　阿　胶 30g
艾　叶 30g　党　参 30g　黄　芪 30g
五味子 30g　苏　梗 30g　木　香 15g
续　断 30g　木　瓜 30g　砂　仁 25g
炙甘草 30g

用法：共为末，开水冲，加红糖 120g 混合，一次灌服，每天 1 剂，连服 3 剂。

【处方 3】活血调气散

当　归 30g　川　芎 25g　白　芍 30g
陈　皮 30g　香　附 30g　益智仁 30g
云　苓 15g　高良姜 25g　炒桃仁 10g
红　花 15g　藿　香 15g　甘　草 15g

用法：共为末，开水冲，加黄酒 120mL 混合，一次灌服。

说明：用于习惯性流产。

47. 驼难产

多因胎位不正、子宫颈狭窄或分娩前胎儿死亡、羊水过早排出等引起。初产母驼多发。表现有分娩预兆，但胎儿生不下来。治宜矫胎、助产、催产相结合。必要时行剖腹产手术。

【处方 1】催生散

当　归 60g	川　芎 45g	红　花 30g
龟　板 60g	莪　术 30g	郁李仁 30g
三　棱 30g	桂　枝 30g	桑寄生 30g
滑　石 30g	党　参 20g	枳　壳 30g
二　丑 30g	甘　草 20g	千金子 30g

用法：共为末，开水，加大葱 120g（捣烂），白酒 60g 混合，一次灌服。

【处方 2】加味桂枝茯苓散

桂枝 30g	茯苓 25g	芍药 30g
丹皮 30g	桃仁 25g	当归 30g

用法：共为末，开水冲，加白酒 120g 混合，一次灌服。

48. 驼乳房炎

多因乳房受外伤或乳汁蓄积、乳房感染所致。以乳房红肿热痛或深部形成硬结、破溃等为特征。治宜疏肝和胃，抑菌消肿。

【处方 1】

注射用青霉素钠	320 万 U
注射用链霉素	400 万 U
注射用水	15～20mL

用法：分别一次肌内注射，每天 2 次，连用 5d。

【处方 2】加味逍遥散

柴　胡 30g	当　归 30g	白　芍 30g
白　术 30g	薄　荷 25g	云　苓 30g
瓜　蒌 60g	元　胡 30g	香　附 30g
贝　母 30g	没　药 30g	石　膏 30g
酒黄柏 30g		

用法：共为末，开水冲调，加蜂蜜 250g 混合一次灌服，每天 1 剂，连服 3～5 剂。

说明：若乳房有硬结加元参 30g、牡蛎 30g、王不留行 30g。

【处方 3】茴香散

炙茴香 45g	酒知母 60g	酒黄柏 30g

陈　皮 45g	木　通 30g	云　苓 30g
茅苍术 30g	炙香附 45g	桂　枝 30g
地骨皮 30g	炒二丑 30g	炒枳壳 30g
芦　根 30g	炙甘草 30g	

用法： 共为末，开水冲，加白酒 120g 混合，一次灌服，每天 1 剂。

【处方 4】

蒲公英 120g　　　　二　花 60g

用法： 共为末，开水冲，加蜂蜜 250g 混合，一次灌服，每天 1 剂。

49. 驼羔胎便秘结

由于体弱或未及时吃到初乳引起。表现生后 1d 内排不出胎粪，腹痛起卧不安。治宜泻下通便。

【处方 1】

温肥皂水或液体石蜡　　　　80～100mL

用法： 灌肠 2～3 次。

【处方 2】

植物油或液体石蜡　　　　60～80mL

用法： 一次灌服，服药后按摩腹部或热敷腹部，以增强胃肠蠕动，可促进胎粪的排出。

50. 驼羔脐带感染

多因消毒不严或产后卫生条件不好，脐带断端感染所致。以驼羔吃奶少，不愿活动，拱背站立，脐孔周围红肿等为特征。治宜局部消毒，抗菌消炎。

【处方】

（1）局部切开、消毒，撒布消炎粉。

（2）注射用青霉素钠　　　　50 万～100 万 U

注射用水　　　　5～10mL

用法： 脐孔周围皮下注射。

说明： 必要时注射破伤风抗毒素，配合全身治疗。

十五、蜜蜂病处方

1. 蜜蜂囊状幼虫病

本病又叫囊雏病，由囊状幼虫病毒引起。主要侵害2～3日龄蜜蜂幼虫，表现头部上翘，白色，无臭味，末端有一小囊，里面充满颗粒状水液，一般在封盖之后死亡，尸体由白色变成浅黄色至黑褐色。

【处方1】

华千金藤（海南金不换）　　10g

多种维生素　　10片

用法：喷喂10框蜂。

说明：华千金藤也可用金钱吊乌龟代替。

【处方2】

抗病毒862　　4g

用法：加50%糖水2 000mL，喷喂40框蜂，每3天1次，连续5次为一疗程，一般治疗2个疗程。

【处方3】

20%的蜂胶酊溶液　　5mL

糖浆　　100mL

多种维生素　　适量

用法：混匀斜喷蜜蜂身上，直至湿润为止，可喷10脾蜂。

【处方4】

半枝莲　　50g

用法：加水500mL，煮沸半小时以上，去渣，浓缩药液至400mL左右，加入400g糖或蜂蜜喂20～30框蜂。

【处方5】

七叶一枝花30g　　五加皮30g　　甘草20g

用法：同处方4。

【处方6】

贯众50g　　金银花50g　　甘草60g

用法：同处方4。

【处方 7】

虎杖 150g　　紫草 150g　　甘草 30g

用法： 同处方 4。

【处方 8】

五加皮 30g　　金银花 15g　　桂枝 9g　　甘草 6g

用法： 同处方 4。

2. 蜜蜂死蛹病

由蜜蜂蛹病毒引起。蜜蜂在幼虫期感染，蛹期死亡。发病幼虫体呈灰白色，逐渐变为浅褐色至深褐色；死蜂蛹呈暗褐色或黑色，无黏性，无臭味，多露出白色头部呈“白头蛹”状。治宜抗病毒。

【处方】

蛹泰康（酚丁胺）　　1 包

用法： 每包加水 500mL，每脾喷 10～20mL 药液，每周 2 次，连续 3 周为一个疗程。

3. 蜜蜂慢性麻痹病

本病又叫“瘫痪病”“黑蜂病”，是由蜜蜂慢性麻痹病毒引起的成年蜂传染病。以行动迟缓，反应迟钝，腹部膨大，身体抽搐、颤抖，3 对足伸开，常被工蜂逐到巢门外，无力在地上爬行为特征。治宜抗病毒。

【处方 1】

硫黄粉　　20g

用法： 撒布在蜂箱底和巢框上梁，每周 1～2 次，供 5 框蜂用。

【处方 2】

升华硫　　10g

用法： 撒布在蜂路间，每隔 5～7 天撒 1 次，每群蜂用 10g。

注： 升华硫对未封盖幼虫具有毒性，若用量不当，易造成幼虫中毒。

【处方 3】

胰核糖核酸酶　　适量

用法： 加入等量糖浆饲喂，或喷洒成年峰体。

【处方 4】

同死蛹病处方。

4. 蜜蜂美洲幼虫腐臭病

本病又叫烂子病，由幼虫芽孢杆菌引起。表现为幼虫大量死亡，腐烂，死亡幼虫最初呈苍白色，逐渐变成淡褐色至棕黑色，尸体腐败后具有黏性和腥臭味。治宜抗菌。

【处方1】

保幼康　　1包

用法：用少量70%的酒精溶解，然后加入4 000g糖水中，调匀后喷脾或饲喂，每框蜂用50g，每天用药1次，连用4d。

【处方2】

磺胺噻唑钠（ST）　　1g

糖浆　　1 000mL

用法：混匀后饲喂或喷脾，每群用药250～500mL，每隔3～5d1次，连续3～4次。隔20～30d后，再按上法治疗1～2个疗程。

说明：也可选用四环素（10万～20万U）、土霉素（10万U）等，并注意交替用药。次年发病前进行1～2次预防性给药。

【处方3】

红霉素　　7.8g

热蜜　　224g

糖粉　　544g

用法：在热蜜中加入糖粉，稍凉后加入红霉素，配制成抗生素饴糖，可饲喂100群中等群势的蜂群，每7天喂药1次，2次为一个疗程。第一个疗程结束后，根据蜂群病情，可酌情进行第二个疗程。

【处方4】

EM原露（主成分为益生菌）　　适量

用法：每群一次用EM原露1mL，加入250mL水中或糖浆中饲喂，每隔3～4d 1次，每群喂5～10mL。

【处方5】

金银花30g　　板蓝根12g　　大青叶15g

黄　芩15g　　滑　石20g　　栀　子12g

茯　苓10g　　连　翘12g　　蒲公英15g

甘　草6g

用法：共煎汤，配成饱和糖浆，可饲喂3～5群蜂。

【处方6】

金银花20g　　海金沙15g　　半枝莲15g

当　归10g　　甘　草20g

用法：共煎汤，配成饱和糖浆，可饲喂3～5群蜂。

【处方7】

栀麦片　　3片

牛黄解毒片　　3片

维生素C　　6片

复合维生素　　2片

酵母片　　3片

用法： 共磨粉，拌入花粉或配制糖浆，饲喂2群蜜蜂。

【处方8】预防

花粉　100～200g

土霉素可湿性粉　2g

脱脂大豆粉　200～300g

用法： 混合制成药饼，取100g摊在每群蜂的框梁上，上面覆盖蜡纸或塑料薄膜。每隔5～7d用1次，连续2～3次。

5. 蜜蜂欧洲幼虫腐臭病

由蜂房蜜蜂球菌、蜂房芽孢杆菌等引起的蜜蜂幼虫传染病。通常使3～4日龄未封盖的幼虫死亡，尸体从浅黄色变成褐色，具有酸臭气味，无黏性。治宜抗菌。

【处方1】

注射用链霉素　10万～20万U

糖浆　1 000mL

用法： 混合喂蜂，每群每次喂300～500g，隔2～3d用1次，连喂3～4次。

【处方2】

注射用青霉素　40万～50万U

糖浆　1 000mL

用法： 同处方1。

说明： 也可选用四环素（10框蜂0.1g）、或土霉素（10框蜂0.125g），配制成含药花生饼或抗生素饴糖饲喂病蜂。重症蜂群可连续饲喂3次，轻症蜂群每7天饲喂1次，但采蜜前45～60d停药。

【处方3】

黄芩10g　黄连15g

用法： 加水250mL，煎至150mL，进行脱蜂喷脾，隔日1次，连用3次。

【处方4】

黄　连20g　黄　柏20g　茯　苓20g

大　黄15g　金不换20g　穿心莲30g

金银花30g　雪　胆30g　青　黛20g

桂　圆30g　麦　芽30g

用法： 加水2 500 mL煎熬半小时，取药液加入3L饱和糖浆，可喂80脾蜂，每3天1次，4次为一个疗程。

注： 应换掉病群蜂王，必要时可使用灭活疫苗。

6. 蜜蜂败血症

由蜜蜂败血杆菌引起的成年蜂传染病。病蜂焦躁不安、食少，失去飞翔能力，在蜂箱内外爬行、振翅，抽搐、痉挛而死。血淋巴呈乳白色浓稠状，尸体很快腐败，体节间失去联系。宜抗菌。

【处方 1】

土霉素　　2 万～4 万 U

糖浆　　1 000mL

用法：搅拌后喂蜂，每框蜂 50～100mL，隔 3d 喂 1 次，连用 2～3 次。

说明：也可选用四环素（10 万～20 万 U）、红霉素等。

【处方 2】

磺胺噻唑钠　　0.5g

糖浆　　1 000g

用法：混匀后喂蜂，每框蜂 25mL，隔日 1 次，连用 3～4d。

说明：喂药和喷脾结合，治疗效果更好。

7. 蜜蜂副伤寒

由蜜蜂副伤寒杆菌引起成年蜂严重下痢的一种传染病。病蜂腹部膨大，不能飞行，行动迟缓，有时肢节麻痹、腹泻，排泄物恶臭，群势迅速下降。治宜杀菌。对重症蜂群，要先换箱换脾后治疗。

【处方 1】

复方新诺明　　1～2g

糖浆　　1 000mL

用法：混匀后喂蜂，每框蜂每次喂 50～100mL，每隔 3～4d 喂 1 次，连用 3～4 次。

【处方 2】

氟苯尼考　　0.1～0.2g

糖浆　　1 000mL

用法：同处方 1。

说明：也可选用硫酸链霉素（10 框蜂 0.15g），配制成含药花生饼或抗生素饴糖饲喂病蜂。

8. 蜜蜂白垩病

本病又称石灰质病，是由蜂囊菌引起的蜜蜂幼虫真菌病。幼虫死后呈黄色，布满白色、灰黑色或黑色附着物，干瘪后，变成石灰状或白色木乃伊状。治宜杀灭真菌。用药前对巢脾、蜂箱、机具应严格消毒。

【处方 1】

优白净（主成分为抗真菌药）　　100g

用法：将药液百倍稀释后，喷蜜蜂及巢脾，每脾约 10mL，每天 1 次，连用 4d 为一疗程，间隔 4d，重复一个疗程。

【处方 2】

杀白灵（主成分为抗真菌药）　　10 包

用法：每包溶于 500g 稀糖水中，摇匀后喷蜂及巢脾，每巢脾 10～15mL，每天 1 次，连用 5d 为一疗程。治愈后隔半月再巩固用药 2～3 次。

【处方 3】

灭白垩一号（主成分为苯扎溴铵）　10 包

用法：每包用少量温水溶解后，加入1 000mL 50%糖水中，充分搅拌，喷喂 40 脾蜂，每 3d 1 次，连用 4～5 次。

【处方 4】

0.1%灰黄霉素水溶液　　适量

用法：在蜂群换脾后，喷脾 1～2 次，同时饲喂 2～3 次。

说明：也可选用两性霉素 B（10 框蜂 0.2g），掺入花粉中饲喂病群，连用 7d。

【处方 5】

土茯苓 60g	苦　参 40g

用法：加水1 000mL，煎熬浓缩至 500mL，将枯矾 50g、冰片 10g，研成极细粉末，加入药液中，待其溶解后，加入新洁尔灭液 20mL，隔日喷脾 1 次，连喷 4～5 次为一个疗程。疾病控制后，为防止复发，可间隔 1 周后再治疗 2～3 次。

【处方 6】

金银花 6g	连　翘 60g	蒲公英 4g
川　芎 2g	甘　草 12g	野菊花 60g
车前草 60g		

用法：加水煎成1 000mL，配制成饱和糖浆饲喂，每 3 天 1 次，3 次为一个疗程，连用 3 个疗程。

【处方 7】

黄　连 20g	大　黄 20g	黄　柏 20g
苦　参 15g	红　花 15g	金银花 15g
甘　草 10g		

用法：加水1 000mL 煎至 300mL 时倒出药汁，再加水 200mL 煎 5min 后倒出药汁与第 1 次混合，对患病蜂群每日喷脾 1 次，连用 3d。

9. 蜜蜂黄曲霉病

本病又称结石病、石蜂子，由黄曲霉菌引起。染病死亡的幼虫和蛹，体表发白，逐渐变硬，形如石子，表面长满黄绿色孢子。成蜂染病后，头尾发黑，失去飞翔能力，尸体变硬，在潮湿的条件下，可从腹节处长出白色菌丝。治宜杀灭霉菌。

【处方】

参考蜜蜂白垩病处方。

10. 蜜蜂螺原体病

由螺原体菌引起，主要危害青壮年蜜蜂，病蜂行动迟缓，不能飞翔。治宜杀菌。

【处方 1】

米醋　　50mL

灭滴灵　　1g

氟苯尼考　　0.1～0.2g

用法：研细，加入1 000mL 50%的糖水中，混匀，每群用250mL，连用4～5d。

说明：也可选用四环素（10 框蜂 0.125g），配制成含药花生饼或抗生素饴糖饲喂病蜂。

【处方 2】

大蒜 100g　　甘草 50g　　白酒 200mL

用法：浸泡 15d，取上清液加糖水 10kg，每群饲喂 250mL，连用 4～5d，停药 3d 后，再用 4～5d。

11. 蜜蜂孢子虫病

本病又称蜂微粒子病，是由蜜蜂微孢子虫引起的成年蜂消化道传染病。表现消化、排泄机能受损，虚弱，个体瘦小，尾尖发黑，体色呈深棕色，常被健蜂追咬，爬到框梁上或巢门外，不久即死亡。治宜消除病原。

【处方 1】

0.2%保蜂健（主成分为金银花、黄连、苦参、板蓝根、生苍术、大黄、甘草、仙皮、贯仲、百部和七叶一枝花等中药）　5 包

用法：用温水配成 0.2%浓度加到适量糖浆内喷喂，每隔 3～4d 1 次，连用 3～4 次为一疗程，间隔 10～15d 可进行第二个疗程。

【处方 2】

黄色素　　5g

用法：混入 5kg 糖浆中饲喂，每群每次喂 0.3～0.5kg，隔 3～5d 喂一次，连喂 4～5 次。

【处方 3】

四环素　　25 万 U

用法：加入 1kg 蜜水中，每群一次喂 0.5～1kg，连喂几次，直至痊愈。

说明：也可用土霉素、金霉素或新生霉素等。

【处方 4】预防

柠檬酸　　1g

用法：溶于1 000mL 糖浆中饲喂。

12. 蜜蜂变形虫病

由马氏管变形虫引起的成年蜂寄生虫病。以腹部膨大，下痢，体质衰弱，无力飞行，不久死亡，群势逐渐削弱，采集力下降，蜂蜜产量降低为特征。治宜杀灭病原。

【处方】

参考蜜蜂孢子虫病处方。

13. 蜜蜂爬蜂综合征

20世纪80年代末至90年代初严重危害我国养蜂生产的一种成蜂传染病，病原复杂。发病蜂群前期表现烦躁不安，有的下痢，蜜蜂护脾能力差，大量成蜂堕落箱底；病害严重时，大量青、幼年蜂涌出巢外，蠕动爬行，在巢箱周围蹦跳，或起飞后突然坠落，直至死亡。剖检死蜂见中肠变色，后肠膨大，积满黄色或绿色粪便，有时有恶臭。该病目前尚不能用药物进行有效控制，宜加强饲养管理，避免蜂群使役过度。

【处方1】

米醋　　50mL

生姜水　　5mL

用法： 加入1 000mL糖浆中拌匀，每日每群蜂饲喂250mL，连喂4d。

【处方2】

大黄　　10g

用法： 加入300mL开水浸泡3h后倒出药液，再冲入开水200mL，浸泡2h后倒出药液，再用200mL开水泡药渣1h后倒出药液。3次药液混合过滤，喷洒病脾，每脾30mL左右，隔2d再喷1次，病重者2d后再喷1次。

【处方3】

黄连、黄柏、黄芩、虎杖　　各1g

用法： 加入400mL煎至300mL，倒出药液；再将药渣中加入300mL水，煎至250mL，倒出药液；再加入水200mL，煎至150mL，倒出药液；3次所得的药液混合过滤，在晴好天气喷洒巢脾，每脾喷30mL药液，每3d喷1次，连用3次。

【处方4】

大蒜　　100g

甘草　　50g

用法： 用60度白酒200mL浸泡10天后，取上清液加1 000mL糖浆搅匀，每日每群蜂饲喂500mL，连喂4～5d。

【处方5】

黄花败酱草（干品）　　250g

用法： 加水2 500mL，煎汤配制饱和糖浆，分2次于晚间饲喂。

【处方 6】

银翘解毒片　　　　1包

牛黄解毒丸　　　　1粒

用法： 加温开水溶化，加入糖浆1 000mL，可喂 20 脾蜂，隔日喂 1 次，7 次为 1 个疗程。

【处方 7】

大蒜　　　　500g

用法： 捣成泥，用2 000mL 醋酸溶液浸泡 1 周，滤去蒜渣即成“蒜醋酸溶液”，在糖浆中加入 3%蒜醋溶液，每晚喂蜂，连喂 10d。

14. 蜜蜂虱蝇病

病原为蜂虱蝇，常寄生在工蜂和蜂王的头、胸部，使它们不安和异常虚弱，蜂王行动迟缓，停止产卵，工蜂则停止采集，衰竭而亡。治宜杀灭蜂虱。

【处方 1】

樟脑粉　　　　3～5g

用法： 傍晚均匀地撒在纸上放入箱底，第二天早晨取出，把落在纸上的幼虫收集起来烧掉，连续 3 次，10d 后再重复 1 次。

【处方 2】

萘　　　　5～10g

用法： 同处方 1。

【处方 3】

烟叶　　　　适量

用法： 将烟叶放入燃烧着的喷烟器内，向巢门里喷烟 3～5min，熏烟后迅速将箱底的纸取出，3～5d 后再熏治一次。

15. 蜜蜂大蜂螨病

由大蜂螨寄生于成蜂体上和幼虫房内引起。成蜂被寄生后，体质衰弱，寿命缩短，生产能力下降；幼虫被寄生后，不在幼虫期死亡，就在蛹期死亡，有幸不死羽化成蜂的，出房后因翅足发育不全而失去飞翔能力。治宜驱杀螨虫。

【处方 1】

速杀螨（主成分为马拉硫磷）　10mL

用法： 稀释1 000倍，傍晚喷蜂群，隔 1 周再防治 1 次。

【处方 2】

敌螨　　　　8mL

用法： 1 500倍稀释后喷洒，每周用药 1 次，连用 2 次。

说明： 敌螨主成分为 2-异辛基-4，6-二硝基苯基-2-5 烯酸酯。

【处方 3】

鱼藤精（含 2.5%鱼藤酮） 10mL

用法：稀释 400～600 倍，混匀后喷蜂喷脾，以雾状为度。

说明：也可选用烟草油、麝香油加薄荷油、大蒜油、松柏针叶提取物、芹菜提取物（芹菜油）等喷脾。也可用烟叶、生石灰撒于蜂箱底部，用百部、马钱子、烟叶、元胡、姜黄、芫荽籽、花椒、大茴香、小茴香等混合研末撒于蜂箱底部，用百部、烟叶、细辛、滑石粉等撒于蜂箱底部。

【处方 4】

高效杀螨片（主成分为升华硫、螨克、螨朴、麝香草粉等） 数片

用法：用图钉固定于蜂群内第二个蜂路间，强群呈对角线挂 2 片，弱群 1 片，3 周为一个疗程。

【处方 5】

敌螨熏烟剂（硫化二苯胺 20%、硝酸钾 25%、细木屑 55%） 100g

用法：标准箱的单箱群为每群 1 次用 2g，继箱群或十六框卧式箱每群一次用 3～4g。先在蜂箱底铺一张纸，然后打开箱盖，关闭巢门，点燃药包一角，迅速放入箱内没有巢脾的一边（药包下垫一块薄石片），立即盖严箱盖，熏烟 15～20min。

16. 蜜蜂小蜂螨病

由小蜂螨寄生于蜜蜂幼虫和蛹体上引起。以死蛹，化蛹后不能羽化，有的羽化出房时，翅膀残缺不全，幼蜂发育不良，造成幼虫大批死亡，腐烂变黑，甚至全群死亡等为特征。治宜杀螨。

【处方 1】

噻咪唑 1.714g

用法：溶于1 000mL 50%糖浆内。3 框蜂群饲喂含药糖浆 300mL，3～7 框的饲喂 600mL，7 框以上饲喂1 000mL。24h 后检查饲料，若有剩余，剩余下的糖浆喷在蜂体上。每隔 7 天饲喂 1 次，连喂 3 次。

【处方 2】

参考蜜蜂大蜂螨病处方。

注：预防可用断子法：①蜂群内断子法：幽闭蜂王 9d，打开封盖幼虫房并将幼虫从巢脾内全部摇出；②同巢分区断子法：将蜂群分隔成两个区，使各个区造成断子状态 2～3d。

17. 蜜蜂壁虱病

由壁虱寄生在蜜蜂的气管内、头部、翅基部、触角上引起。表现气管先呈淡黄色并布满褐色斑点，最后变黑，前后翅上翘呈 K 字形；失去飞翔能力，虚弱，有时腹部膨大、下痢。治宜消除病原。

【处方 1】

冬青油　　　　　　　　20mL

用法：中等群每次用 6mL，将药液洒在吸水纸上，傍晚放在蜂群巢脾框梁上熏蒸，不关巢门，每隔 3d 用药 1 次，连用 3 次。

说明：也可选用甲酸、薄荷油等。

【处方 2】

硝基苯　　　　　　　　10mL

汽油　　　　　　　　　6mL

植物油　　　　　　　　4mL

用法：混合均匀，中等蜂群每次用药 3mL，按处方 1 法熏治。

注：也可用杀螨醇或溴螨酯纸片熏烟剂熏治。

18. 蜜蜂芫菁病

本病又名地胆病，由复色短翅芫菁和曲角短翅芫菁的幼虫寄生于蜜蜂体表吸食蜜蜂血淋巴引起。虫体破坏蜜蜂表皮组织，使蜜蜂不安，虚弱，痉挛而亡，一天中死蜂数百只到数千只。治宜杀虫。

【处方】

参考蜜蜂壁虱病处方。

19. 蜜蜂枣花中毒

由于采食的枣花花蜜中所含的生物碱或钾离子而引起。表现腹部膨大，失去飞翔能力，在巢门外跳跃式爬行，最后翅竖起，六肢抽搐，全身缩成钩状而死亡。宜排毒解毒。

【处方 1】

甘草水或生姜水　　　　适量

用法：配制糖浆，饲喂蜂群。

【处方 2】

0.1%柠檬酸或醋酸　　　适量

用法：加入 50%的糖浆中饲喂蜂群。

【处方 3】

2%盐水　　　　　　　　适量

用法：洒在框架和蜂路上，饲喂蜂群。

20. 蜜蜂花蜜和花粉中毒

花蜜中毒常由于采食了藜芦、乌头、毛茛、油茶、羊踯躅、白头翁等植物分泌的有毒花蜜引起。表现以先兴奋后抑制，翅、肢、触角麻痹，蜜囊充满花蜜为特征。花粉中毒由于采集了有毒植物（藜芦、蓼草等）的花粉而引起。以腹部膨大，中肠和后肠内充满由花粉粒构成的黄色糊团为特征。治宜解毒排毒。

【处方】

参考蜜蜂枣花中毒处方。

21. 蜜蜂甘露蜜中毒

多发生在早春和晚秋蜜粉源缺乏时。蜜蜂采集和吸食了甘露和蜜露引起。表现腹部膨大，失去飞翔能力，常在巢脾框梁上或巢门外爬行，蜜囊膨大呈球状，中肠灰白色，后肠蓝或黑色，充满暗褐色至黑色稀粪。治宜排除毒物，抗菌，强壮。

【处方】

四环素　1片

复合维生素B　20片

食母生　50片

用法：研碎后混入1kg蜜水或5%糖水中，搅匀后喂蜂20脾，每天喂1～2次，连喂2～3d。

22. 蜜蜂农药中毒

由于采食喷过农药的农作物、果树和林木的蜜粉引起的一类中毒病。表现蜂群突然出现大量死蜂，采集蜂多的强群死亡量大，交尾蜂几乎无死亡，蜂群不安，追逐人畜。治宜解毒。

【处方1】

糖或蜜水（1∶4）　适量

用法：饲喂蜜蜂。

【处方2】

0.05%～0.1%硫酸阿托品溶液　适量

0.1%～0.2%解磷定溶液　适量

用法：喷脾。

说明：用于有机磷农药中毒。

23. 蜜蜂的蜡螟害

由于害虫的幼虫（又名巢虫、绵虫、隧道虫）危害巢脾，破坏蜂巢，穿蛀隧道，伤害蜜蜂的幼虫及蜂蛹引起。轻者影响蜂群繁殖，重者会造成蜂群飞逃。治宜杀灭敌害。

【处方1】

0.14%苏云金杆菌乳剂　适量

用法：喷脾。

【处方 2】

二硫化碳　　100mL

用法：每个继箱体用 10mL，滴加在厚纸上，置框梁上密闭熏蒸 24h 以上。

【处方 3】

二氧化硫　　30～50g

用法：每个继箱体用 3～5g，点燃熏蒸 24h 以上。

【处方 4】

96%甲酸　　200～300mL

用法：熏蒸。

24. 蜜蜂的胡蜂害

在秋后蜜源缺乏时，胡蜂攻击在空中飞行或在巢门前、巢门口的工蜂，造成工蜂纷纷回巢或四处躲避，蜂群大乱，蜂势减弱。治宜杀灭胡蜂。

【处方 1】

毁巢灵粉（主成分为有机磷类）　适量

用法：捕捉胡蜂，将药粉敷在胡蜂的胸背板上或蜂体各部分，让其带药归巢。

【处方 2】

林丹毒杀酚（主成分为六氯环己烷）或敌百虫或对硫磷或甲基对硫磷　　适量

用法：毒杀胡蜂。

注：应及时摧毁养蜂场周围胡蜂的巢穴。

25. 蜜蜂的蚂蚁害

危害蜂群的蚂蚁主要有大黑蚁和棕色家蚁等。它常在蜂箱附近活动，从蜂箱缝隙或巢门进入箱内，窃食蜂蜜、蜂花粉，扰乱蜜蜂的正常活动，严重时可使蜂群弃巢飞逃，治宜杀灭蚂蚁。在药物毒杀的同时要垫高蜂箱，捣毁蚁巢。

【处方 1】

硼砂 60g　　白糖 400g　　蜂蜜 100g

用法：溶于1 000mL 水中，分装于小盘内，置于蚂蚁经常出没的地方。

【处方 2】

灭蚁灵（十二氯五环癸烷）　3～5g

用法：喷洒在蚁路和蚂蚁身上，让其带回巢中。

26. 蜜蜂的天蛾害

成虫袭击蜂群，盗食蜂蜜，骚乱蜂群并影响工蜂巢内的正常活动，使蜂王的产卵量降低。侵袭蜂群的天蛾以芝麻鬼脸天蛾和鬼脸天蛾常见。治宜灭蛾。晚间应缩小巢门，或在巢上放置驱杀器。

【处方】

蜂蜜酿酒渣　　　　　　　　　　　适量

用法：灌入砂滤棒，再悬于孔径 150mm 的铁丝笼中诱杀天蛾。

27. 蜜蜂的蟑螂害

蟑螂又叫蜚蠊，常从蜂箱的缝隙处或巢门口进入蜂箱内，偷食蜂蜜和蜂粮，串入巢脾惊扰蜜蜂正常生活，传播细菌，导致蜂群发病或群势下降。治宜杀灭蟑螂。平时应注意换箱，对换下的蜂箱要清洗消毒。

【处方】

灭蟑螂药笔（主成分为溴氰菊酯）　适量

用法：在蜂箱周围 50cm 处，划 2～3 道线，每条线宽 2～3cm，间隔 2～3cm。

十六、蚕病处方

1. 蚕病毒病

包括体腔型脓病、中肠型脓病、病毒性软化病、浓核病多种，均由病毒引起。主要表现皮肤易破，流白色脓汁，少食软弱、胸部空虚，死后尸体软化等。治宜加强卫生消毒，消灭传染源，防止继发感染。

【处方 1】

生石灰粉　　适量

用法： 撒入蚕座，蚕体见白即可。或配成 0.5%（小蚕）、1%（大蚕）混悬液喷洒桑叶喂食，每天 1～2 次。

说明： 也可选用消毒净1 000倍稀释或保利消（主剂，主成分为有效氯）250 倍稀释后，进行叶面喷洒消毒。

【处方 2】

盐酸诺氟沙星　　适量

用法： 配成 500～1 000mg/L 的水溶液喷洒桑叶喂蚕，每 8h 添食 1 次，连续 3 次，以后每天 1 次。

说明： 也可用红霉素。

【处方 3】

脓病清（主成分为碘酊）　　100g

新鲜石灰粉　　4kg

用法： 充分混匀，从 3 龄起至上蔟前，每天早晨喂叶前均匀撒于蚕匾内，呈薄霜状即可。

说明： 宜现配现用；用药均在喂叶前，喂叶后请勿用药，用药后不要喂湿叶。

【处方 4】

亚迪欣（主成分为含有效氯的消毒剂）　　适量

用法： 250 倍稀释后消毒蚕室蚕具，1 000倍稀释消毒桑叶，1 600倍稀释用于杀灭细菌芽孢和微孢子。

说明： 也可选用 84 消毒液、农用“菌毒清”（主成分为甘氨酸取代衍生物）、甲醛溶液、碘酊等消毒药。

2. 蚕微粒子病

一种具有胚种传染性的毁灭性的传染病，给蚕桑生产带来了巨大的危害。

【处方 1】

微粒子病防治药剂 ID（主成分为含碘制剂） 适量

用法：配成 18.5～185mg/kg 的浓度消毒桑叶。

【处方 2】

蚕熏安熏烟消毒剂（主成分为含有效氯的消毒剂） 适量

用法：按 0.5g/m^3 剂量熏烟蚕室 1h。可彻底杀灭桑叶面的微孢子虫。

【处方 3】

丙硫咪唑 适量

用法：按 0.1%的浓度喷洒桑叶后喂食。

【处方 4】

微毒灵（主成分为含碘制剂） 适量

用法：按 500mg/kg 的浓度喷洒桑叶后喂食。

3. 蚕细菌病

包括细菌性败血病、胃肠病、中毒病等，均由细菌引起。主要表现减食或停食，胸部膨大，排软粪或污液，衰弱，陆续或突然死亡。治宜抗菌消毒。

【处方 1】

同蚕病毒病处方 2。

【处方 2】

0.3%有效氯漂白粉溶液 适量

用法：喷洒桑叶后喂蚕。污染严重的桑叶，浸洗 3min 后用清水冲洗晾干喂蚕。

【处方 3】

杀菌灵（氨基甲酸甲酯类消毒剂） 适量

用法：按 62.5μg/mL 的浓度喷洒桑叶喂食 6h，防治由黑胸败血病菌引起的黑胸败血病；按 250μg/mL 的浓度喷洒桑叶喂食，3d 内分别喂食 24h、6h、6h，防治由黏质沙雷氏菌感染引起的败血病。

说明：也可选用克蚕菌、克红素、菌立克或克菌灵等抗生素。

【处方 4】

蚕病灵（主成分为抗生素和中药） 适量

用法：按 150mg/kg 浓度喷洒桑叶喂食，每 8h 喂 1 次，连续 3 次，以后每天 1 次。

【处方 5】

蚕用抗生素九零一九 适量

用法：按 1kg 水 4mL 稀释喷洒桑叶喂食，8h 喂 1 次，连续 3 次，以后每天喂 1 次。

4. 蚕真菌病

包括白僵、绿僵、黄僵、灰僵、褐僵等多种霉菌病，由相应的僵菌引起。诊断以死亡尸体长出菌丝和分生孢子的颜色区分。治宜抗真菌。

【处方 1】

4%百菌清防僵粉（75%百菌清 1 份加石灰粉 24 份）　　适量

用法：喷洒消毒蚕体，每天 1 次，至愈。

【处方 2】

抗菌剂 402（主成分为乙基大蒜素）　　适量

用法：兑水稀释成 20 倍药液，在给桑前，用喷雾器均匀地喷洒到蚕体、蚕座上，然后加网给桑除沙。适用于壮蚕期发生的蚕真菌病。

【处方 3】

蝇僵灵（主成分为有机磷类药物）　　适量

用法：600 倍稀释后喷洒桑叶喂食或喷于桑树后采药叶喂食。

【处方 4】

1%有效氯漂白粉　　适量

用法：养蚕前消毒蚕室、蚕具。

说明：也可用或 0.05%～0.07%防僵灵 2 号，或 0.5%百菌清、1%石灰粉混合浆。

【处方 5】

优氯净（二氯异氰尿酸钠）　　适量

用法：按 $1m^3$ 蚕室用药 1g 烟熏蚕室。

【处方 6】预防

2%～3%有效氯漂白粉或防僵粉，或防僵灵 2 号，或敌蚕病或蚕座净　　适量

用法：消毒蚕体或蚕座。疫区在各龄起和盛食期各用 1 次，全龄共用 10 次；非疫区在各龄起用 1 次，全龄共 5 次。

5. 蚕原虫病

包括微粒子病、变形虫病、球虫病等，均由单细胞原生动物寄生引起，经口或胚种传染。共同表现发育不齐，生长缓慢，体瘦小，色污暗，蜕皮困难或死于眠中，不能结茧或结薄皮茧。主要靠预防。

【处方 1】

母蛾检查，淘汰带虫蛾，消除胚种传染。

【处方 2】

蚕室、蚕具、蚕种消毒，病蚕、废簇处理消毒，消灭病原。

6. 蚕蝇蛆病

由多化性蚕蛆蝇寄生于蚕体引起。常见寄生部位出现黑色病斑，随蛆体成长而增大。病斑大多呈喇叭状，周围体壁呈现油迹状透明，解剖病斑体壁有小蝇蛆寄生。治宜杀灭蝇蛆。

【处方 1】

灭蚕蝇乳剂（或片剂）　　9mL（或 9 片）

用法：①添食法：500mL 稀释后均匀喷洒在 5kg 桑叶上喂蚕，一次喂完，四龄第 2 或第 3 天，五龄第 2、4、6 天及见熟时各用 1 次。②喷体法：300 倍稀释，于桑叶吃光、蚕体全部暴露、给桑之前半小时均匀喷于蚕体，以湿润为度。

说明：①现配现用，乳剂摇匀，稀释后充分搅拌，喷体或添食要均匀。②灭蚕蝇在碱性溶液中易分解，故施用前后 6h 内不宜在蚕座上撒施石灰。③不同蚕区药物浓度有差异。④可试用伏虫脲药剂进行防治。

【处方 2】

蝇僵灵　　适量

用法：500 倍稀释后喷洒桑叶喂食或喷于桑树后采药叶喂食。

7. 蚕壁虱病

由虱状恙螨寄在蚕体表引起。小蚕受害后很快停食，口器与胸微微颤动，其后体色变黑，很快死亡；眠中受害则不能蜕皮而死；大蚕受害排连珠状粪，脱肛，蚕体弯曲，头胸突出，吐水而死。治宜杀虫消毒。

【处方 1】

杀虱灵（1，1-二氯二苯基甲醇）　　适量

用法：喷洒蚕体，以湿润为宜。

【处方 2】

灭蚕蝇乳剂　　5～10mL

用法：稀释喷洒蚕座。1 龄、2～3 龄、4～5 龄蚕分别稀释1 000、500、300 倍。

【处方 3】

毒消散（主成分为聚甲醛和水杨酸等）　　适量

用法：将蚕搬出，烟熏 2h 以上，排烟后 30min 将蚕搬回。

8. 蚕中毒病

包括农药、工业废气、烟、煤气等中毒病，主要通过污染桑叶引起，可根据病因和症状做出诊断，主要靠预防减少发病。

【处方】

怀疑中毒病蚕立即停喂污染桑叶，改喂无污染桑叶或将污染桑叶水洗、晾干后饲喂；煤气中毒蚕立即改善环境或移入通风处。

说明：消除桑叶污染来源，桑田应规划在远离污染源处。

十七、鱼病处方

1. 草鱼青鱼出血病

由草鱼出血病病毒感染引起。主要表现各器官组织充血、出血，鳃、肝、脾、肾等器官可因失血而呈灰白色。本病重在免疫预防，可用中药试治。

【处方 1】

大　黄 500g　　黄　芩 500g　　黄　柏 500g

板蓝根 500g　　食　盐 500g

用法：研末拌入 100kg 饲料中投喂，每天 1 次，连喂 7d。

【处方 2】

（1）水花生 8～10kg　　大蒜头 0.5kg　　食　盐 0.5kg

用法：打浆拌入 3kg 米糠做成药饵，用于 100kg 鱼一次投喂，每天 1 次，连喂 5d。

（2）硫酸铜　　50g

用法：用于 100m^3 水体，加适量水溶化后，一次全池波洒，每天 1 次，连续 5d。

【处方 3】预防

草鱼出血病灭活疫苗　　适量

用法：①在装夏花的尼龙袋内充氧，用 0.5%疫苗液浸浴 24h；②腹腔或背鳍基部注射，每尾注射 1%疫苗 0.2mL。

【处方 4】

菊花 500g　　大黄 500g　　黄柏 1 500g

用法：共研成细末，按 100m^3 水体 120g 加适量水混合，全池泼洒。

【处方 5】

夏枯草 2kg　　甘　草 2kg

用法：用于 677m^3 水体。加水煎煮 3 次，每次加水 10kg，取药液全池泼洒，每天 1 次，连用 5d。

【处方 6】

大青叶 1kg　　贯　众 5kg

用法：用于 677m^3 水体。加水 30kg 煮沸 15min，取药液对水全池泼洒。

2. 鲤痘疮病

由鲤疱疹病毒引起。初期体表出现白色斑点，以后表皮增厚，形成石蜡状。治宜对症消炎。

【处方】

福尔马林　　80g

用法：加适量水稀释，用于 $100m^3$ 水体一次全池泼洒，隔 2d 用 1/4 剂量再泼 1 次。

3. 鱼细菌性烂鳃病

由柱状屈挠杆菌感染引起。表现为鳃丝末端黏液增多，淤血、斑点沉积在鳃片上，鳃盖内表面皮肤充血发炎，中间部位常糜烂成一圆形或不规则透明小窗（俗称“开天窗”）。治宜抗菌消炎，池水消毒。

【处方 1】

穿心莲　　0.5kg

用法：用于 100kg 鱼。水煎 2h 后拌饲料投喂，连喂 3～5d。

【处方 2】

磺胺-2，6-二甲氧嘧啶　　10g

用法：用于 100kg 鱼一次拌饲投喂，每天 1 次，连喂 4～6d，首量加倍。

【处方 3】

磺胺六甲氧嘧啶　　5g

用法：用于 100kg 鱼一次拌饲投喂，每天 1 次，连喂 4～6d，首量加倍。

【处方 4】

漂白粉（含有效氯 30%）　　100g

用法：加适量水溶解，用于 $100m^3$ 水体，一次全池泼洒。

【处方 5】

大黄　　250～370g

用法：用 20 倍 0.3%氨水浸泡 24h，用于 $100m^3$ 水体一次全池泼洒。

【处方 6】

乌桕叶干粉　　250～370g

用法：用 20 倍 2%生石灰水浸泡 12h，再煮沸 10min，用于 $100m^3$ 水体一次全池泼洒。

【处方 7】

五倍子　　200～500g

用法：捣碎、浸泡后，用于 $100m^3$ 水体一次全池泼洒。

【处方 8】

氟苯尼考，或甲砜霉素　　适量

用法：按每 1kg 体重 5～15mg 拌饲投喂，每天 1 次，连用 3～5d。

4. 鱼白皮病

由柱状嗜纤维菌和白皮假单胞菌感染引起。初期在尾柄处出现白点，中后期背鳍基部后全部发白，尾鳍烂掉或残缺不全。治宜消毒池水，抗菌消炎

【处方 1】

漂白粉　　100g

用法：加适量水溶解，用于 $100m^3$ 水体一次全池泼洒。

【处方 2】

五倍子粉　　200～400g

用法：加适量水混合，用于 $100m^3$ 水体一次全池泼洒。

【处方 3】

韭菜　　0.3～0.5kg

用法：加适量豆饼和少量食盐混合捣碎，用于 $100m^3$ 水体鱼一次投喂。

【处方 4】

金霉素　　适量

用法：配成 12.5mg/L 水溶液，浸洗病鱼半小时。

【处方 5】

氟苯尼考，或甲砜霉素　　适量

用法：按每 1kg 体重 5～15mg 拌饲投喂，每天 1 次，连用 3～5d。

5. 鱼白头白嘴病

可能由黏球菌感染引起。表现为吻端至眼球间皮肤呈乳白色，唇肿胀，口周围皮肤溃烂有絮状物黏附，个别病鱼颅顶充血，出现“红头白嘴”症状。治宜消毒池水。

【处方 1】

次氯酸钠　　适量

用法：次氯酸钠溶液，1～1.5mL/m^3，全池泼洒，每 2～3 天 1 次，连用 2～3 次。

【处方 2】

五倍子　　200～400g

用法：捣碎，用于 $100m^3$ 水体一次全池遍撒。

【处方 3】

苦楝树叶　　5kg

用法：水煎取汁，用于 $100m^3$ 水体一次全池泼洒，或直接用 2.5kg 生药浸入鱼池，7～10d 更换 1 次。

6. 鱼赤皮病

由荧光假单胞菌引起。表现为体表出血发炎，鳞片脱落，鳍基充血，鳍条末端腐烂呈扫帚状。治宜抗菌消炎，消毒池水和食台。

【处方 1】

漂白粉　　100g

用法：加水溶解，用于 100m³ 水体，一次全池泼洒，隔 24h 再泼 1 次。

【处方 2】

食盐　　1 000g

用法：配成 10%水溶液洗擦患部或配成 2.5%水溶液浸洗病鱼 15～20min。

【处方 3】

鲜辣蓼草 1kg　　苦楝树皮（或叶、果）1.2kg　　食盐 0.3kg

用法：水煎取汁，用于 100m³ 水体，一次泼洒于食场，每天 1 次，连用 3 次。

【处方 4】

蓖麻茎叶　　15kg

用法：捆成几束，浸入食台周围，每隔 3～4d 更换 1 次。

【处方 5】

五倍子　　100～400g

用法：捣烂浸泡，用于 100m³ 水体一次全池泼洒。

【处方 6】

白杨树叶　　1～1.5kg

用法：拌料投喂，用于 1 万尾鱼种。

【处方 7】

复方新诺明　　适量

用法：按每 1kg 体重 50mg 拌饲投喂，每天 1 次，连用 5d，首次用量加倍。

7. 鱼竖鳞病

由水型点状假单胞菌感染引起。主要表现鳞片向外张开呈松球，鳞基部水肿。治宜抗菌消炎。

【处方 1】

磺胺二甲嘧啶　　10～20g

用法：用于 100kg 鱼，一次拌料投喂，每天 1 次，连用 4～5 次，首量加倍。

【处方 2】

盐酸土霉素　　2.5g

用法：用于 100kg 鱼，一次拌料投喂，每天 1 次，连用 3～7 次。

【处方 3】

艾　蒿 1kg　　　　　　　　生石灰 1.5kg

用法： 艾蒿捣烂取汁，加入石灰，用于 100m³ 水体一次全池泼洒。

【处方 4】

大蒜泥　　　　　　　　　　0.5kg

用法： 加水 100kg 搅匀浸洗鱼体 5min。

【处方 5】

食盐　　　　　　　　　　　适量

用法： 配成 3%溶液，浸洗病鱼 10～15min。

8. 鱼细菌性肠炎

由肠型点状气单胞菌引起。以腹部膨大、肛门外突红肿、轻压腹部有黄色黏液从肛流出为特征。治宜抗菌消炎。

【处方 1】

大蒜　　　　　　　　　　　1～3kg

用法： 捣碎拌料并加入适量的食盐，稍晾干，用于 100kg 鱼一次投喂，每天 1 次，连用 6 次。

【处方 2】

韭菜　　　　　　　　　　　2～3kg

用法： 用于 100kg 鱼一次投喂，每天 1 次，连喂 3～6d。

【处方 3】

干地锦草　　　　　　　　　500g（或鲜草 5kg）

用法： 水煎取汁浸饲料或拌麦粉制成团，用于 100kg 鱼一次投喂，每天 1 次，连喂 3d。

【处方 4】

桉树叶（干）　　　　　　　1kg

用法： 捣碎后拌料，用于 100kg 鱼，一次投喂，每天 1 次，连喂 6d。

【处方 5】

穿心莲 40g　　　　　　　　大青叶 30g　　　　　　　　黄芩 5g

桑白皮 10g　　　　　　　　白　矾 5g

用法： 研末拌入 10kg 饲料中一次投喂。

【处方 6】

甲砜霉素　　　　　　　　　适量

用法： 按每 1kg 饲料 7g 拌饲投喂，每天 1 次，连用 5d。

9. 鱼暴发性流行病

由嗜水气单胞菌引起。以腹水，肝、脾、肾肿大，肠壁充血为特征，治宜抗菌消炎，消毒池水。

【处方 1】

优氯净（二氯异氰尿酸钠）　60g

或漂白精（主要成分为氯化钙和次氯酸钙）　20～30g

用法： 加水溶解，用于 $100m^3$ 水体一次全池泼洒，每天 1 次，3d 后再用 1 次。

【处方 2】

磺胺嘧啶 10g　大黄粉1 000g

用法： 拌入饲料制成药饲，用于 100kg 鱼一次投喂，以后减半，每天 1 次，连用 6d。

【处方 3】

井冈霉素　0.5～2kg

用法： 加入 100kg 精饲料中拌匀投喂，连喂 3～5d 为 1 疗程，每月喂 1～2 个疗程。

【处方 4】

青霉素　80 万 U

链霉素　200 万 U

用法： 加水溶解后浸泡饲料 2h，投喂 100kg 鱼，连喂 3d，投喂前停食 1d。

10. 鱼链球菌病

由 β 溶血性链球菌和非溶血性链球菌引起。前者表现体色发黑，眼突出或混浊发白、出血，腹部点状出血；后者表现腹水，肛门周围发红。治宜抗菌消炎。

【处方 1】

盐酸林可霉素　适量

用法： 按每 1kg 体重 40mg 拌饲投喂，每天 1 次，连喂 7～10d。

【处方 2】

土霉素　5～7.5g

用法： 用于 100kg 鱼一次拌料投喂，每天 1 次，连喂 10d。

【处方 3】

磺胺六甲氧嘧啶　5～20g

用法： 用于 100kg 鱼一次拌料投喂，每天 1 次，连喂 4～6d，首次剂量加倍。

11. 鱼疖疮病

由疖疮型点状气单胞菌引起。主要表现局部隆起，切开可见肌肉溶解，呈浊灰黄色凝乳状。治宜抗菌消炎，消毒池水。

【处方 1】

磺胺甲基嘧唑或其他磺胺类药物　100～200g

用法： 用于 100kg 鱼一次拌料投喂，每天 1 次，连用 4～5d。

【处方 2】

盐酸土霉素　　50～70g

用法： 用于 100kg 鱼一次拌料投喂，每天 1 次，连用 5～10d。

【处方 3】

漂白粉（含有效氯 30%）　　100g

用法： 加水溶解，用于 $100m^3$ 水体一次全池泼洒，每天 1 次，隔天再用 1 次。

【处方 4】

五倍子　　200g

用法： 水煎，用于 $100m^3$ 水体一次全池泼洒。

12. 鱼打印病

由点状气单胞菌点状亚种引起。主要表现在背鳍后躯干出现圆形或椭圆形红斑，边缘充血发红，似打上了红色印记。治宜抗菌消炎，消毒鱼体和池水。

【处方 1】

漂白粉 150g　　苦　参 150g

用法： 加水溶解，用于 $100m^3$ 水体一次全池泼洒。第一天用漂白粉、第二天用苦参水煎取汁。隔天重复 1 遍，3 遍为一疗程。单用苦参时，每次用 300～400g。

【处方 2】

五倍子　　100～400g

用法： 捣碎，加水浸泡，用于 $100m^3$ 水体一次全池泼洒。

【处方 3】

烟　秆　　500g

或干烟叶　　250g

用法： 加 10～15kg 水浸泡，煎煮 2～3h，用于 $100m^3$ 水体一次全池遍洒。

【处方 4】

辣椒粉　　1kg

用法： 加水 10～15kg 煮沸，用于 $100m^2$ 水面全池均匀泼洒，连用 3d。

【处方 5】

氟甲喹　　适量

用法： 按每 1kg 体重 20mg 拌饲投喂，每天 1 次，连用 3～5d。

13. 鳗爱德华氏菌病

由迟钝爱德华氏菌引起。分为肾脏型和肝脏型，肾脏性肛门严重充血发红，鱼体以肛门为中心肿大成丘状；肝脏型前腹部显著肿胀，严重的腹壁溃烂穿孔，甚至可见糜烂的肝脏。治宜抗菌消炎，消毒池水。

【处方 1】

四环素或盐酸土霉素　　10g

用法： 混饲。用于 100kg 鳗一次投喂，每天 1 次，连喂 5d。

【处方 2】

磺胺甲基异噁唑　　20g

用法： 混饲。用于 100kg 鳗一次投喂，每天 1 次，第 2 天起减半，连用 5d。

【处方 3】

漂白粉　　100～120g

用法： 加水溶解，用于 100m^3 水体一次全池泼洒。

【处方 4】

氟苯尼考　　适量

用法： 按每 1kg 体重鳗鱼用 10mg 拌饲投喂，连续 5d。

14. 鳗赤鳍病

由嗜水气单胞菌引起。表现为臀鳍、胸鳍、尾鳍、背鳍充血发红，腹部或体侧皮充血，肛门红肿。治宜抗菌消炎，消毒池水。

【处方 1】

磺胺甲基异噁唑，三甲氧苄胺嘧啶　　各 15～20g

用法： 混饲。用于 100kg 鳗一次投喂，第二天后减至 10g，每天 1 次，连喂 5d。

【处方 2】

盐酸土霉素或四环素　　10g

用法： 混饲。用于 100kg 鳗一次投喂，每天 1 次，连喂 5～7d。

【处方 3】

漂白粉　　100～120g

用法： 加水溶解，用于 100m^3 水体一次全池泼洒。

【处方 4】

土霉素　　适量

用法： 加水配成 20mg/L 药浴病鱼 3～4h，连续 2d。

15. 鳗红点病

由鳗败血假单胞菌感染引起。主要表现为体表点状出血，尤以胸鳍基部、腹部、肛门围为甚。治宜抗菌消炎，消毒池水。

【处方 1】

四环素　　1～3g

用法： 用于 100kg 鳗，每天分 2 次混饲投喂，连喂 3～10d。

【处方 2】

复方新诺明　　适量

用法：按每 1kg 体重 100mg 拌饲投喂，每天 1 次，连用 5d，首次用量加倍。

16. 鳗烂尾病

由点状气单胞菌和柱状屈挠杆菌引起。主要表现在鳍的外缘和尾柄有黄色黏性物质后尾鳍及尾柄充血、发炎、糜烂，严重时尾鳍烂掉，尾柄肌肉溃烂。治宜抗菌消炎，消毒池水。

【处方 1】

5%食盐水　　100kg

用法：洗浴病鳗 1～2min。

【处方 2】

土霉素　　适量

用法：按每 1kg 鱼 100mg 混饲 3～5d。

17. 鳗弧菌病

由鳗弧菌引起，可感染海淡水多种鱼类。主要表现为体表部分褪色，继而出血，鳞片脱落，乃至形成溃疡，各鳍条充血发红，肛门红肿，内脏充血或出血。治宜消炎，可免疫预防。

【处方 1】

土霉素　　2～8g

用法：用于 100kg 鱼一次拌料投喂，每天 1 次，连喂 5～15d。

【处方 2】

磺胺二甲嘧啶或磺胺间甲氧嘧啶　　10～20g

用法：用于 100kg 鱼一次拌料投喂，每天 1 次，连喂 5～10d。

【处方 3】预防

鳗弧菌灭活菌苗　　400g

用法：用于 100kg 鱼一次投喂，每天 1 次，连喂 30d。

18. 鱼水霉病

由水霉属、绵霉属真菌感染引起。主要表现为灰白色棉毛状菌丝从伤口处长出。治宜抗菌消炎，消毒池水。

【处方 1】

磺胺二甲嘧啶　　20g

用法：用于 100kg 鱼一次拌料投喂，每天 1 次，连喂 3～7d。

【处方 2】

盐酸土霉素　　10g

用法： 用于 100kg 鱼一次拌料投喂，每天 1 次，连喂 3～7d。

【处方 3】

亚甲基蓝　　20～30g

用法： 加水溶解，用于 $100m^3$ 水体一次全池泼洒。

【处方 4】

抗霉宁（主成分为吡咯类抗真菌药）　　1.2g

用法： 混入 $1m^3$ 水中，浸洗病鱼 1h。

【处方 5】

食盐　　3kg

用法： 配成 3%～4%水溶液浸洗病鱼 5min 或 0.5%～0.6%水溶液浸洗 60min。

【处方 6】

五倍子　　200～300g

用法： 捣碎煎汁，用于 $100m^3$ 水体一次全池泼洒。

19. 鱼鳃霉病

由鳃霉侵入鳃部引起。主要表现为鳃上黏液增多，并有出血、淤血或缺血的斑点，呈现花鳃，严重时高度贫血，鳃呈青灰色。治宜消毒池水。

【处方 1】

生石灰　　2 000～3 000g

用法： 加水溶解，用于 $100m^3$ 水体一次全池泼洒。

【处方 2】

漂白粉　　100g

用法： 加水溶解，用于 $100m^3$ 水体一次全池泼洒。

【处方 3】

硫酸铜、硫酸亚铁（5∶2）合剂　　70g

用法： 加水溶解，用于 $100m^3$ 水体，一次全池泼洒。

【处方 4】

食盐　　400g

用法： 用于 $100m^3$ 水体，炒后加水溶解全池泼洒。

20. 鱼打粉病

由嗜酸性卵甲藻（又叫嗜酸性卵涡鞭虫）寄生体表引起。初期体表黏液增多，背鳍、尾鳍、背部出现白点，中后期白点连片重叠，像裹了一层米粉，故称“打粉病”。治宜碱化水质，杀灭虫体。

【处方】

生石灰　　1.5～3kg

用法：加水溶解，用于 100m³ 水体一次全池泼洒。隔 2d 再泼 1 次，使池水的 pH8 左右。

注：忌用硫酸铜、硫酸亚铁，否则会加重病情。

21. 鱼隐鞭虫病

由鳃隐鞭虫及颤动隐鞭虫寄生在皮肤和鳃瓣引起。表现为体色暗黑，食欲减退，离群独游到水面或岸边。治宜药浴病鱼，池水消毒

【处方 1】

食盐　　2kg

用法：配成 2%水溶液及浸泡病鱼 15min。

【处方 2】

福尔马林　　500mL

用法：稀释成 0.05%水溶液浸洗病鱼 30min。

【处方 3】

硫酸铜 50g　　硫酸亚铁 20g

用法：加水溶解，用于 100m³ 水体一次全池泼洒。

【处方 4】

龙胆紫　　适量

用法：全池泼洒使池水浓度达 0.3mg/L。

【处方 5】

苦楝树叶　　15kg

用法：用于每 500m³ 水体，投入池水浸泡，7～10d 换一次，连用 3～4 次。

22. 鱼波豆虫病

由飘浮鱼波豆虫寄生在皮肤和鳃瓣引起。表现为寄生处充血、发炎、糜烂，严重时鳞囊内积水，出现竖鳞等症状。治宜杀灭虫体。

【处方 1】

硫酸铜 50g　　硫酸亚铁 20g

用法：加水溶解，用于 100m³ 水体一次全池泼洒。

【处方 2】

食盐　　2kg

用法：配成 2%水溶液浸洗 15min。

【处方 3】

福尔马林　　500mL

用法：稀释成0.05%浓度浸浴病鱼30min。

【处方4】

高锰酸钾　　8g

用法：溶于$1m^3$水中洗浴病鱼60min。

【处方5】

苦楝树枝叶　　2.5kg

用法：用于$100m^3$水体，捆成束沤在水中，7～10d更换1次，连续3～4次。

23. 鱼球虫病

由艾美耳球虫寄生在肠、肾脏、肝脏等处引起。以鳃瓣苍白，腹部膨大，肠壁充血、发炎为特征。治宜杀灭虫体。

【处方1】

硫黄粉　　100g

用法：混入面粉调成药糊，再拌入豆饼制成药饲，用于100kg鱼一次投喂，每天1次，连喂4d。

【处方2】

每100kg鱼用2.4g碘（或市售2%碘酐120mg）制成颗粒药饵投喂，连用4d，有一定治疗作用。

24. 鱼黏孢子虫病

由黏孢子虫寄生在鳃、体表、脏器上引起，种类很多，危害较大的有鲢碘泡虫、饼形碘泡虫、野鲤碘泡虫、鲫碘泡虫等。表现为寄生处有白色包囊。治宜杀灭孢子和虫体。

【处方1】

盐酸左旋咪唑　　200～400g

用法：混饲，用于100kg鱼一次投喂，每天1次，连用25d。

【处方2】

晶体敌百虫　　50～100g

用法：加水溶解，用于$100m^3$水体一次全池泼洒，3d后再用1次。

【处方3】

亚甲基蓝　　1.5g

用法：加水溶解，用于$100m^3$水体一次全池泼洒。

【处方4】

强力樟桂杀虫剂（主成分为樟树叶和桂树叶）　　180g

用法：加水溶解，用于$100m^3$水体一次全池泼洒，每天1次，连用2d。

【处方5】

槟榔　　2～4g

用法： 水煎取汁，拌入精饲料内制成颗粒料，用于 100kg 鱼一次投喂，每天 1～2 次，连用 16d。

25. 鱼斜管虫病

由鲤斜管虫侵入皮肤和鳃引起。表现为皮肤、鳃苍白，体表黏液增多，粘满泥脏物，故俗称“拖泥病”。治宜杀灭病原，消毒池水。

【处方 1】

福尔马林　　2 000～3 000mL

用法： 用于 $100m^3$ 水体一次全池泼洒。

【处方 2】

硫酸铜　　70g

用法： 加水溶解，用于 $100m^3$ 水体一次全池泼洒。

【处方 3】

硫酸铜 50g　　硫酸亚铁 20g

用法： 加水溶解后用于 $100m^3$ 水体一次全池泼洒。

【处方 4】

50%代森铵（主成分为机硫）　　50mL

用法： 用于 $100m^3$ 水体一次全池泼洒。

【处方 5】

0.5%福尔马林　　100L

用法： 浸洗病鱼 5min。

【处方 6】

苦楝树枝叶　　4～5kg

用法： 水煎取汁，用于 $100m^3$ 水体一次全池泼洒。

【处方 7】

鲜地耳草 50g　　鲜辣蓼 50g　　鲜鸭跖草 50g

用法： 用于 5 万～8 万尾鱼苗，各药一起捣烂揉汁，加盐蛋黄一个，撒入鱼盆或孵化池中，15min 后换水。

【处方 8】

硫酸铜-高锰酸钾合剂（5∶2）　　适量

用法： 水温 10℃时全池泼洒，使池水浓度达 0.3～0.4mg/kg。

26. 鱼毛管虫病

由毛管虫寄生引起，主要危害石斑鱼、真鲷等海水鱼类。主要表现为头部、鳍、鳃、皮肤上黏液增多，体表出现不规则白斑，死亡的鱼胸鳍向前方僵直，几乎紧贴于鳃盖上。治宜杀灭虫体。

【处方 1】

硫酸铜 50g　　硫酸亚铁 20g

用法： 加水溶解，用于 $100m^3$ 水体一次全池泼洒。

【处方 2】

福尔马林　　50mL

用法： 加入 100kg 水稀释后浸洗病鱼 30min。

27. 鱼小瓜虫病

由多子小瓜虫寄生在躯干、头、鳍等处引起。表现在寄生处形成细小的白点，表皮糜烂，脱落。治宜杀灭虫体。

【处方 1】

克霉宁　　20～40g

用法： 加水溶解，用于 $100m^3$ 水体一次全池泼洒。

说明： 克霉宁主成分为吡咯类抗真菌药。

【处方 2】

冰乙酸　　200～250mL

用法： 稀释成 $1m^3$ 水溶液，浸洗病鱼 15min。

【处方 3】

亚甲基蓝　　200g

用法： 加水溶解，用于 $100m^3$ 水体一次全池泼洒。

【处方 4】

辣椒粉 30g　　生姜片 15g

用法： 水煎成 25kg 药汁，用于 $100m^3$ 水体一次全池泼洒。每天 1 次，连用 2d。

【处方 5】

福尔马林　　适量

用法： 全池泼洒，使池水浓度达 15～30mg/kg。

28. 鱼车轮虫病

由车轮虫和小车轮虫侵袭体表或鳃瓣引起。表现为头部和嘴部出现一层白翳，呼吸困难，集中于水面呼吸，呈“白头白嘴”症状，烦躁不安，成群沿池边狂游，故俗称“跑马病”。治宜杀灭虫体。

【处方 1】

硫酸铜 50g　　硫酸亚铁 20g

用法： 用于 $100m^3$ 水体，水溶后一次全池泼洒。

说明： 因药物安全浓度低，需要准确测量水体后才能下药，在鱼苗密度很高的鱼池中使用时，可以将剂量减半，每天泼洒 1 次，连续用 2d。

【处方 2】

苦楝树枝叶　　4～5kg

用法：煎水，用于 $100m^3$ 水体一次全池泼洒，或减半浸泡在鱼池中，7～10d 换药 1 次，连续浸泡 2～3 次。

【处方 3】

枫杨树叶　　5kg

用法：煎汁，用于 $100m^3$ 水体一次全池泼洒。

【处方 4】

生韭菜　　0.4～0.6kg

用法：捣烂后加盐 85g，适量水混匀，用于 $100m^3$ 水体一次全池泼洒。

【处方 5】

食盐，或醋酸，或福尔马林　　适量

用法：配成 1.5%～2.5%食盐水，或 200mg/L 醋酸，或 250mg/L 福尔马林浸浴病鱼 30～50min，重复 2d。

29. 鱼指环虫病

由鳃片指环虫、小鞘指环虫和鳙指环虫等寄生在鳃瓣引起。主要表现为鳃盖张开，鳃部浮肿，鳃丝灰色且黏液增多。治宜杀灭虫体。

【处方 1】

灭虫灵（主成分为阿维菌素）　　20～30g

用法：加水溶解，用于 $100m^3$ 水体一次全池泼洒。

【处方 2】

90%晶体敌百虫　　20～40g

用法：加水溶解，用于 $100m^3$ 水体一次全池泼洒。

【处方 3】

晶体敌百虫 6g　　碳酸钠 3.5g

用法：加水溶解，用于 $100m^3$ 水体一次全池泼洒。

【处方 4】

高锰酸钾　　20g

用法：用 $1m^3$ 水溶解，浸洗病鱼 20～30min。

30. 鱼复口吸虫病

由复口吸虫的尾蚴和囊蚴寄生在鱼眼水晶体引起。表现为眼眶充血，眼球混浊呈白色。治宜消毒池水，杀死中间宿主椎实螺。

【处方 1】

二丁基氧化锡　　25g

用法： 用于100kg鱼一次拌料投喂，每天1次，连用5d。

【处方2】

硫酸铜　　70g

用法： 用于100m^3水体一次全池泼洒，24h内连续泼洒2次。同时取水草扎成把，放入水池中，诱捕椎实螺，每2天取出除去椎实螺，置日光下曝晒。

31. 鱼血居吸虫病

由血居吸虫寄生在鳃、肝、肾血管引起。急性表现为鱼苗跳跃挣扎，肛门口起水疱，全身红肿；慢性以眼窝积水，眼球突出，腹腔大量积水为特征。治宜杀虫。

【处方1】

硫酸铜　　70g

用法： 加水溶解，用于100m^3水体，一次全池泼洒，间隔24h，再洒1次。

【处方2】

二氯化铜或醋酸铜　　70g

用法： 加水溶解，用于100m^3水体一次全池遍洒，间隔24h，再洒1次。

【处方3】

硫双二氯酚，或二丁基氧化锡　　适量

用法： 按每1kg鱼内服0.25g，连用3～5d。

32. 鱼舌状绦虫病

由舌状绦虫和双线绦虫的裂头蚴寄生在体腔引起。表现为腹部膨大，侧卧水面或腹部向上缓慢游动。治宜杀灭虫卵，消毒池水。

【处方1】

二丁基氧化锡　　25g

用法： 用于100kg鱼拌料一次投喂，每天1次，连用5d。

【处方2】

硫双二氯酚　　20g

用法： 用于100kg鱼拌料一次投喂，连用5d。

【处方3】

晶体敌百虫　　30g

用法： 加水溶解，用于100m^3水体一次全池泼洒。

【处方4】

90%晶体敌百虫　　50～100g

用法： 混于1kg豆饼或米糠、200g榆树粉中，做成颗粒状药饵，用于100kg鱼一次投喂，每天1次，连喂6d。

【处方 5】

南瓜子 250g

用法：研末拌入 1kg 豆饼或米糠中，用于 1 万尾鱼种一次投喂，每天 1 次，连喂 3d。

【处方 6】

吡喹酮 适量

用法：按 1‰的比例制成药饵投喂，连用 2d。

33. 鱼头槽绦虫病

由九江头槽绦虫的裂头蚴寄生在肠道引起。表现为体表黑色素沉着，口常张开；前腹部膨胀。治宜杀死虫卵。

【处方 1】

90％晶体敌百虫 50g

用法：混于 500g 面粉中做成药饵，按鱼的吃食量投喂，每天 1 次，连用 6d。

【处方 2】

硫双二氯酚 20g

用法：用于 100kg 鱼，混入 5kg 米糠中一次投喂，每天 1 次，连喂 4d。

【处方 3】

二丁基氧化锡，或二丁基二月桂酸锡 25g

用法：用于 100kg 鱼，混入饲料制成颗粒一次投喂，每天 1 次，连用 5～6d。

【处方 4】

槟榔 200～400g

用法：用于 100kg 鱼，研末，混入饲料制成颗粒一次投喂，每天 1 次，连用 3～5d。

【处方 5】

同鱼舌状绦虫病处方 5。

【处方 6】

阿苯达唑 适量

用法：按每 100kg 鱼用 6％阿苯达唑 20g 拌饵投喂，每天 1 次，连用 5～7d。

【处方 7】

盐酸左旋咪唑 适量

用法：按每 1kg 颗粒饲料 0.3～0.4mg 拌料投喂，连用 3～5d。

【处方 8】

丙硫咪唑 40mg

用法：按每 1kg 鱼 40mg 拌料投喂，每天 2 次，连续 3d。

34. 鱼毛细线虫病

由毛细线虫寄生在肠壁引起。表现为鱼体消瘦，肠壁发炎。治宜杀灭虫体。

【处方 1】

90%晶体敌百虫　20～30g

用法：拌入 3kg 豆饼粉中做成药饵，用于 100kg 鱼一次投喂，每天 1 次，连喂 6d。

【处方 2】

贯众 320g　荆芥 100g　苏梗 60g

苦楝树皮 100g

用法：水煎 2 次，合并药汁浓缩成总生药量的 3 倍，拌入干豆饼内投喂，每天 1 次，连喂 6d。

【处方 3】

雷丸 150g　贯众 150g　槟榔 150g

鹤虱 150g　大黄 100g　甘草 100g

用法：粉碎加面粉混制成药饵，用于 100kg 鱼一次投喂，每天 1 次，连喂 7d。

35. 鲤嗜子宫线虫病

由雌鲤嗜子宫线虫寄生在鳞片下引起。表现为皮肤充血、发炎和鳞片竖起。治宜杀灭虫体。

【处方 1】

3%碘酊　100mL

用法：患处涂搽。

【处方 2】

1%～5%高锰酸钾溶液或 0.2%碳酸溶液　100mL

用法：涂抹患处。

【处方 3】

2%食盐溶液　10kg

用法：浸浴病鱼 10～20min。

【处方 4】

大蒜头　5kg

用法：去皮捣碎取汁，加水 5 倍稀释，浸洗病鱼 2min。

36. 鱼似棘头吻虫病

由似棘头吻虫寄生引起。主要表现病鱼前腹部膨大呈球状，肠道轻度充血，呈慢性炎症，治宜杀灭虫体。

【处方】

90%晶体敌百虫　70g

用法：加水溶解，用于 $100m^3$ 水体一次全池泼洒，同时按 3%的比例拌料投喂，连喂 5d。

37. 中华鳋病

由中华鳋寄生在鳃上引起，主要有大中华鳋、鲢中华鳋和鲤中华鳋等。大中华鳋主要寄生于草鱼和青鱼，肉眼可见鳃丝末端挂着像白色蝇蛆一样的小虫，又称“鳃蛆病”；鲢中华鳋主要寄生于鲢、鳙，病鱼在水表层打转或狂游，尾鳍上翘往往露出水面，又称“翘尾巴病”。治宜杀灭虫体。

【处方 1】

硫酸铜 50g

硫酸亚铁 20g

用法：加水溶解，用于 100m^3 水体一次全池泼洒。

【处方 2】

90％晶体敌百虫和硫酸亚铁（5∶2）合剂 25g

用法：加水溶解，用于 100m^3 水体一次全池泼洒。

【处方 3】

90％晶体敌百虫 50g

用法：加水溶解，用于 100m^3 水体一次全池泼洒。

【处方 4】

灭虫灵 30～50g

用法：加水溶解，用于 100m^3 水体一次全池泼洒。

【处方 5】

松树叶 20～25kg

用法：用于 667m^3 水体，捣碎浸汁，对水全池泼洒。

【处方 6】

菖蒲 20kg

用法：用于 667m^3 水体，捣烂对水全池泼洒。

【处方 7】

辣椒粉 250～500g

用法：用于 667m^3 水体，对水全池泼洒。

38. 鱼锚头鳋病

由锚头鳋寄生在鱼体表、鳞片上引起。寄生处周围组织红肿发炎，形成红斑。有的鳞片被“蛀”成缺口。治宜鱼体消毒，池水灭虫。

【处方 1】

高锰酸钾 10～20g

用法：加水 1m^3 溶解后浸洗病鱼 2h。

说明：鲢、鳙、团头鲂对高锰酸钾的忍耐力差，浸洗不超过 1h。

【处方 2】

晶体敌百虫　　30～50g

用法： 加水溶解，用于 100m^3 水体一次全池泼洒，每 2 周 1 次，连续 2 次。

【处方 3】

苦楝树根 1kg　　桑　叶 1.6kg　　菖　蒲 2kg

芝麻饼或豆饼 1.8kg

用法： 研碎，加适量水混合，用于 100m^3 水体一次全池泼洒。

【处方 4】

五加皮　　10～15kg

用法： 用于 100m^3 水体，分成数束捆扎于竹竿上，使茎叶浸在水中 6～7d。

【处方 5】

酒糟　　17～25kg

用法： 用于 100m^3 水体，撒池喂鱼。

【处方 6】

雷丸 100g　　石榴皮 100g

用法： 煎水，浸洗鱼体 20～30min。

【处方 7】

松树叶　　2～3kg

用法： 捣汁，加水混合，用于 100m^3 鱼池一次泼洒。

【处方 8】

松节油　　1g

用法： 用于 1m^3 水体，拌细沙，对水全池泼洒。

【处方 9】

苦楝树根 6kg　　桑　叶 10kg

麻饼或豆饼 11kg　　石菖蒲 22kg

用法： 用于 667m^3 水体，研碎捣汁，全池泼洒。

39. 鲤巨角鳋病

由巨角鳋寄生在鳃部引起。表现为不同程度的集群和浮头现象，打开鳃盖可见许多圆形虫体和棒状乳白色卵囊。治宜杀灭虫体。

【处方】

晶体敌百虫　　25g

用法： 加水溶解，用于 100m^3 水体，用喷射器全水域泼洒。

40. 鲺病

由日本鲺寄生引起。可见鲺的吸盘牢牢吸附在鱼体上，病鱼极度不安。治宜清塘灭鲺。

【处方 1】

90%晶体敌百虫　　25～50g

用法：加水溶解，用于 100m^3 水体一次全池泼洒。

【处方 2】

敌百虫 50g　　硫酸亚铁 20g

用法：加水溶解，用于 100m^3 水体一次全池泼洒，每天 1 次，连用 2d。

【处方 3】

2.5%的敌百虫粉剂　　适量

用法：加水溶解，全池遍洒，使池水浓度达到 1～2mg/L。

【处方 4】

鲜穿心莲　　10kg

用法：用于 667m^3 水体，浸入松脂液中 10～15min，捞起，曝晒 20～30min，扎成蓬松的 4 捆，均匀投入鱼塘中 2～3d。

41. 鱼怪病

由鱼怪寄生在胸鳍基部引起。表现为胸鳍基部附近有一个黄豆大小的洞，洞内可发现寄生的鱼怪。治宜杀灭虫体。

【处方】

90%晶体敌百虫　　2g

用法：在网箱内挂药袋，按 1m^3 水体 2g 用药。

说明：主要用于网箱养鱼，按网箱里的水体计算剂量。

42. 鱼钩介幼虫病

由钩介幼虫寄生引起。主要表现红头白嘴。治宜杀灭虫体。

【处方 1】

硫酸铜　　70g

用法：加水溶解，用于 100m^3 水体一次全池泼洒。每隔 3～5d 泼洒 1 次。

【处方 2】预防

茶饼　　40～50kg

用法：用于 667m^3 水体清塘。

十八、虾病处方

1. 虾红体病

由桃拉病毒引起。表现为体表呈淡红色，尾扇及游泳足均呈红色。甲壳软，脱壳不久死亡。治宜抗菌消炎，消毒池水。

【处方 1】

板蓝根 50g　　三黄粉 200g

用法：拌入 100kg 饲料中投喂，连喂 1 周。

【处方 2】

溴氯海因　　适量

用法：一次全池泼洒，使池水含量达 0.2～0.3mg/L。

2. 虾黄头病

本病又称黄鳃病，由黄头病毒感染引起。表现在头胸部发黄，体色苍白，摄食力下降。治宜抗菌消炎，消毒池水。

【处方】

敌菌素（主成分为碘类制剂）　　适量

溴氯海因　　适量

用法：敌菌素一次全池泼洒，使池水含量达 0.5mg/L；重症隔 3d 再用溴氯海因全池泼洒，使池水含量达 0.3mg/L。

3. 白斑综合征

由白斑综合征病毒引起。初期病虾厌食，离群，活力下降，中期病虾甲壳内侧白点，特别是头胸甲剥离后可见有黑白相间的不规则的斑点，发病后期血淋巴浑浊，肝胰脏肿大。

【处方 1】预防

免疫多糖　　适量

维生素 C　　适量

益生菌　　　　　　　　　　　　适量

用法： 经常在饵料中添加以增强虾体的免疫能力。

【处方 2】

生石灰　　　　　　　　　　　　适量

溴氯海因　　　　　　　　　　　适量

用法： 在疾病流行季节，按 $1m^3$ 水体用生石灰 10～15g 每半月泼洒 1 次；或按 $1m^3$ 水体用溴氯海因 0.3g 每周全池泼洒一次。

4. 对虾瞎眼病

由非 01 型霍乱弧菌引起。主要表现全身肌肉变白，不透明。眼球肿胀，变褐色，进而溃烂。治宜抗菌消炎，消毒池水。

【处方 1】

漂白粉　　　　　　　　　　　　100g

用法： 加水溶解，用于 $100m^3$ 水体，一次全池泼洒。

【处方 2】

土霉素　　　　　　　　　　　　1g

用法： 拌入 1kg 饲料中投喂，连喂 3～4d。另外，每 667 ㎡ 水面施沸石粉 20kg 改良水质。

【处方 3】

大蒜　　　　　　　　　　　　　适量

用法： 按饲料重量的 1%，去皮捣烂，加少量清水搅匀，拌入配合饲料中，待药液被完全吸入后投喂，连喂 3～5d。

5. 对虾红腿病

由鳗弧菌、副溶血弧菌或溶藻弧菌感染而引起。主要表现附肢变红，游泳足最明显，头胸甲鳃区呈淡黄色。治宜抗菌消炎，可用疫苗预防。

【处方 1】

同对虾瞎眼病处方。

【处方 2】

氟苯尼考　　　　　　　　　　　0.3～0.5g

用法： 拌入 1kg 饲料中投喂，连喂 3～5d。

【处方 3】预防

鳗弧菌灭活菌苗　　　　　　　　适量

用法，稀释成每毫升 1×10^7 菌液浸浴 5min，或每毫升 1×10^4 菌液浸浴 3～6h。

6. 对虾幼体菌血症

由副溶血弧菌、溶藻弧菌等引起。主要表现幼体趋光性减弱，易沉于池底。治宜抗菌消炎。

【处方】

土毒素　　200～500g

用法：加适量水溶解，用于 $100m^3$ 水体一次全池泼洒，每天 1 次，连泼 3d。

7. 对虾肠道细菌病

由杆菌感染引起。镜检发现患病幼体胃部有成团的淡黄色菌落，治宜抗菌消炎。

【处方 1】

吡哌酸　　100g

用法：加适量水溶解，用于 $100m^3$ 水体一次全池泼洒，每天 1 次，连泼 3d。同时按 0.05%比例拌料投喂，连喂 3d。

【处方 2】预防

多糖　　适量

用法：按 2%的比例添加于饲料内投喂，连喂 5d；间隔 7d 后再喂 5d。

8. 对虾烂鳃病

由弧菌及杆菌引起。主要表现鳃肿胀，严重时尖端溃烂，脱落。治宜抗菌消炎。

【处方 1】

漂白粉　　100g

用法：加水溶解，用于 $100m^3$ 水体一次全池泼洒。

【处方 2】

溴氯海因　　适量

枯草杆菌　　适量

用法：按 $1m^3$ 水体，首先泼洒二溴海因 0.2～0.4g，2d 后泼洒枯草杆菌 0.25g 或光合细菌 3～5g。

9. 虾黑鳃病

由细菌引起。早期腮丝呈橘黄色或鲜褐色，后渐变黑，鳃丝糜烂坏死直至窒息死亡。宜增氧消毒池水。

【处方 1】

溴氯海因　　适量

用法：全池泼洒，使池水含量达 0.2mg/L。

【处方 2】

盐酸恩诺沙星　　1g

用法：拌入 1kg 饲料投喂，每天 1 次，连喂 3d。

10. 虾烂尾病

由多种细菌性病原或几丁质分解细菌引起。表现为尾扇边缘溃烂、残缺、断须及断足。治宜药浴消毒。

【处方 1】

生石灰　　1kg

用法：用于 $100m^3$ 水体，水化开后一次全池泼洒。

【处方 2】

茶粕　　1.5～2kg

用法：用于 $100m^3$ 水体一次全池遍撒。

11. 虾丝状细菌病

由毛霉亮发菌或硫丝菌，丝状细菌中的发状白丝菌引起。表现为鳃部黑色、黄色、褐色甚至绿色，附着丝状体；头胸部附肢似有棉絮状附着物。治宜抗菌消炎，消毒池水。

【处方 1】

茶饼，或茶皂素　　适量

用法：加水溶解，一次全池泼洒，使池水浓度分别达 1～2mg/L。蜕壳后适量换水。

【处方 2】

高锰酸钾　　适量

链霉素　　适量

用法：先用高锰酸钾全池泼洒，使池水含量达 2.5～5mg/L；4h 后换水，泼洒链霉素，使池水含量达 1～4mg/L。

【处方 3】

二氧化氯　　适量

氟苯尼考　　适量

用法：二氧化氯全池泼洒，使池水含量达 0.5mg/L；隔天 1 次，共 2 次；氟苯尼考按每 1kg 饲料 0.5g 拌料投喂，连喂 5d。

12. 青虾红点病

由甲壳腐蚀细菌引起。附肢、背甲、尾柄处有数量不等红点，严重时一侧黑鳃。治宜抗菌消炎，消毒池水。

【处方】

恩诺沙星　　　　1g

强氯精　　　　适量

用法： 恩诺沙星拌入1kg饲料中投喂5～7d；第2、4天用强氯精全池泼洒，使池水含量分别达0.8mg/L、0.5mg/L。

13. 虾固着类纤毛虫病

由固着类纤毛虫寄生引起，常见的有钟形虫、单缩虫、聚缩虫、累枝虫和鞘居虫等。鳃变黑色，附肢、眼及体表呈灰黑色的绒毛状。治宜杀虫，消毒池水。

【处方1】

茶粕　　　　适量

用法： 一次全池泼洒，使池水含量达10～15mg/L。蜕皮后大量换水。

【处方2】

高锰酸钾　　　　适量

福尔马林　　　　适量

用法： 按$1m^3$水体，先全池泼洒高锰酸钾2～3g，4h后全池泼洒福尔马林25mL。

【处方3】预防

沸石粉　　　　20～50kg

用法： 一次全池泼洒，每月1次。

十九、鳖病处方

1. 鳖出血病

可能由病毒感染引起。以出血为临床特征，表现为口鼻出血，背甲和腹底板出现直径2～10mm的出血点，颈部水肿。治宜抗菌消炎，消毒池水。

【处方 1】

漂白粉　　适量

生石灰　　适量

高锰酸钾　　适量

用法：第一天用漂白粉、第三天用生石灰、第三天用高锰酸钾消毒水体，使池水含量各达10mg/L。

【处方 2】

先锋霉素Ⅳ　　0.2g

维生素 K　　12mg

板蓝根、蒲公英　　适量

用法：按每1kg体重投药饵。

【处方 3】

二氧化氯　　适量

用法：一次全池泼洒，使池水含量达0.5mg/L，连续泼洒2～3次。

【处方 4】

福尔马林　　适量

磺胺软膏　　适量

用法：将个别病鳖放入福尔马林溶液中浸浴10min，清除化脓性痂皮或溃烂组织，然后涂抹磺胺软膏，放入隔离池喂养。

2. 鳖红脖子病

由嗜水气单胞菌感染而引起。主要表现脖子红肿不能缩回。治宜抗菌消炎，消毒池水。

【处方 1】

土霉素或磺胺类药物　　20g

用法：用于100kg鳖，混入饲料中一次投喂，第2～6d剂量减半。

【处方2】

卡那霉素或庆大霉素　　1 500万～2 000万U

用法：用于100kg鳖，混入饲料中一次投喂。

【处方3】

硫酸铜　　8～10g

用法：溶于$1m^3$水中，浸洗病鳖10～20min。

【处方4】

链霉素　　适量

用法：配成50mg/L浓度浸洗3h，每天1次，连续3d。

【处方5】预防

嗜水气单胞菌B型疫苗　　0.2～0.5mL

用法：一次腹腔注射。

3. 鳖腐皮病

由气单胞菌、假单胞菌、无色杆菌等感染引起。表现四肢、顶部、背甲、裙边等处皮肤溃烂坏死。治宜抗菌消炎，消毒池水。

【处方1】

磺胺类药物　　10g

用法：溶于$1m^3$水中浸洗病鳖48h。

【处方2】

漂白粉　　2g

用法：溶于$1m^3$水中浸洗病鳖24h，每5d 1次，重复3～4次。

【处方3】

氟苯尼考　　10g

用法：拌入50kg饵料中，连续投喂3～5d。

4. 鳖红底板病

由气单胞菌感染引起。表现为腹甲红肿发炎，出现红斑，甚至溃烂露出骨板，口鼻发炎充血，舌呈红色，咽部红肿。治宜抗菌消炎。

【处方1】

链霉素　　10万～15万U

用法：一次肌内注射。

【处方2】

硫酸卡那霉素　　100万U

用法：按1kg体重20万U一次肌内注射。

【处方 3】预防

同鳖红脖子病。

5. 鳖烂甲病

由气单胞菌感染引起。主要表现背甲、裙边、腹甲出现疤痕，周围充血，疮疤脱后留下小孔洞。治宜抗菌消炎，消毒池水。

【处方 1】

土霉素 10g

用法：溶于 $1m^3$ 水中消毒病鳖 24～48h。

【处方 2】

磺胺类药物 20g

用法：用于 100kg 鳖，混入饲料一次投喂，第 2～6 天剂量减半。

说明：在喂药期间适当控制喂料，保证药饲全部吃完。

【处方 3】

生石灰 1～1.5kg

用法：用于 $100m^3$ 水体，水溶后一次全池泼洒，5d 后再泼 1 次。

6. 鳖白眼病

由副肠道杆菌感染引起。表现为眼部充血、肿大，角膜和鼻黏膜发炎糜烂，眼球覆盖白色分泌物。治宜抗菌消炎。

【处方 1】

利凡诺 10g

用法：配成 1%水溶液涂抹病鳖。每次 40～60s，每天 1 次，连用 3～5 次。

【处方 2】

链霉素 20 万 U

用法：用于 1kg 鳖一次肌内注射。

【处方 3】

维生素 C 8～10g

用法：用于 100kg 鳖，拌料口服，连用 12～15d。

7. 鳖肺化脓病

由副肠道杆菌引起。表现为眼球充血、下陷；呼吸时头向上仰，嘴大张，呼吸困难。治宜抗菌消炎。

【处方 1】

金霉素 20g

用法：用于100kg鳖，混入饲料中一次投喂，连喂3～5d。

【处方2】

土霉素　　10～20g

用法：用于100kg鳖，混入饲料中一次投喂，连喂4～7d。

【处方3】

链霉素　　100万U

用法：按1kg体重10万U一次腹腔注射。

8. 鳖疖疮病

由点状气单胞菌点状亚种引起。主要表现为颈、背腹甲、裙边、四肢基部长有一个或多个疖疮，后逐渐增大，向外突出，最终表皮破裂。用手挤压四周可压出黄白色颗粒状或脓状内容物。治宜抗菌消炎。

【处方1】

盐酸甲烯土霉素　　1g

或四环素　　2g

用法：用于100kg鳖，一次拌饲投喂。同时将池水降至25～30cm深，每1m^3水体投入40g土霉素粉，浅水药浴，连用2～3d。

【处方2】

利凡诺　　10g

用法：挤出病灶内容物，放入0.1%水溶液中浸洗15min。

【处方3】

土霉素，或四环素，或链霉素　　250g

用法：配成2.5%水溶液，浸洗病鳖30min。

【处方4】

拜特止暴（主成分为10%恩诺沙星）　　100g

用法：拌入25kg饵料投喂，连喂3～5d。

9. 鳖白底板病

病因复杂，主要由细菌及病毒引起。以腹甲呈纯白色、内脏呈充血或呈失血状态为特征。治宜抗菌消炎，消毒池水。

【处方1】

白底康（主成分为黄柏、黄芩、连翘等中药）　　100mg

肝泰乐　　12mg

维生素C　　24mg

用法：喂1kg鳖，连喂7d。

【处方 2】

聚维酮碘　　适量

三氯异氰尿酸钠　　适量

用法：水体消毒，使池水含有效碘 1.0%的聚维酮碘达 2～3mg/L，或有效含量 56%的三氯异氰尿酸钠达 0.8～1.0mg/L，每天 1 次，连用 2～3d。

【处方 3】

氟苯尼考　　适量

利福平　　适量

用法：在饲料中添加有效含量 10%的氟苯尼考达 4%，连用 4d；同时添加利福平达 1.0%～1.5%。

10. 鳖白点病

由苏伯利产气单胞菌感染引起。主要表现在小鳖的颈部、背部、腹部四肢的角质皮下有粟米、绿豆大小的白色或淡黄色斑点，病灶略向外突出，刮去病灶可见酪样物。治宜抗菌消炎，消毒池水。

【处方 1】

庆大霉素　　15 万 U

用法：按每 1kg 鳖 15 万 U 一次口服，连续 6d 为一疗程。

【处方 2】

土霉素　　0.1～0.2g

用法：按每 1kg 鳖 0.1～0.2g 一次口服。

【处方 3】

复方新诺明　　0.1～0.2g

用法：按每 1kg 鳖 0.1～0.2g 一次口服。

11. 幼鳖脐孔炎

脐孔感染细菌引起。表现脐孔发炎凸出、化脓。治宜抗菌消炎，消毒池水。

【处方】

高锰酸钾　　适量

用法：配成 5mg/L 浓度药浴刚出壳稚鳖。

12. 幼鳖小肠结肠炎

由耶尔森氏菌引起。表现为四肢末端、背部和颈部皮肤有溃烂斑孔。治宜抗菌消炎，消毒池水。

【处方】

菌必净或制霉菌素　　适量

用法： 按1kg体重20g拌料投喂，连用1周。

13. 中华鳖爱德华氏菌病

由迟钝爱德华氏菌引起。病鳖表皮脱落，腹面淤血，稍浮肿，肝肿胀质脆，可形成肉芽肿，肾、脾肿大，腹腔有腹水。治宜抗菌消炎，消毒池水。

【处方1】

卡那霉素　　100mg

用法： 按每1kg体重50mg一次投喂，连喂7d。

说明： 也可用庆大霉素或新霉素，分别按1kg体重200～600mg、100mg投喂。

【处方2】预防

生石灰　　适量

用法： 加水溶解，每半个月泼洒一次，使池水浓度达50mg/L。

14. 鳖烂嘴病

由奇异变形菌引起。表现为嘴部溃烂，头部不对称，甚至眼睛肿胀、失明。治宜抗菌消炎，消毒池水。

【处方1】

庆大霉素　　0.2～0.6g

用法： 用于1kg鳖一次拌料投喂。

【处方2】

卡那霉素　　100mg

用法： 一次拌料投喂，按1kg体重50mg用药，连用5～7d。

15. 鳖毛霉菌病

由毛霉菌引起。表现为裙边、背腹甲有零星的小白点，后逐渐增大，形成白斑，表皮坏死。治宜消毒灭菌。

【处方1】

磺胺软膏　　适量

用法： 涂搽患处，连续数次，直到霉菌杀死脱落。

【处方2】

高锰酸钾　　200g

用法： 用于100m^3水体，一次全池遍撒，隔日或隔2d 1次。

【处方 3】

漂白粉　　1g

用法： 配成 100L 水溶液浸洗病鳖 2～3h。

16. 鳖水霉菌病

由水霉属和绵霉属真菌引起。主要寄生在背甲、四肢及其腋下、颈部，严重时体表全被水霉菌丝覆盖。治宜消毒灭菌。

【处方 1】

亚甲基蓝　　200～300g

用法： 加水溶解，用于 $100m^3$ 水体，一次全池遍洒。

【处方 2】

烟叶　　375g

用法： 浸泡取汁，用于 $100m^3$ 水体一次全池泼洒。

说明： 忌用抗生素治疗。

17. 鳖钟形虫病

由钟形虫、聚缩虫、累枝虫等寄生引起。表现为先在四肢腋下和脖颈处固着，严重时扩大到背甲、腹甲、裙边，肉眼可见一层灰白色或绿色毛状物，呈簇状。治宜杀灭虫体。

【处方 1】

高锰酸钾　　20g

用法： 溶于 $1m^3$ 水中浸洗病鳖 30min，隔日再浸洗 1～2 次。

【处方 2】

食盐　　1kg

用法： 配成 2.5%水溶液浸洗 10～20min，每天 1 次，连续 2 次。

【处方 3】

漂白粉　　200g

用法： 加水溶解，用于 $100m^3$ 水体一次全池遍洒。

【处方 4】

硫酸铜　　适量

硫酸亚铁　　适量

用法： 加水溶解，一次全池泼洒，使池水含量分别达 4mg/L、1.5mg/L。

18. 鳖绦虫病

由九江头槽绦虫寄生引起。表现为消瘦，严重时导致死亡。治宜抗菌消炎，消毒池水。

【处方 1】

南瓜子　　　　　　　　　　0.4g

用法： 喂 1kg 鳖，连喂 3d。

【处方 2】

使君子 2.5kg　　　　　　　　葫芦金 5kg

用法： 捣烂煮水成 5～10kg 药液，冷藏，分 4 天拌入饲料投喂。

19. 鳖腮腺炎

本病又称肿颈病，由细菌、霉菌或病毒引起。表现颈部异常肿大，腹面两侧有红肿现象，严重时腮腺、肠道有出血。治宜抗菌消炎，消毒池水。

【处方】

漂白粉，或二氧化氯　　　　　　适量

用法： 加水溶解，一次全池泼洒，每隔 3 天 1 次，共2～3次，使池水含量达 1.0～1.2mg/L 或2～3mg/L 或 0.4～0.5mg/L。

二十、河蟹病处方

1. 蟹烂肢病

由弧菌感染引起。表现为腹部、附肢腐烂，肛门红肿，严重时病蟹拒食。治宜抗菌消炎。

【处方 1】

土霉素　　10～20g

用法： 用于 100kg 蟹，一次拌料投喂。

【处方 2】

生石灰 150g

用法： 用于 $100m^3$ 池水，水溶后一次全池泼洒，每周 1 次，连用 2～3 次。

【处方 3】

溴氯海因　　适量

三氯异氰尿酸　　适量

用法： 全池泼洒，使池水含二溴海因 0.2～0.3mg/L，或三氯异氰尿酸 0.3～0.5mg/L。每周 1 次，连用 2～3 次。

2. 蟹水肿病

因腹部受机械损伤、感染细菌引起。表现为腹部、腹脐及背壳下方肿大呈透明状，摄食减少，匍匐池边。治宜抗菌消毒。

【处方 1】

土霉素　　10～20g

用法： 用于 100kg 蟹，混入饲料中一次投喂，每天 1 次，连喂 7d。

【处方 2】

土霉素　　50～100g

用法： 用于 $100m^3$ 水体，水溶后一次全池泼洒。

3. 蟹黑鳃病

由细菌引起。病初鳃丝呈灰色或灰黑色，严重时全部变成黑色；病蟹呼吸困难，爬行缓慢。治宜抗菌消炎，消毒池水。

【处方 1】

溴氯海因　　　　适量

用法：一次全池泼洒，使池水含量达 0.3mg/L。

【处方 2】预防

生石灰　　　　适量

用法：发病季节，每隔 15d 池泼洒 1 次，使池水含量达 15～20mg/L。

4. 蟹烂鳃病

高温季节水质恶化引起。腹部及附肢腐烂，肛门红肿，活动迟缓，摄食量下降，导致死亡。治宜消毒全池。

【处方】

生石灰　　　　适量

用法：一次全池泼洒，使池水达 15mg/L，每周 1 次，连续 2～5 次。

5. 青蟹甲壳溃疡病

由于甲壳上表皮受伤，分解几丁质的细菌侵入所致。初期螯足基部和背甲有黄色斑点，而后在腹甲上出现铁锈色斑点，或螯足基部有黄黏液；晚期溃疡斑点扩大，中心溃疡加深，边缘变黑。治宜抗菌消炎。

【处方 1】

生石灰，或漂白粉　　　　适量

用法：一次全池泼洒，使池水含量达 25mg/L 或 2mg/L。

【处方 2】

溴氯海因　　　　适量

用法：全池泼洒，使池水达 0.3mg/L 浓度，连用 3d。

【处方 3】

福尔马林　　　　适量

土霉素　　　　适量

用法：福尔马林全池泼洒，使池水浓度达 20～25mg/L，土霉素按每 1kg 饲料 0.5～1g 拌料，日投饲量为蟹体重的 10%，连喂 1～2 周。

6. 青蟹黄水病

主要发生于高温季节南方沿海，可能由血卵涡鞭虫引起。表现在临死前肌肉液化成“黄水”。治宜消毒灭菌，消毒池水。

【处方 1】

生石灰或溴氯海因　　　　适量

用法：同青蟹甲壳溃疡病。

【处方 2】

免疫多糖、维生素 C、维生素 E　　　　适量

用法：在饲料中适量添加，以提高免疫力。

7. 蟹奴病

由蟹奴寄生引起。表现为腹部略显浮肿，打开脐盖可见乳白色或透明颗粒虫体寄生于附肢或胸板上。治宜杀灭虫体。

【处方 1】

漂白粉　　　　100g

用法：用于 $100m^3$ 水体，水溶后一次全池泼洒。

【处方 2】

硫酸铜　　　　8g

用法：溶于 $1m^3$ 水体，浸洗病蟹 10～20min。

【处方 3】

高锰酸钾　　　　20g

用法：溶于 $1m^3$ 水中，浸洗病蟹 10～20min。

【处方 4】

硫酸铜与硫酸亚铁（5∶2）合剂　　　　70g

用法：用于 $100m^3$ 水体，水溶后一次全池泼洒。

8. 蟹纤毛虫病

由纤毛虫类原生动物寄生而引起。表现鳃部、头胸部、腹部及四对步足有大量纤毛虫附生。体表长满棕色或黄色绒毛。治宜杀灭虫体，消毒池水。

【处方 1】

硫酸铜、硫酸亚铁（15∶27）合剂　　　　适量

用法：全池泼洒，使池水中药物浓度达到 0.7mg/L。

【处方 2】

福尔马林　　　　适量

用法：全池泼洒，使池水中药物浓度达到 5～10mg/L。

9. 青蟹白芒病

由于海水盐度突然变低而引起的青蟹不适应症。表现步足基节的肌肉呈乳白色，折断步足会流出白色的黏液。治宜抗菌消炎。

【处方】

土霉素　　0.5～1g

用法：拌入 1kg 饵料中一次投喂。

二十一、蛙病处方

1. 蛙出血病

由温和气单胞菌感染引起。表现为厌食，体表常出现点状溃疡斑，胃、肺囊、肝、肠等内脏器官呈充血或失血状态，解剖有少量腹水。治宜抗菌消炎。

【处方 1】

三氯异氰尿酸　　　　适量

用法：全池泼洒，使池水达 0.5mg/L 浓度。

【处方 2】

(1) 硫酸庆大小诺霉素注射液　　　　2 万～8 万 U

用法：按 1kg 体重 2 万～4 万 U 一次肌内注射，每天 2 次至愈。

(2) 青霉素　　　　适量

链霉素　　　　适量

注射用水　　　　适量

用法：溶解成1 000U/mL 溶液浸洗病蛙或病蝌蚪 30～60min。

2. 蝌蚪出血病

病原为温和气单胞菌。表现为体表有出血点，腹部肿大，腹水明显，肠道充血。治宜抗菌消炎，消毒池水。

【处方】

同蛙出血病。

3. 蛙脑膜炎

由脑膜炎脓毒黄杆菌引起。表现为行动迟缓，眼球凸出，双眼失明，腹水，肛门红肿。幼蛙转圈，有的腹部膨大，仰游水面。剖检肝脏肿大、发黑，脾脏萎缩，脊柱两侧出血。治宜抗菌消炎。

【处方 1】

生石灰　　　　适量

用法：撒池，使池水 pH 7.5～8.2。

【处方 2】

麦迪霉素　　适量

用法：撒池，使 $1m^3$ 水体中含 1.5g；同时按 1kg 体重 5g 拌料喂服。

4. 蛙红腿病

由嗜水气单胞菌和不动杆菌引起。病蛙行动迟缓，瘫痪无力，腹部、腿部肌肉充血、红肿，食欲下降。治宜抗菌消炎。

【处方 1】

食盐　　适量

用法：加水配成 1%～1.5%溶液浸洗病蛙 10min。

【处方 2】

漂白粉或硫酸铜　　适量

用法：撒池，使 $1m^3$ 水体含 1g 或 1.4g。

【处方 3】

硫酸铜或高锰酸钾　　适量

用法：全池泼洒，使池水含量达 0.7mg/L。

【处方 4】

复方新诺明　　50mg

用法：用于 1kg 蛙，拌入饵料中投喂。第 2～7 天剂量减半。

【处方 5】

土霉素　　适量

用法：按每 1kg 鳖体重 0.2g 分 2 次投喂，3d 为一疗程。

5. 蛙肿腿病

由于腿部受伤、细菌感染引起。表现腿部水肿呈瘤状。治宜抗菌消肿。

【处方】

高锰酸钾粉　　适量

四环素　　1 片

或庆大霉素注射液　　4 万 U

用法：高锰酸钾配成 30mg/L 水溶液浸洗蛙腿 15min，然后投服四环素或注射庆大霉素，每天 2 次，连用 2d。

6. 蝌蚪水霉病

由水霉菌引起。表现为蝌蚪体表出现菌丝，游泳失常，食欲废绝，卵感染时则发生霉变而死亡。治宜消毒杀菌。

【处方】

生石灰　　适量

用法：清塘消毒。

7. 蛙曲线虫病

由曲线虫引起。主要表现病蛙头向上、向一侧歪斜。治宜抗菌消炎，消毒池水。

【处方 1】

硫酸铜　　适量

用法：按 0.7mg/L 浓度全场消毒，每周 1 次，连续 3 周。

【处方 2】

土霉素　　1.5g

用法：拌入 1kg 饲料中投喂，连喂 5d。

8. 蝌蚪车轮虫病

由车轮虫寄生引起。表现皮肤和鳃表面呈青灰色的斑，大量寄生时游泳迟钝，生长停滞，进而死亡。治宜杀灭虫体。

【处方 1】

硫酸铜、硫酸亚铁（5∶2）合剂　　适量

用法：全池泼洒，使池水成 0.7mg/L 浓度。

【处方 2】

食盐　　适量

用法：配成 2%～4%浓度浸浴 20～30min。

9. 蝌蚪舌杯虫病

由舌杯虫引起。主要表现尾部呈毛状物，严重全身呈毛状物，游动迟缓，呼吸困难。治宜杀灭虫体，消毒池水。

【处方 1】

硫酸铜、硫酸亚铁（5∶2）合剂　　适量

用法：全池泼洒，使池水成 0.5～0.7mg/L 浓度。

【处方 2】

漂白粉（28%有效氯）　　1g

用法：加水溶解，用于 $1m^3$ 水体，全池泼洒。

【处方 3】

高锰酸钾，或食盐　　适量

用量：高锰酸钾配成 5mg/L 溶液药浴 30min，或食盐配成 30g/L 水溶液浸泡 15～20min。

10. 蝌蚪锚头蚤病

由于锚头蚤寄生于蝌蚪组织引起。表现为体外见锚头蚤虫体，寄生部位肌肉组织发炎、红肿、溃烂，蝌蚪逐渐死亡。治宜驱杀虫体。

【处方】

高锰酸钾　　适量

用法：配成 6～10mg/L 的水溶液浸洗病蝌蚪 10～20min。注意随时清洗鳃上的黏液等。

11. 蛙胃肠炎

由于摄食腐败变质饲料引起。表现身体瘫软，摄食停止，胃肠道充血、发炎。治宜消炎健胃。

【处方 1】

（1）硫酸庆大小诺霉素　　2 万～8 万 U

用法：一次肌内注射，每天 2 次至愈。

（2）酵母片　　0.2g

用法：一次喂服，每天 2 次至愈。

（3）漂白粉　　适量

用法：撒池，使 $1m^3$ 水体含 1～2g。

【处方 2】

磺胺类药物　　适量

用法：按每 1kg 蛙 0.2g 在饲料添加，第 2～6 天减半。

12. 蛙弯体病

由于某些重金属盐类过量或缺乏矿物质和维生素等引起。蝌蚪表现为身体弯曲呈 S 形。治宜调整水质，补充维生素和钙质。

【处方】

复合维生素液　　适量

骨粉　　适量

用法：拌料饲喂。

13. 蛙蜕皮病

由于缺乏多种维生素和微量元素引起。表现皮肤大面积脱皮、充血，关节肿大，腹腔积水，摄食停止，消瘦。治宜补充维生素和微量元素。

【处方】

复合维生素注射液　　1mL

用法：一次肌内注射，每天 1 次，连用 2～3d。同时饲料中适量添加微量元素，减少动物性饲料比例。

14. 蛙腐皮病

由于损伤感染克氏耶尔森氏菌、奇异变形杆菌等病原引起。表现头背部表皮腐烂发白，四肢关节处腐烂；严重时蹼部骨外露，四肢红肿。治宜抗菌消炎，消毒池水。

【处方 1】

高锰酸钾　　适量

二氧化氯　　适量

用法：高锰酸钾配成 20mg/L 溶液浸浴 30min，二氧化氯全池泼洒，使池水含量达 0.3～0.5mg/L。注意在饲料中适量补加维生素 A、B 族维生素或鱼肝油。

【处方 2】

卡那霉素，或庆大霉素，或链霉素　　适量

用法：加水溶解，按每 $1m^3$ 水体分别 300 万、400 万、400 万 U 全池泼洒。

二十二、蛇病处方

1. 蛇霉斑病

由于霉菌感染引起。病蛇腹鳞面上出现块状或点状黑色霉斑，并蔓延全身，后期局部溃烂。治宜抗菌消炎。

【处方】

（1）制霉菌素粉　　1g

用法：加注射用水 5mL，溶解后涂搽患部至愈。

（2）2%碘酊　　适量

用法：患部涂搽至愈。

（3）2%氯化钠溶液　　适量

用法：浸泡 20～30min 后清洗干净。

（4）维生素 AD　　1～2 片

复合维生素 B　　2～4 片

用法：一次拌料 500g 喂服，每日或隔日 1 次。

说明：维生素 AD 每片含维生素 D 2 500IU、磷酸氢钙 150mg；复合维生素 B 每片含维生素 B_1 3mg、维生素 B_2 1.5mg、维生素 B_6 0.2mg、烟酰胺 10mg。

2. 蛇口腔炎

由病菌侵入蛇颊部引起，表现为两颌肿胀，口难关闭，时而流出脓性分泌物，吞咽困难，张口、不安。治宜抗菌消炎。

【处方 1】

0.1%雷佛奴耳溶液　　适量

龙胆紫液　　适量

用法：先用 0.1%雷佛奴耳溶液冲洗口腔数次，再涂搽龙胆紫至愈。

【处方 2】

（1）冰硼酸　　1～2g

用法：混合涂患处。

（2）注射用丁胺卡那霉素　　20 万 U

用法：肌内注射，每天1次。

【处方3】

（1）2%氯化钠溶液　　适量

用法：冲洗患处和口腔。

（2）碘甘油　　50mL

维生素C粉　　1g

用法：混合涂患处。

（3）30%林可霉素注射液　　1～2mL

用法：一次肌内注射，每天2次。

3. 蛇急性肺炎

由于通风不良、管理不当引起，尤在炎热夏季易发。表现盘游不安，张口呼吸，颤抖，或头时高时低，最后呼吸衰竭死亡。治宜抗菌消炎。

【处方1】

注射用青霉素钠　　10万U

注射用硫酸链霉素　　10万U

注射用水　　2～3mL

用法：一次分别肌内注射，每天3次，连用3d。

说明：保持蛇窝通风和阴凉，用清水冲洗净蛇窝，待晾干后放回。

【处方2】

硫酸丁胺卡那霉素注射液　　0.5mL

复方磺胺甲噁唑注射液　　1～2mL

用法：分别肌内注射，每天2次，连用3～5d。

4. 蛇枯尾病

由于消化功能障碍而治疗不及时引起。表现体瘦、厌食、尾部皱缩、干枯。治宜开胃助消化。

【处方1】

50%葡萄糖注射液　　10～20mL

复合维生素B液　　5～10mL

用法：用注射器一次灌服，每天1次至愈。

【处方2】

砂仁1g　　木香1g　　党参1g

白术1g　　茯苓1g　　甘草1g

用法：煎汁用注射器一次灌服，每天1剂，连用1～2剂。

5. 蛇胃肠炎

由于蛇园环境卫生不良或采食变质污染饲料等引起。表现为食欲减少或废绝，神态呆滞，消瘦，尾部干枯，排稀粪或绿色粪便，严重时导致死亡。治宜抗菌消炎，提高环境温度。

【处方 1】

硫酸庆大霉素注射液　　8 万 U

用法： 按 1kg 体重 8 万 U 肌内注射，每天 2 次，连用 3～5d。

说明： 也可以用硫酸链霉素、硫酸卡那霉素、氨苄西林钠和头孢拉定等。

【处方 2】

多酶片　　2～6 片（每片含胰酶 300mg、胰蛋白酶 13mg）

用法： 一次内服，每天 2 次，连用 3d。

6. 蛇急性胆囊炎

由于大肠杆菌感染引起的传染病。表现为全身皮肤发黄，发展迅速。常发生于夏秋季节。治宜抗菌消炎。

【处方 1】

硫酸庆大霉素注射液　　8 万 U

用法： 按 1kg 体重 8 万 U 肌内注射，每天 2 次，连用 3～5d。

【处方 2】

注射用青霉素钠　　10 万 U

注射用硫酸链霉素　　10 万 U

注射用水　　2～3mL

用法： 一次肌内注射，每天 2～3 次，连用 3～5d。

7. 蛇异物性胃炎

由于蛇吞食异物引起。表现为消瘦和胃内有异物。治宜排除异物，抗菌消炎。平时清除饲养场地异物，定时定量饲喂，防止饥饿时吞食异物。

【处方】

（1）食用油　　100～500mL

用法： 胃管投服。

（2）注射用氨苄西林钠　　0.5～1g

注射用水　　2mL

用法： 一次肌内注射，每天 2 次，连用 3d。

二十三、鹿病处方

1. 鹿狂犬病

由狂犬病病毒引起的急性接触性传染病。表现明显的神经症状。确诊后一般不予治疗，立即扑杀深埋。被可疑病犬咬伤后应立即处理伤口，紧急免疫接种。

【处方 1】

3%石炭酸溶液　　适量

用法： 反复冲洗伤口。

【处方 2】

硝酸银　　适量

用法： 伤口烧烙。

【处方 3】

狂犬病疫苗（BHK21～ERA 株弱毒冻干疫苗）　　1 头份

用法： 一次皮下或肌内注射。

说明： 狂犬病是人兽共患的高度接触性传染病，危害严重，应对鹿群每年进行一次免疫接种。

2. 鹿恶性卡他热

由恶性卡他热病毒感染引起的一种急性热性传染病。最急性型常未显示临床症状而突然死亡；胃肠型病例表现食欲减退或废绝，腹泻或便血；头眼型病例则表现为眼睛与鼻口黏膜炎性分泌物增多，甚至口唇溃疡形成。本病最有效的方法是避免同绵羊等恶性卡他热病毒自然宿主接触。治宜对症缓解症状。

【处方 1】藿香正气散

广藿香 60g　　紫苏叶 45g　　茯　苓 30g

白　芷 15g　　大腹皮 30g　　陈　皮 30g

桔　梗 25g　　炒白术 30g　　厚　朴 30g

法半夏 20g　　甘　草 15g

用法： 共为细末，每天 80～100g，匀拌于精料中投喂。

【处方 2】双黄连散

金银花 375g　　黄　芩 375g　　连　翘 750g

用法：共为细末，每天 80～100g，匀拌于精料中投喂。

3. 鹿破伤风

由破伤风梭菌经伤口侵入，在鹿体内繁殖并分泌大量毒素引起表现全身或局部肌肉强直性收缩，牙关紧闭。治宜中和毒素，清创，对症镇静，补液。

【处方 1】

破伤风抗毒素　　20 万～30 万 U

用法：半量静脉注射，半量皮下注射。

【处方 2】

3%双氧水　　适量

用法：扩创后，冲洗创口。

【处方 3】

1%高锰酸钾溶液　　适量

用法：同处方 2。

【处方 4】

（1）25%硫酸镁注射液　　50～100mL

用法：一次缓缓静脉注射。

（2）5%葡萄糖生理盐水　　1 000～2 000mL

用法：一次静脉注射。

【处方 5】

5%水合氯醛　　50～100mL

用法：加适量淀粉调匀，一次直肠灌注。

【处方 6】

5%碳酸氢钠注射液　　200～500mL

用法：一次静脉注射。

说明：酸中毒时使用。为防止全身感染，应配给抗菌类药物。

4. 鹿布鲁氏菌病

由布鲁氏菌感染引起的慢性传染病，初期症状不明显，日久可表现为消瘦、淋巴结肿大、关节炎等。另外，母鹿感染后表现为死胎、流产、子宫内膜炎或乳腺炎；公鹿则表现为睾丸炎、附睾炎；仔鹿表现为生长发育缓慢或停滞，有时出现后肢麻痹，行走困难。可用疫苗预防，治宜抗菌消毒。

【处方 1】预防

冻干布鲁氏菌羊型 5 号菌苗

用法：气雾免疫，用生理盐水稀释后喷雾，室内免疫每只鹿250亿菌体，喷雾后停留30min；室外免疫每只鹿400亿菌体，喷雾后停留30min。注射免疫，150亿菌体，按瓶签规定稀释，然后可皮下或肌内注射。

【处方2】

硫酸链霉素　　0.8～1.2g
盐酸强力霉素　　0.2～0.3g

用法：分别按每1kg体重10～15mg、3mg混入饲料中喂服，每天2次，连用1周为一个疗程，间隔一周再用1个疗程。

【处方3】

5%煤酚皂溶液，或热苛性钠溶液　　适量

用法：消毒圈舍、饲养用具及其他污染环境。

5. 鹿结核病

由结核杆菌引起的慢性消耗性传染病。一旦发现，应严格消毒，隔离病鹿，重症淘汰，轻症治宜杀灭病原。

【处方1】

异烟肼　　3～4g

用法：每天分2次拌入饲料中喂服，10d为一疗程。

【处方2】

注射用链霉素　　300万～400万U
注射用水　　3～4mL

用法：一次肌内注射，每天2次，10d为一疗程。

6. 鹿副结核病

由副结核分枝杆菌感染引起的一种慢性肠道传染病。临床以顽固性腹泻与进行性消瘦，肠黏膜增厚并形成皱褶为特征。治宜对症止泻。

【处方1】

10%漂白粉，或20%生石灰乳　　适量

用法：彻底消毒圈舍、饲养用具及其他污染环境。

【处方2】

白头翁60g　　黄　连30g　　黄　柏45g
秦　皮60g　　地榆炭50g　　炒槐花40g
灶心土100g　　炒莱菔子50g

用法：共为细末，每天80～100g，匀拌于精料中投喂。

7. 鹿坏死杆菌病

由坏死杆菌引起的传染病。以蹄及深部组织、消化道、内脏坏死为特征。蹄坏死时又称腐蹄病。治宜清创，抗菌消炎。

【处方 1】

3%高锰酸钾溶液　　适量

用法： 清洗创面，除去坏死组织。

【处方 2】

6%福尔马林　　适量

用法： 患蹄清洗，浸泡。

【处方 3】

高锰酸钾粉　　1 份

碘仿粉　　1 份

用法： 混合后患处撒布或填塞。

【处方 4】

50%畜禽乐消毒液　　适量

用法： 在清除坏死组织后，浸泡 3～5min，每天 1～2 次，连用 3～5 次。

说明： 出现全身症状时，及时使用抗生素并补液。

8. 鹿巴氏杆菌病

本病又称出血性败血病，由多杀性巴氏杆菌引起。急性病例迅速死亡，慢性病例治宜抗菌消炎。

【处方 1】

注射用青霉素钠　　200 万 U

注射用硫酸链霉素　　200 万～300 万 U

注射用水　　10mL

用法： 一次肌内注射，每天 2 次。

【处方 2】

硫酸庆大霉素注射液　　16 万～32 万 U

5%葡萄糖生理盐水　　500～1 000mL

用法： 一次静脉注射，每天 2 次。

【处方 3】

注射用盐酸四环素　　0.5～1g

5%葡萄糖生理盐水　　500～1 000mL

用法： 一次静脉注射，每天 1～2 次。

9. 鹿大肠杆菌病

由大肠杆菌引起。以腹泻和败血症为主要特征。治宜杀灭病原，调节胃肠机能。

【处方 1】

磺胺脒　　10～12g

用法：每天分 2 次拌于料中喂服，连用 1 周。

【处方 2】

硫酸庆大霉素注射液　　16 万～32 万 U

用法：一次肌内注射或加在 500mL 葡萄糖生理盐水中静脉注射。

10. 鹿魏氏梭菌病

本病又称鹿肠毒血症，由魏氏梭菌在特定条件下感染并异常繁殖所引起的急性传染病。营养良好的壮年鹿多发，临床以突然发病、口吐白沫、食欲废绝、腹痛腹胀、排血样稀便为特征。剖检常见肾组织软化，故又称“软肾病”。可用疫苗预防。治宜抗菌。

【处方 1】预防

鹿魏氏梭菌、巴氏杆菌二联苗　　5mL

用法：肌内注射，用于预防魏氏梭菌病，免疫期 1 年。

【处方 2】

5%葡萄糖生理盐水　　1 000mL

2.5%维生素 B_1 注射液　　10mL

10%维生素 C 注射液　　10mL

用法：一次静脉注射，每天 1 次，连用 2～3d。

【处方 3】

5%葡萄糖生理盐水　　1 000mL

地塞米松注射液　　10mL

用法：一次静脉注射，每天 1 次，连用 2～3d。

【处方 4】

盐酸强力霉素　　0.2～0.3g

5%葡萄糖注射液　　500mL

用法：一次静脉滴注，每天 1 次，连用 2～3d。

【处方 5】

黄　连 30g　　黄　芩 25g　　栀　子 30g

连　翘 30g　　赤　芍 25g　　玄　参 25g

牡丹皮 20g　　淡竹叶 25g　　地榆炭 50g

炒槐花 40g　　灶心土 100g　　甘　草 15g

用法：用于高发期预防，共为细末，每天 80～100g，匀拌于精料中投喂；对发病鹿可水煎服，每天 1 剂，连服 2～3 剂。

11. 鹿钩端螺旋体病

由钩端螺旋体引起。主要表现发热、贫血、黄疸、血红蛋白尿等。治宜杀灭病原。

【处方 1】

注射用青霉素钠　　160 万～320 万 U
注射用链霉素　　100 万～200 万 U
注射用水　　10mL

用法：分别一次肌内注射，每天 2～3 次。

【处方 2】

注射用盐酸四环素　　0.5～1g
5%葡萄糖生理盐水　　1 000mL

用法：一次静脉注射，每天 2 次，连用 3～5d。

12. 鹿放线菌病

由牛放线菌引起。青壮年鹿多见。在头、颈、颌下等处引起肿块。治宜杀灭病原。

【处方 1】

注射用青霉素钠　　240 万 U
注射用链霉素　　240 万 U
注射用水　　10mL

用法：分别一次患处注射，连用 2 周。

【处方 2】

碘化钾　　10～15g

用法：每天分 2 次口服。

【处方 3】

5%～10%碘酊溶液　　适量

用法：患处注射，或在手术切开肿块后浸纱布填塞。

13. 鹿脱毛癣

由真菌引起的皮肤病。主要表现痒感，体表常见界限明显的脱毛圈。治宜杀灭真菌。

【处方 1】

25%硫酸铜软膏　　适量

用法：每 3～5d 患处涂抹 1 次，直至痊愈。

【处方 2】

水杨酸　　　　50g

鱼石脂　　　　50g

硫　黄　　　　400g

凡士林　　　　600g

用法：混合制成软膏，患处涂抹，每 3d 一次。

14. 鹿肝片吸虫病

由肝片吸虫和大片吸虫寄生于胆管内引起。常表现消瘦，生产能力下降，甚至瘦弱死亡。治宜杀虫。

【处方 1】

硝氯酚（拜耳 9015）　　　　0.3～0.5g

用法：按每 1kg 体重 4～6mg 拌于饲料中一次投服。

【处方 2】

氯苯碘氧酰胺（碘醚柳胺）　　0.8g

用法：马鹿按每 1kg 体重 10mg 拌入料中一次投服，连用 2d。

15. 鹿复腔吸虫病

由复腔吸虫（又称双腔吸虫）感染引起。成虫寄生于鹿的胆管内。治宜杀虫。

【处方】

硫双二氯酚　　　　4～6g

用法：按每 1kg 体重 50～75mg 一次口服。

16. 鹿前后盘吸虫病

由前后盘吸虫寄生在瘤胃内引起。治宜杀虫。

【处方 1】

六氯乙烷　　　　3～4g

用法：按每 1kg 体重 400mg 一次内服，间隔 1～2d 再服 1 次。

【处方 2】

硫双二氯酚　　　　4～6g

用法：按 1kg 体重 50～75mg，一次内服。

17. 鹿莫尼茨绦虫病

由莫尼茨绦虫寄生在小肠内引起。治宜驱虫。

【处方 1】

灭绦灵（氯硝柳胺）　　4～6g

用法：按每 1kg 体重 50～70mg 一次投服。

【处方 2】

羟溴柳胺　　4～5g

用法：按每 1kg 体重 50～60mg 一次内服。

18. 鹿类圆形线虫病

类圆形线虫寄生于小肠内引起。治宜驱虫。

【处方】

噻苯唑　　1.5～2g

用法：按每 1kg 体重 20～25mg 一次拌料喂服。

19. 鹿螨病

由疥螨寄生引起的慢性皮肤病。临床表现消瘦、痒症、脱毛等。治宜杀虫。

【处方 1】

1%伊维菌素　　2～3mL

用法：一次皮下注射。

【处方 2】

1%～2%敌百虫水溶液　　适量

用法：患处涂搽。

20. 鹿咽炎

由于物理或化学因素引起的咽部及喉黏膜炎症。表现吞咽障碍，治宜消炎止痛。

【处方 1】

注射用青霉素钠　　160 万～320 万 U

注射用水　　5～10mL

用法：一次肌内注射，每天 2～3 次，连用 1 周。

【处方 2】

10%磺胺噻唑钠注射液　　40～100mL

用法：一次静脉注射，每天 1～2 次。

【处方 3】

10%～20%葡萄糖注射液　　1 000～2 000mL

用法：一次静脉注射。

说明：用于吞咽困难病鹿。

21. 鹿食道梗塞

由于食道被某些块状饲料梗塞引起。表现吞咽困难。治宜排除阻塞物。

【处方】

液体石蜡（或植物油）　　200～300mL

用法：一次灌服，然后用胃管将堵塞块推入胃内。必要时行食道手术。

22. 鹿胃肠炎

由多种原因引起。表现初期便秘，后期下痢。治宜消除病因，消炎制酵，补液强心。

【处方 1】

硫酸庆大霉素　　0.3～0.5g

5%葡萄糖注射液　　1 000～2 000mL

用法：一次静脉注射，每天 1～2 次。

【处方 2】

磺胺脒片　　10～20g

活性炭　　2～3g

次硝酸铋　　3～5g

温　水　　500mL

用法：一次内服。

【处方 3】

鱼石脂　　10～20g

酒　精　　30～50mL

用法：一次灌服。

【处方 4】

(1) 硫酸钠　　100～150g

鱼石脂　　15～20g

温　水　　2 000～2 500mL

用法：混合溶解后一次灌服。

(2) 5%葡萄糖生理盐水　　1 000～2 000mL

25%维生素 C 注射液　　20mL

10%安钠咖注射液　　20mL

用法：一次静脉注射，每天 1 次，连用 2～3d。

【处方 5】

土霉素粉　　3～4g

蒸馏水　　150～200mL

用法：混匀后瓣胃内一次注射。

23. 鹿前胃弛缓

多由于饲养管理不当引起。以前胃的运动机能障碍为主要特征。治宜兴奋前胃，防止内容物发酵。

【处方 1】

5%氯化钙注射液	50～100mL
10%氯化钠注射液	50～100mL
10%安钠咖注射液	5～10mL

用法：混合后一次静脉注射。

【处方 2】

龙胆酊	10mL
陈皮酊	10mL
姜　酊	10mL
番木鳖酊	10～15mL
稀盐酸	20mL
酒　精	30～50mL
常　水	适量

用法：一次灌服。

24. 鹿急性瘤胃臌气

多因吃食大量易发酵的饲草所致，表现瘤胃内积聚大量气体。治宜制止发酵，缓解症状。病情重剧时立即瘤胃穿刺放气急救。

【处方 1】

食用油	300mL
松节油	30～50mL

用法：混合后一次灌服，每天 2～3 次。

【处方 2】

松节油	15～20mL
鱼石脂	10～15g
芳香氨醑	20～30mL
常　水	150～200mL

用法：一次灌服。

25. 鹿瘤胃积食

由于多种原因使前胃的运动机能发生障碍所致。表现瘤胃内积聚大量的饲料。治宜增强瘤胃蠕动，清除内容物，制止发酵。

【处方 1】

硫酸钠	100～200g
吐酒石（酒石酸锑钾）	3～5g
常　水	200～500mL

用法：溶解后一次内服。

【处方 2】

鱼石脂	10～15g
酒　精	20～40mL
人工盐	100～150g
常　水	200～300mL

用法：一次内服。

【处方 3】

10%氯化钠注射液	200～300mL

用法：一次静脉注射。

【处方 4】

5%碳酸氢钠注射液	200～300mL

用法：一次静脉注射。

说明：酸中毒时用。

【处方 5】

11.2%乳酸钠	100～200mL

用法：同处方 4。

【处方 6】

3%毛果芸香碱	2～3mL

用法：一次皮下注射

说明：孕鹿及心脏衰弱鹿慎用。

26. 鹿瓣胃秘结

由于饲草、饲料、饮水不足等原因引起。主要表现排粪减少，甚至停止，继发瘤胃积食或臌气。治宜软化积食，排除阻塞。

【处方 1】

硫酸钠	100～200g
鱼石脂	10g
常　水	2 000～3 000mL

用法：混合溶解后一次灌服。

【处方 2】

10%氯化钠注射液	150～200mL

用法： 一次静脉注射。

【处方 3】

20%硫酸钠溶液　　100～200mL

用法： 瓣胃内注射。注射点在右侧第 9 肋间与肩端水平线交叉点。向对侧肘头方向刺入。刺入瓣胃后有硬实感，注入少量生理盐水后迅速回吸可见草屑，即可注入药液。

27. 鹿毛球病

本病又称毛粪石病。由于饲养管理不当，食入大量的鹿毛，并与植物纤维交织成团，堵塞于胃或肠道。主要表现消化机能紊乱。治宜疏通胃肠道。

【处方】

硫酸钠（或硫酸镁）　　200～300g

常　水　　2 000～3 000mL

用法： 溶解后一次灌服。

28. 鹿坏疽性肺炎

因投药误入气管，或由于公鹿配种期相互角斗后急速大量饮水误咽引起。主要表现高热，流脓性鼻液。治宜抗菌消炎。

【处方 1】

注射用青霉素钠　　200 万～400 万 U

注射用硫酸链霉素　　100 万～200 万 U

注射用水　　10mL

用法： 一次肌内注射，每天 2～3 次。

【处方 2】

注射用四环素　　50 万～80 万 U

5%葡萄糖生理盐水　　500～1 000mL

用法： 一次静脉滴注。

【处方 3】

（1）40%乌洛托品注射液　　50～100mL

用法： 一次静脉注射。

（2）注射用青霉素钠　　300 万～400 万 U

注射用链霉素　　200 万～300 万 U

注射用水　　10mL

用法： 分别一次肌内注射，每天 2～3 次。

【处方 4】

10%磺胺嘧啶钠注射液　　30～50mL

生理盐水　　20～30mL

用法：混合后一次缓慢气管内注射，每天1～2次，连用3～5d。

29. 鹿霉菌性肺炎

由于霉菌感染引起的肺部慢性炎症。发病后应立即更换发霉的草料和垫草，保持鹿舍的良好通风。治宜杀灭霉菌。

【处方1】

碘化钾　　2～3g

用法：溶于饮水中自服。

【处方2】

制霉菌素　　200万～300万U

用法：一次内服，每天3～4次。

【处方3】

克霉唑　　4～6g

用法：一次内服，每天2次。

30. 鹿有机磷农药中毒

常因误食有机磷农药污染的饲料或饮水引起。治宜排毒解毒。

【处方】

（1）0.1%硫酸阿托品注射液　10～15mL

用法：一次皮下注射。

（2）解磷定　　2～3g

用法：用生理盐水配成5%的溶液缓慢静脉注射。

31. 鹿尿素中毒

采食过量尿素而引起的疾病。急性中毒表现口吐白沫，步态蹒跚，肌肉震颤，惊恐乱撞，最后倒地抽搐，窒息而死。慢性中毒表现为精神沉郁，食欲大减或废绝，反刍减少或消失，嗳气具有强烈氨臭气味。治疗应立即停喂尿素，瘤胃膨胀者穿刺放气，同时采取强心、补液、解毒、镇静等综合措施。

【处方1】

食醋　　300mL

用法：温水适量稀释，一次灌服。

【处方2】

10%葡萄糖酸钙注射液　　30mL

5%葡萄糖生理盐水　　1 000mL

用法：分别一次静脉滴注。

32. 鹿亚硝酸盐中毒

是鲜嫩青草或莱叶瓜秧等富含硝酸盐的饲料在饲喂前调制中或采食后的瘤胃内产生大量亚硝酸盐，造成高铁血红蛋白血症，导致组织缺氧而引起的中毒病。临床以采食后很快发病，可视黏膜发绀，呼吸困难，血液褐变为特征。

【处方 1】

1%亚甲蓝注射液　　8～15mL

用法： 按 1kg 体重 1～2mg 一次静脉注射。

【处方 2】

5%甲苯胺蓝注射液　　4～8mL

用法： 按 1kg 体重 2.5～5mg，一次静脉注射。

【处方 3】

10%维生素 C 注射液　　20mL

10%葡萄糖注射液　　250mL

用法： 一次静脉注射。

【处方 4】

绿豆 300g　　甘草 25g

用法： 水煎服。

33. 鹿脓肿

主要由于细菌感染引起的局限性化脓病变，常发于体表或内脏器官，大、小鹿均可发生。治宜抗菌消炎。体表脓肿可手术切开排脓。

【处方 1】

鱼石脂软膏　　适量

用法： 局部外敷。

【处方 2】

10%碘软膏　　适量

用法： 同处方 1。

【处方 3】

0.5%盐酸普鲁卡因注射液　　10～30mL

注射用青霉素钠　　100 万～200 万 U

用法： 混合溶解后，患部周围封闭性注射。

【处方 4】

硫酸庆大霉素注射液　　20 万～30 万 U

用法： 一次肌内注射。

34. 鹿淋巴外渗

主要由钝性外力损伤淋巴管所致。表现局部肿胀、无热痛，触诊有波动感。治宜制止渗出。

【处方】

95%酒精 100mL

甲醛 1mL

5%碘酊 1mL

用法：患部切开排除积液后冲洗，必要时用纱布浸药填塞创腔。

说明：淋巴外渗停止后，创口按一般外科处理，但不缝合。

35. 鹿包皮炎

多见于成年公鹿，由于细菌感染引起。表现包皮炎性肿胀，有的流出脓液，排尿困难。治宜抗菌消炎。

【处方 1】

0.1%高锰酸钾溶液 适量

碘甘油 适量

用法：患部用高锰酸钾溶液清洗后涂上碘甘油。

说明：也可用 3%双氧水冲洗，涂抹磺胺软膏。

【处方 2】

青霉素 160 万 U

0.5%普鲁卡因注射液 30mL

用法：混合溶解后患部周围封闭性注射。

36. 鹿肌肉风湿

多因外感风寒所致。症状多见腰腿部肌肉疼痛，运动机能障碍。治宜抗风湿。

【处方 1】

10%水杨酸钠注射液 50～60mL

5%葡萄糖酸钙注射液 5～100mL

用法：一次分别静脉注射，每天 1 次，连用 3～5d。

【处方 2】

0.5%氢化可的松注射液 10～20mL

用法：一次肌内或静脉注射，每天 1 次，连用 5～7d。

【处方 3】

5%碳酸氢钠注射液 50mL

10%水杨酸钠注射液　　50mL

用法：一次分别静脉注射。

37. 鹿子宫炎

主要表现子宫内膜炎症，治宜药物冲洗及消炎。

【处方 1】

5%复方碘溶液　　1 000mL

用法：子宫内冲洗。

说明：亦可用 0.1%高锰酸钾液或 0.02%呋喃西林溶液。

【处方 2】

土霉素粉（或四环素粉）　　1～2g

蒸馏水　　100～150mL

用法：冲洗后注入子宫腔内，隔日一次。

38. 鹿胎衣不下

母鹿产后，超过 3～4h 排不出胎衣则为胎衣不下。治宜促进胎衣排出。

【处方 1】

催产素　　5～10IU

用法：一次肌内注射。必要时 2h 后重复注射 1 次。

【处方 2】

5%～10%氯化钠溶液　　1 000～2 000mL

用法：一次注入于绒毛膜与子宫内膜之间。

39. 仔鹿下痢

仔鹿生后 1 周多发。表现排灰黄色或灰白色稀便。治宜清肠止酵，消除炎症。

【处方 1】

磺胺噻唑　　0.5～1g

鞣酸蛋白　　0.5g

次硝酸铋　　0.5g

碳酸氢钠　　0.5g

用法：加常水 100～200mL，搅匀后口服，每天 1～2 次。

【处方 2】

土霉素粉　　0.5～1g

胃蛋白酶　　0.5～1g

用法：加常水调稀后一次口服，每天 2 次。

【处方 3】

硫酸庆大霉素注射液　　20 万～30 万 U

用法： 一次灌服。

40. 仔鹿便秘

人工哺乳的仔鹿有时发生。表现无神，频频努责，呈排便姿势而无便排出。治宜润肠通便。

【处方】

液体石蜡　　50～100mL

用法： 加入适量的温生理盐水中混匀，一次深部灌肠。

说明： 也可用食用油。

41. 仔鹿肺炎

哺乳期仔鹿多见。主要症状为高热、咳嗽、呼吸困难。治宜抗菌消炎。

【处方 1】

注射用青霉素钠　　100 万 U

注射用链霉素　　100 万 U

注射用水　　5mL

用法： 一次肌内注射，每天 2 次。

【处方 2】

10%磺胺嘧啶钠注射液　　10～20mL

5%葡萄糖生理盐水　　300～500mL

用法： 一次静脉注射，每天 2 次。

【处方 3】

硫酸卡那霉素注射液　　20 万～30 万 U

用法： 一次肌内注射，每天 2 次。

42. 仔鹿肛门舔伤

母鹿分娩后，常舔舐仔鹿肛门，以促进排便，但少数母鹿由于缺盐或有恶癖，过度舔舐而将仔鹿肛门舔伤，有的甚至将直肠咬断、尾巴咬掉。治宜制止母鹿再舔。

【处方】

10%樟脑软膏　　适量

用法： 仔鹿肛门周围涂抹。

说明： 局部损伤及炎症应进行外科处理。

43. 仔鹿硒缺乏症

是由于饮食中微量元素硒缺乏所造成的以骨骼肌、心肌和肝脏病变为基本特征的营养代谢障碍性疾病，多发于幼鹿。临床表现沉郁喜卧，起立时四肢叉开，站立不稳，行走时步态蹒跚或跛行，顽固性腹泻和心律失常。

【处方 1】

0.1%亚硒酸钠注射液　　2mL

5%醋酸生育酚注射液　　5mL

用法：分别一次肌内注射，每隔 3d 注射 1 次，连续用药 3 次。

【处方 2】

亚硒酸钠维生素 E 注射液　　2mL

用法：一次肌内注射，每隔 3d 注射 1 次，连续用药 3 次。

【处方 3】当归补血散加味（仔鹿剂量）

当　归 10g　　黄　芪 50g　　制首乌 10g

丹　参 10g　　绞股蓝 10g　　炙甘草 5g

用法：水煎 2 次，合并滤液，浓缩至 50mL，分 2 次灌服，每天 1 剂，连服 3～5 剂。

二十四、麝病处方

1. 麝巴氏杆菌病

由巴氏杆菌引起。以急性发病，败血性和出血性炎症为特征。剖检可见明显内脏出血和肺出血性炎症病变。治宜抗菌消炎。

【处方 1】

（1）硫酸丁胺卡那霉素注射液　10mg

地塞米松注射液　1mg

用法：一次肌内注射，每天 2 次，连用 2d 以上。

（2）银翘维 C 片　1g

安乃近　0.5g

用法：一次拌料喂服，每天 2 次，连用 2～3d。

（3）复方新诺明片　20～25mg

用法：一次拌料喂服，每天 2 次，连用 3d 以上。

【处方 2】

巴氏杆菌抗血清　2～5mL

用法：一次皮下注射。

2. 麝坏死杆菌病

皮肤、脚趾损伤后感染坏死杆菌引起。患部呈化脓性、坏死性炎症。治宜抗菌消炎。

【处方】

（1）注射用青霉素钠　20 万 U

地塞米松注射液　1mg

注射用水　2mL

用法：一次肌内注射，连用 3d 以上。

（2）复方新诺明片　20～25mg

复合维生素 B 口服液　1mL

用法：一次拌料喂服，每天 2 次，连用 3～5d。

（3）0.1%高锰酸钾溶液　适量

青霉素　　　　　　　　80 万 U

用法：患部先以高锰酸钾溶液洗净后，再撒上青霉素粉，连续 2～3 次。

3. 麝肠毒血症

由 C 型魏氏梭菌引起。以出血性胃肠炎和肾软化病变为特征。治宜抗菌消炎，强心止血。

【处方】试用方

(1) 丁胺卡那霉素　　　　20 万 U

用法：一次肌内注射，每天 2 次，连用 2～3d。

(2) 注射用环磷酰胺　　　6mg

用法：一次肌内注射，每天 1 次，连用 2～3d。

(3) 10%葡萄糖注射液　　40mL

维生素 C 注射液，　　2mL

止血敏　　　　　　　2mL

用法：一次静脉注射，每天 1 次，连用 2～3 次。

4. 麝大肠杆菌病

由大肠杆菌感染引起。表现为下痢和败血症，有时呕吐。治宜抗菌消炎。

【处方 1】

硫酸庆大霉素注射液　　　20 万 U

用法：一次肌内注射，每天 1 次，连用 7d。

【处方 2】

新霉素　　　　　　　　5～0mg

用法：拌料一次喂服，每天 2 次，连用 2d 以上。

5. 麝钩端螺旋体病

由钩端螺旋体感染引起的一种人兽共患传染病。表现为黄疸、发热、尿血、贫血，反刍停止，呼吸困难。治宜杀灭病原体。

【处方 1】

注射用青霉素钠　　　　80 万 U

注射用硫酸链霉素　　　30mg

注射用水　　　　　　　2mL

用法：一次肌内注射，每天 1 次，连用 3～5d。

【处方 2】

金霉素　　　　　　　　30mg

用法：按 1kg 体重 15mg 一次肌内注射，每天 1 次，连用 3～5d。

6. 幼麝下痢

主要由细菌感染引起。表现鸣叫不安，粪便呈粥样，带恶臭味。治宜抗菌消炎。

【处方 1】

新霉素　　5mg

用法：拌料一次喂服，每天 2 次，连用 2d 以上。

【处方 2】

磺胺脒　　0.3g

用法：拌料一次喂服，每天 2 次，连用 2～3d。

7. 麝绦虫病

由绦虫感染引起。表现可视黏膜苍白，体瘦毛焦，粪便呈糊状，有时可发现绦虫节片。治宜驱杀虫体。

【处方 1】

吡喹酮　　10mg

用法：按每 1kg 体重 5～10mg 一次喂服，隔 2h 后再灌服液体石蜡 20mL 或适量硫酸镁导泻。

【处方 2】

阿苯达唑　　20～30mg

用法：按每 1kg 体重 20～30mg，一次喂服，隔 2h 后再灌服液体石蜡 20mL 或适量硫酸镁导泻。

【处方 3】

仙鹤草　　3g

用法：一次喂服。

8. 麝胃肠炎

主要由于食用变质饲料引起。表现呻吟，磨牙，反刍、嗳气减少，下痢，粪便呈粥样或水样，并带有黏膜及血液、气泡等。治宜补液强心，抗菌消炎。

【处方】

（1）5%葡萄糖生理盐水　　100mL

硫酸庆大小诺霉素注射液　　4 万～8 万 U

地塞米松注射液　　0.5mL

用法：一次静脉注射，每天 1 次，连用 2～3d。

（2）磺胺脒　　0.3g

用法：一次拌料喂服，每天 2 次，连用 2～3d。

（3）维生素 B_1 注射液　　1mL

用法：一次肌内注射，每天 1 次，连用 2～3d。

（4）黄连素　　1～2g

用法：一次拌料喂服，每天 3 次，连用 2～3d。

9. 麝瘤胃臌胀

由于摄食过量、易发酵或难消化的饲料所致。表现食欲不振，反刍、嗳气减少，呻吟拱背，排粪困难，腹围增大，呼吸困难。治宜止酵镇痛、缓泻和防止继发感染。

【处方 1】

（1）丁胺卡那霉素注射液　　20 万 U

地塞米松注射液　　0.5mL

用法：一次肌内注射，每天 2 次，连用 2～3 次。

（2）液体石蜡　　20mL

温开水　　20mL

用法：充分摇匀后一次灌服。

（3）龙胆酊　　4mL

常　水　　20mL

用法：充分摇匀后一次灌服，每天 1 次，连用 2～3 次。

【处方 2】

鱼石脂　　6～8g

95%酒精　　10～20mL

用法：瘤胃穿刺放气后注入，或胃管灌服。

说明：主要用于非泡沫性臌气。也可用聚甲基硅油 10～20mL，配成 2%～5%酒精或煤油溶液，一次灌服。

【处方 3】

（1）鱼石脂　　6～8g

95%酒精　　10～20mL

松节油　　10～20mL

用法：瘤胃穿刺放气后注入。

（2）硫酸镁　　50～80mg

常　水　　200mL

用法：一次灌服。

说明：主要用于积食较多的泡沫型与非泡沫性臌气。

10. 麝口炎

口炎是口腔黏膜炎症的总称，包括舌炎、腭炎和齿龈炎。主要由于物理、化学损伤和细菌感染引起。表现为流涎、采食和咀嚼障碍。治宜消除病因，净化口腔，收敛消炎。

【处方 1】

0.1%高锰酸钾溶液	100～200mL
碘甘油	30mL

用法：先以高锰酸钾溶液冲洗口腔后，再用碘甘油涂搽溃疡面。

说明：冲洗口腔还可以用1%食盐水、2%硼酸溶液、1%明矾溶液或1%鞣酸溶液等。碘甘油配方：5%碘酊1份加甘油9份。涂搽溃疡也可以用2%硼酸甘油或1%磺胺甘油。

【处方 2】

青黛、黄连、黄柏、薄荷、桔梗、儿茶　　各等份

用法：粉碎，过筛，混匀，取适量装入纱布袋内，在水中浸湿，噙于口内，袋两端固定在两角上，喂饮时取下。

11. 麝上呼吸道感染

多因管理不当，突然感受寒冷袭击所致。表现为精神沉郁、食欲下降或拒食，体温升高，呼吸加快，咳嗽、流涕，结膜充血，鼻黏膜充血、肿胀。治宜解热镇痛，祛风散寒。

【处方 1】

复方磺胺甲噁唑　　10～20mg

用法：拌料喂服，每天1次，连续3d。

【处方 2】

阿司匹林	0.5～1g
注射用青霉素钠	80万U
注射用水	2mL

用法：阿司匹林拌料喂服，青霉素用注射用水溶解后肌内注射，每天1次，连续3d。

12. 麝便秘

主要由于饮水不足等原因引起。表现食欲废绝，反刍停止，腹痛明显，粪便干硬，欲便而无便或粪便呈小颗粒状并带血液。治宜泻下通便，防止继发感染。

【处方】

（1）丁胺卡那霉素	20万U
干酵母	2g
小苏打	1g

用法：拌料一次喂服，每天2次，连用3d。

（2）液体石蜡　　20mL

用法：一次灌服，并供给充足饮水。

（3）温肥皂水　　100mL

用法：直肠深部灌注。

13. 麝骨软病

由于饲料中钙的添加不足引起。表现消化紊乱，异嗜，喜卧，跛行。治宜补充钙源。

【处方 1】

10%葡萄糖酸钙注射液　　10mL

5%葡萄糖注射液　　20mL

用法：一次静脉注射，连用数日。

【处方 2】

维丁胶性钙注射液　　2mL

或维生素 D_2 注射液　　10 万 IU

用法：一次肌内注射，隔日 1 次，连用 3 次以上。

14. 麝前胃弛缓

由于饲养管理不当或者饲养失常所致。表现为食欲不振，倦怠，逐渐消瘦，反刍逐渐减弱，不断嗳气，排粪次数减少，常有便秘，粪干呈黑色，外被黏液。并发胃肠炎时，可见下痢、排恶臭稀粪。

【处方 1】

新斯的明　　1mg

用法：一次肌内注射，每天 1 次，连续 2～3d。

【处方 2】

穴位：脾俞、百会、肾角。

针法：电针或白针。

15. 麝有机磷农药中毒

由于饲料、水源、牧场受到有机磷农药污染，或者过量或错误使用有机磷农药治疗麝病所致。表现为流涎、腹痛、腹泻、抽搐、呼吸困难和昏迷等。呼出气体和胃内容物有蒜臭味。治宜解毒。

【处方】

（1）1%食醋溶液　　适量

用法：洗胃。

（2）硫酸阿托品　　0.5～1mg

用法：按 1kg 体重 0.5～1mg 一次皮下注射。

（3）碘解磷定　　10～30mg

生理盐水　　适量

用法：用生理盐水配成2.5%～5%溶液静脉注射，严重者2h后重复1次。

16. 麝黑斑病甘薯中毒

由于采食了霉烂的带有黑斑病菌的甘薯所致。表现为极度呼吸困难，便秘，粪干硬呈黑色，外附黏液或血液。个别下痢。治宜排毒、解毒和缓解呼吸困难。

【处方】

（1）0.1%高锰酸钾溶液　　300～500mL

用法：一次灌服。

（2）木炭末　　30g

硫酸镁　　30～60g

常　水　　500～800mL

用法：首先灌服木炭末，2h后将硫酸镁溶于常水灌服。

（3）20%安钠咖注射液　　5～10mL

5%葡萄糖氯化钠注射液　500mL

用法：一次静脉注射。

（4）10%硫代硫酸钠溶液　　6mg

用法：按1kg体重1～2mg一次皮下注射。

二十五、水貂病处方

1. 貂瘟热病

本病又称水貂犬瘟热，由犬瘟热病毒引起。以化脓性眼结膜炎、鼻炎、消化道及呼吸道炎症为特征。治宜抗病毒，预防继发感染。

【处方 1】

（1）抗犬瘟热血清　　3～5mL

用法：一次皮下多点注射。

（2）青霉素水溶液（1 万 U/mL）　　适量

用法：点眼或滴鼻。

（3）土霉素　　0.05g

用法：一次内服，每天 2 次，连用 5～6d。

说明：伴发肺炎时可用卡那霉素（7mg/kg）、庆大霉素（4mg/kg），或青霉素（10 万～20 万 U/只）、链霉素（8 万～10 万 U/只）等皮下或肌内注射，每天 2 次，连用 3～5d；伴发胃肠炎时，用磺胺二甲氧嘧啶或复方新诺明（0.25g/只）混料饲喂，每天 2 次，连用 3～5d；伴发神经症状时可用巴比妥钠（0.03～0.05g/只）一次口服。

【处方 2】预防

犬瘟热疫苗　　0.5～1mL

用法：一次皮下注射。幼貂 0.5mL，成貂 1mL。

2. 貂伪狂犬病

本病又称为奥叶兹基病、阿氏病，由伪狂犬病病毒引起。以发热，强烈兴奋，痉挛，昏迷，下颌麻痹，舌头伸出，步态不稳，阴茎突出，心机能衰弱等为特征。本病重在免疫预防。

【处方】预防

鸡胚细胞氢氧化铝甲醛疫苗或甲醛灭活氢氧化铝吸附疫苗　　1 头份

用法：一次皮下注射，每年 1 次。

3. 貂阿留申病

本病又称浆细胞增多症，是由阿留申病毒引起的貂特有的一种进行性慢性传染病。以感染母貂不能妊娠，或者发生流产，或通过胎盘感染胎儿，导致弱胎，仔貂成活率下降；种公貂丧失配种能力等为特征。本病重在免疫预防，治宜对症处理。

【处方 1】

（1）板蓝根注射液　　1mL

用法：大腿肌内注射或皮下注射，每天上、下午各 1 次，连用 5～7d。

（2）复合维生素 B　　1 片

用法：喂服，每天上、下午各 1 次，连用 5～7d。

【处方 2】预防

水貂阿留申病灭活疫苗　　1mL

用法：每年仔貂断奶分窝 3 周后，应用对流免疫电泳法对貂群进行检测，将阳性貂与阴性貂进行分群，阴性群立即接种灭活疫苗；打皮期（11 月下旬至 12 月上旬）对留种用水貂进行第 2 次免疫接种。

4. 貂细小病毒性肠炎

本病又称貂泛白细胞减少症，由细小病毒引起。以极度消化紊乱，腹泻，肠黏膜出血、坏死、脱落，排出灰白色、粉红色混有纤维蛋白、黏液样无结构的管形稀便，血液中白细胞高度减少为特征。本病重在预防，治宜控制继发感染和对症处理。

【处方 1】

貂细小病毒性肠炎高免抗血清　　3～5mL

用法：一次肌内注射，重症貂隔日重复注射一次。

说明：抢救性治疗 10～14d 后用病毒性肠炎疫苗进行预防注射 1 次。

【处方 2】

复方氯化钠注射液　　20～50mL

阿莫西林　　0.2～0.5g

维生素 C 注射液　　1～2mL

用法：一次静脉注射或腹腔注射。

说明：抗生素还可用乳酸环丙沙星注射液（0.1mL/kg）与克林霉素注射液（0.2mL/kg）肌内注射。同时补充 B 族维生素。恢复期应控制饮食，给予稀软易消化的食物，少量多次，逐渐恢复到正常饮食。

【处方 3】

黄　连 15g	黄　芩 15g	黄　柏 15g
地　榆 15g	秦　皮 15g	陈　皮 15g
诃　子 20g	当　归 20g	生　地 20g

白　芍 10g　　白头翁 20g

用法： 水煎取汁，肛门投药。

【处方 4】猪苓散加减

肉　桂 10g　　炮　姜 10g　　猪　苓 10g

泽　泻 10g　　白头翁 10g

用法： 水煎浓汁，拌糖灌服。

说明： 寒重腹微痛者，加附子 5g、延胡索 5g。

【处方 5】郁金散加减

白头翁 8g　　半　夏 5g　　郁　金 15g

黄　连 10g　　蒲公英 8g　　槐花炭 5g

黄　芩 10g　　栀　子 10g　　侧柏炭 5g

代赭石 10g　　黄　柏 10g　　白　芍 10g

地榆炭 5g　　诃　子 5g　　米　壳 5g

甘　草 5g

用法： 煎水灌服，每天 3 次。

【处方 6】

参考貂胃肠炎处方 1～3。

【处方 7】预防

貂病毒性肠炎灭活苗，或犬瘟热、病毒性肠炎二联苗　　1 头份

用法： 于仔貂分窝时（6～7 月）和配种前（12～1 月）个接种 1 次。

5. 貂冠状病毒性肠炎

本病又称貂流行性腹泻，由貂细小病毒性肠炎之外的冠状病毒引起。以出血性胃肠炎等为特征。目前尚无特效疗法，治宜采取止血、强心、补液，防止继发感染。

【处方 1】

5%～10%葡萄糖注射液　　10～15mL

维生素 B_1 注射液　　0.5～1mL

维生素 C 注射液　　0.5～1mL

用法： 混合，一次皮下分多点注射，每天 1 次。

【处方 2】

葡萄糖　　45g

氯化钠　　9g

甘氨酸　　0.5g

柠檬酸钾　　0.2g

无水磷酸钾　　4.3g

用法： 溶解于2 000mL 常水中，混匀，放入水槽中，让病貂自饮。

说明： 也可用葡萄糖生理盐水或口服补液盐饮水。

【处方 3】

参考貂细小病毒性肠炎的处方 2～6。

6. 貂乙型脑炎

由日本脑炎病毒引起的以中枢神经机能紊乱为特征的传染病。主要表现兴奋不安，或呈癫痫样反复发作、口吐白沫、痉挛抽搐、后肢软弱无力、不能站立等。可试用中药清热解毒，对症镇静。

【处方】

大青叶 10g	板蓝根 10g	双　花 5g
连　翘 5g	贯　众 5g	黄　芩 5g
黄　柏 5g	黄　芪 10g	当　归 5g
甘　草 5g		

用法：水煎成 50mL 左右，加少量糖，供自饮。

说明：①根据病情给予异丙嗪强心利尿剂，抗生素预防并发感染。②静脉放血后补注甘露醇或山梨醇，间隔 8～12h 注射 1 次，并在间隔期间静脉注射高渗葡萄糖，后期静脉注射高渗氯化钠。

7. 貂炭疽

由炭疽杆菌引起。以肝脏、脾脏急性肿大，皮下和浆膜下结缔组织浆液性出血性浸润为特征。治宜抗菌消炎。

【处方 1】

（1）抗炭疽血清　　3～5mL

用法：一次皮下注射。

（2）注射用青霉素钠　　4 万 U

注射用水　　1～2mL

用法：一次肌内注射，每天 2 次，连用 3～5d。

【处方 2】

炭疽芽孢苗　　1 头份

用法：每年 6～7 月间皮下注射 1 次。

8. 貂结核病

由于感染牛型和禽型结核杆菌引起。以进行性消瘦，易疲劳，被毛无光泽，咳嗽，呼吸困难，鼻及眼有浆液性分泌物，腹腔积水等为特征。治宜杀死病原。

【处方】

异烟肼（雷米封）　　8～16mg

用法： 按1kg体重4～8mg一次口服，每天1次，连用3～4周。

说明： 也可选用利福平（10～20mg/kg）口服，每天2～3次，连用3～4周。

9. 貂恶性水肿病

由多种梭菌经消化道、口腔黏膜等处的损伤感染引起。以肌肉和结缔组织水肿、气肿为特征。治宜杀灭病原。

【处方1】

注射用青霉素钠	4万U
注射用链霉素	4万U
注射用水	2～3mL

用法： 分别一次肌内注射，每天2次，连用3～5d。

【处方2】预防

恶性水肿甲醛灭活菌苗	0.5～1mL

用法： 一次肌内注射，每年2次。

10. 貂巴氏杆菌病

由巴氏杆菌感染引起。以呼吸困难，体温升高，鼻流血样泡沫样分泌物，拒食，口渴，贫血，消瘦，下痢，粪便混有脓血等为特征。治宜抗菌消炎。

【处方1】

（1）抗巴氏杆菌多价血清　　5～15mL

用法： 成年貂10～15mL，幼龄貂5～10mL。一次皮下多点注射，每天1次，连续3次。

（2）

注射用青霉素钠	20万U
注射用水	1～2mL

用法： 一次肌内注射，每天2次，连用3～5天。

说明： 也可选用链霉素（3万U/kg）、土霉素（2.5万U/kg）。

【处方2】

磺胺嘧啶	0.25g
碳酸氢钠	0.25g

用法： 一次拌料投喂，每天2次，连用3～5d。

说明： 也可用卡那霉素（2万U/只）、土霉素粉（5g/kg饲料）、强力霉素（10～20mg/kg）、恩诺沙星（20mg/kg）、环丙沙星（2.5mg/kg）、复方新诺明、庆大霉素等。

【处方3】

氟苯尼考注射液	0.5mL
磺胺嘧啶钠注射液	1.0mL

用法：氟苯尼考注射液（0.1mL/kg），磺胺嘧啶钠注射液（0.2mL/kg）分别肌内注射，2 天 1 次，连用 3 次。

说明：也可用盐酸林可霉素注射液（0.1mL/kg）、硫酸庆大小诺霉素注射液（0.2mL/kg）、安乃近注射液、维血康（主成分为党参、熟地黄、黑豆、山药、陈皮、砂仁、何首乌、硫酸亚铁、山楂等中药）注射液（0.15mL/kg）等。

【处方 4】预防

貂巴氏杆菌弱毒菌苗或貂巴氏杆菌多价灭活菌苗　　1 头份

用法：幼貂分窝时预防接种。

11. 貂丹毒病

由猪丹毒杆菌引起。以稽留热，严重呼吸困难，迅速死亡为特征。治宜抗菌消炎。

【处方 1】

（1）貂抗丹毒血清　　3～5mL

用法：一次皮下注射，每天 1 次，连用 2d。

（2）注射用青霉素钠　　4 万 U

注射用水　　1～2mL

用法：一次肌内注射，每天 2 次，连用 3～5d。

说明：也可用红霉素、四环素（每千克体重 0.5 万～1 万 U）肌内注射，每天 2 次。

【处方 2】预防

猪丹毒菌苗　　1 头份

用法：疫区定期免疫接种。

12. 貂嗜水气单胞菌病

由嗜水气单胞菌引起的出血性败血性传染病。表现体温升高，食少，口吐白沫，流涎，抽搐，腹泻，粪便由黄灰色变为煤焦油样，咬笼尖叫，倒地不起，迅速死亡。治宜杀灭病原。

【处方 1】

新霉素注射液　　2 万～3 万 U

用法：一次肌内注射，每天 2 次，连用 5d。

说明：可同时在饲料中添加磺胺嘧啶（按每千克体重 0.2g）。

【处方 2】

硫酸庆大霉素注射液　　4 万～8 万 U

用法：一次肌内注射，每天 1～2 次，连用 5～7d。

说明：也可用丁胺卡那霉素、沙拉沙星、氟苯尼考等。

13. 貂克雷伯氏菌病

由肺炎克雷伯氏菌引起。以脓肿、蜂窝组织炎和脓毒败血症为特征。治宜抗菌消炎。

【处方 1】

(1) 用抗牛犊或羔羊肺炎克雷伯氏菌病高免血清　　5～10mL

用法： 一次皮下多点注射，每天 1 次，连用 2～3d。

(2) 链霉素　　15 万 U

庆大霉素　　20 万 U

用法： 一次肌内注射，两药交替使用 1 周。

说明： 也可用卡那霉素、先锋霉素、新霉素、复方新诺明等。为促进食欲每天可肌内注射维生素 B_1 注射液、维生素 C 注射液各 1～1.5mL。

【处方 2】

恩诺沙星　　适量

用法： 按每只每次 10mg 拌料喂服，每天 2 次，连喂 5d。

【处方 3】

双氧水　　适量

磺胺粉　　适量

用法： 对体表脓肿应切开排脓，用双氧水充分洗涤消毒后者撒布磺胺粉。

14. 貂土拉杆菌病

由土拉杆菌引起。以淋巴结肿大，内脏器官肉芽肿和坏死，黏膜溃疡为特征。治宜抗菌消炎。

【处方】

链霉素　　20 万 U

注射用水　　1～2mL

用法： 一次肌内注射，每天 2 次，连用 3～5d。

说明： 也可用金霉素、四环素、土霉素、磺胺嘧啶、磺胺二甲嘧啶等。

15. 仔貂脓疱病

2～10 日龄仔貂易发，经携带金黄色葡萄球菌的母貂叼舔时损伤皮肤引起。以颈部、后肢内侧、肛门附近出现化脓性白色小泡，继而破溃发炎为特征。治宜抗菌消炎。

【处方 1】

双氧水，或 0.1%高锰酸钾水　　适量

5%水杨酸酒精溶液，或 70%酒精　　适量

青霉素油剂，或磺胺结晶粉　　适量

用法： 用消毒针头刺破脓包排出脓汁，用双氧水或0.1%高锰酸钾水清洗，再用5%水杨酸酒精溶液或70%酒精拭净，最后涂抹青霉素油剂或撒布磺胺结晶粉。

【处方2】

土霉素　　5万U

5%葡萄糖溶液　　20mL

用法： 制成混合滴剂滴喂患病仔貂，每天2次，每次2～8滴，连用7d。

【处方3】

四环素　　1.5g

鱼肝油　　1mL

用法： 加入蜂蜜20g，水100mL，混匀溶解后喂母貂，每天2次，连服1周。

说明： 在给仔貂治疗的同时，也应给母貂进行投药，效果更好。

16. 貂大肠杆菌病

由 O_8、O_{141}、O_{81}和 O_{111}等血清型的致病性大肠杆菌引起。以体温升高，呕吐，腹泻，食少，粪便初呈灰白色带黏液和气泡，后期混有血液呈煤焦油样，抽搐，痉挛，后肢瘫痪等为特征。治宜杀灭病原。

【处方1】

盐酸洛美沙星注射液　　1.0mL

用法： 按0.2mL/kg肌内注射，每天1次，连用2～3次。

说明： 也可用硫酸庆大霉素注射液（0.2mL/kg）、氟苯尼考注射液（0.1～0.2mL/kg）、恩诺沙星注射液（0.1mL/kg）等。

【处方2】

卡那霉素　　0.02g

用法： 按每1kg体重10mg一次内服，或按每1kg体重7mg肌内注射，每6h用1次。

说明： 也可用庆大霉素（2万～4万U/kg）、喹乙醇（50mg/只）、拜有利（主要成分为恩诺沙星）（0.3g/只）、黄连素（2mL/只）。

【处方3】

抗犊牛大肠杆菌血清　　200mL

新霉素注射液　　50万U

0.01%维生素 B_{12}注射液　　1mL

5%维生素 B_1 注射液　　0.5～1mL

注射用青霉素　　50万U

用法： 混合，每次皮下注射0.5～1mL。

【处方4】

磺胺脒　　0.2g

次硝酸铋　　0.2g

胃蛋白酶　　　　　　　　0.3g

龙胆紫末　　　　　　　　0.2g

用法：一次口服，每天2次，连用3d。

【处方5】

白头翁10g　　黄　连10g　　秦　皮12g

生山药3g　　山萸肉12g　　诃子肉10g

茯　苓10g　　白　术15g　　白　芍10g

干　姜5g　　甘　草6g

用法：煎汤300mL，每只水貂灌服3mL，每天1次，连用3d。

【处方6】

参考貂沙门氏菌病处方1～3。

【处方7】预防

浓缩甲醛灭活多价菌苗　　　　0.5～1mL

用法：一次皮下注射。

17. 貂沙门氏菌病

本病又称副伤寒，由肠炎沙门氏菌、鼠伤寒沙门氏菌及白痢沙门氏菌等引起。以发热、下痢、脾肿大和肝病变为特征。1～2月龄仔貂多发，每年6—8月多发。治宜杀灭病原。

【处方1】

(1) 氟苯尼考　　　　　　0.1～0.15g

用法：一次混料喂服，每天1次，连用3～5d。

说明：也可用链霉素、磺胺二甲嘧啶、复方新诺明等。

(2) 25%葡萄糖注射液　　　　10mL

用法：皮下多点注射。

说明：也可用20%樟脑油，仔貂0.2～0.5mL，成年貂1mL。

【处方2】

强力霉素　　　　　　0.05～0.1g

用法：一次肌内注射（10～20mg/kg），每天2次，连用5～7d。

说明：在饲料中加入维生素A、维生素D、维生素E和电解多维，连用7～10d。

【处方3】

恩诺沙星　　　　　　0.5g

用法：一次内服，每天1次，连用7～10d。

说明：配合使用大蒜50g榨汁后，加水100～200mL，每只灌服5～10mL，每天2次，直到痊愈。

【处方4】

当地分离的菌株制备灭活菌苗　1头份

用法：免疫接种，有一定的效果。

18. 貂出血性肺炎

由绿脓杆菌感染引起。以出血性肺炎为特征。治宜抗菌消炎。

【处方 1】

10%丁胺卡那霉素注射液　　2mL

用法：按每 1kg 体重 10mg 一次肌内注射，每天 2 次，连用 3～5d。

说明：也可用庆大霉素（8 万～16 万 U/只）、强力霉素（4mg/kg）、环丙沙星（50mg/L 水）等。

【处方 2】

复方新诺明　　0.5 片

用法：混于饲料中一次投喂，每天 2 次，连用 3～5d。

【处方 3】预防

甲醛灭活菌苗　　1 头份

用法：一次皮下注射。

19. 貂脑膜炎双球菌病

由人脑膜炎双球菌感染引起。以体温升高，食少，消瘦，不愿活动，喜卧，粪便变稀且常混有血液，脑膜充血，尸体有出血性变化为特征。治宜杀灭病原。

【处方 1】

注射用青霉素钠　　10 万 U

注射用链霉素　　10 万 U

注射用水　　2～3mL

用法：分别一次肌内注射，每天 2 次，连用 7d。

【处方 2】

复方新诺明　　0.3g

用法：一次混料投喂，每天 1 次，连用 7d。

20. 貂链球菌病

由 C 型兽疫链球菌和 A 型化脓链球菌引起。以发热，呼吸促迫，结膜发绀，嘶哑尖叫，局部关节肿胀，运动障碍，卧地不起等为特征。治宜抗菌消炎。

【处方】

（1）注射用青霉素钠　　10 万～20 万 U

注射用水　　1～2mL

用法：一次肌内注射，每天 2 次，连用 7d。

（2）3%双氧水或0.1%新洁尔灭　　　适量

用法： 冲洗患部。每天1次，连用4d。

21. 貂钩端螺旋体病

由多种类型（如波摩那型、出血黄疸型等）的钩端螺旋体感染引起。以黄疸，贫血，后肢瘫痪，血尿及煤焦油样粪便等为特征。治宜杀灭病原。

【处方1】

注射用青霉素钠　　　5万U

注射用水　　　1～2mL

用法： 一次肌内注射，每天2次，连用3～5d。

【处方2】

注射用链霉素或金霉素　　　0.2～0.4g

注射用水　　　1～2mL

用法： 按每1kg体重40mg一次肌内注射，每天1次，连用3～5d。

注： 在疫区可用兽用单价或多价菌苗进行免疫预防。

22. 貂球虫病

由6种艾美耳球虫和5种等孢球虫感染引起的寄生虫病。以下痢，血便，阵发性痉挛，口吐白沫，尖叫而亡等为特征。治宜杀虫。

【处方1】

磺胺嘧啶　　　0.7～1g

用法： 一次内服，以后剂量减半，每天1次，直至症状消失为止。

说明： 也可用磺胺二甲嘧啶（0.25g/kg）等。

【处方2】

氨丙啉　　　0.6～1.1g

用法： 一次拌料饲喂，每天1次，连喂7～12d。

【处方3】

5%佳灵三特注射液　　　0.5mL

用法： 一次肌内注射，隔7d再注射1次。

说明： 佳灵三特注射液主成分为三氯苯咪唑。

【处方4】

氯苯胍　　　75～150mg

用法： 按每1kg体重15mg一次口服，每天1次，连用5d。

说明： 预防投药剂量，氯苯胍为1mg/kg，磺胺二甲嘧啶为0.1g/kg，连用5～7d。

23. 貂弓形虫病

由弓形虫感染引起的寄生虫病。以发热、呕吐、呼吸困难、下痢、神经症状等为特征。治宜杀虫。

【处方 1】

12%复方磺胺-6-甲氧嘧啶注射液　　0.5mL

用法： 按 1kg 体重 50mg 一次肌内注射，每天 2 次，连用 5d。

说明： 也可选用磺胺嘧啶（65mg/kg）、乙胺嘧啶（0.5mg/kg）、长效磺胺（70mg/kg）、乙酰螺旋霉素、磺胺甲氧哌嗪（30mg/kg）＋三甲氧苄氨嘧啶（10mg/kg）等。同时配合复合维生素 B、维生素 C 注射液进行辅助治疗。

【处方 2】

伊维菌素　　0.15～0.5mL

用法： 按 1kg 体重 0.03mL 一次肌内注射。必要时可再注射 1 次。

【处方 3】

青　蒿 20g　　知　母 15g　　生　地 10g
双　花 15g　　大青叶 15g　　柴　胡 10g
熟　地 10g　　大　枣 15g　　丹　皮 10g
炙黄芪 10g　　党　参 10g　　酒当归 10g
常　山 10g　　炙甘草 10g

用法： 水煎取汁，供 5～10 只水貂内服，每天 2 次，连用 5～7d。

24. 貂蚤病

由蚤寄生于体表引起的外寄生虫病。表现不安，啃咬，摩擦，患部寄生部位有红斑，体躯及笼箱缝隙见到蚤。治宜灭蚤。

【处方】

（1）0.2%敌敌畏　　适量

用法： 喷洒场地、墙壁。

（2）速灭蚊　　适量

用法： 喷洒垫料、笼箱、貂体等，每周 1 次，连用 3～4 次。

25. 貂肺炎

继发于上呼吸道感染或其他疾病。表现体温升高 1～2℃，咳嗽，呼吸困难，流出浆液性或脓性鼻液。治宜抗菌消炎。

【处方 1】

（1）注射用青霉素钠　　10 万 U

注射用水　　　　　　1～2mL

用法：一次肌内注射，每天2次，连用3～5d。

说明：也可选用氨苄青霉素、庆大霉素、阿莫西林、复方新诺明、环丙沙星、20%磺胺嘧啶钠等。

（2）氯化铵　　　　　　0.05～0.1g

用法：一次口服，每天1次，连用3～5d。

说明：也可选用复方甘草合剂、远志合剂等。

（3）10%葡萄糖酸钙注射液　5～10mL

用法：一次静脉注射，每天1次，连用3d。

【处方2】

注射用链霉素　　　　10万U

注射用水　　　　　　1～2mL

用法：一次肌内注射，每天2次，连用3～5d。

说明：同时补给5%～10%葡萄糖液20mL、维生素C或复合维生素B 2mL。

【处方3】

安痛定　　　　　　1mL

用法：一次肌内注射（高热时用）。

【处方4】

10%葡萄糖注射液　　　10mL

维生素C注射液　　　1mL

复合维生素B注射液　　1mL

用法：一次皮下多点注射（拒食时用）。

【处方5】

环磷腺苷葡胺　　　　30mg

用法：按每千克体重0.5mg肌内或静脉注射。

26. 貂胃肠炎

由于饲料变质、高脂或突然更换，或继发于其他疾病引起。主要表现食欲减退，腹痛，腹泻，粪便稀薄或附黏液、血液，治宜抗菌消炎，促进胃肠功能。全群发病时，应从改善饲养管理入手，减少饲料量，待症状消失后，再恢复常量。

【处方1】

土霉素　　　　　　20mg

维生素B_1　　　　　10mg

胃蛋白酶　　　　　500mg

用法：蜜调后一次口服。

【处方2】

（1）磺胺脒　　　　　0.2g

没食子酸　　0.2g

维生素 B_1　　20mg

用法：分 4 次口服，每天 2 次。

（2）食母生　　1.2g（4 片）

用法：分 4 次口服，每天 2 次。

【处方 3】

10％葡萄糖注射液　　10mL

5％维生素 B_1 注射液　　0.5～1mL

25％维生素 C 注射液　　0.5～1mL

用法：一次皮下注射，每天 1 次。

说明：用于拒食或病重者。

【处方 4】

萨罗　　0.02g

次硝酸铋　　0.1g

多维葡萄糖　　1g

用法：以蜂蜜调成糊状，一次口服。

【处方 5】以下验方任选择 1 种

（1）紫参（虾参、拳参），每只患貂用 2g，水煎服，或研末拌入饲料，日喂 2 次。

（2）白头翁 2 份，龙胆紫末 1 份，水煎后用磨平针尖的注射器注入口内，每次 0.5～1mL，每天 2 次。

（3）马齿苋 20～25g，切碎捣成泥状拌入饲料，连喂 5d。

（4）牡蛎粉，每次 2～4g 内服，每天 2 次，连服 3～5d。

27. 貂胃扩张

因饲料质量不良或继发于阿氏病引起。以腹壁紧张性增高，不愿活动，叩诊有鼓音，呼吸困难，黏膜发绀等为特征。治宜抗菌制酵。

【处方】

5％乳酸　　5mL

氧化镁　　0.5g

水杨酸酯　　0.2g

土霉素　　0.5g

用法：一次内服。

28. 貂尿路感染

由于细菌感染引起。以尿淋漓，尿道口及腹部的被毛潮湿或胶着，毛绒褪色并脱落为特征。治宜抗菌消炎。

【处方 1】

20%氯化铵溶液　　0.1～1.0mL

乌洛托品　　0.2g

用法： 一次拌料饲喂，氯化铵按成年貂 0.5～1.0mL，仔貂 0.1～0.2mL 用药。连用3～5 次，停药 3～5d，再服药 3～5d。

【处方 2】

氨苯磺胺　　0.1～0.2g

碳酸氢钠　　0.2～0.3g

用法： 一次内服，每天 1 次，连用 5～7d。

29. 貂膀胱炎

由链球菌、葡萄球菌、绿脓杆菌、变形杆菌等由尿路侵入膀胱引起。以病貂腹围增大，尿液微红或乳白，体温升高，频频做排尿动作，尿量少，腹部被毛常被尿液浸湿为特征。宜抗菌消炎。

【处方】

注射用青霉素钠　　4 万 U

注射用水　　1～2mL

用法： 一次肌内注射，每天 2 次，连用 3～7d。

30. 貂乳房炎

由于乳房外伤感染或乳汁滞留等引起。以乳房肿痛、有硬结、拒哺为特征。治宜抗菌消炎。

【处方 1】

0.1%雷佛奴耳溶液　　适量

用法： 温敷，局部化脓者，用于洗涤。

【处方 2】

注射用青霉素钠　　30 万 U

0.25%普鲁卡因注射液　　5mL

用法： 混合，炎区周围多点封闭，2～3d 后可再重复封闭 1 次。

说明： 也可直接用青霉素（30 万 U/只）、氨苄西林（10～20mg/kg）或庆大霉素（1 万 U/kg）一次肌内注射，每天 2 次，连用 3～5d。

31. 貂食毛症

一种营养代谢病。表现啃咬自体毛绒，尤以啃咬臀部、腹部毛绒为多，呈绵羊剪绒样。治宜合理饲料配比，补充营养。

【处方】

十一碳烯酸　　适量

用法： 按1%的比例拌料喂服，连喂4～7d。

说明： 在日粮中加入含硫氨基酸的饲料，如羽毛粉、鸡蛋、豆浆等。

32. 貂自咬病

貂的一种以周期性兴奋时啃咬自体一定部位为特征的慢性疾病。目前尚无特效疗法。治宜对症镇静。

【处方1】

（1）5%维生素 B_1 注射液　　1mL

用法： 一次肌内注射。

（2）注射用青霉素钠　　20万U

注射用水　　1～2mL

用法： 一次肌内注射。

（3）5%烟酰胺（维生素 B_3）　　0.5mL

用法： 一次肌内注射。

（4）5%碘酊，高锰酸钾粉　　各适量

用法： 前者涂创面，将后者撒布创面。

【处方2】

乳酸钙　　0.5g

复合维生素　　0.1g

葡萄糖粉　　0.5g

用法： 混匀，分上、下午2次拌料喂给。

【处方3】

氢化可的松、5%葡萄糖注射液　　适量

用法： 静脉点滴，1～2kg体重貂用氢化可的松2mL、葡萄糖10mL；3～4kg体重用氢化可的松6mL、葡萄糖20mL；5kg以上用氢化可的松8～10mL、葡萄糖20mL。每天或隔天1次，连用3次。

【处方4】

自咬粉（蛋氨酸0.5g、安定0.06g、地塞米松0.12g、扑尔敏0.12g）

用法： 1天内分3次内服，连用3d，隔2天再用3d。

【处方5】

苦参15g　　百部15g　　猪苓15g

藁本10g　　黄连10g　　黄芩10g

陈皮10g　　甘草10g

用法： 水煎浓汤滤汁，加等量40～50度的白酒，候温将患部浸入药液中10～15min，每天1次，连浸3d。同时用2%的盐酸普鲁卡因2mL后海穴注射，饲料中加入硫酸铜或硫酸锰（0.1g/kg）。

33. 貂维生素 A 缺乏症

多因饲料中缺乏维生素 A、胡萝卜素，或饲料保存、加工不当、维生素 A 破坏所致。病貂有神经症状，眼、消化道、呼吸道黏膜上皮细胞角化，母貂性周期紊乱，不发情，产死胎，公貂性欲降低等。治宜补充维生素 A。

【处方】

（1）维生素 A 注射液　　3 000～5 000IU

用法：一次肌内注射，每天 1 次，连用 5～7d。

（2）鲜肝　　10～20g

用法：一次拌料饲喂，连用 5～7d。

34. 貂营养性多发性神经炎

多因日粮中维生素 B_1 缺乏或破坏而引起。以食欲下降，消瘦，贫血，共济失调，后躯麻痹，母貂产仔率低，仔貂死亡率高等为特征。治宜补充维生素 B_1。

【处方】

（1）5%维生素 B_1 注射液　　0.5～1mL

用法：一次肌内注射，每天 1 次，连用 7～10d。

（2）土霉素　　0.05g

维生素 B_1　　25～50mg

用法：一次口服，每天 1 次，连用 7～10d。

35. 仔貂红爪病

10 日龄以内仔貂多发。由于母貂怀孕期缺乏维生素 C，致使仔貂维生素 C 先天不足引起。主要表现脚掌肿胀，皮肤发红，趾间有疱疹状病灶。治宜补充维生素 C。

【处方 1】

3%～5%维生素 C 溶液　　1mL

用法：一次滴喂仔貂，每天 2 次，至脚肿消失。

【处方 2】

土霉素　　0.05g

维生素 C　　50～100mg

用法：一次拌食喂母貂，每天 1 次。

36. 仔貂佝偻病

由于日粮中钙、磷缺乏或比例失调，或维生素 D、光照不足等引起的。以骨骼变形，运动失调为特征。治宜补钙及维生素 D。

【处方 1】

（1）维生素 D_2 注射液　　2 000～4 000IU

用法： 一次皮下注射，3～5d 重复 1 次。

（2）新鲜碎骨或骨粉　　适量

用法： 按每只每天在饲料中添加骨粉 3g 或鲜骨 20～25g，拌料饲喂。

【处方 2】

维丁胶性钙或维生素 AD 油剂　　0.5～2mL

用法： 一次脾俞穴注射，每天 1 次，至痊愈。

37. 貂黄脂病

由于长时间饲喂高脂肪酸、缺乏维生素 E 饲料引起。多见于体胖、食旺幼貂。夏季多发。主要表现可视黏膜黄染，鼠蹊部有片状或索状凝固脂肪硬块，常伴有腹泻，排黑色黏便，后肢麻痹，急性病例突然死亡。治宜补充维生素 E。

【处方 1】

维生素 E　　5～10mg

复合维生素 B　　5～15mg

维生素 C　　5～10mg

用法： 拌料一次投喂，每天 1 次，连服 1 周。

【处方 2】

维生素 E 注射液　　1mL

0.01%维生素 B_{12} 注射液　　0.5mL

注射用青霉素钠　　4 万 U

用法： 一次肌内注射，每天 2 次。

说明： 也可用 10%磺胺嘧啶 1mL 肌内注射，土霉素 0.05～0.2g 口服。同时投给氯化胆碱（30～40mg/只）。拒食患貂一次皮下注射 10%葡萄糖溶液 20mL、复合维生素 B 1mL、维生素 C 1mL，每天 1 次，直到恢复食欲。

注意：发病后要及时更换质量不良的饲料，不用腐败、含变质脂肪、鱼肉等饲喂；长期喂熟食时不要加工后贮存时间过长；饲料中适当补加复合维生素 B 和维生素 E 或麦芽。

【处方 3】

茵　陈 18g　　山　枝 10g　　生大黄 3g

山　楂 15g　　鸡内金 10g　　丹　参 10g

五味子 10g　　麦　芽 15g　　郁　金 10g
白　芍 10g　　柴　胡 10g

用法： 水煎 3 次，取汁加入饲料喂服，分 5d 喂完。

38. 貂肉毒梭菌毒素中毒

貂对 C 型肉毒梭菌毒素特别敏感，一旦中毒，死亡率高，甚至全群死亡。潜伏期 8～24h，表现突然行走摇晃，继而麻痹，流涎吐沫，呼吸困难，抽搐死亡。本病重在预防，发病后只能对慢性病例洗胃排毒、强心、解毒。

【处方 1】

(1) 0.02%高锰酸钾溶液　　适量

用法： 紧急洗胃。

(2) 强尔心注射液　　0.2～0.3mL

用法： 一次肌内注射。

(3) 5%葡萄糖注射液　　10～20mL

用法： 深部灌肠。

(4) 10%葡萄糖注射液　　10mL

复合维生素 B 注射液　　2mL

维生素 C 注射液　　2mL

用法： 一次腹腔注射。

【处方 2】

黄　花 6g　　当　归 6g　　川　芎 3g
赤　芍 3g　　红　花 3g　　桃　仁 3g
地　龙 3g　　桂　枝 3g　　牛　膝 3g
五加皮 3g

用法： 煎汤内服。

【处方 3】预防

肉毒梭菌 C 型菌苗　　1 头份

用法： 冬季取皮期后和夏季仔貂分窝后各接种一次。

39. 貂黄曲霉毒素中毒

由于采食被黄曲霉污染的饲料引起。以拒食，沉郁，后肢麻痹，粪便呈煤焦油样，可视黏膜黄染，腹围膨大，穿刺有多量棕色腹水流出等为特征。治宜增强肝脏解毒功能。

【处方 1】

(1) 25%葡萄糖注射液　　5～10mL

用法： 皮下一次多点注射。

(2) 维生素 C　　300mg

维生素 K　　　　3mg

葡萄糖粉　　　　15g

用法：一次口服，每天 1 次，连用 5～7d。

【处方 2】

肝泰乐　　　　0.02g

肌　醇　　　　25mg

用法：一次口服，每天 1 次，连用 7d。

40. 貂食盐中毒

由日粮中食盐含量过高。表现口吐白沫，呕吐，兴奋不安，口、鼻流出泡沫样液体，腹泻，可视黏膜发绀，运动失调，做圆圈运动，排尿失禁，翘尾，四肢麻痹等。治宜除去病因，对症处理。

【处方 1】

（1）清凉饮水　　　　10～20mL

用法：灌服，每 15min 灌 1 次。

（2）10%～20%樟脑油　　　　0.04～0.1mL

用法：一次皮下注射。

【处方 2】

（1）土霉素　　　　0.01g

次硝酸铋或矽碳银　　　　0.04g

鞣酸蛋白　　　　0.02g

用法：一次投喂，每天 1 次。

（2）10%葡萄糖注射液　　　　15～20mL

用法：一次皮下多点注射，每天 1 次。

41. 貂亚硝酸盐中毒

因采食调制不当且含硝酸盐较高的饲料引起。常在喂后十几分钟发病，表现全身无力，后躯麻痹，四肢发冷，呼吸困难，口吐白沫，呕吐，腹痛下痢。治宜更换饲料，解毒。

【处方 1】

2%亚甲蓝注射液　　　　1～2mL

用法：一次静脉注射，按 1kg 体重 0.5～1.0mL 用药。

【处方 2】

10%葡萄糖注射液　　　　15～20mL

25%维生素 C 注射液　　　　1mL

复合维生素 B 注射液　　　　1mL

注射用青霉素钠　　　　4 万 U

用法：混合，一次皮下多点注射。

42. 貂有机磷中毒

因貂采食被有机磷农药污染的饲料或饮水，或治疗体表寄生虫时用药剂量不当引起。以呼吸促迫，流涎，口吐白沫，全身无力，肛门周围被淡黄色粪便污染，运动障碍等为特征。治宜解毒。

【处方 1】

解磷定 0.02g

用法：一次肌内注射，按每 1kg 体重 0.01g 用药。

说明：如病貂兴奋痉挛时，可用 10%的异戊巴比妥钠溶液（0.2～0.3mL）皮下注射。

【处方 2】

硫酸阿托品 0.08mg

用法：皮下注射，按每 1kg 体重 0.04mg 用药。

二十六、貉病处方

1. 貉瘟热病

由犬瘟热病毒引起的。以发热，呼吸及消化道炎症为特征。治宜抗病毒，防感染。平常应加强预防。

【处方 1】

（1）抗犬瘟热血清　　5～10mL

用法：一次肌内注射，隔 3～5d 1 次，连用 2～3 次。

（2）注射用青霉素钠　　10 万 U

注射用链霉素　　10 万 U

注射用水　　2～3mL

用法：分别一次肌内注射，每天 2 次，连用 3～5d。

说明：也可用氨苄青霉素、头孢噻呋钠（每只 0.5～1g）、复方新诺明肌内注射，每天 2 次。当貉出现抽搐、痉挛时，用樟脑磺酸钠适量肌内注射。

（3）5%～10%的葡萄糖注射液　　100～150mL

25%维生素 C 注射液　　5mL

用法：一次静脉注射，每天 1 次。

【处方 2】预防

犬瘟热鸡胚弱毒疫苗　　1 头份

用法：每年在母貉配种前或仔貉分窝后 3 周进行 2 次预防接种。

说明：也可选用狐貉犬瘟热-细小病毒性肠炎-脑（肝）炎三联疫苗。

2. 貉病毒性肠炎

由貉肠炎病毒引起。以腹泻、粪便带血、发病急、死亡快为特征。治宜抗病毒，防继发感染。

【处方 1】

（1）康复貉或犬的血清或全血　　10mL

用法：一次皮下多点注射。

（2）注射用青霉素钠　　10 万 U

注射用链霉素　　10 万 IU
注射用水　　2～3mL
用法：分别一次肌内注射，每天 2 次，连用 3～5d。

(3) 5%～10%葡萄糖注射液或 0.9%氯化钠注射液　　100～150mL
5%维生素 B_1 注射液　　5mL
0.01%维生素 B_{12} 注射液　　5mL
硫酸庆大小诺霉素注射液　　4 万～8 万 U
用法：一次静脉注射，每天 1 次，连用 5～7d。

(4) 安络血　　2～3mL
用法：一次肌内注射，每天 1 次，连用 2～3 次。

【处方 2】

(1) 犬用免疫球蛋白注射液　　5～10mL
用法：幼貉 5mL，成貉 10mL，一次肌内注射，每天 1 次，连用 2～3d。

(2) 庆大霉素　　4 万～8 万 U
地塞米松磷酸钠　　2.5mg
用法：混合，肌内注射，每天 2 次，连用 3d。

(3) 维生素 K_3　　1.5mg
用法：一次肌内注射。

(4) 双黄连口服液　　10～20mL
用法：当血便排空开始饮水，不再呕吐时，一次性深部灌肠。

【处方 3】预防

病毒性肠炎灭活苗　　1 头份
用法：一次肌内注射。健康兽每年接种 2 次，即分窝后的仔兽和种兽 7 月接种 1 次，留种兽在 12 月末或翌年初接种 1 次。

3. 貉狂犬病

被患狂犬病或带毒动物咬伤引起。以神经系统功能障碍，呼吸麻痹为特征。发病者立即淘汰，被可疑动物咬伤尚无明显症状的，立即清洗消毒伤口，紧急预防接种。

【处方】

狂犬病疫苗（ERA 株狂犬病疫苗）　　1 头份
用法：一次皮下注射。

4. 貉双球菌病

因黏液双球菌感染引起的急性脓毒败血症。表现食少，前肢屈曲，走路摇摆，弓背，喜卧，母貉流产、死胎等。治宜消灭病原，对症治疗。

【处方 1】

抗牛犊或羔羊双球菌高免血清　　5～10mL

注射用青霉素钠或新霉素　　5 万～10 万 U

用法：一次皮下注射，连用 2～3 次。

【处方 2】

（1）土霉素或磺胺二甲嘧啶　　0.015～0.03g

用法：一次内服，每天 1 次，连用 3～5d。

（2）10%安钠咖注射液　　0.1～0.25mL

用法：一次皮下注射，每天 1 次，连用 3～5d。

（3）20%葡萄糖注射液　　10～15mL

用法：一次皮下多点注射。

（4）25%维生素 C 注射液　　1～2mL

用法：一次肌内注射，每天 1 次，连用 3～5d。

5. 貉链球菌病

由 C 型兽疫链球菌和 A 型化脓链球菌引起的。以发热、局部关节肿胀、运动障碍等为特征。治宜抗菌消炎。

【处方】

（1）注射用青霉素　　10 万 U

用法：一次肌内注射，每天 2 次，连用 4d。

（2）3%双氧水或 0.1%新洁尔灭　　适量

用法：冲洗患部。每天 1 次，连用 4d。

说明：也可选择拜有利（0.5～1mL/只）肌内注射。

6. 貉巴氏杆菌病

由多杀性巴氏杆菌引起。以内脏器官出血和败血症为主要特征。治宜杀灭病原。

【处方 1】

（1）多价抗巴氏杆菌高免血清　　5～10mL

用法：一次皮下多点注射。

（2）注射用青霉素钠　　10 万 U

注射用链霉素　　10 万 U

注射用水　　2～3mL

用法：分别一次肌内注射，每天 2 次，连用 3～5d。

【处方 2】

（1）卡那霉素　　25～50mg

用法：肌内注射，每天 2 次，连续 3～5d。

说明：也可用强力霉素、恩诺沙星、庆大霉素等。

（2）复方新诺明　　0.2～0.5g

用法：混于饲料，每天2次，连续5～7d。

【处方3】

土霉素注射液　　10万～15万U

用法：一次肌内注射，每天2次，连用3～7d。

【处方4】

磺胺嘧啶　　0.25g

碳酸氢钠　　0.25g

用法：一次口服，每天2次，连用3～5d。

【处方5】

氟苯尼考注射液　　0.5mL

磺胺嘧啶钠注射液　　1mL

用法：分别一次肌内注射，2天1次，连用3次。

【处方6】预防

巴氏杆菌多价灭活疫苗　　1～2mL或1头份

用法：一次性皮下注射，每年2次。

7. 貉沙门氏菌病

本病又称副伤寒，由肠炎沙门氏菌、猪霍乱沙门氏菌、鼠伤寒沙门氏菌等引起，呈地方流行性。以发热，下痢，消瘦，黏膜黄疸，肝、脾肿大为特征。治宜抗菌消炎。

【处方1】

氟哌酸　　适量

用法：按每1kg体重15～20mg口服，每天3次，连用3～5d。

说明：也可选用硫酸新霉素（20万U/只）、四环素（0.2～0.4g/只）、磺胺二甲嘧啶（0.2g/只）、氟苯尼考（0.1～0.15g/只）、恩诺沙星（100mg/kg）等口服。

【处方2】

（1）磺胺二甲嘧啶　　0.05～0.1g

用法：一次混料饲喂，连用5～7d。

（2）5%葡萄糖注射液　　10～15mL

用法：一次皮下多点注射。

（3）10%安钠咖注射液　　0.1～0.25mL

用法：一次皮下注射。

说明：也可选用强力霉素（10～20mg/kg）等肌内注射。

【处方3】

沙门氏菌多价福尔马林疫苗　　1～2mL

用法：对5～6月龄的貉有计划地进行预防接种；30～35日龄幼兽隔5d皮下接

种 2 次，剂量为 2mL。

8. 貉大肠杆菌病

因采食被致病大肠杆菌污染的饲料或饮水引起，对幼貉危害较大。以严重下痢、败血症、呼吸道症状、流产、死胎等为特征。治宜杀灭病原，对症治疗。

【处方 1】

土霉素　　0.125g

用法：一次给哺乳母貉口服，每天 1 次，连用 5～7d。

【处方 2】

磺胺脒　　1～1.5g

用法：按 1kg 体重 0.2～0.3g 一次内服。每天 1 次，连用 4～5d。

【处方 3】

注射用卡那霉素或链霉素　　0.15～0.25g

用法：按 1kg 体重 30～50mg 一次肌内注射。每天 1 次，连用 3～5d。

【处方 4】

硫酸阿托品　　0.2mg

用法：按 1kg 体重 0.04mg 一次皮下注射。每天 1 次，连用 3～5d。

【处方 5】

参考貉沙门氏菌病处方 1 和处方 2。

【处方 6】

大蒜汁　　5mL

用法：一次灌服，每天 1 次，连用 4～5d。

【处方 7】预防

大肠杆菌灭活多价菌苗　　1～2mL

用法：仔兽断奶后一次性皮下注射。

9. 貉魏氏梭菌病

由魏氏梭菌引起的传染病。以发热、下痢、呼吸困难、急性死亡等为特征。治宜抗菌消炎。

【处方 1】

硫酸新霉素　　适量

用法：按每 1kg 体重 10mg 投于饲料中喂给，每天 2 次，连续 3～4d。

说明：也可选用四环素等。

【处方 2】

（1）庆大霉素　　4 万～8 万 U

用法：肌内注射，每天 2 次，连用 5～7d。

（2）复合维生素 B　　2mL

用法：肌内注射，每天1次，连用5～7d。

10. 貉炭疽

由炭疽杆菌引起。以天然孔流血，黏膜发绀，便血，尿血，尸僵不全等为特征。病貉隔离，治宜杀灭病原。

【处方1】

（1）抗炭疽血清　　10mL

用法：一次皮下多点注射，24h后重复注射1次。

（2）磺胺嘧啶钠　　0.1～0.15g

用法：一次内服。

【处方2】

注射用青霉素钠　　10万U

注射用水　　1～2mL

用法：一次肌内注射，每天2次，连用3～5d。

【处方3】预防

无毒炭疽芽孢苗　　0.3～0.6mL

用法：每年接种1次。

11. 貉脓疱疮

由化脓性葡萄球菌等引起的皮肤传染病。发病快，由爪、肢开始，迅速遍布全身，同时伴有食少，消瘦，发育受阻等症状。宜局部清创，配合全身治疗。

【处方】

（1）75%酒精　　适量

硫酸软膏　　适量

用法：用前者洗患部，再涂上后者。

说明：也可选用碘酊、香油、龙胆紫等涂抹患部。

（2）注射用青霉素钠　　10万U

注射用链霉素　　10万U

注射用水　　2～3mL

用法：分别一次肌内注射，每天2次，连用5～7d。

12. 貉钩端螺旋体病

由钩端螺旋体感染引起。以发热，可视黏膜苍白，排带血水样便等为特征。治宜杀灭病原。

【处方 1】

强力霉素　　适量

用法： 按每 1kg 体重 7mg 拌入饲料中喂给，每天 2 次，连续 3～4d。

说明： 也可选用土霉素（每千克饲料 0.5～0.75g）、四环素（每千克饲料 100mg）投喂。

【处方 2】

注射用链霉素　　适量

注射用水　　1～2mL

用法： 按每 1kg 体重 50mg 肌内注射，每天 2 次，连续 3～4d。

【处方 3】预防

单价或多价钩端螺旋体灭活苗　　1～2 头份

用法： 一次肌内或皮下注射，间隔 7d 加强免疫 1 次，以后每年免疫 1 次。

13. 貉秃毛癣

由发癣菌属及小孢子菌属的真菌引起的皮肤传染病。表现头颈、四肢皮肤上出现核桃大小的浅红色、灰色近圆形斑块，上面无毛或有少许折断的被毛，压迫可从毛囊中流出脓样物，干涸后形成痂皮，形成秃毛区。治宜杀菌。

【处方 1】

（1）5%碘酊或 10%水杨酸酒精或克霉唑软膏　　适量

用法： 涂搽患部及周围健康组织，每天 2 次，连涂 3～5d。

（2）灰黄霉素　　0.075～0.1g

用法： 一次口服，按每 1kg 体重 15～20mg 用药，每天 1 次，直至治愈为止。

说明： 也可选用制霉菌素片（每次 1 片，每只每天早晚 2 次，连用 5d）。

【处方 2】

5%～10%硫酸铜溶液　　适量

用法： 涂搽患部，每天或隔天 1 次，至愈。

【处方 3】

水杨酸 6g　苯甲酸 12g　石炭酸 2g　敌百虫 5g　凡士林 100g

用法： 混匀，外用涂搽患部，至愈。

14. 貉焦虫病

由巴贝斯虫侵入血液引起。以高热，贫血，黄疸，并伴有血红蛋白尿，呼吸加快，步态不稳，四肢及躯干下部浮肿为特征。治宜驱虫。注意灭蜱。

【处方 1】

1%台盼蓝溶液　　2mL

用法： 一次皮下注射。

【处方 2】

5%阿卡普林溶液　　0.25～1mL

用法：一次皮下注射。

【处方 3】

咪唑苯脲　　适量

用法：按每 1kg 体重 3mg 一次皮下注射，连用 3 次，间隔 10～12h。

说明：同时在饲料中添加维生素 C、电解多维等。或按每 1kg 体重皮下注射 10g/L 浓度的伊维菌素 0.1mL，隔 7d 重复注射 1 次。也可用贝尼尔、伯氨喹啉、青蒿琥酯、蒿甲醚等。

15. 貉蛔虫病

由貉蛔虫寄生于小肠内引起。主要危害幼貉，以生长受阻、贫血、消瘦、排稀便、腹部膨大等为特征。治宜驱虫。

【处方 1】

枸橼酸哌嗪　　1.25g

用法：一次内服，按每 1kg 体重 0.25g 用药，每天 1 次，连用 2 次。

【处方 2】

丙硫咪唑　　0.1～0.15g

用法：一次拌料内服，按每 1kg 体重 20～30mg 用药。

【处方 3】

阿维菌素　　1～2mg

用法：颈部皮下注射。1 周后检查驱虫效果，必要时进行第二次驱虫。

16. 貉绦虫病

由绦虫寄生于貉的小肠所致。以严重消瘦，呕吐，贫血，便秘和腹泻交替，粪便中混有成熟的绦虫节片，四肢麻痹为特征。治宜驱虫。

【处方 1】

丙硫咪唑　　0.1～0.15g

用法：一次拌料喂服，按每 1kg 体重 20～30mg 用药。

【处方 2】

驱绦灵（氯硝柳胺）　　0.15～0.2g

用法：一次内服，按每 1kg 体重 30～40mg 用药。

【处方 3】

硫双二氯酚（别丁）　　0.2～0.4g

用法：一次内服，按每 1kg 体重 40～80mg 用药。

【处方 4】

伊维菌素或灭虫丁（主成分为伊维菌素） 适量

用法：伊维菌素 50μg/kg 体重内服，或 200μg/kg 皮下注射，2 周后再注射 1 次。

【处方 5】

5%氯氰碘柳胺注射液 0.5～1mL

用法：按每 1kg 体重 0.1mg 一次皮下注射，间隔 1 周再注射 1 次。

【处方 6】

南瓜子 100～125g

用法：捣碎拌料，病貉禁食 10～12h 后一次内服。

【处方 7】

仙鹤草（或鹤草粉晶片） 15g（或 0.2g）

用法：一次内服，按每 1kg 体重 0.03g 或 0.04g 用药。

说明：内服后 1.5～2h 后应用适量硫酸镁导泻。

17. 貉疥癣病

本病又称螨病，俗称癞，以皮肤发生炎症、脱毛，奇痒，烦躁不安等为特征。治宜驱杀虫体。

【处方 1】

10%硫黄软膏 适量

用法：涂搽患部，每 4d 1 次，直至痊愈。

【处方 2】

伊维菌素 1mg

用法：按每 1kg 体重 0.2mg 一次皮下注射。隔 5～7d 用 1 次，连用 2～3 个疗程。

【处方 3】

百部 5g 硫黄 10g 硫酸镁 10g 氧化锌 20g 淀粉 15g 凡士林 40g

用法：混合涂搽患部，每天 2 次，连用 3d。

18. 貉上呼吸道感染

因受风寒或风热引起。以食少，鼻镜干燥，呼吸不畅，咳嗽，羞明，流泪，呕吐等为特征。治宜解热镇痛，防止继发感染。

【处方 1】

（1）注射用青霉素钠 10 万 U

注射用水 1～2mL

用法：一次肌内注射，每天 2 次，连用 3～5d。

（2）安痛定注射液 1mL

用法：一次肌内注射。

【处方2】

板蓝根注射液　　1～1.5mL

用法：一次肌内注射，每天2次，连用3～5d。

19. 貉支气管肺炎

因天气骤变，贼风侵袭及某些传染病继发而引起。以食少、消瘦，被毛无光，鼻镜干燥、龟裂，呼吸困难（腹式呼吸）等为特征。治宜抗菌消炎。

【处方1】

注射用青霉素钠　　10万U

注射用链霉素　　10万U

注射用水　　2～3mL

用法：分别一次肌内注射，每天2次，连用5～7d。

说明：也可选用头孢拉定、庆大霉素、阿莫西林、复方新诺明、环丙沙星等肌内注射。

【处方2】

氨茶碱　　0.05～0.1g

用法：肌内注射，每天2次。

复方甘草片　　1～2片

用法：口服，每天3次，至愈。

说明：也可口服化痰片（0.1～0.2g）、氯化铵（0.05～0.1g）、复方甘草合剂、远志合剂等。

【处方3】

土霉素　　0.25～0.5g

用法：一次内服，按每1kg体重50～100mg用药，连用3～7d。

说明：视病情适当补液。

【处方4】

鱼腥草注射液　　1～1.5mL

用法：一次肌内注射，每天2次，连用2～5d。

【处方5】

5%葡萄糖溶液或5%右旋糖苷生理盐水　　50～100mL

10%安钠咖或15%安钠咖注射液　　1～2mL

用法：静脉注射。

【处方6】

安痛定　　1mL

用法：一次肌内注射（高热时用）。

20. 貉卡他性胃肠炎

多因饲养失宜，营养不全或混有异物刺激胃肠等引起。以食少，体温升高，粪便呈稀糊状，腥臭难闻，弓腰，不愿活动等为特征。治宜抗菌消炎，清肠止泻。

【处方 1】

氟苯尼考　　0.05～0.075g

用法： 按每 1kg 体重 10～15mg 一次内服，每天 2 次，连用 3～5d。

说明： 也可用四环素（20～50mg/kg）、新霉素（2.5 万～5 万 U/只）、链霉素（2.5 万～5 万 U/只）等。

【处方 2】

腐植酸钠　　2g

敌菌净（主成分为二甲氧苄氨嘧啶）　　1.5g

葡萄糖　　10～15g

用法： 加水稀释配成合剂，一次内服。分别按每 1kg 体重腐殖酸钠 400mg、敌菌净 300mg 用药，每天 1 次，连用 3～4 次。

【处方 3】

土霉素　　50mg

复合维生素 B　　50mg

用法： 一次内服，每天 2 次，连用 3～5d。

说明： 在日粮中应适量加入胃蛋白酶、乳酶生、干酵母等。

【处方 4】

穿心莲注射液　　1mL

用法： 一次后海穴注射，每天 1 次，连用 2～3d。

21. 貉出血性胃肠炎

因喂给腐败、霉烂的动物饲料或冰冻饲料等引起。以突然发病，大量腹泻，粪便带血、腥臭，腹痛，痉挛，抽搐等为特征。治宜清理胃肠，消炎，止泻。

【处方 1】

（1）硫酸钠或硫酸镁　　2.5～4g

用法： 病初一次内服。

（2）注射用青霉素钠　　10 万 U

注射用链霉素　　10 万 U

注射用水　　2～3mL

用法： 分别一次肌内注射，每天 2～3 次，连用 3～5d。

说明： 也可选用氟苯尼考（10～15mg/kg）、四环素（10～15mg/kg）、磺胺脒（50～150mg/kg）、新霉素（5 万～10 万 U/kg）和喹诺酮类药物等口服或注射。

(3) 药用炭　　1～1.5g

用法： 混水一次灌服，每天2次。

说明： 也可用萨罗0.5～1g或次硝酸铋1～2g或鞣酸蛋白0.3～0.5g内服。

【处方2】

穿心莲注射液　　1mL

用法： 一次后海穴注射，每天1次，连用2～3d。

22. 貉骨软病和佝偻病

因饲料中钙、磷缺乏或比例失调或维生素D不足引起。以运动障碍和骨骼变形为特征。治宜补钙及维生素D。保持充足的阳光照射。

【处方1】

(1) 维生素 D_2 注射液　　1 000～2 000IU

用法： 一次皮下注射，3～5d重复一次。

(2) 鱼肝油　　1mL

钙片　　0.5g

用法： 一次口服，每天2次，直至痊愈。

【处方2】

维丁胶性钙　　1mL

用法： 一次脾俞穴注射，每天2次，直至痊愈。

【处方3】

海鱼、动物肝脏、蛋黄和瘦肉　适量

用法： 直接饲喂。

23. 貉硒缺乏症

缺硒地区仔貉和断奶后不久育成貉的一种地方病。以食少，贫血，跛行，肌颤，运动障碍，四肢疼痛等为特征。治宜补硒。

【处方】

0.1%亚硒酸钠　　1mL

维生素E注射液　　1mL

用法： 一次分别肌内注射，隔3d重复1次，连用5次。

说明： 在日粮中加2%～3%的柳叶粉或松针粉，有一定的预防作用。

24. 仔貉维生素C缺乏症

由饲料搭配不合理或母貉在妊娠期内摄入不足等引起。以新生仔貉爪、掌部及脚趾胀红、水肿、破溃、行走困难等为特征。治宜补充维生素C。

【处方 1】

25%维生素 C 注射液　　0.5mL

10%葡萄糖溶液　　适量

用法： 混合滴入仔貉口中，每天 2 次，连用 3～5 次。

说明： 母貉在妊娠期内要补充足够的维生素 C。

【处方 2】

维生素 C　　2g

用法： 一次口服，每天 2 次，连用 3～5 次。

25. 貉维生素 E 缺乏症

因饲料单调或加工调制不合理或日粮中脂肪不足，脂肪氧化变质等引起的。以母貉发情不正常，受胎率低；公貉生殖机能下降；仔貉共济失调，痉挛，抽搐等为特征。治宜补充维生素 E。

【处方 1】

维生素 E 注射液　　5～20mg

用法： 一次皮下或肌内注射，每天 1 次，连用 3～4 次。

【处方 2】

维生素 E　　5mg

亚硒酸钠　　1～2.5mg

用法： 制成水溶液一次皮下注射，每天 1 次，连用 3～4 次。

【处方 3】

新鲜脂肪、小麦芽、豆油、蛋黄或肝脏　　适量

用法： 拌料饲喂。

26. 貉维生素 B_{12} 缺乏症

由于饲料中维生素 B_{12} 缺乏引起。以食少，生长缓慢，消瘦，贫血，易患皮炎，运动失调，食仔等为特征。宜补充维生素 B_{12}。

【处方 1】

维生素 B_{12} 注射液　　0.3～0.5mL

用法： 一次皮下注射，隔日 1 次，直至症状消失。

说明： 也可用维生素 B_{12} 50～100mg 内服。

【处方 2】

鱼粉、肉骨粉、乳、肝粉或酵母　　适量

氯化钴　　适量

用法： 拌料饲喂。

27. 貉肉毒梭菌毒素中毒病

因采食被肉毒梭菌毒素污染的鱼类或肉类饲料而引起。以运动不灵活，麻痹，口吐白沫，瞳孔散大等为特征。治宜停喂有毒饲料，抗菌解毒。

【处方 1】

(1) 氟苯尼考　　0.05～0.075g

用法： 混入乳中一次投服，每天 1 次。

(2) 5%葡萄糖注射液　　适量

用法： 深部灌肠。

【处方 2】

(1) 肉毒梭菌毒素抗毒血清　　10 万 U

用法： 对未出现瘫痪的貉在发病 24h 内肌内注射，重症病例 6h 后再注射一次。

(2) 青霉素钠　　10 万～20 万 U

注射用水　　1～2mL

用法： 混合，肌内注射，每天 2 次，连用 4d。

(3) 葡萄糖　　20g

用法： 混饲或饮水，每天 2 次，连用 4d。

【处方 3】

参考貂肉毒梭菌毒素中毒处方 1～3。

28. 貉安妥鼠药中毒

因貉吃了混有安妥诱饵的饲料引起。以恶心，呕吐，呼吸困难，吐白沫为特征。治宜排毒，解毒。

【处方】

(1) 50%硫酸镁　　15mL

用法： 一次灌服。

(2) 5%葡萄糖注射液　　10mL

用法： 皮下多点注射。

说明： 禁用二巯基丙醇治疗。

29. 貉乳房炎

由于乳头外伤或乳汁滞留等原因引起致病菌感染所致。以乳房肿痛，拒哺，体温升高，不安，食少等为特征。治宜抗菌消炎。

【处方】

(1) 0.25%普鲁卡因　　1mL

注射用青霉素钠　　　　10万U

用法：混合，乳房周围分点注射，连用3～5d。

（2）3%过氧化氢　　　　适量

用法：清洗局部化脓创。

30. 仔貉烂爪病

因日粮中动物性饲料含量过高（超过标准的50%）或饲料酸败、变质等引起的。1月龄左右刚开食的貉易发。以行走缓慢，着地小心，趾间出现肿胀、水疱、脓疱，肉垫增厚变宽等为特征。治宜合理饲料配方，补充维生素。破溃处按一般外伤处理。

【处方】

维生素A注射液　　　　0.5mL

复合维生素B注射液　　　　0.5mL

用法：分别肌内注射，每天1次，5d为一个疗程。

附注：貉的有机磷中毒、维生素A缺乏症、貉食毛症、貉自咬病等参考貂病处方。

二十七、水獭病处方

1. 水獭瘟热病

由犬瘟热病毒引起。主要表现双相热，眼、鼻有脓性分泌物，后期出现神经症状。治宜抗病毒，防继发感染。重在预防。

【处方 1】

犬瘟热高免血清　　5～10mL

用法：用气压式吹枪吹注，每天 1 次，连用 2 次。

【处方 2】

注射用青霉素钠　　10 万 U

注射用硫酸链霉素　　10 万 U

注射用水　　5～10mL

用法：用气压式吹枪一次吹注，每天 1 次，连用 3d。

【处方 3】预防

犬瘟热疫苗　　1 头份

用法：一次皮下注射。第一年连续接种 3 次，每次间隔 2～3 周，以后每年 1 次。

注：一旦确诊，捕捉保定，对症强心补液。

2. 水獭胃肠炎

由于饲料变质、污染，长期饲喂冰冻饲料或过食等原因引起。主要表现食欲减退或废绝，腹泻，粪带黏液或血液。治宜抗菌消炎，健胃。

【处方】

硫酸丁胺卡那霉素注射液　　10 万 U

用法：用气压式吹枪一次吹注，每天 2～3 次。

3. 水獭肺炎

由饲管粗暴、受惊、剧烈运动，呛水等原因引起。主要表现发热懒动，呼吸困难。治宜抗菌消炎。

【处方 1】

注射用青霉素钠　　10 万 U

注射用硫酸链霉素　　10 万 U

用法：用气压式吹枪一次吹注，每天 2 次。也可选用恩诺沙星注射液 0.5mL，每天 1 次，连续 3d。

【处方 2】

复方新诺明注射液　　0.7mL

用法：用气压式吹枪一次吹注，每天 2 次。

注：庆大霉素、氨苄青霉素均有效，同时配合维生素效果更好。

4. 水獭维生素 B_1 缺乏症

由于饲料中长期缺乏维生素 B_1 或补充不足引起。主要表现厌食或废食，体弱，步态不稳，抽搐或痉挛。治宜补充维生素 B_1。

【处方 1】

维生素 B_1　　10mg

用法：裹入饲料中投喂，每天 1 次，连服 10～15d。

【处方 2】

5%维生素 B_1 注射液　　10mL

硫酸庆大霉素注射液　　8 万 U

用法：用气压式吹枪一次吹注，每天 1 次，连用 1 周。

二十八、蛤蚧病处方

1. 蛤蚧口炎

主要由于维生素缺乏引起。表现厌食，张口困难，口角、鼻根、上下颌红肿。治宜抗菌消炎，补充维生素。

【处方】

(1) 硫酸庆大霉素注射液　0.5万U
5%维生素 B_{12} 注射液　0.4mL
25%维生素C注射液　0.2mL
白糖　适量
用法： 调水15mL灌服，每次5mL，每天3次，连用3～5d。

(2) 0.1%高锰酸钾溶液　适量
用法： 清洗患处。

(3) 碘甘油　适量
用法： 患部洗净后涂搽至愈。

2. 蛤蚧夜盲症

由于维生素A缺乏引起。病蛤蚧眼球凸出，红肿，爬行无规则，不避障碍物。治宜补充维生素A。

【处方1】

鱼肝油　0.1g
用法： 混饲，自由采食，每天1次，连用3d。

【处方2】

兔肝　50g
用法： 水煎分3次灌服。

3. 蛤蚧骨软病

由于缺钙引起。表现全身软弱无力，不思饮食，不愿活动，消瘦。治宜补充钙源。

【处方】

葡萄糖酸钙　　0.2g

用法：研末一次拌料喂服，连用5d以上。

4. 蛤蚧农药中毒

主要由于农田施用农药而使昆虫带毒，蛤蚧捕食昆虫后中毒。表现神态昏迷、呕吐。治宜对症解毒。

【处方】

鸡蛋清　　适量

50%葡萄糖溶液　　5mL

用法：调匀后一次灌服，并停止诱虫。

5. 蛤蚧脚趾脓肿

主要由于葡萄球菌感染引起，表现为腿或爪部红肿，爬行无力缓慢，患肢不愿着地。治宜消毒，抗菌消炎。

【处方】

（1）0.1%高锰酸钾溶液　　适量

用法：体表消毒。

（2）3%双氧水　　适量

磺胺结晶粉　　适量

用法：切开脓创后用双氧水清洗，然后撒上磺胺结晶粉。

（3）复方磺胺甲基异噁唑　　1片

用法：溶于水中，共50条蛤蚧服用，连续7d。

说明：1片复方磺胺甲基异噁唑含磺胺甲基异噁唑400mg、三甲氧苄氨嘧啶80mg。

（4）注射用青霉素钠　　10万～20万U

注射用水　　适量

用法：稀释后一次肌内注射，每天1次，连用5～7d。

二十九、蝎病处方

1. 蝎软腐病

由于细菌感染引起。表现精神委顿，急性死亡。死蝎躯体松软、变质、散发臭味。治宜抗菌消炎。

【处方】

(1) 长效磺胺 0.5g
多酶片 1g
用法：混入0.5kg饲料中饲喂。

(2) 1%福尔马林液或0.1%高锰酸钾溶液 适量
用法：喷洒饲养室。

(3) 穿心莲 1～2g
用法：研末拌入100g饲料中饲喂至愈。

2. 蝎绿霉病

由于绿霉菌感染引起。表现为步足不能紧缩，后腹不能蜷曲，全身瘫软，行动呆滞，早期在胸腹板部和前腹部出现黄褐色或红褐色点状霉斑，并逐渐蔓延隆起成片。死蝎体内充满绿色霉状菌丝体集结而成的菌块。治宜杀菌除湿。

【处方】

(1) 长效磺胺 1g
用法：拌料1kg投喂至愈。

(2) 1%福尔马林液或0.1%高锰酸钾液 适量
用法：喷洒饲养室。

3. 蝎黑腐病

由黑霉菌引起。病初前腹部呈黑色，腹胀，懒动少食，继而前腹部出现黑色腐败溃疡灶，手压流出污秽黑色黏液。治宜杀菌消毒。

【处方 1】

（1）红霉素 0.5g

干酵母（食母生） 1g

用法：分别拌入 500g 糖类食物中，交替饲喂至愈。

（2）2%福尔马林液 适量

用法：清除死蝎及污染土块后喷洒消毒饲养池。

【处方 2】

土霉素或长效磺胺 0.5g

大黄苏打片 2.5g

用法：拌入糖类食物 0.5kg 中饲喂至愈。

【处方 3】

黄连 0.5～1g

用法：研末拌入 100g 饲料中饲喂至愈。

4. 蝎白斑病

由于真菌感染引起。病初体表出现白斑，行动失常；死后尸体僵硬，体表长出白色菌丝。治宜杀菌消毒。

【处方】

（1）长效磺胺 0.5g

多酶片 1g

用法：拌食 500g 饲喂至愈。

（2）2%福尔马林液或 0.1%高锰酸钾液 适量

用法：喷洒饲养室。

（3）五倍子 0.5g

用法：研末拌入 100g 饲料中饲喂至愈。

5. 蝎螨病

由昆虫性食物带入。病蝎生长发育停滞，消瘦。治宜杀虫。

【处方 1】

0.125%三氯杀螨砜水溶液 适量

用法：拌入饲料和窝泥内。

【处方 2】

增效磺胺 0.5g

用法：研末拌入 500g 饲料中饲喂至愈。

【处方 3】

乐果乳剂 适量

用法：200 倍稀释后喷雾蝎池，每 7d 1 次，连续 3 次。

6. 蝎大肚病

由于受凉引发消化不良所致。表现肚大筋青，肚底发黑，腹部隆起，活动迟钝，不饮不食。治宜助消化，预防感染。

【处方 1】

（1）长效磺胺片　　0.5g

多酶片　　1g

用法：拌料 500g 饲喂至愈。

（2）调节饲养室温度至 20℃以上。

【处方 2】

土霉素片　　0.25g

复合维生素 B　　3 片

维生素 B_1 片　　20mg

用法：共研末，加适量凉开水溶解，用海绵蘸满药液，置于垛体最上面让蝎吸饮，一般每月给药 1～2 次，每次连续 3d。

说明：每片复合维生素 B 含维生素 B_1 3mg、维生素 B_2 1.5mg、维生素 B_6 0.2mg、烟酰胺 10mg。

7. 蝎体懈症

由于蝎体水分急剧脱逸所致。表现为蝎群出穴慌乱爬动，渐渐肢节软化，功能丧失，尾部下拖，体色加深，蝎体麻痹。治宜补充体液。

【处方】

食盐　　适量

白糖　　适量

用法：加适量水混匀，喷洒蝎体，并调节饲养室温度和湿度。

8. 蝎青枯病

由于气候干燥，饮水不足、慢性脱水所致。病初尾梢枯黄、萎缩，并渐向前延伸，失去平衡，腹部变扁平，肢体无光泽，最后尾根枯萎。治宜补充体液。

【处方】

（1）西红柿或西瓜皮　　15～20g

用法：一次饲喂，隔 2 天补喂 1 次。并增加洒水次数。

（2）酵母片　　0.6g

用法：研末溶于水中，夹住病蝎腹部强迫其饮服，每天 2 次，连续 3～4d。

9. 蝎拖尾病

由于长期饲喂高脂肪饲料，体内脂肪大量积聚所致。表现躯体光泽明亮，肢节隆大，功能丧失或减低，尾部下拖，活动艰难，侧身或滚爬而行，全身失去知觉，口器呈红色，分泌液状脂性黏液。治宜减少体内脂肪。

【处方】

（1）大黄苏打片　3g

麦麸（炒香）　50g

用法：调水适量，代替肉食饲料投喂至愈。

（2）西红柿或苹果　15～20g

用法：代替肉食饲料投喂 3～5d。

10. 蝎蚁害

蚂蚁常侵入蛀食幼弱病残蝎，并咬伤蝎。伤蝎表现步足伸展不开，失去活动能力，不食，脚慢慢发黑变干死亡。治宜防杀蚁害。

【处方】

萘（樟脑丸或卫生球）　50g

植物油　50g

锯　末　250g

用法：拌匀撒蝎窝四周。

三十、地鳖病处方

1. 地鳖绿霉病

由于梅雨季节霉菌感染引起。地鳖主要表现白天不入土，夜间不觅食，行动迟缓，腹部出现绿色霉状物。治宜杀灭霉菌。

【处方 1】

金霉素　　250mg

用法： 拌入 1kg 麦麸中投喂 2～3 次。

【处方 2】

0.5%福尔马林水溶液，或 1∶50 漂白粉水　　适量

用法： 更换新窝泥后喷洒饲养池消毒。

2. 地鳖线虫病

由一种线虫寄生引起，表现行动迟缓、腹胀发白、吐水。治宜杀虫。

【处方】

5%食盐水溶液　　适量

用法： 拌料投喂。

3. 地鳖螨病

由食菌嗜本螨体外寄生引起。地鳖主要表现逐渐消瘦变小、内卷、发硬，在腹部、胸部及腿基节的薄膜处可发现虫体。治宜杀虫。

【处方 1】

0.125%三氯杀螨砜水溶液　　适量

用法： 拌入饲料和窝泥内。

【处方 2】

乐果乳剂　　适量

用法： 2 000倍稀释后喷洒地面，每 5～7d 喷 1 次，连用 3 次。

注： 也可用香油拌和面粉或用炒熟的咸肉、鱼、骨头等放在池内诱捕，每隔 1～

2h 清除处理一次（用开水冲泡或复炒），连续多次。

4. 地鳖大肚病

由于饲料变质或卫生状况不良引起。地鳖主要表现腹胀，体变大、变黑，光泽减退，行动迟缓，摄食减少，种鳖产卵停止。治宜消胀。

【处方】

干酵母（食母生）　　0.2g

复合维生素　　50mg

环丙沙星　　50mg

用法：研细拌入 500g 饲料中投喂，每天 3 次。

5. 地鳖卵鞘曲霉病

由于孵化缸高温高湿，曲霉菌繁殖而感染。表现卵和幼龄若虫大批死亡。治宜孵化前卵鞘消毒。

【处方】

3%漂白粉　　1 份

石灰粉　　9 份

用法：混匀，取少许拌撒卵鞘消毒 0.5h，再筛去药粉后孵化。

6. 地鳖真菌性肠炎

由于真菌感染引起。表现腹部鼓胀。治宜抗菌消炎。

【处方】

（1）福尔马林液　　适量

用法：喷洒虫体灭菌。

（2）土霉素　　0.5g

用法：拌入 250g 饲料中饲喂，连续 2～3d。

7. 地鳖线虫病

由于线虫寄生引起。表现为消化不良，行动迟缓，腹胀发白，吐水。治宜驱杀虫体。

【处方】

5%食盐水溶液　　适量

用法：拌料投服。

三十一、蜈蚣病处方

1. 蜈蚣黑斑病

由于绿僵菌引起。表现为关节皮膜上出现黑色或绿色小点并浸润扩大，体表逐渐失去光泽，腹板渐变绿，行动呆滞，停食，消瘦，临死前体表出现白色菌丝。治宜杀菌。

【处方】

（1）金霉素粉　　0.25g

用法：拌入1kg饲料中喂食至愈。

（2）硫酸铜　　1g

用法：加水1.5kg溶解后，喷洒饲养池。

说明：先更换饲养土后用药，病蜈蚣隔离饲养或淘汰。

（3）干酵母　　0.6g

用法：拌入400g饲料中喂食至愈。

2. 蜈蚣腹胀病

由于低温造成消化不良所致。表现行动缓慢，肚大腹胀。治宜帮助消化，预防感染。

【处方1】

干酵母片　　1g

牛　奶　　500mL

用法：混入饮水中自由饮服，并适当提高温度。

【处方2】

长效磺胺　　0.1g

牛　奶　　500mL

用法：混入饮水中自由饮服，并适当提高温度。

3. 蜈蚣麻痹病

由于高温造成急性脱水所致。表现为肢节软化，呈瘫痪状态。治宜补液降温。

【处方】

食盐	适量

用法：溶于温开水中喷洒虫体，并调节温度和湿度。

4. 蜈蚣脱壳病

由于真菌感染引起。表现为初期躁动不安，后期无力，行动滞缓，死亡。治宜消食抗菌，调节窝室湿度。

【处方】

土霉素	0.25g
干酵母	0.6g
钙　片	1g

用法：共研细末，拌入400g饲料混匀饲喂至愈。

三十二、熊类常见病处方

1. 熊病毒性脑炎

由腺病毒感染，特别是马来熊和未成年黑熊发病率、死亡率较高。病初行走不稳，继而后躯瘫痪，后期阵发性抽搐，剖检见脑出血、水肿。治宜消除病原，预防感染，止血，消除脑水肿。

【处方】

(1) 病毒唑注射液　1.5～3g
黄芪注射液　30～50mL
5%葡萄糖注射液　500～1 000mL
氨苄青霉素　3～8g
水乐维他　2～3支
用法：一次静脉注射，每天2次。

(2) 10%甘露醇注射液　200～300mL
5%葡萄糖注射液　50～150mL
用法：一次静脉注射。

(3) 复方新诺明注射液　6～10mL
止血敏　1～2g
用法：分别一次肌内注射，每天2次。

2. 熊炭疽

由炭疽杆菌引起的烈性、败血性、急性传染病。特征为天然孔出血，血凝不全，化验炭疽杆菌阳性，治宜抗菌止血。

【处方】

(1) 注射用青霉素钠　200万～500万U
注射用水　10～20mL
用法：一次肌内多点注射，每天3次。

(2) 抗炭疽血清　100～150mL
用法：一次肌内多点注射，隔日重复1次。

(3) 10%止血敏注射液　　20～30mL

用法：一次肌内注射。

说明：确诊炭疽后，必须严格地消毒、隔离，以防传染。

3. 熊胃肠炎

由于吃了变质或被病菌污染的饲料，或者游人投喂食物过多引起。主要表现腹泻，粪便带血，食欲下降，多卧地，精神不振。治宜消炎、清肠、止泻。

【处方 1】

硫酸庆大霉素注射液　　24 万～40 万 U

5%黄连素注射液　　50～100mL

用法：分别一次肌内注射，每天 2 次。

【处方 2】

注射用氨苄西林　　5～10g

注射用水　　8～10mL

用法：一次肌内注射，每天 2 次。

【处方 3】

环丙沙星胶囊　　3～5g

黄连素片　　2～3g

用法：分别一次投喂，每天 2 次。

【处方 4】

石榴皮　　250g

山楂果　　100g

用法：一次投喂，每天 2 次。

4. 熊胰腺炎

本病发生可能与暴食有关。表现剧烈腹痛、呕吐，血清淀粉酶增高。治宜镇痛消炎。

【处方 1】

(1) 鹿眠宁（主成分为盐酸赛拉嗪）　　4～8mL

用法：一次肌内注射。

(2) 5%度冷丁　　4～12mL

用法：有剧烈腹痛时，一次肌内注射。

(3) 注射用青霉素钠　　200 万～400 万 U

注射用硫酸链霉素　　200 万～300 万 U

注射用水　　10～20mL

用法：分别一次肌内注射，每天 2 次。

【处方 2】

（1）0.5%硫酸阿托品注射液 4mL

用法：一次肌内注射。按 1kg 体重 0.1mg 用药。

（2）胰酶片 0.5～1g

用法：一次拌饲喂服，每天 2 次。

5. 熊胃肠梗阻

由于吞入塑料胶管、衣物等异物后发生。以呕吐、无大便为特征。治宜胃肠通便，排出异物。

【处方 1】

（1）液体石蜡或食用油 500～1 000g

用法：保定后一次灌服。

（2）1%胃复安注射液 3～4mL

用法：一次肌内注射。

【处方 2】

注射用青霉素钠 200 万～400 万 U

注射用水 6～10mL

用法：一次肌内注射，每天 2 次。

【处方 3】

硫酸庆大霉素注射液 24 万～40 万 U

用法：一次肌内注射，每天 2 次。

6. 熊亚硝酸盐中毒

瓜果蔬菜类饲料在堆积时发热，产生亚硝酸盐，采食后引起急性中毒，常在食后突然发病。症状以黏膜发绀、呼吸困难、神经紊乱为特征。治宜解毒。

【处方 1】

5%甲苯胺蓝注射液 50～100mL

用法：一次静脉或肌内注射。

【处方 2】

1%美蓝注射液 200～300mL

25%葡萄糖注射液 1 000mL

25%维生素 C 注射液 4～8mL

用法：依次分别一次静脉注射。

【处方 3】

硫酸钠 300g

用法：加水3 000mL 溶解后一次投服。

7. 熊有机磷中毒

由于误食被有机磷农药污染的饲料或人为投毒引起。症状主要表现为胆碱能神经机能亢进，流涎、肌肉震颤、呼吸困难，若不及时抢救，很快死亡。治宜解毒。

【处方】

（1）2%～5%碳酸氢钠溶液　5 000mL

用法：一次灌服洗胃。

（2）0.5%硫酸阿托品注射液　4～20mL

用法：一次皮下或肌内注射，按 1kg 体重 0.1～0.5mg 用药，经 1～2h 症状不减时，可减量重复使用。

（3）解磷定　1～2g

生理盐水　50～100mL

用法：一次静脉注射，必要时可重复使用。

说明：阿托品用量一定要大，并要多次反复使用，直至出现“阿托品化”症状时，再不断增加维持剂量，才有良好的效果。

8. 熊风湿性瘫痪

由于长期关养在阴暗且潮湿的笼舍环境、饲料营养单纯等引起，尤其是老年和幼熊易发。主要表现行动困难，严重者卧地不起。治宜疏经活血，消炎镇痛。

【处方 1】

复方氨基比林注射液　5～10mL

注射用青霉素钠　200 万～400 万 U

注射用水　10～15mL

用法：分别一次肌内注射，上、下午各 1 次。

【处方 2】

（1）吲哚美辛（消炎痛）片　50～100mg

用法：一次内服，每天 1～2 次。

（2）注射用青霉素钾　200 万～300 万 U

注射用链霉素　200 万～300 万 U

注射用水　10～15mL

用法：分别一次肌内注射，每天 2 次。

（3）维生素 B_1　50mg

维生素 B_6　50mg

地塞米松　50mg

用法：一次内服，上、下午各 1 次。

9. 熊皮肤病

多由真菌或寄生虫引起。表现被毛脱落，皮肤发痒、发炎。治宜抗真菌或驱虫。

【处方 1】

达克宁软膏（主成分为酮康唑）　10～50g

用法：外用涂搽，每天 2 次。

【处方 2】

制霉菌素　200 万～400 万 U

用法：一次投服，每天 2 次。

【处方 3】

1%伊维菌素　4～6mL

用法：一次皮下或肌内注射，按 1kg 体重 0.2mg 用药，1 周后重复治疗 1 次。

说明：适用于寄生虫引起的皮肤病。

10. 熊结膜炎

主要由于饲料单纯、缺乏维生素 A 或外伤性感染或某些疾病继发引起。表现为结膜潮红、充血、流泪。治宜消炎及补充维生素 A。

【处方 1】

（1）3%硼酸溶液　200mL

用法：外用冲洗，每天 2～3 次。

（2）鱼肝油　适量

用法：滴入饲料任其自食，每天 1 次，连服 7～10d 为一个疗程。

（3）复方新诺明　5～8g

用法：研细末后拌糖加入饲料内服，每天 1～2 次。

【处方 2】

（1）生理盐水　200mL

用法：外用冲洗，每天 2 次。

（2）红霉素眼药膏　10g

用法：涂于眼内，每天 1～2 次。

（3）维生素 AD 丸　1 万～2 万 IU

用法：放入饲料中任其自食。

（4）中药

桑　叶 20g　菊　花 20g　荆　芥 20g

黄　芩 20g　川　芎 20g　连　翘 20g

枸　杞 20g　薄　荷 10g　白　芷 10g

白砂糖 100g

用法：煎汁浓缩后加白砂糖溶解，拌入饲料内服。

11. 熊创伤

熊习性好动而凶猛，甚至互相打架咬伤等引起。表现不同部位的创伤、炎症、皮肉溃烂。治宜清创消炎。

【处方 1】

（1）3%双氧水　　100～300mL

用法：冲洗创腔或创口，去除坏死皮肉，然后再用生理盐水冲洗。

（2）消炎溃疡散　　10～20g

用法：伤口冲洗干净后洒布在创口上，然后包扎。

说明：消炎溃疡散配方为：三七粉 2 份，磺胺结晶粉 2 份，土霉素粉 2 份，利福平 1 份，血力粉（主成分为血竭粉）1 份。

（3）复方新诺明　　2～4g

用法：一次投服，每天 1～2 次。

【处方 2】

（1）1%高锰酸钾溶液　　500～1 000mL

用法：冲洗化脓创腔。

（2）注射用头孢拉定　　10～20g

注射用水　　20～40mL

用法：一次肌内注射，每天 2 次。

三十三、狮虎豹常见病处方

1. 狮虎豹瘟热病

本病又叫猫泛白细胞减少症，是由病毒引起的急性传染病，幼小动物发病和死亡率高。主要症状为白细胞减少，体温升高，呕吐，腹泻等。治宜抗病毒、对症强心补液和防止继发感染。

【处方】

（1）猫瘟热血清　50～100mL

用法：一次皮下或静脉注射，隔日再注射1次。

（2）18种氨基酸注射液　500mL

10%葡萄糖注射液　500mL

25%维生素C注射液　2～4mL

辅酶A　50～100IU

1%三磷酸腺苷　2～10mL

复方氯化钠注射液　500～1 000mL

用法：依次分别一次静脉注射。

（3）5%碳酸氢钠注射液　200～500mL

用法：一次静脉注射。

（4）注射用氨苄西林　10g

注射用水　10mL

硫酸庆大霉素注射液　8万～32万U

用法：分别一次肌内注射或加入注射液中静脉注射，每天2～3次。

（5）丙种球蛋白　5～10mL

用法：一次肌内注射。

2. 狮虎豹犬瘟热

近年来，犬瘟热已经流行到猫科动物，并造成严重危害。症状特征为体温升高，呈双相热，病初常有感冒样症状，伴有眼、鼻、口的炎症和出血性胃肠炎，后期出现神经症状。治疗以抗毒消炎、维持机体营养为主，但是治愈率很低。

【处方】

（1）抗犬瘟热血清　50～100mL

用法：一次皮下或静脉注射，隔日1次，连用2～3次。

（2）注射用氨苄西林　5～10g

注射用水　10mL

用法：一次肌内注射或静脉滴注。

（3）18种氨基酸注射液　500mL

10％葡萄糖注射液　500mL

复方氯化钠注射液　500mL

1％三磷酸腺苷注射液　2～6mL

1％盐酸山莨菪碱注射液　5mL

5％葡萄糖氯化钠注射液　1 000mL

0.2％地塞米松注射液　25mL

用法：依次分别一次静脉注射。

（4）10％酚磺乙胺注射液　10mL

用法：一次肌内注射，必要时重复使用。

说明：目前预防猫科动物犬瘟热，使用犬用弱毒疫苗有较好的效果，必须在动物处于健康状态时免疫接种。

3. 狮虎豹蛔虫病

由狮弓蛔虫和猫弓蛔虫感染引起的寄生虫病。轻度感染没有症状，严重感染时患兽消瘦，便秘与腹泻交替发生，有时大便中排出蛔虫。治宜驱虫。

【处方1】

盐酸左旋咪唑片　0.5～1.5g

用法：一次喂服，按1kg体重8～10mg用药，每天1次，连服2～3d。

【处方2】

丙硫咪唑片　0.8～2.4g

用法：一次喂服，按1kg体重10～15mg用药。每天1次，连服2～3d。

【处方3】

奥苯达唑片　1～3g

用法：一次喂服，按1kg体重15～20mg用药。每天1次，连服2～3d。

【处方4】

1％伊维菌素注射液　1～3mL

用法：一次皮下或肌内注射，按1kg体重0.2～0.3mg用药。

4. 虎锥虫病

主要由于采食带有锥虫的感染牛肉引起。突出症状为体温升高，在静脉滴注葡萄糖后体温可进一步升高，精神不振，食欲废绝。治宜杀虫。

【处方 1】

三氮脒（血虫净，贝尼尔）　0.5～1g

用法：按 1kg 体重 3～5mg 的剂量配成 5%水溶液一次深部肌内注射，重症隔 1d 重复 1 次。

【处方 2】

锥灭定　75～150mg

用法：按 1kg0.5～1.0mg 配成 20%溶液一次深部肌内注射。

5. 狮虎牛蜱病

牛蜱分软蜱和硬蜱两种，寄生于动物体的软蜱多于硬蜱。狮虎的软蜱感染由牛传播。患兽表现消瘦、营养低下，精神不振、活动减少。治宜杀蜱，运动场地除草消毒。

【处方 1】

1%伊维菌素注射液　2～3mL

用法：一次皮下或肌内注射，按 1kg 体重 0.2～0.3mg 用药，7d 后重复 1 次，严重感染需注射 3 次。

说明：同时用液化气火焰消毒器消毒笼舍和运动场。

【处方 2】

2%精制敌百虫溶液　适量

用法：涂擦体表。先涂擦 1/2 面积，观察 1d 后未发生中毒，再涂擦另外 1/2 面积。间隔几天后重复治疗 1 次。用量不宜过大，以防中毒。

6. 狮虎豹疥螨病

由疥螨感染引起的皮肤病。表现局部尤其是腹侧、脚掌及头部或全身脱毛、发痒、结痂，往往自咬出血，皮炎。治宜驱螨。

【处方 1】

1%伊维菌素注射液　1～3mL

用法：一次皮下或肌内注射，按 1kg 体重 0.2～0.3mg 用药，7d 后重复 1 次。

【处方 2】

50%煤油菜籽油合剂　适量

用法：外用涂搽，7d 重复 1 次。

【处方 3】

0.3%敌百虫水溶液　　适量

用法：喷洒或涂搽患处，每天 1 次。

【处方 4】

20%戊酸氰醚酯酸油　　100mL

用法：用水稀释成 5%的溶液涂搽患部，7d 重复 1 次。

7. 狮虎豹口腔炎

因为长期喂冰冻饲料，缺乏多种维生素或机械性损伤口腔黏膜引起，也有继发于某些传染病，如嵌杯状病毒感染和犬瘟热等，表现为流涎、口舌红肿、吃食困难。治宜清洗口腔、消炎及补充维生素。

【处方】

（1）3%硼酸水　　500mL

用法：冲洗口腔，每天 2 次。

（2）碘甘油　　50mL

用法：涂于患处，每天 1～2 次。

（3）5%维生素 B_6 注射液　　2～4mL

25%维生素 C 注射液　　2～4mL

0.5%维生素 B_2 注射液　　2～4mL

用法：一次肌内注射，每天 1 次。

（4）注射用青霉素钠　　300 万～500 万 U

注射用水　　10mL

用法：一次肌内注射，每天 2 次。

8. 狮虎慢性胃炎

本病又称反流性、溃疡性胃炎。因长期饲养管理不当、冰冻饲料或饲料定量不合理等引起。以长期反复呕吐或经常便出或吐出未消化的肉块为特征。治宜缓解症状、消除炎症。

【处方 1】

（1）1%甲氧氯普胺注射液　　3mL

用法：一次肌内注射，每天使用 1～2 次。

（2）阿莫西林胶囊　　5～8g

替硝唑片　　1.5～2g

用法：一次口服，每天 2 次。

【处方 2】

10%西咪替丁注射液　　2～6mL

5%葡萄糖注射液　500mL
复方氯化钠注射液　500mL
10%葡萄糖注射液　500mL
硫酸庆大霉素注射液　32万U
用法：废食时分别一次静脉注射。

【处方3】
(1) 胃复安片　3～5片
庆大霉素片　5片
用法：一次内服，每天2次，连服15d。
(2) 鸡内金　10～15g
用法：研碎加入饲料内一次喂服。可长期服用。

【处方4】
羟氨苄青霉素（阿莫西林）　1～2g
黄连素　500～1 000mg
西沙必利　10mg
用法：加入饲料内喂服，每天1次，连用15d。

9. 狮虎胃肠炎

主要由于肉类饲料腐败变质、病原体污染或饲喂冰冻饲料引起。主要表现急性排稀便、血便、呕吐、体温升高、食欲减少或废绝等症状，治宜抗菌消炎、补液、止泻。

【处方1】
环丙沙星胶囊　2～3g
黄连素片　2～3g
用法：一次投服，每天2～3次。

【处方2】
硫酸庆大霉素注射液　24万～32万U
注射用氨苄西林　3～6g
注射用水　6～10mL
用法：分别一次肌内注射，上、下午各1次。

【处方3】
(1) 0.5%硫酸阿托品注射液　2～6mL
用法：腹泻严重时一次皮下注射。
(2) 复方氯化钠注射液　500mL
5%葡萄糖氯化钠注射液　500mL
10%葡萄糖注射液　500mL
注射用氨苄西林　5～10g
0.2%地塞米松注射液　5～10mL

用法：依次分别一次静脉注射。

（3）10%硫酸丁胺卡那霉素注射液　　2～6mL

用法：一次肌内注射，每天2次。

【处方4】

（1）硫酸庆大霉素注射液　　24万～32万U

用法：一次肌内注射，每天1～2次。

（2）复方新诺明注射液　　10mL

用法：一次肌内注射，每天1～2次。

（3）5%葡萄糖氯化钠注射液　　500～1 000mL

低分子右旋糖苷注射液　　500mL

5%碳酸氢钠注射液　　300～500mL

用法：一次静脉注射。

10. 狮虎肠梗阻

饲料内骨头、羊肉、蛋壳等过多，或舔食毛发、泥沙等异物，在肠内扭结成硬团引起。治宜迅速排除阻塞。

【处方1】

甲氧氯普胺片　　30mg

用法：一次投服，每天2次。

说明：饲料改为肥脂肉喂给。

【处方2】

（1）液体石蜡　　300mL

硫酸钠　　150g

温水　　2 000mL

用法：麻醉保定后灌服。

（2）10%氯化钠注射液　　500mL

10%葡萄糖酸钙注射液　　300mL

10%葡萄糖注射液　　500mL

注射用青霉素钠　　300万U

用法：一次静脉注射。

（3）1%甲氧氯普胺注射液　　3mL

用法：一次肌内注射，每天2次。

11. 虎反流性消化不良综合征

一种顽固性内科病。特征为食物不消化，吃什么吐什么，甚至排出肉块。治宜增强消化功能。

【处方】

（1）胃蛋白酶　　4～6 片
复合维生素 B　　4～6 片
鸡内金粉　　20～30g
山楂粉　　40g
用法：分别塞入鲜牛肉、鲜鸡肉或鸡蛋中投喂，每天 2 次。

（2）庆大霉素片　　24 万 U
甲硝唑片　　4 片
用法：拌入饲料中喂服，每天 2 次。

（3）甲氧氯普胺片　　4 片
快胃片　　6 片
阿莫西林胶囊　　5 粒
用法：与（2）交替喂服，每天 2 次。连服 15～30d。
说明：快胃片主成分为海螵蛸、枯矾、延胡索、白及、甘草等中药。

（4）益生菌（泰淘气）　　10 包
用法：体重 5kg 以下每次 1 包、5kg 以上每次 2 包，拌料喂服，每天 1 次。

12. 虎肾炎

原因未明，多与饲养管理和水质有关。临床常无明显的特征。治宜抗菌消炎。

【处方】

（1）注射用青霉素钠　　100 万～200 万 U
注射用硫酸链霉素　　100 万～200 万 U
注射用水　　10～20mL
用法：一次肌内注射，每天 2 次。

（2）10%葡萄糖注射液　　500mL
5%葡萄糖注射液　　500mL
氨苄青霉素　　2～4g
地塞米松　　40～60mg
用法：一次静脉注射，每天 2 次。

13. 非洲狮 B 族维生素缺乏症

长期饲喂冰冻饲料引起，非洲狮最易发病。特征为群发性低头，也称低头症。治宜补充 B 族维生素。

【处方】

（1）复合维生素 B 注射液　　6～10mL
用法：一次肌内注射，每天 2 次。

（2）复合维生素 B　　6～8 片

用法：一次内服，每天 2 次。

14. 东北虎中暑

东北虎习性怕热，在南方容易发生中暑。治疗以迅速降温、补充体液、纠正水与电解质紊乱、防脑水肿及继发肺炎为主。

【处方 1】

（1）冰冷水　　10 000mL 以上

用法：灌肠降温（全身麻醉后用）。

（2）酒精　　2 000mL

用法：擦体表降温。

（3）复方氯化钠注射液　　500mL

10%葡萄糖注射液　　500mL

50%葡萄糖注射液　　100mL

5%碳酸氢钠注射液　　300mL

20%甘露醇注射液　　500mL

0.2%地塞米松注射液　　15mL

1%三磷酸腺苷注射液　　4mL

5%肌苷注射液　　10mL

0.9%氯化钠注射液　　500mL

注射用青霉素钠　　500 万～800 万 U

用法：依次分别一次静脉注射，每天 1 次。

【处方 2】

（1）复方氨基比林注射液　　8mL

用法：一次肌内注射。

（2）10%安钠咖　　15～20mL

用法：一次肌内或静脉注射。

15. 狮虎风湿病

因长期饲养在阴暗潮湿、寒冷的水泥地笼舍引起。病初表现拱背行走摇晃，严重时卧地不起、瘫痪、患部肌肉萎缩。治宜祛风湿，消炎镇痛，强壮筋骨。

【处方 1】

苯氧甲基青霉素片　　120 万 U

消炎痛　　75mg

地塞米松　　50mg

21 金维他［多维元素片（21 片）］　　2 片

用法：混入饲料中一次内服，每天 2 次。

【处方 2】

复方新诺明	8 片
地塞米松	50mg
伸筋丹	50 粒
布洛芬缓释胶囊	0.9g

用法：同上。

说明：伸筋丹主成分为地龙、马钱子、红花、乳香、防己、没药、骨碎补等中药。

16. 狮虎豹佝偻病

幼兽由于钙磷代谢紊乱或缺乏等引起，野生动物在人工养殖下容易发生。表现骨骼变形、跛行、瘫痪等症状。治宜补充钙磷，调整钙磷比例。

【处方 1】

（1）维生素 D 胶性钙注射液　5～20mg

用法：按 1kg 体重 0.1mg 一次肌内注射，隔天 1 次。

（2）维生素 AD 注射液　5～10mL

用法：按 1kg 体重 0.1～0.15mL 一次肌内注射，每天或隔日 1 次。

（3）0.2%地塞米松注射液　2～10mL

用法：一次肌内注射，每天 1 次。

（4）长效青霉素　50 万～200 万 U

用法：一次肌内注射，每周 1 次。

【处方 2】

（1）钙尔奇（碳酸钙 D3 片）　300 万～1 200IU

21 金维他　2～3 粒

用法：一次喂服，每天 1 次。

（2）仔鸡（或鸡软骨）　250～500g

用法：将活鸡处死，不放血，每天或隔日投喂 1 只。

注：注意清洁卫生，多晒太阳，常翻身活动。

17. 虎鼻旁窦炎

在虎的人工饲养中，为了安全往往把上、下犬齿锯掉，露出齿腔极易感染发病。症见鼻两侧肿胀，后期皮肤破溃流脓。治宜抗菌消炎。

【处方】

（1）3%双氧水　100～300mL

0.1%高锰酸钾溶液　适量

用法：将虎麻醉保定，用双氧水清洗患处，再用高锰酸钾溶液冲洗瘘管，去除坏死组织，最后敷上消炎生肌散。

（2）罗红霉素片　　4～6 片
替硝唑片　　5～6 片
维生素 AD 丸　　5 粒
用法：拌入饲料中喂服，每天 1～2 次。

（3）复方新诺明片　　4～6 片
土霉素片　　4～6 片
鱼肝油丸　　5 粒
用法：拌入饲料中喂服，每天 1～2 次。

18. 狮虎豹滞产和难产

在人工饲养条件下活动量减少而致肥胖时发生，若不适时抢救治疗，可引起母子双亡。治宜催产、助产，必要时剖宫取胎。

【处方 1】催产

缩宫素　　20～60IU
用法：一次肌内注射，若用药后 2h 还未产下，可考虑重复用药 1 次。

【处方 2】助产

（1）鹿眠宁　　2～3mL
用法：按 1kg 体重 0.015mL 一次肌内注射麻醉保定。术者消毒手臂后伸入产道校正胎位，掏出滞留的胎儿。

（2）注射用氨苄西林　　3～6g
注射用水　　6～12mL
用法：一次肌内注射，每天 2 次，疗程 5～7d。

19. 狮虎豹子宫内膜炎

多种野生动物的常见病，也是导致不孕的重要原因之一。治宜冲洗子宫消毒，抗生素消炎。必要时行子宫切除术。

【处方】

（1）0.2%雷佛奴耳溶液　　适量
用法：将动物麻醉保定后冲洗子宫，隔日 1 次。

（2）四环素片　　2～4g
用法：将药置于子宫内。

（3）头孢拉定胶囊　　1～3g
复方新诺明片　　1～3g
用法：一次投服，每天 2 次。

三十四、大熊猫常见病处方

1. 大熊猫犬瘟热

由犬瘟热病毒引起的急性传染病，对大熊猫危害极大。开始表现感冒样症状，后呈双相热、肺炎、出血性肠炎及神经症状，发病后难以治愈。治宜抗病毒，预防继发感染。

【处方 1】

（1）抗犬瘟热血清　　50～100mL

用法：一次肌内注射，隔日 1 次，连用 3 次。

（2）注射用氨苄西林　　5～10g

注射用水　　10～20mL

用法：一次肌内注射或静脉注射，每天 2～3 次。

（3）复方氨基酸注射液　　500mL

10%葡萄糖注射液　　500mL

1%三磷酸腺苷注射液　　5mL

辅酶 A 注射液　　150IU

10%肌苷注射液　　6mL

25%维生素 C 注射液　　4mL

0.2%地塞米松注射液　　25mL

复方氯化钠注射液　　500mL

用法：依次分别一次静脉注射。

（4）10%酚磺乙胺注射液　　10～15mL

用法：一次肌内注射，每天 1～2 次。

【处方 2】

（1）硫酸庆大霉素注射液　　24 万 U

用法：一次肌内注射，每天 2 次。

（2）复方新诺明注射液　　4～6mL

用法：一次肌内注射，每天 1～2 次。

（3）6%右旋糖苷注射液　　500mL

5%碳酸氢钠注射液　　250mL

10%葡萄糖注射液　　500mL

0.9%氯化钠注射液　　500mL
0.2%地塞米松注射液　　25mL
用法： 一次静脉注射。
（4）板蓝根注射液　　50mL
用法： 一次肌内多点注射。

【处方3】预防
犬瘟热弱毒疫苗　　2头份
用法： 健康动物一次肌内注射。第一年注射2次，间隔2～3周，每年1次。

2. 大熊猫真菌性肠炎

由于气温高、雨水多、笼舍潮湿、霉菌污染饲料而致病。常形成顽固性肠炎，治疗的疗程很长。治宜抗真菌、消炎。

【处方1】
（1）制霉菌素　　200万U
用法： 按1kg体重2mg一次内服，每天2～3次。
（2）大蒜素胶囊　　4粒
用法： 一次内服，每天2次。
（3）氟胞嘧啶　　8g
用法： 一次投服，每天2次。

【处方2】中药
白花蛇舌草 30g　　蒲公英 20g　　鱼腥草 25g
连　翘 20g　　党　参 15g　　甘　草 10g
陈　皮 25g　　枳　壳 25g　　赤　芍 20g
白　芍 20g　　地榆炭 15g　　苦参炭 15g
茜　草 15g　　黄柏炭 15g
用法： 煎汁，混入稀饭，一次喂服。

3. 大熊猫体癣

由真菌引起。表现被毛脱落，皮肤发红、炎症、结痂、瘙痒，烦躁不安等。治宜杀灭病原体，同时加强卫生消毒。

【处方1】
1.5%克霉唑药水　　50～100mL
用法： 患部涂搽，每日或隔日1次。

【处方2】
达克宁（主成分为酮康唑）　　20～40g
用法： 外用涂搽，每天1～2次。

【处方3】

10%烟草硫黄水　　5 000mL

用法：清洗、浸泡患部，隔日1次。

【处方4】

制霉菌素　　20～40g

用法：一次内服，每天2次。

【处方5】

洁尔阴原液（主成分为蛇床子、艾叶、独活、石菖蒲、苍术、薄荷、黄柏、黄芩、苦参、地肤子等中药）　　100～200mL

用法：涂搽患部。每天2次。

4. 大熊猫蛔虫病

由蛔虫寄生引起，发病率几乎达100%。表现消瘦、皮毛粗乱、消化不良、贫血。治宜驱虫。

【处方1】

左旋咪唑片　　0.5～0.6g

用法：按每1kg体重8～10mg一次内服，每天1次，连用2～3d。

【处方2】

1%伊维菌素　　1.5～2mL

用法：按每1kg体重0.2mg一次皮下或肌内注射，7d后重复1次。

【处方3】

甲苯咪唑　　0.5～0.6g

用法：按每1kg体重10mg一次内服，每天1次，连用2～3d。

5. 大熊猫疥螨病

由疥螨引起。以皮肤奇痒、脱毛、炎症、结痂为特征。治宜杀螨。

【处方1】

1%伊维菌素　　1.5～2mL

用法：按每1kg体重0.2mg一次肌内或皮下注射。7d后重复1次。

【处方2】

0.005%溴氰菊酯溶液　　500mL

用法：外用涂搽。

【处方3】

苯甲酸苄酯　　15g

苯二甲酸二丁酯　　50g

聚乙二酸辛基醚　　10g

用法：加水至 1 000mL 溶解后擦洗患部，间隔 15min 用温水冲洗干净。

6. 大熊猫胃肠炎

多由于饲养管理不当、饲料质量差引起。表现精神不振，腹部不适，卧地不起，腹泻，严重者呕吐、便血、中毒性休克。治宜消炎，必要时补液，同时注意改善饲料质量。

【处方 1】

(1) 黄连素片　0.5～1g

用法：一次拌料喂服，每天 2 次。

(2) 硫酸庆大霉素注射液　24 万 U

用法：一次肌内注射，每天 2 次。

(3) 环丙沙星　1～1.5g

用法：一次口服，每天 2～3 次。

【处方 2】参苓白术散加减

陈　皮 15g　白　术 15g　茯　苓 15g

山　药 30g　薏苡仁 30g　猪　苓 20g

滑　石 30g　甘　草 10g　石榴皮 20g

五味子 20g　肉豆蔻 20g

用法：煎汁混入精饲料或稀饭中内服。

说明：便血者加三七粉 5g。

7. 大熊猫溃疡性结肠炎

由于精饲料过多、竹饲料不足或突然增加、改变饲料等引起。主要表现顽固性泄泻。治宜抗菌消炎，止泻。

【处方 1】

(1) 硫酸庆大霉素注射液　24 万 U

用法：一次肌内注射，每天 2 次。

(2) 黄连素　6～8mL

用法：一次肌内注射，每天 2 次。

(3) 10%葡萄糖注射液　500～1 000mL

5%碳酸氢钠注射液　500～1 000mL

复方氯化钠注射液　500～1 000mL

用法：一次静脉注射。

【处方 2】

(1) 环丙沙星胶囊　4～6 粒

庆大霉素片　32 万 U

用法：一次投服，每天 2～3 次。

(2) 双歧三联活菌胶囊　　4～6粒

用法：一次喂服，每天3次。

(3) 中药

黄　连15g　　白头翁50g　　黄　柏30g

生甘草20g　　红　糖50g

用法：前四味水煎取汁，化入红糖后拌入精饲料中喂服。

8. 大熊猫胰腺炎

大熊猫的多发病，病因尚未完全阐明，但多与摄入过量饲料、饲料竹叶的减少及免疫力下降等有关。治宜抑制胰腺分泌，预防感染。

【处方1】

(1) 0.5%硫酸阿托品注射液　　1～2mL

1%度冷丁　　10～20mL

用法：分别一次肌内或静脉注射，具有镇痛解痉作用。

(2) 加贝酯（FOY）　　200mg

用法：一次静脉注射。

说明：加贝酯主成分为甲磺酸加贝酯。

(3) 10%丁胺卡那霉素注射液　　4～6mL

用法：一次肌内注射，每天2次。

【处方2】

(1) 0.1%奥曲肽　　0.2mL

用法：一次皮下或静脉注射，每天2～3次。

(2) 注射用头孢拉定　　3g

注射用水　　8mL

用法：一次肌内注射，每天2次。

(3) 复方氯化钠注射液　　500mL

10%葡萄糖注射液　　500mL

右旋糖苷注射液　　500mL

5%碳酸氢钠注射液　　250mL

用法：依次分别一次静脉注射。

9. 大熊猫肠梗阻

由于饲料粗纤维过多、肠道功能紊乱等引起。表现粪便滞塞，肠道不通。治宜润肠通结，对症处理。

【处方1】

(1) 液体石蜡　　200mL

番泻叶　　15g

温皂水　　3 000mL

用法：一次灌服，上、下午各1次。

（2）复方氨基酸　　300mL

10%葡萄糖注射液　　500mL

复方氯化钠注射液　　500mL

5%葡萄糖氯化钠注射液　　500mL

注射用氨苄西林　　3g

用法：一次静脉注射。

（3）5%碳酸氢钠注射液　　300mL

用法：一次静脉注射。

【处方2】

（1）0.1%高锰酸钾溶液　　2 000～4 000mL

用法：高压灌服。

（2）大承气汤

火麻仁30g　　当　归10g　　元　参15g

枳　实20g　　莱菔子30g　　槟　榔15g

大　黄15g　　元明粉15g　　党　参30g

用法：水煎服。

（3）硫酸庆大霉素注射液　　24万U

注射用氨苄西林　　6g

注射用水　　10mL

用法：分别一次肌内注射，每天2次，7d为一个疗程。

10. 大熊猫肝硬化

由慢性肝炎引起，多发于老龄大熊猫。表现腹大、消瘦、毛焦、精神不振，常缩身卧地，食欲减少，眼结膜发绀，最终衰竭死亡。治疗无特效药物，早期治疗有一定效果。

【处方1】

（1）能量合剂　　3支

用法：一次肌内或静脉注射，每天2次。

说明：每支能量合剂含ATP 20mg、辅酶A 50IU、胰岛素4 IU。

（2）注射用青霉素钠　　500万U

注射用硫酸链霉素　　200万U

注射用水　　10～20mL

用法：一次肌内注射，每天2次。

【处方2】

（1）肝得健胶囊　　4～6粒

用法： 一次投服，每天2次。

说明： 肝得健胶囊每粒含磷脂300mg、维生素$B_1$6mg、维生素$B_2$6mg、维生素$B_6$6mg、维生素E 6mg、维生素B_{12}10μg、烟酰胺30mg。

（2）注射用氨苄西林　　6g
注射用水　　12mL
用法： 一次肌内或静脉注射，每天2次。

（3）复方氨基酸注射液　　500mL
10％葡萄糖注射液　　500～1 000mL
复方氯化钠注射液　　500mL
25％维生素C注射液　　2～4mL
用法： 一次静脉注射，每天1次。

11. 大熊猫癫痫

大熊猫的常见病，病因尚不清楚。以暂时性意识丧失和肌肉痉挛为特征，常突然发生，周期性发作。治疗主要是对症镇静，减少或控制发作次数。

【处方】

（1）苯巴比妥　　100mg
用法： 按1kg体重1～2mg口服，每天服2次。

（2）扑癫痫（普里米酮）　　1g
用法： 按1kg体重15mg口服，每天2～3次。

（3）0.5％地西泮注射液　　4～6mL
用法： 按1kg体重0.3mg一次肌内注射，每天1～2次。

（4）维生素B_6　　4片
维生素C　　4片
复合维生素B　　4片
钙尔奇　　2片
用法： 一次口服，每天2次。

（5）中药
当归30g　熟地20g　白芍20g
丹参40g　半夏20g　南星20g
龙骨30g　牡蛎40g　远志15g
钩藤25g
用法： 研末拌入饲料中喂服。

12. 大熊猫低钾血症

常为继发症，临床上易被疏忽，由电解质代谢紊乱引起，影响预后。治宜补钾、抗感染。

【处方 1】

（1）氯化钾　12g

用法：一次拌饲料内服。

（2）注射用氨苄青霉素　3～6g

注射用水　8mL

用法：一次肌内注射，每天 2 次。

【处方 2】

（1）10％氯化钾　10g

5％葡萄糖注射液　500mL

用法：一次静脉注射。

（2）注射用青霉素钠　300 万 U

注射用水　5～10mL

用法：一次静脉或肌内注射，每天 2 次。

三十五、小熊猫常见病处方

1. 小熊猫犬瘟热

由犬瘟热病毒引起的急性传染病，重症死亡率几乎达100%。主要表现双相热，后期出现神经症状（神经型）或瘫痪（瘫痪型）、严重肺炎和出血性肠炎。轻症治疗可尝试抗病毒，防止继发感染。

【处方 1】

（1）抗犬瘟热血清　　3mL

用法： 按1kg体重0.5mL一次肌内注射，每天或隔日1次，连用3次。

（2）硫酸庆大霉素注射液　　4万U

复方新诺明注射液　　1～2mL

用法： 分别一次肌内注射，每天2次。

（3）复方氯化钠注射液　　300mL

50%葡萄糖注射液　　15mL

25%维生素C注射液　　1mL

0.2%地塞米松注射液　　2mL

用法： 一次静脉注射。

（4）5%碳酸氢钠注射液　　100mL

用法： 一次静脉注射。

【处方 2】

（1）抗犬瘟热血清　　3mL

用法： 按1kg体重0.5mL一次肌内注射，每天或隔日1次，连用3次。

（2）注射用氨苄西林　　0.5g

注射用水　　2mL

用法： 一次肌内注射，每天2～3次。

（3）板蓝根注射液　　2～4mL

用法： 一次肌内注射，每天2次。

（4）10%葡萄糖注射液　　300mL

复方氨基酸注射液　　150mL

25%维生素C注射液　　2mL

0.2%地塞米松注射液　　2mL

用法：一次静脉注射。

说明：据熊焰等报道，犬瘟热有多种病原毒株，用同病原毒株抗血清效果较好。

【处方 3】预防

（1）犬瘟热弱毒疫苗　　2/3～1/2 头份

用法：一次肌内注射。第一年接种 2 次，间隔 3 周，以后每年 1 次。

说明：免疫时动物必须健康无病，否则有引发本病的危险。

（2）丙种球蛋白　　2mL

用法：一次肌内注射，每周 1 次，连用 3 次。

2. 小熊猫真菌病

由于真菌感染引起。以皮肤红肿，发痒、被毛脱落及皮炎等为特征。治宜抗真菌。

【处方 1】

酮康唑　　50mg

用法：一次拌饲料内服，每天 2 次。

【处方 2】

制霉菌素　　60 万 U

用法：一次拌饲料内服，每天 2 次。

【处方 3】

皮炎平软膏　　20g

达克宁软膏　　20g

用法：外用涂搽，每天 2 次，两种药轮流使用。

【处方 4】

洁尔阴原液　　100mL

用法：涂搽患处，每天 1～2 次。

3. 小熊猫蛔虫病

由蛔虫寄生引起。表现消瘦，皮毛粗乱，消化不良，大便时好时坏。治宜驱虫。

【处方 1】

左旋咪唑　　35～50mg

用法：按每 1kg 体重 6～8mg 一次喂服，连服 3d。

【处方 2】

甲苯咪唑　　30～50mg

用法：按每 1kg 体重 5～8mg 一次喂服，连服 3d。

【处方 3】

1%伊维菌素　　0.2mL

用法： 按每1kg体重0.2mg一次皮下或肌内注射，7d后重复1次。

4. 小熊猫吸虫病

由印度列叶吸虫、肝片吸虫、列叶吸虫等感染引起。表现进行性消瘦，腹水，食欲不振，被毛无光泽。治宜驱虫。

【处方1】

丙硫咪唑　　120～150mg

用法： 按每1kg体重20～25mg一次喂服。每天1次，连用7d为一个疗程。

【处方2】

吡喹酮　　600mg

用法： 按每1kg体重60mg一次喂服。每天1次，连服3d。

5. 小熊猫疥螨病

皮肤寄生虫病。表现为皮肤剧痒、被毛脱落，尤以头、尾部为甚。治宜杀螨。

【处方1】

1%伊维菌素　　0.2mL

用法： 按每1kg体重0.2mg一次皮下或肌内注射，7d后重复注射1次。

【处方2】

50%煤油菜籽油合剂　　适量

用法： 患处涂搽，7d重复1次。

【处方3】

20%氰戊菊酯乳油　　2mL

用法： 稀释成0.1%浓度涂搽患部，间隔7d重复1次。

【处方4】

雄黄10g　　硫黄10g　　豆油100mL

用法： 将豆油烧开加入研末的雄黄和硫黄，候温涂搽患部。

6. 小熊猫肠炎

笼养卫生条件差、饲料不新鲜或精饲料过多时容易发生。表现食欲减退、消化不良、腹泻、腹痛等。治疗以消炎、助消化为主。

【处方1】

(1) 硫酸庆大霉素注射液　　4万U

用法： 一次肌内注射，每天2次。

(2) 多酶片　　2片

复合维生素B片　　2片

用法：一起内服，每天 2 次。

【处方 2】

（1）诺氟沙星胶囊　　　　0.25～0.5g

用法：一次拌入精饲料中内服，每天 2 次。

（2）得每通（胰酶肠溶胶囊）1～2 粒

健胃消食片　　　　2 片

用法：一次拌入精饲料中内服，每天 2 次。

【处方 3】

（1）注射用氨苄西林　　　　0.5g

注射用水　　　　2mL

用法：一次肌内注射。

（2）10%葡萄糖注射液　　　　300mL

复方氯化钠注射液　　　　200mL

25%维生素 C 注射液　　　　2mL

用法：一次静脉注射。

7. 小熊猫腹水

常由于慢性肝脏疾病引起。以腹腔积液、腹下部膨大为特征。治宜针对肝脏原发病，同时促使腹水吸收和排出。

【处方】

（1）肝得健　　　　1 粒

用法：一次喂服，每天 2 粒，每天 2 次。

（2）双氢克尿噻　　　　5～6mg

用法：按每 1kg 体重 1.5～2mg 一次拌料喂服，每天 2 次。

（3）10%葡萄糖注射液　　　　200mL

10%氯化钙注射液　　　　10mL

用法：一次静脉注射。

说明：重症腹腔穿刺放出腹水，注意控制一次放出量，以防发生虚脱。

8. 小熊猫中暑

小熊猫比较怕闷热的气候，气温在 35℃以上、饮水不足情况下容易发生。表现为呼吸急促、四肢无力、步态蹒跚、卧地，严重时不时惊叫或抽搐震颤，体温升高 40℃以上，最后可呈昏迷状态。治宜降温输液，预防感染。

【处方 1】

（1）冰冷水擦全身

（2）2.5%氯丙嗪注射液　　　　0.2～0.4mL

用法：按每1kg体重1mg一次肌内注射。

（3）25%维生素C注射液　　1～2mL

用法：一次肌内注射。

（4）注射用青霉素钠　　40万U

注射用水　　2mL

用法：一次肌内注射。

【处方2】

（1）复方氨基比林注射液　　2mL

用法：一次肌内注射。

（2）10%葡萄糖注射液　　200mL

10%氯化钾注射液　　1mL

2.5%氯丙嗪注射液　　0.2～0.4mL

0.5%维生素B_1注射液　　1mL

用法：一次静脉注射。

（3）10%丁胺卡那霉素注射液　　0.5～1mL

用法：一次肌内注射，每天2次。

9. 小熊猫尿失禁

本病又称尿湿症，以排尿失禁为特征。表现为频频排尿，会阴、后肢内侧、尿道周围被毛被尿液湿透，皮肤红肿、炎症。治疗以预防感染，患部处理为主。

【处方1】

注射用青霉素钠　　40万U

注射用水　　2mL

复方新诺明注射液　　1mL

用法：分别一次肌内注射，每天2次。

【处方2】

（1）头孢拉定　　0.5g

注射用水　　2mL

用法：一次肌内注射，每天2次。

（2）磺胺二甲嘧啶片　　0.2g

用法：一次拌饲料喂服，每天2～3次。

（3）21金维他　　1片

维生素B_1　　1片

用法：一次拌饲料喂服，每天2～3次。

10. 小熊猫附红细胞体病

由附红细胞体感染引起。表现为贫血、黄疸、发热、水肿。治宜杀虫。

【处方】

(1) 四环素　　0.25g

5%葡萄糖溶液　　200mL

用法：一次静脉注射，每天1次。

(2) 复方氯化钠注射液　　200mL

肝泰乐　　0.2g

用法：一次肌内注射，每天1次。

三十六、海豹常见病处方

1. 海豹嗜水气单胞菌病

由嗜水气单胞菌引起。症状以皮肤表面出现红点、炎症和坏死性病灶为特征，病理剖检主要是肝脏肿大、坏死和肠道炎症。治宜抗菌消炎。

【处方 1】

硫酸庆大霉素注射液　　16 万～32 万 U

用法：一次深部肌内注射，每天 2～3 次。

【处方 2】

10%丁胺卡那霉素注射液　　6～8mL

用法：一次深部肌内注射，每天 2 次。

【处方 3】

复方新诺明注射液　　4～6mL

用法：一次深部肌内注射。

【处方 4】

大蒜素胶囊　　3～4 粒

维生素 C　　1g

用法：一次塞入饲料中内服，每天 2 次。

2. 海豹皮肤真菌病

因水质差、气温高、卫生条件不良等引起。轻症表现局部皮肤斑状脱毛，严重者扩大至全身溃疡，尤其是尾、鳍肢、头部特别厉害。治宜抗菌消炎，并改善营养和水质。

【处方 1】

（1）2%食盐水　　1 000～2 000mL

用法：清洗患部皮肤，去除表面黏液和坏死组织。

（2）氟康唑　　1～1.5g

用法：一次塞入饲料中喂服，每天 1～2 次。

【处方 2】

（1）3%双氧水　　500mL

用法：冲洗患部。

（2）达克宁软膏　　20～40g

用法：冲洗后涂搽，每天 2～3 次。

（3）维生素 B_2　　20～30mg

维生素 A　　6 万～10 万 IU

用法：一次塞入饲料中喂服，每天 1～2 次。

【处方 3】

（1）曲古霉素　　5 万～10 万 U

用法：一次塞入鱼腹内投服，每天 2 次。连用 5～10d 为一个疗程。

（2）复合维生素 B　　4～6 片

用法：一次塞入鱼腹内投服，每天 1～2 次。

（3）硫酸铜　　50g

用法：配成 1%溶液药浴 20min，然后用清水冲洗。

（4）注射用青霉素钠　　200 万 U

注射用水　　8mL

用法：一次深部肌内注射，每天 2 次。

3. 海豹麦地那龙线虫病

由于虫体寄生于动物的皮肤内引起。表现患部突起，破开后露出虫体，致使皮肤炎症。治宜驱虫。

【处方 1】

0.5%高锰酸钾溶液　　适量

用法：注入患部。

【处方 2】

1%敌百虫溶液　　适量

用法：注入患部。

【处方 3】

阿莫西林胶囊　　6 粒

21 金维他　　2 粒

用法：塞入饲料中内服。手术

说明：可用手术刀切开患部，取出虫体。

4. 海豹消化不良

饲料质量不佳或饲喂过多都可引起。表现为粪便呈灰白色似鱼鳞状，有时形成黄色小块或稀便，浮在水面。治宜健胃助消化，同时控制采食。

【处方 1】

胃蛋白酶　　0.5～1g
复合维生素 B　　3 片
硅碳银　　1.5g

用法：一次塞入鱼腹内投服，每天上、下午各 1 次。

【处方 2】

诺氟沙星胶囊　　4～6 粒
黄连素　　4～6 粒

用法：一次塞入鱼腹内投服，每天 2 次，7d 为一个疗程。

【处方 3】

（1）得每通　　4 片
维生素 B_1　　4 片

用法：一次投服，每天 2 次。

（2）硫酸庆大霉素注射液　　16 万～24 万 U

用法：一次肌内注射，每天 2 次。

5. 海豹肠炎

饲料变质、水质不良和水温高是发病的根本原因。症状表现为精神不振，不肯游动，食欲减少或废绝，大便漂浮于水面，呈棕黄色，甚至黑褐色。治宜抗菌消炎，健胃消食。

【处方 1】

环丙沙星胶囊　　4～6 粒
硅碳银片　　6～10 片

用法：一次塞入鱼块内投服，每天 2 次。

【处方 2】

（1）注射用氨苄西林　　1.5～5g
注射用水　　3～10mL

用法：一次肌内注射，每天 2 次。

（2）21 金维他　　2 粒

用法：一次投服，每天 1 次。

【处方 3】

硫酸庆大霉素注射液　　16 万～24 万 U

用法：一次肌内注射，每天 2 次。

6. 海豹肺炎

多发于夏季气温高的时期，多由肠炎继发。临床表现为呼吸困难，患兽在水中直立（抬头呼吸）或在岸上不肯下水，精神委顿。治宜抗菌消炎，并移至浅水池中护理。

【处方 1】

土霉素片　　1～2g

维生素 C　　100～200mg

用法：一次塞入鱼内投服，上、下午各 1 次。

【处方 2】

注射用青霉素钠　　200 万～400 万 U

注射用硫酸链霉素　　150 万～200 万 U

注射用水　　10～20mL

用法：一次深部肌内注射，每天 2 次。

【处方 3】

（1）10%丁胺卡那霉素注射液　　4～6mL

用法：一次深部肌内注射，每天 2 次。

（2）复方新诺明注射液　　6mL

用法：一次肌内注射，每天 1～2 次。

7. 海豹中暑

海豹为寒带动物，当气温在 30℃以上、水池无降温措施时，容易引发本病。症状为突然发病，皮温升高，呼吸困难，头部震颤，或全身痉挛，无力洄游，失去平衡，最后昏迷。往往引起肺炎和肠炎。治宜及时采取降温措施、镇静、消炎。

【处方 1】

（1）首先移至冰凉处，用冰块和冰水冲洗全身，降皮温。

（2）2.5%氯丙嗪注射液　　2～4mL

用法：一次深部肌内注射。

（3）2.5%尼可刹米注射液　　2～4mL

用法：一次深部肌内注射，必要时隔 30min 再次注射。

【处方 2】

（1）复方氨基比林注射液　　4～6mL

用法：一次肌内注射。

（2）0.1%盐酸肾上腺素　　0.5～1mL

用法：一次肌内注射。

（3）注射用青霉素钠　　200 万～400 万 U

注射用链霉素　　150 万～200 万 U

注射用水　　10～20mL

用法：一次深部肌内注射，每天 2 次。

【处方 3】

（1）30%林可霉素　　6mL

用法，一次深部肌内注射，每天 2 次。

（2）维生素 C　　500mg
21 金维他　　2 片
用法：一次投服，每天 1～2 次。

8. 海豹低钠血症

海豹为海洋动物，在人工淡水饲养条件下易引起缺钠。表现中枢神经系统紊乱症状，如游泳不协调、头部颤抖、肌肉抽搐、精神沉郁、昏睡并骤然发生死亡。血检钠水平下降。治疗以补钠为主。

【处方 1】
（1）氯化钠　　5～10g
用法：按 1kg 体重 100～200mg 加入饲料中一次内服，每天 1 次。
（2）21 金维他　　2 粒
微量元素　　5g
用法：一次拌入饲料中内服，每天 1～2 次。

【处方 2】
海盐　　5 000g
用法：配成 1%～2%的池水，定期放养。
说明：可改饲海鱼。

9. 海豹结膜炎

因为高温、水质差、维生素 A 缺乏等引起。症状为角膜混浊、半睁半闭，结膜充血、炎症。治宜消炎，补充维生素，改善水质。

【处方】
（1）3%硼酸溶液　　适量
用法：冲洗患眼。
（2）红霉素眼药水（膏）　　10g
用法：冲洗后涂入眼内。
（3）阿莫西林胶囊　　4～6 粒
用法：一次塞入饲料内服，每天 1～2 次。
（4）维生素　　6 万～8 万 IU
用法：一次塞入饲料内服，每天 1～2 次。

三十七、象常见病处方

1. 象炭疽病

由炭疽杆菌引起的一种人兽共患的急性热性败血性传染病，呈散发性。症状以败血症、脾肿大、血液凝固不良、天然孔出血及尸僵不全为特征。治宜用大剂量的抗菌消炎药及抗血清。

【处方 1】

(1) 抗炭疽血清　　1 000～1 500mL

用法：按 1kg 体重 0.5mL 一次静脉注射，12h 后再注射 1 次。

(2) 注射用青霉素钠　　4 000 万～8 000 万 U

注射用水　　100～200mL

用法：一次肌内注射，每天 3 次，7～10d 为一个疗程。

【处方 2】

(1) 抗炭疽血清　　1 000～1 500mL

用法：按 1kg 体重 0.5mL 一次静脉注射，12h 后再注射 1 次。

(2) 硫酸庆大霉素注射液　　300 万～400 万 U

注射用氨苄西林　　40g

注射用水　　60～80mL

用法：分别一次肌内注射，每天 2 次，连用 14d。

(3) 复方氯化钠注射液　　5 000mL

10%葡萄糖注射液　　5 000～8 000mL

0.9%氯化钠注射液　　5 000～8 000mL

25%维生素 C 注射液　　80～160mL

用法：一次静脉注射，每天 1～2 次。

2. 象肝片吸虫病

肝片吸虫寄生引起。轻度感染症状不明显，重度感染时出现消瘦、贫血、黄疸和水肿。治宜驱虫、保肝。

【处方 1】

(1) 硝氯酚　　10～15g

用法：按每1kg体重3mg一次喂服。每天1次，连用3d。

（2）肝得健　　60粒

用法：一次投服，每天2次。

【处方2】

（1）蛭得净（主成分为兽用复合维生素溴酚磷）　　2.5～3g

用法：按每1kg体重1mg一次喂服。每天1次，连用2次。

（2）肝泰乐　　3～5g

维生素B_{12}　　2g

用法：一次喂服，每天2次。

【处方3】

（1）肝蛭净（主成分为三氯苯唑）　　20～25g

用法：按每1kg体重8～10mg一次喂服，每天1次，连服1～2次。

（2）能量合剂胶囊　　4～5g

用法：一次喂服，每天3次。

3. 象线虫病

包括蛔虫、蛲虫、圆线虫、钩虫、丝虫等寄生在肠道引起。治宜及时、定期驱虫。

【处方1】

二碘硝基酚　　10～12g

用法：按每1kg4.4～6.6mg喂服，每天1次，连服3d。

【处方2】

左旋咪唑　　20～30g

用法：按每1kg体重6～8mg一次喂服，每天1次，连服3d。

【处方3】

丙硫苯咪唑　　30～40g

用法：按每1kg体重15mg一次喂服，每天1次，连服3d。

【处方4】

酚嘧啶（间酚嘧啶）　　12～15g

用法：按每1kg体重3～4mg一次喂服，每天1次，连服3d。

说明：酚嘧啶为毛首线虫驱虫的特效药。

4. 象血液原虫病

由巴贝斯虫属、梨形虫属等原虫可引起。特征为发热、黄疸、贫血及血红蛋白尿。治宜杀虫，补充营养。

【处方1】

那加诺　　30～35g

用法： 按每 1kg 体重 10～15mg 用生理盐水配成 10%溶液后一次静脉注射，每天 1 次，重症连用 2～3d。

【处方 2】

三氮脒（血虫净、贝尼尔）　　10～12g

用法： 按每 1kg 体重 3～3.5mg 配成 5%溶液分点深部肌内注射，每天 1 次，连用1～2 次。

【处方 3】

安锥赛　　10～12g

用法： 按每 1kg 体重 3～4mg 用生理盐水配成 1%～2%溶液一次静脉注射，每天 1 次，连用 2 次。

【处方 4】

锥灭定　　2～3g

用法： 按每 1kg 体重 0.8～1mg 配成 20%溶液一次深部肌内注射，每天1次，连用 2d。

说明： 以上各药，可间隔 7～14d 再注射 1 次，以彻底消灭病原体。

5. 象螨虫病

由螨虫寄生于皮肤引起。表现为皮肤瘙痒症，多见于臀部、面部、耳朵，常在栏杆上摩擦，皮肤擦破引起炎症、溃烂。治宜除螨。

【处方 1】

1%伊维菌素　　40～50mL

用法： 按每 1kg 体重 0.15～0.2mg 一次肌内或皮下注射，重症者7d 后重复注射 1～2 次。

【处方 2】

5%溴氢菊酯（倍特）　　10～20mL

用法： 配成1∶1 000水溶液，冲洗身体各个部位，间隔 7～10d 重复用药 1 次。

【处方 3】

1.5%敌百虫水溶液　　10 000mL

用法： 喷洒患部，每天 1 次，连用 7d。

【处方 4】

烟草水　　1 000mL

用法： 擦洗患部。

说明： 烟草水制法，烟草 1 份、清水 20 份，浸泡 1d 后，再煮 1～2h，取汁。

6. 象胃肠炎

主要是饲养管理不当、饲料霉变或过食等原因引起。表现精神沉郁，反应迟钝，腹痛，流泪，肌肉震颤，大便稀、酸臭、带血，体温升高，食欲减退或废绝。治宜抗菌消炎，补充体液，纠正酸碱度。

【处方 1】

(1) 硫酸庆大霉素注射液　　300 万～400 万 U

用法：一次肌内注射，每天 2 次。

(2) 头孢拉定　　40～60g

注射用水　　60～80mL

用法：一次肌内注射，每天 2 次。

(3) 复方氯化钠注射液　　5 000mL

10%葡萄糖注射液　　5 000～8 000mL

5%碳酸氢钠注射液　　500～1 000mL

0.9%氯化钠注射液　　2 000～8 000mL

用法：一次肌内注射，每天 1～2 次。

【处方 2】

(1) 环丙沙星胶囊　　60～80 粒

黄连素片　　80～100 粒

用法：一次喂服，每天 2 次。

(2) 10%丁胺卡那霉素注射液　　80～120mL

用法：一次肌内注射，每天 2 次。

(3) 复方氯化钠注射液　　5 000mL

10%葡萄糖注射液　　3 000～5 000mL

复方氨基酸注射液　　2 500mL

25%维生素 C 注射液　　80mL

用法：一次静脉注射，每天 2 次。

(4) 保济丸　　50g

健胃片　　100 片

用法：一次喂服，每天 2 次。

说明：保济丸主成分为钩藤、菊花、厚朴、苍术、藿香、薏苡仁、谷芽等中药；健胃片主成分为炒山楂、炒六神曲、炒麦芽、焦槟榔、醋鸡内金、苍术、草豆蔻、陈皮、生姜等中药。

7. 象胰腺炎

本病原因尚待探讨，其特殊症状是剧烈腹痛，血清淀粉酶高达1 127IU 以上。治宜镇痛消炎为主。

【处方 1】

(1) 安痛定注射液　　40～50mL

用法：一次肌内注射。

(2) 复方氯化钠注射液　　4 000～6 000mL

2%普鲁卡因注射液　　40mL
注射用氨苄西林　　40g
10%葡萄糖注射液　　4 000mL
0.2%地塞米松注射液　　100mL
5%碳酸氢钠注射液　　1 500mL
用法：依次分别一次静脉注射。

【处方 2】

（1）5%度冷丁　　30mL
用法：一次肌内注射或静脉注射。

（2）0.5%硫酸阿托品注射液　30mL
用法：一次皮下注射。

（3）10%丁胺卡那霉素注射液 80mL
用法：一次肌内注射，每天 2 次。

（4）复方氯化钠注射液　　5 000mL
10%葡萄糖注射液　　5 000mL
右旋糖苷注射液　　2 000mL
5%碳酸氢钠注射液　　1 000mL
用法：依次分别一次静脉注射液。

8. 象肠梗阻

由于粗纤维饲料过多、突然改变饲料配方、缺少饮水等引起。表现食欲减少，粪便少或无，神志不安，来回走动，腹痛、腹胀。治宜破结，通便，预防感染。

【处方 1】

（1）温肥皂水　　10 000～20 000mL
用法：深部高压灌肠，软化粪便。

（2）液体石蜡　　5 000mL
用法：一次深部灌肠。

（3）复方氯化钠注射液　　1 000mL
10%氯化钠注射液　　5 000mL
10%葡萄糖注射液　　5 000mL
25%维生素 C 注射液　　40～80mL
硫酸庆大霉素注射液　　320 万 U
用法：一次耳静脉注射，每天 1～2 次。

【处方 2】

（1）食用油　　2 500mL
温水　　5 000mL
用法：一次深部高压灌肠。

（2）1%胃复安注射液　30mL

用法：一次肌内注射，必要时重复1次。

（3）10%氯化钠注射液　1 000mL

10%葡萄糖注射液　5 000mL

5%碳酸氢钠注射液　2 000mL

用法：一次静脉注射，每天2次。

（4）注射用氨苄西林　40～60g

注射用水　50～100mL

用法：一次肌内或静脉注射，每天2次。

【处方3】

大　黄120g　厚　朴65g　丑　牛120g

枳　实65g　郁李仁65g　木　通65g

吴茱萸65g　肉　桂40g　芒　硝240g

青　皮65g　陈　皮40g　滑　石100g

甘　草40g　桃　仁40g

用法：水煎灌服，每天1剂，连用3d。

【处方4】针灸

维生素 B_1 注射液　50mL

用法：后海穴注射。

9. 象尿结石

多发于雄性象，症状以排尿谨慎、尿流不畅或包皮处滴出浊尿（尿酸盐）为特征。治宜消食利尿，改变饲料配方。

【处方1】

石淋通（主成分为广金钱草）200片

三金片　200片

维生素AD　50粒

干酵母粉　200g

用法：一次拌饲料喂服。

说明：三金片主成分为金樱根、菝葜、羊开口、金沙藤、积雪草等中药。

【处方2】

（1）双氢克尿噻　40g

用法：一次拌饲料喂服，每天2次。

（2）中药

金钱草500g　车前子300g　木　通300g

石　苇300g　瞿　麦300g　滑　石300g

黄　柏300g　知　母300g　甘　草200g

用法： 煎汁或磨末，拌饲料服。

（3）头孢拉定　　40～60g
注射用水　　50～100mL
用法： 一次肌内注射，每天2次。

10. 象有机磷中毒

由于有机磷农药污染饲料或人为投毒引起。主要表现精神沉郁、废食、流涎、瞳孔缩小、战栗、腹痛、卧地、体温升高、呼吸困难等。急救宜首先使用特效解毒剂，接着尽快排除尚未吸收的毒物。

【处方】

（1）0.5%硫酸阿托品注射液　　100～400mL
用法： 按每1kg体重0.25～1mg一次皮下或肌内注射。重症病例，以1/3量混于葡萄糖盐水内静脉注射、2/3量皮下或肌内注射，经1～2h症状未见减轻者，减量重复使用，直到流涎消失、出汗停止、心跳正常。以后每隔3～4h小剂量皮下或肌内注射，直至痊愈。

说明： 阿托品使用时要达到阿托品化，但又不能引起中毒（一旦胆碱酯酶复能，过量的阿托品即成为剧毒药）。若阿托品化有消退迹象，应增加剂量。另外，应同时应用胆碱酯酶复活剂。

（2）解磷定　　20～60g
用法： 按每1kg体重10～20mg用生理盐水配成5%溶液一次静脉注射，每隔3～4h注射1次，每次剂量减小1/2，直至症状缓解为止。

（3）20%甘露醇注射液　　500mL
10%葡萄糖注射液　　5 000mL
5%葡萄糖注射液　　500mL
复方氯化钠注射液　　2 000mL
注射用氨苄西林　　40～60g
用法： 依次分别一次静脉注射，每天2次。

11. 象亚硝酸盐中毒

青南瓜和堆积发热的青草、蔬菜等饲料都可能引起本病。临床特征是发病急，黏膜发绀，呼吸困难，神经紊乱，胃肠炎，病程短暂。治宜特效药解毒。

【处方1】

（1）1%美蓝注射液　　500mL
用法： 按1kg体重1～2mg一次静脉注射。

（2）10%葡萄糖注射液　　6 000mL
50%葡萄糖注射液　　1 000mL

25%维生素C注射液　　40mL
5%葡萄糖氯化钠注射液　　5 000mL
用法：一次静脉注射。
(3) 硫酸钠　　2 000g
食　盐　　500g
常　水　　20 000mL
用法：一次灌服。

【处方2】

(1) 5%甲苯胺蓝　　2 000mL
用法：按1kg体重0.5mL一次静脉或腹腔注射。
(2) 10%葡萄糖注射液　　1 500mL
50%葡萄糖注射液　　5 000mL
25%维生素C注射液　　20mL
1%细胞色素C　　50mL
5%维生素B_1注射液　　40mL
辅酶A　　3 000IU
用法：一次静脉注射。

12. 象脚底划伤

由于地质坚硬、四肢负重沉重等引起。表现脚底磨伤、出血、炎症。治宜消炎。

【处方1】

(1) 3%双氧水　　500mL
用法：清洗患部坏死组织，每天1次。
(2) 碘伏　　适量
用法：喷涂清洗后的患部，每日数次。
(3) 复方新诺明片　　30～40g
用法：一次喂服，每天1～2次。

【处方2】

(1) 1%高锰酸钾溶液　　1 000～2 000mL
用法：冲洗患部，清除脓汁和坏死物。
(2) 注射用头孢唑啉钠　　40～60g
注射用水　　40～60mL
用法：一次肌内注射，每天2次。
(3) 松馏油　　1 000g
用法：用海绵或麻布垫在地上，涂上松馏油后任患象踩踏。

【处方3】

(1) 攸锁溶液（漂白粉和硼酸溶液）　　1 000mL

用法： 冲洗创伤处，每天 2～3 次。

说明： 每 100mL 水中含漂白粉和硼酸各 1.5g。

（2）洗必泰　　500～1 000mL

用法： 以 1∶200 的水溶液浸泡海绵或麻袋布垫地面，任患象踩踏。

（3）复方新诺明片　　30～40g

小苏打片　　10～30g

维生素 AD 片　　40～50 片

用法： 一次喂服，每天 1～2 次。

13. 象牙髓炎

由细菌感染所致，治宜消炎。

【处方 1】

破伤风抗毒素　　50 000U

用法： 一次性肌内注射。

【处方 2】

甲硝唑　　80～100 片

复方新诺明　　80～100 片

用法： 一次口服，每天 2 次。

【处方 3】

0.02%新洁尔灭溶液　　500mL

生理盐水　　500mL

硫酸庆大霉素注射液　　适量

用法： 先用新洁尔灭溶液冲洗牙龈，再用生理盐水冲洗，最后喷入庆大霉素，每天 1 次。

三十八、长颈鹿常见病处方

1. 长颈鹿巴氏杆菌病

由巴氏杆菌感染引起，危害严重，曾在某动物园暴发导致5只死亡，死亡率达到14.7%。症状表现流涕、咳嗽、流泪等，类似感冒。治宜抗菌消炎。

【处方1】

(1) 复方新诺明　　15～20g

用法： 一次投服，每天1～2次。

(2) 硫酸庆大霉素注射液　　40万～60万U

用法： 一次肌内注射，每天2～3次。

【处方2】

10%丁胺卡那霉素注射液　　20mL

用法： 一次肌内注射，每天2次。

【处方3】

注射用菌必治（头孢曲松钠）　　8～12g

注射用水　　15～20mL

用法： 一次肌内注射，每天2次。

2. 长颈鹿结核病

由结核杆菌引起的一种慢性传染病。症状为逐渐消瘦，在组织器官内形成结核结节和干酪样坏死病灶。治宜抗菌。

【处方1】

(1) 注射用硫酸链霉素　　10～15g

注射用水　　20mL

用法： 一次肌内注射，每天2次。

(2) 异烟肼　　2～3g

用法： 一次投服，每天2～3次，14d为一个疗程。

【处方2】

(1) 10%丁胺卡那霉素注射液　　10～20mL

用法：一次肌内注射，每天 2 次。

（2）利福平　　3～4g

用法：一次投服，每天 3 次。

（3）维生素 AD　　10 丸

维生素 C　　10 片

复合维生素 B　　10 片

用法：一次投服，每天 1～2 次。

3. 长颈鹿霉菌性肺炎

主要是因垫草发霉感染曲霉菌引起。治宜抗菌消炎，祛痰止咳，防止继发感染。

【处方 1】

（1）制霉菌素　　750 万 U

用法：一次喂服，每天 3～4 次。

（2）头孢曲松　　7g

注射用水　　15～25mL

用法：一次肌内注射，每天 1～2 次。

（3）氨茶碱　　1.5g

用法：一次喂服，每天 2 次。

（4）溴己新　　120mg

用法：一次喂服，每天 2 次。

（5）鱼腥草　　900g

用法：一次喂服，每天 2 次。

【处方 2】

（1）克霉唑　　10～20g

用法：一次投服，每天 2～3 次。

（2）注射用硫酸链霉素　　10～15g

注射用水　　20～30mL

用法：一次肌内注射，每天 2 次。

（3）中药

地骨皮 200g　　桑白皮 150g　　浙贝母 150g

枳　实 150g　　炒黄芩 200g　　鱼腥草 300g

金银花 200g　　百　部 150g　　杏　仁 150g

炒苏子 150g　　前　胡 100g　　北沙参 300g

射　干 150g　　生山楂 200g　　芦　根 300g

天竺黄 150g　　生甘草 100g

用法：拌饲料中内服。

4. 长颈鹿胃肠道线虫病

主要由血矛线虫（捻转血矛线虫）、仰口唇线虫、食道口线虫、毛首属线虫等引起。表现消瘦、贫血、消化不良，尤其是血矛线虫寄生于胃内，最多时可达数千条，导致长颈鹿死亡。治宜定期驱虫。

【处方 1】

丙硫苯咪唑　　3～4g

用法： 按每 1kg 体重 4mg 拌入精料中喂服，每天 1 次，连服 2d。

【处方 2】

左旋咪唑　　4～6g

用法： 按每 1kg 体重 5～6mg 拌入精料中喂服，每天 1 次，连服 2～3d。

【处方 3】

甲苯咪唑　　6～8g

用法： 按每 1kg 体重 6～8mg 拌入精料中喂服，每天 1 次，连服 3～5d。

【处方 4】

1%伊维菌素　　10～20mL

用法： 按 1kg 体重 0.2mg 一次皮下或肌内注射，间隔 7d 再重复注射 1 次。

说明： 驱虫后必须消毒笼舍场地，最好高温消毒。

5. 长颈鹿前胃弛缓

精饲料过量，气温低受凉，突然改变饲料或瘤胃内有异物（如塑料、铁器、泥沙）等均可导致本病。治宜健胃消食，清理胃肠，防腐制酵。

【处方 1】

（1）胃复安　　300mg

多潘立酮（主成分为 5-氯-1- [1- [3-（2-氧代-1-苯并咪唑）丙基] -4-哌啶基] 苯并咪唑-2-酮）　　600～800mg

用法： 一次拌入精料中喂服，每天 3 次。

（2）人工盐　　300～400g

番木鳖酊　　30mL

用法： 拌精饲料内服。

【处方 2】

（1）3%毛果芸香碱　　10～20mL

用法： 一次肌内或皮下注射。

（2）酚酞片　　2～3g

用法： 一次内服，每天 2 次。

6. 初生长颈鹿出血性肠炎

5～15 日龄的幼长颈鹿由于母乳不足，常舔食笼舍内污物，感染大肠杆菌等细菌时发生。症状为腹泻、里急后重、粪便黄色且附黏液和血液。治宜抗菌止血，搞好笼舍环境卫生。

【处方 1】

10%丁胺卡那霉素注射液　　8mL

用法：一次肌内注射，每天 2 次。

【处方 2】

（1）硫酸庆大霉素注射液　　16 万 U

用法：一次肌内注射，每天 2 次。

（2）10%止血敏注射液　　5～10mL

用法：一次肌内注射。

7. 长颈鹿肠炎

由于饲料不洁、变质或突然改变饲料等原因引起。以腹泻、腹痛、食欲减少或不食为特征。治宜消炎、健胃肠。

【处方 1】

（1）硫酸庆大霉素注射液　　30 万～50 万 U

用法：一次肌内注射，每天 2 次。

（2）环丙沙星胶囊　　10～20 粒

用法：一次投喂，每天 2～3 次。

【处方 2】

（1）注射用氨苄西林　　30～50g

注射用水　　10～15mL

用法：一次肌内注射，每天 2 次。

（2）食母生　　20～30g

用法：一次拌精饲料喂服，每天 2～3 次。

8. 初生长颈鹿便秘

多发于初生幼仔，由于母鹿泌乳不足、饲喂奶粉时易发生。表现先腹泻、消化不良，继而便秘。治宜缓泻、健胃、助消化。

【处方 1】

（1）蜂蜜　　50～100mL

用法：加温水适量，一次灌服。

（2）开塞露　　20mL

用法：一次直肠灌注，必要时多次使用。

（3）注射用氨苄西林　　2～5g

注射用水　　10mL

用法：一次肌内注射，每天2次。

【处方2】

（1）生理盐水　　250mL

开塞露　　20～40mL

黄连素　　40mg

三甲氧苄氨嘧啶　　40mg

用法：混合后一次直肠深部注入。

（2）硫酸庆大霉素注射液　　16万U

用法：一次肌内注射，每天2次。

（3）胃酶合剂　　80mL

用法：一次喂服，每天2次。

9. 长颈鹿跛行

主要由于扭伤、风湿病、肌肉炎症和蹄部疾病等引起。治宜镇痛、消炎、疏经活血。

【处方1】

（1）安痛定　　10～12片

吲哚美辛（消炎痛）　　6～10片

安定片　　20～30片

用法：一次拌料内服，每天2次。

（2）青霉素　　400万～600万U

用法：一次投服，每天3次，7d为一个疗程。

【处方2】

（1）云南白药（胶囊或粉剂）10g

复方新诺明片　　5～8g

用法：一次拌饲料内服，每天2次。

（2）红花油　　200mL

用法：外用喷洒患部，每天3次。

【处方3】

（1）芬必得　　10片

用法：一次喂服，每天2次。

（2）新菌灵（头孢呋辛酯）　　2～3g

用法：一次喂服，每天2～3次，7d一个疗程。

（3）中药

当　归60g　　乳　香50g　　没　药50g

土　鳖 50g	地　龙 50g	大　黄 40g
血　竭 50g	红　花 30g	骨碎补 30g
甘　草 30g		

用法：研末，一次拌精饲料喂服，每天 1 剂，7d 为一个疗程。

10. 长颈鹿鼻出血

老年鹿多发生经常性鼻孔流血，尤为冬季多发。治宜止血，补充维生素，严重者结合消炎。

【处方】

（1）安络血　　0.5～1.0g

三七粉　　10～20g

用法：一次拌饲料内服

（2）鱼肝油　　50mL

21 金维他　　8 片

用法：一次喂服，每天 1 次，连服 7d。

（3）复方新诺明片　　15g

用法：一次喂服，每天 2 次。

11. 长颈鹿滞产

因笼舍小、活动受限、身体肥胖等发生。表现迟迟不能产出胎儿。治宜药物催产。

【处方】

（1）缩宫素（催产素）　　60～100IU

用法：用吹枪一次肌内注射。

（2）红糖　　500～1 000g

生姜　　200～250g

用法：生姜煎汁后加入红糖，一次内服。

三十九、河马常见病处方

1. 河马感冒

由外感风寒或水温过低引起。主要表现耳鼻发凉，两眼流泪，食欲下降，精神不振，不愿下水或待在水中不愿上岸。治宜提高温度，预防肺炎。

【处方 1】

复方新诺明片　　20～30g

伤风感冒胶囊　　30～40 粒

用法：一次投服，每天 2～3 次。

【处方 2】

阿莫西林胶囊　　10～20g

维 C 银翘片　　50～80 粒

用法：一次投服，每天 2～3 次。

【处方 3】

（1）注射用青霉素钠　　500 万～1 000万 U

注射用链霉素　　300 万～500 万 U

注射用水　　30～50mL

用法：一次深部肌内注射，每天 2 次。

（2）大黄苏打片　　30g

食母生片　　50g

用法：一次拌料投服。

2. 河马口腔炎

河马喜欢啃咬坚硬的东西，易引起口腔创伤，甚至将牙齿折断。另外，饲料单纯、缺乏维生素或矿物质也是一个病因。治宜消除炎症，补充缺少物质。

【处方 1】

（1）0.1%高锰酸钾溶液　　1 000～2 000mL

用法：冲洗口腔，然后再用青霉素生理盐水冲洗一次。

（2）碘甘油　　100mL

用法： 涂于口腔患处，每日数次。

（3）复方新诺明片　20～30g

替硝唑　15～25g

用法： 一次投服，每天 2 次，7d 为 1 个疗程。

【处方 2】

（1）3%硼酸溶液　1 000mL

用法： 冲洗口腔。

（2）中药青黛散

青黛、黄柏、薄荷、桔梗、儿茶　各等份

用法： 共研细末，涂于口腔患处。注意防止吸入气管。

（3）维生素 AD（鱼肝油）　30 丸

复合维生素 B　20 片

维生素 C　20 片

钙　片　20 片

用法： 一次投服，每天 2 次。

3. 河马腹泻

饲料质量不好、池水不洁或气温骤冷等原因引起。以排出水样稀便，并混有未消化的饲料为症状。治宜消食健胃、止泻。

【处方 1】

（1）健胃散　300g

胃蛋白酶　20g

稀盐酸　10mL

维生素 C　8g

用法： 一次喂服。

（2）诺氟沙星胶囊　5～10g

用法： 一次喂服，每天 3 次。

【处方 2】

（1）大蒜素胶囊　15～20 粒

黄连素片　30～50 片

用法： 一次喂服，每天 2～3 次。

（2）参苓白术散

党　参 50g　茯　苓 50g　白　术 50g

炒扁豆 50g　陈　皮 40g　山　药 60g

莲　子 40g　苡　仁 50g　木　通 30g

车前子 50g　焦三仙 50g

用法： 研末喂服或煎服，每天 1 剂。

4. 河马皮肤皲裂

冬天水温低于16℃以下时，河马不愿下水浸泡，长时间在岸上生活则易造成皮肤开裂、流血，甚至炎症。治宜提高水温，预防感染。

【处方1】

（1）20～25℃温水　　淋浴

（2）复方新诺明片　　20～30g

维生素C片　　5g

用法：一次喂服，每天2次。

【处方2】

（1）碘甘油　　500mL

用法：外涂皮肤，每天3次，保持湿润。

（2）维生素AD　　50丸

复合维生素B　　30～40片

维生素C　　5g

用法：一次喂服，每天2次。

（3）罗红霉素　　5～8g

用法：一次喂服，每天2次。

5. 河马创伤

由于撞伤或互相咬伤引起。表现皮肉撕破、流血，甚至损伤内脏。河马皮肌愈合能力极强，预后好。治宜清创消炎及外科缝合处理。

【处方1】

（1）3%双氧水　　500mL

生理盐水　　500mL

注射用青霉素钠　　500万U

用法：首先用双氧水冲洗创伤处，然后将青霉素加入生理盐水中溶解，冲洗创伤处，创伤口大者进行外科缝合。

（2）注射用头孢唑啉钠　　30～40g

注射用水　　20～30mL

用法：一次肌内注射，每天2次。

（3）碘伏　　500mL

用法：外涂创伤处，每天3次。

【处方2】

（1）1%高浓度高锰酸钾　　1 000mL

用法：彻底冲洗创腔。

（2）注射用林可霉素　　　　15～20g

注射用水　　　　15～20mL

用法：肌内注射，每天2次。

四十、马科动物常见病处方

1. 马科动物出血性败血症

由巴氏杆菌引起的各种野生动物的一种急性传染病。以败血症和炎性出血过程为特征。治宜消除病原，对症处理。

【处方 1】

（1）注射用青霉素钠　　500 万～1 000万 U

注射用水　　10～20mL

复方新诺明　　20～30mL

用法：分别一次肌内注射，每天 2 次。

（2）复方氯化钠注射液　　1 000mL

维生素 K_3 注射液　　20mg

5%葡萄氯化钠注射液　　1 000mL

25%维生素 C 注射液　　8mL

用法：依次分别一次静脉注射，上、下午各 1 次。

【处方 2】

（1）黏菌素（硫酸多黏菌素 E）　　300 万～600 万 U

用法：一次口服，每天 3 次。

（2）复方氯化钠注射液　　500mL

10%葡萄糖注射液　　750～1 000mL

0.9%氯化钠注射液　　1 000mL

5%碳酸氢钠注射液　　500mL

维生素 K_3 注射液　　20mg

用法：依次分别一次静脉注射。

2. 野驴破伤风

一般因创伤而感染破伤风梭菌引起。潜伏期 1～2 周，死亡率高。症状以运动神经中枢应激性反应增高、肌肉僵硬、阵发性痉挛为特征。治宜移入安静、温暖、光线不强的环境中进行大剂量抗菌，解毒，维持机体营养。

【处方】

(1) 3%过氧化氢　　500mL

用法： 扩大创腔，反复冲洗干净。

(2) 氯胺酮　　4～6mL

鹿眠宁　　2～4mL

用法： 以 2∶1 混合，一次肌内注射 3～6mL。用于镇静和麻醉。

(3) 破伤风抗毒素　　20 万～30 万 U

用法： 一次肌内注射，以后每隔 3d 注射 10 万 U，连用 3～5 次。

(4) 注射用青霉素钠　　1 000万～2 000万 U

注射用水　　10～20mL

用法： 一次肌内注射，每天 3 次。

(5) 复方氯化钠注射液　　1 000mL

能量合剂　　3 支

5%甲硝唑注射液　　400mL

10%葡萄糖注射液　　1 000mL

复方氨基酸注射液　　1 000mL

用法： 一次静脉注射，每天 1 次。

3. 马科动物蛔虫病

由马副蛔虫寄生于小肠引起。轻者无明显症状，重症表现消瘦、贫血、消化不良。治宜定期驱虫。

【处方 1】

丙硫苯咪唑　　2～3g

用法： 按每 1kg 体重 10mg 喂服，每天 1 次，连服 3d 后场地消毒。

【处方 2】

1%伊维菌素　　6～8mL

用法： 按每 1kg 体重 0.2～0.25mg 一次皮下或肌内注射，7d 后重复用药 1 次。

【处方 3】

左旋咪唑　　1.5～2.5mg

用法： 按每 1kg 体重 8mg 一次喂服，连服 3d。

【处方 4】

甲苯咪唑　　2～3g

用法： 按每 1kg 体重 10mg 一次喂服，每天 1 次，连服 3d。

4. 斑马应激综合征

斑马是一种较胆怯的神经质动物，在捕捉运输或新环境饲养过程中往往发生应激反应。表现乱跑、乱跳、遍体鳞伤，严重时甚至突然死亡。治宜药物预防和镇静。

【处方 1】

安定片 200～500mg
维生素 A 10 万 IU
维生素 E 30～50mg
维生素 C 500～1 000mg

用法：一次投服，每天 2 次。

说明：安定片以每 1kg 体重 1～2mg 用药。

【处方 2】

（1）5%盐酸氯丙嗪注射液 4～8mL

用法：按每 1kg 体重 1～2mg 一次肌内注射。

（2）维生素 A 10 万 IU
维生素 C 500mg
维生素 E 30～50mg

用法：一次投服，每天 2 次。

5. 矮马胃扩张

精饲料喂的过快过饱或天气突然变化引发。表现卧地打滚、回头踢腹、食欲消失。治宜消胀破气，疏通胃肠。

【处方 1】

（1）陈醋 500～750mL
食盐 200～300g

用法：加清水1 000mL，一次胃管灌服。

（2）复方氯化钠注射液 1 500mL
5%葡萄糖酸钙注射液 100mL
20%安钠咖注射液 10mL

用法：一次静脉注射。

【处方 2】

（1）液体石蜡 300mL
硫酸钠 250g
温　水 1 000mL

用法：硫酸钠溶解后与液体石蜡混合一次胃管灌服。

（2）5%葡萄糖氯化钠注射液 1 000mL
5%碳酸氢钠注射液 300mL

用法：一次静脉注射。

【处方 3】

（1）液体石蜡 300mL

普鲁卡因粉　　2g
稀盐酸　　15mL
用法： 加少量清水混合，一次胃管投服。
（2）安痛定　　10～20mL
用法： 一次肌内注射。

6. 斑马肠阻塞

饲料品质不良、粗硬、混杂泥沙，过食或气候突变等多种因素引起。治宜通便为主，运用通、补、护的综合治疗。

【处方 1】
（1）度冷丁　　4～5g
用法： 一次口服。
（2）新斯的明　　40～50mg
用法： 一次口服。

【处方 2】
（1）氯胺酮　　4～6mL
鹿眠宁　　2～4mL
用法： 混合，用气压或吹枪吹注以麻醉保定。
（2）液体石蜡　　300mL
鱼石脂　　20g
95%酒精　　100mL
用法： 一次胃管灌服。
（3）复方氯化钠注射液　　500mL
10%氯化钠注射液　　500mL
10%葡萄糖注射液　　500mL
硫酸庆大霉素注射液　　32 万 U
用法： 依次分别一次静脉注射。

7. 矮马盲肠阻塞

由于饲料单纯、特别是缺乏矿物质和微量元素时，患马常舔食大量泥沙或采食混有大量泥沙饲料引起。常表现卧地、慢性疼痛。治宜泻下通便。

【处方 1】
（1）液体石蜡　　1 000mL
温　水　　2 000mL
用法： 一次胃管灌服。
（2）1%甲氧氯普胺　　5mL

用法：一次肌内注射。

【处方 2】

（1）硫酸钠　400g

鱼石脂　20g

酒　精　50mL

常　水　1 000～3 000mL

用法：一次胃管灌服。

（2）10%氯化钠注射液　400mL

用法：一次静脉注射。

（3）中药加味承气汤

大黄 80g　厚朴 40g　枳实 20g

芒硝 120g　神曲 80g　麻仁 40g

木香 20g　木通 20g　香附 10g

用法：除神曲、芒硝外煎汤，之后加芒硝、神曲，一次灌服。

（4）10%葡萄糖注射液　750mL

0.9%氯化钠注射液　500mL

复方氯化钠注射液　500mL

用法：一次静脉注射。

8. 斑马结肠炎

马科动物一种以急性腹泻为主要症状的重病，多发于膘肥体壮的斑马，死亡率高。治宜抗菌消炎，补充体液，纠正酸中毒。

【处方】

（1）复方氯化钠注射液　1 000mL

5%葡萄糖氯化钠注射液　1 000mL

右旋糖苷注射液　500mL

5%碳酸氢钠注射液　500mL

用法：一次静脉注射，必要时每天上、下午各一次。

（2）硫酸庆大霉素注射液　30 万～50 万 U

用法：一次肌内注射，每天 2 次。

说明：斑马打针、输液，必须麻醉保定后方可操作，麻醉方法见斑马肠阻塞处方 2。

9. 斑马肾炎

多数由受感染引起。症状以拱背、频频排尿、尿少色黄或乳白混浊黏稠为特征。治宜消炎、利尿。

【处方 1】

(1) 注射用青霉素钾　　300 万～500 万 U

注射用水　　5～10mL

用法：一次肌内注射，每天 2～3 次。

(2) 复方新诺明注射液　　6～10mL

用法：一次肌内注射，每天 1～2 次。

(3) 呋塞米　　150～200mg

用法：一次口服或肌内注射。

【处方 2】

(1) 注射用氨苄西林　　3～5g

注射用水　　5～10mL

用法：一次肌内注射，每天 2 次。

(2) 双氢克尿噻　　0.5～1.0g

用法：一次投服，每天 1～2 次。

(3) 0.2%地塞米松注射液　　25mL

用法：一次肌内注射

(4) 云南白药　　5～10g

用法：尿血时一次内服，每天 1～2 次。

10. 斑马创伤性脓肿

因为斑马性凶猛而胆小，经常发生撞伤而感染。治宜排脓消炎。

【处方 1】

(1) 1%高浓度高锰酸钾溶液　1 000～5 000mL

用法：于脓肿的下方切开脓腔，排脓后用 1%高锰酸钾溶液彻底冲洗干净。

(2) 复方新诺明片　　4～6g

用法：一次投服，每天 2 次，7～14d 为一疗程。

【处方 2】

(1) 3%双氧水　　200～500mL

0.1%新洁尔灭溶液　　500～1 000mL

5%碘酊　　适量

用法：首先用 3%双氧水冲洗脓腔，再用 0.1%新洁尔灭冲洗干净，最后用碘酊涂搽脓腔。

(2) 30%林可霉素注射液　　5～10mL

头孢唑啉钠　　6～8g

注射用水　　5～10mL

用法：分别一次肌内注射，每天 2 次。

11. 斑马蜂窝织炎

由于斑马性格倔强，在饲养管理过程中易引起创伤处感染，表现患部明显肿胀，按压有波动，皮温增高。治宜排脓消炎。

【处方 1】

氯胺酮与鹿眠宁 2∶1 合剂　6～8mL

2%高锰酸钾溶液　适量

用法： 先用吹枪吹注氯胺酮-鹿眠宁合剂麻醉保定动物，然后切开脓肿排脓，用高锰酸钾冲洗创腔，去除脓液和坏死组织，最后注射速醒灵（主成分为盐酸苯噁唑）（静脉注射和肌内注射各一半）回苏动物。

【处方 2】

复方新诺明片　4～6g

甲硝唑片　1～2g

用法： 一次喂服，每天 2 次，7～14d 为一个疗程。

【处方 3】

鹿眠宁　8mL

0.5%硫酸阿托品注射液　4～6mL

3%双氧水　适量

10%碘伏　适量

青霉素　500 万 U

生理盐水　适量

速醒灵　10～16mL

用法： 先用吹枪吹注鹿眠宁保定动物，然后注射阿托品防止流涎，切开脓肿排脓，用双氧水、碘伏冲洗创腔，去除脓液和坏死组织，再用青霉素生理盐水液冲洗，填入消毒纱布引流，最后注射速醒灵（静脉注射和肌内注射各一半）回苏动物。

【处方 4】

复方新诺明片　5g

头孢羟氨苄胶囊　6～8g

用法： 一次喂服，每天 2 次。

12. 马科动物蹄叉腐烂

由于笼舍卫生条件差，蹄长期受粪尿浸渍或蹄部创伤感染引起。治宜去除坏死组织，彻底消毒、抗菌消炎。

【处方 1】

1%～2%高锰酸钾溶液　2 000mL

用法： 冲洗，去除腐烂和坏死角质。

【处方 2】

复方新诺明片　　　　　　4～6g

用法： 一次拌料喂服，每天 2 次，7～14d 为一个疗程。

四十一、牛科动物常见病处方

1. 羚羊巴氏杆菌病

由巴氏杆菌属细菌引起多种动物共患病，一般为急性发病，突然死亡，散发性感染。治宜抗菌消炎。

【处方 1】

(1) 环丙沙星胶囊 2.5～3g

用法：一次投服，每天 2～3 次，7d 为一个疗程。

(2) 硫酸新霉素 5～10g

用法：一次投服，每天 2～3 次。

【处方 2】

10%硫酸丁胺卡那霉素注射液 20～25mL

用法：一次肌内注射，每天 2 次。

2. 羚羊肺结核

由结核杆菌引起的一种慢性传染病。轻者常无明显的临床症状，随着病程迁延逐渐加重，咳嗽，呼吸困难，逐渐消瘦，后期极度营养不良，骨瘦如柴，卧地不起。死亡剖检见全肺布满大小不等的结核结节。治宜抗菌。

【处方】

(1) 注射用硫酸链霉素 200 万～400 万 U

注射用水 10mL

用法：一次肌内注射，每天 2 次。

(2) 异烟肼 1～2g

利福平 3～5g

用法：拌入饲料中一次投服，每天 2 次。

3. 羚羊寄生虫病

多数羚羊类动物具有多种寄生虫感染，因此应定期进行预防性驱虫。

【处方 1】

阿苯达唑　　1～1.5g

用法： 按每 1kg 体重 10mg 一次喂服，每天 1 次，连服 3d。

【处方 2】

奥苯达唑　　1～1.5g

用法： 按每 1kg 体重 10～15mg 一次喂服，每天 1 次，连服 3d。

【处方 3】

1%伊维菌素　　2～4mL

用法： 按每 1kg 体重 0.2mg 一次皮下或肌内注射，隔 7d 重复注射 1 次。

【处方 4】

吡喹酮　　5～8g

用法： 按 1kg 体重 80～100mg 一次喂服，每天 1 次，连服 2 次。

4. 羚羊类动物应激综合征

此类动物属神经质动物，胆小易惊，易发应激反应。应激反应不仅造成外伤、休克，而且会引起胃肠道、神经系统疾病。治宜镇静。

【处方 1】

安定片　　50mg

盐酸氯丙嗪片　　100mg

维生素 A　　20 万 IU

维生素 E　　100mg

维生素 C　　1g

用法： 混合研末，分 1～2 次内服，每天 2 次。

【处方 2】

盐酸苯海拉明　　80～120mg

健胃散　　100～200g

用法： 一次拌料投服。

【处方 3】

（1）5%盐酸氯丙嗪注射液　　3～5mL

用法： 用气压或吹枪一次肌内注射。

（2）地塞米松　　50～100mg

用法： 一次肌内注射或口服，每天 2 次。

（3）碳酸氢钠　　50g

胃复安　　50mg

用法： 一次喂服，每天 2 次。

5. 牦牛中暑

牦牛怕热，南方的夏天易发生中暑。治宜降温补液，预防继发肺炎。

【处方 1】

（1）冰冷水洒身降温

（2）复方氨基比林注射液　　20～30mL

用法：一次肌内注射。

（3）5%葡萄糖氯化钠注射液　　1 000～1 500mL

注射用氨苄西林　　10～20g

0.2%地塞米松注射液　　50～100mL

10%安钠咖注射液　　20～50mL

用法：依次分别一次静脉注射。

【处方 2】

（1）5%盐酸氯丙嗪注射液　　3～5mL

用法：一次肌内注射。

（2）5%葡萄糖氯化钠注射液　　1 000～1 500mL

复方氯化钠注射液　　1 000mL

0.2%地塞米松注射液　　50mL

10%丁胺卡那霉素注射液　　10～20mL

用法：一次静脉注射。

说明：肥壮动物中暑高热不退时可以先颈静脉放血 200～300mL。

（3）5%碳酸氢钠注射液　　500～750mL

用法：有酸中毒时一次静脉注射。

（4）20%甘露醇注射液　　500mL

5%葡萄糖注射液　　300～500mL

用法：有肺、脑水肿时一次静脉注射。

6. 羚牛贫血

分为营养性、溶血性和出血性贫血，病因各不相同。治宜消除病因，补充血液及有关成分。

【处方 1】

（1）硫酸亚铁片　　5～10g

叶酸片　　50mg

人工盐　　30～50g

用法：一次投服，每天 1～2 次。

（2）注射用氨苄青霉素　　10g

注射用水　　10mL

用法：一次肌内注射。

【处方 2】

（1）富血铁片　　2～4 片

叶酸片　　50mg

用法：一次投服，每天 2 次。

（2）10%右旋糖苷铁　　2～3mL

用法：一次肌内注射，每天或隔日 1 次。

【处方 3】

（1）5%丙酸睾酮注射液　　1～3mL

用法：一次肌内注射，每天 2 次。

（2）中药

黄芪 60g　　党参 60g　　熟地 40g

白术 40g　　当归 40g　　阿胶 50g

甘草 20g

用法：共研末，一次拌饲料内服。

说明：此方用于再生障碍性贫血。

7. 羚牛慢性咽炎

主要由于粗硬饲料、异物、药物刺激或受寒感冒或某些疾病引起。症状表现吞咽困难，带有咳嗽、流涎或饮水从鼻孔逆出。治宜消炎，清热利咽。

【处方 1】

（1）注射用青霉素钠　　300 万～500 万 U

注射用链霉素　　200 万 U

注射用水　　10～20mL

用法：一次肌内注射，每天 2 次。

（2）华素片（西地碘含片）　　10 片

牛黄解毒片　　10 片

用法：一次口服，每天 2 次。

【处方 2】

（1）甲硝唑片　　3～4g

复方新诺明片　　3～4g

维生素 C 片　　0.5～1.0g

用法：一次口服，每天 2 次。

（2）中药银翘片

二　花 50g　　连　翘 50g　　竹　叶 30g

荆　芥 20g　　牛蒡子 30g　　淡豆豉 30g

薄　荷 30g　　桔　梗 40g　　芦　根 50g
生甘草 20g
用法：研末，一次拌料内服。

8. 羚牛胃肠炎

由于饲养管理不当、饲料不洁或变质霉烂等原因引起。治疗以清肠、消炎、强心、补液为原则。

【处方】

（1）复方氯化钠注射液　1 000mL
0.2%环丙沙星注射液　200～300mL
0.2%地塞米松注射液　25mL
5%葡萄糖氯化钠注射液　1 000mL
5%碳酸氢钠注射液　500～600mL
用法：依次分别一次静脉注射。

（2）环丙沙星胶囊　10～15 粒
板蓝根冲剂　150～200g
用法：一次拌料喂服，每天 2～3 次。

9. 羚牛黏液膜性肠炎

肠黏膜表层的非特异性炎症。特征症状为腹痛，排出脱落的肠黏膜上皮细胞和透明条索状呈胶冻样的纤维蛋白。治宜抗过敏，消除变态反应。

【处方】

（1）1%盐酸苯海拉明注射液 5～10mL
用法：按 1kg 体重 0.5～1.0mg 一次肌内注射。每天 1～2 次。

（2）10%葡萄糖注射液　1 000mL
10%葡萄糖酸钙注射液　200mL
25%维生素 C 注射液　20mL
0.2%地塞米松注射液　25mL
用法：一次静脉注射。

（3）硫酸庆大霉素注射液　40～50mg
用法：一次肌内注射，每天 2 次。

（4）扑尔敏注射液　40～50mg
用法：一次肌内注射，每天 2～3 次。

10. 幼羚牛肺炎

幼羚牛呼吸道防御机能不完善，气候突变时易外感风寒，发展为肺炎。治宜抗菌消炎。

【处方 1】

（1）10%丁胺卡那霉素注射液　2mL

用法：一次肌内注射，每天 2 次。

（2）复方新诺明注射液　3mL

用法：一次肌内注射，每天 1～2 次。

【处方 2】

（1）注射用链霉素　50 万～100 万 U

注射用水　10mL

用法：一次肌内注射，每天 2 次。

（2）双黄连注射液　20mL

用法：一次肌内或静脉注射，每天 2 次。

11. 羚牛风湿症

一种变态反应性疾病，并与 A 型溶血性链球菌感染有关。动物生活在寒冷潮湿的环境下容易发生。治宜驱除风湿，解热镇痛，抗菌消炎。

【处方】

（1）水杨酸钠　5～10g

阿司匹林　5～10g

保泰松片　4g

用法：一次投服，每天 2 次。

（2）注射用青霉素钠　400 万～800 万 U

注射用水　10mL

用法：一次肌内注射，每天 3 次。

12. 羚羊骨折

羚羊在动物园笼养条件下容易发生骨折，尤其是四肢部位。治宜整复固定，防止炎症。

【处方 1】

（1）整复术：将骨折断处复位，用竹片条做夹板固定，以绷带牢固包扎（松紧度以血液能够通过患部为准），单独饲养，安静环境管理。

（2）云南白药粉　5～19g

复方新诺明片　4～8g

维生素 C 片　　　　2g
安定片　　　　50～100mg
用法：一次拌饲料内服，每天 1～2 次，14～30d 为一个疗程。

【处方 2】

（1）整复术同处方 1。

（2）四环素片　　　　2～5g
用法：一次拌饲料喂服，每天 2～3 次，14d 为一个疗程。

（3）钙尔奇　　　　2～4 片
21 金维他　　　　4 片
用法：拌饲料喂服，每天 1～2 次。

【处方 3】

（1）整复术同处方 1。

（2）注射用头孢唑啉钠　　　　4～10g
注射用水　　　　5～10mL
用法：一次肌内注射，每天 2 次。

（3）接骨散
杜　仲 30～45g　　牛　膝 30～45g　　续　断 30～45g
骨碎补 30～45g　　元　胡 25～30g　　当　归 25～30g
土　鳖 25～30g　　骨　粉 20g　　南京石粉 20g
碳酸钙 20g
用法：共研细末，一次拌饲料内服。

13. 羚羊妊娠毒血症

一种代谢性疾病，由于营养缺乏，血糖水平降低，引起脂肪代谢障碍，血液中酮体升高，肝脏和胃脏脂肪变性，从而出现中毒症状。治宜保肝补糖，加强营养，促进新陈代谢。

【处方 1】

（1）麻醉保定：鹿眠宁　　　　4～6mL
用法：按每 1kg 体重 0.02～0.04mL 一次肌内注射。

（2）10%葡萄糖注射液　　　　500mL
12.5%肌醇注射液　　　　30～50mL
25%维生素 C 注射液　　　　8mL
5%维生素 B_1 注射液　　　　8mL
用法：一次静脉注射，每天 1～2 次。

（3）蛋氨酸注射液　　　　30mL
10%葡萄糖注射液　　　　500mL
用法：一次静脉注射。

（4）注射用氨苄西林　　　　5～10g

注射用水　　5～10mL

用法：一次肌内注射，每天 2 次。

说明：若发生酸中毒，应配合用 5%碳酸氢钠注射液 500mL。

【处方 2】

1%前列腺素 $F_{2\alpha}$　　2～3mL

用法：一次皮下或肌内注射。

说明：用处方 1 治疗无效果时，用本方人工引产。

14. 牛科动物产后感染

产后感染可以引起子宫内膜炎、阴道炎、败血症等多种产后疾病。治宜冲洗消毒，抗菌消炎。

【处方 1】

(1) 0.1%高锰酸钾溶液　　2 000～5 000mL

用法：麻醉保定后冲洗子宫。

(2) 阿莫西林胶囊　　2.5～5g

甲硝唑片　　4～8g

用法：冲洗排液后塞入子宫。

(3) 30%林可霉素注射液　　3～12mL

用法：一次肌内注射，每天 2 次。

【处方 2】

(1) 0.1%雷佛奴耳溶液　　2 000mL

用法：冲洗子宫。

(2) 四环素片　　5～10g

复方新诺明片　　5～10g

用法：冲洗后塞入子宫。

(3) 三甲氧苄氨嘧啶　　2～3g

用法：一次投服，每天 2 次。

15. 牛科动物产后瘫痪

本病又称生产瘫痪、产后麻痹或乳热症，是一种代谢性疾病，多发于营养过剩、运动减少的母兽。治宜补钙。

【处方 1】

葡萄糖酸钙粉　　100g

多维葡萄糖粉　　30g

用法：一次拌料喂服，每天 1～2 次。

【处方 2】

20%硼葡萄糖酸钙注射液　　300～500mL

用法：一次静脉注射。效果不明显时可重复注射 1～2 次。

【处方 3】

乳房送风疗法。上述方法无效时，可向乳房内打入空气，方法简便有效，但患兽必须麻醉保定好。

四十二、袋鼠常见病处方

1. 袋鼠巴氏杆菌病

由多杀性巴氏杆菌引起的急性传染病。表现突然发病或死亡，败血症，内脏各器官出现不同程度的出血和血液凝固不全。治宜抗菌消炎。

【处方 1】

注射用青霉素钠　　80 万～200 万 U
注射用硫酸链霉素　　50 万～100 万 U
注射用水　　10～20mL

用法：一次肌内注射，每天 2 次。

【处方 2】

（1）复方新诺明注射液　　2～6mL

用法：一次肌内注射，每天 2 次。

（2）注射用氨苄西林　　1～4g
注射用水　　5～10mL

用法：一次肌内注射，每天 2 次。

【处方 3】

（1）硫酸庆大霉素注射液　　8 万～20 万 U

用法：一次肌内注射，每天 2 次。

（2）注射用头孢拉定　　1～4g
注射用水　　2～6mL

用法：一次肌内注射，每天 2 次。

（3）10%葡萄糖注射液　　300～500mL
5%葡萄糖氯化钠注射液　　300～500mL
5%碳酸氢钠注射液　　150～200mL

用法：一次静脉注射。

2. 袋鼠蜡状芽孢杆菌病

由蜡状芽孢杆菌引起的急性传染病。表现为流泪、鼻孔出血、腹泻、废食等。治宜消炎。

【处方 1】

0.5%恩诺沙星注射液　　1～5mL

硫酸丁胺卡那霉素注射液　　400mg

用法：一次肌内注射。按 1kg 体重恩诺沙星 0.1mL、丁胺卡那霉素 8mg 用药。

【处方 2】

5%葡萄糖氯化钠注射液　　500mL

1%维生素 K_1 注射液　　1mL

12.5%酚磺乙胺注射液　　4mL

5%碳酸氢钠注射液　　10～20mL

10%维生素 C 注射液　　5mL

用法：一次静脉注射。

【处方 3】

清开灵注射液　　10mL

用法：一次肌内注射。

3. 袋鼠破伤风

危害性最大的传染病，死亡率很高。表现全身僵硬、流涎、不采食。治疗宜用大剂量抗生素和血清。

【处方】

（1）破伤风抗毒素　　25～50mL

用法：按每 1kg 体重 0.5mL 一次肌内注射，以后隔 3 天半剂量注射。

（2）注射用青霉素钠　　200 万～1 000万 U

注射用水　　10～50mL

用法：一次肌内注射，每天 2～3 次。

（3）安定注射液　　50～100mL

用法：一次肌内注射。

（4）5%葡萄糖氯化钠注射液　300～500mL

5%碳酸氢钠注射液　　20～300mL

用法：一次静脉注射。

说明：破伤风一般有创伤病史，必须用双氧水彻底清洗创口、扩大创口并在创口周围注射抗毒素 1 万 IU。

4. 袋鼠粗颌病

由放线菌或坏死杆菌引起。表现口腔、上颌骨和下颌骨骨髓炎症、坏死、增生，故称“粗颌病”。治疗以抗菌消炎、口腔消毒为主。

【处方 1】

(1) 3%双氧水　　200mL

用法： 冲洗口腔患部，去除坏死物和脓液。

(2) 复方新诺明片　　1～3g

甲硝唑片　　1～3g

用法： 一次喂服，每天 2 次。

【处方 2】

(1) 0.1%高锰酸钾溶液　　500～1 000mL

用法： 冲洗口腔，去除脓汁和坏死物。

(2) 林可霉素片　　1.5～2g

用法： 一次投服，每天 2 次，7～14d 为 1 个疗程。

(3) 替硝唑片　　0.5～1.5g

维生素 B_2　　10～30mg

用法： 一次投服，每天 2 次。

(4) 碘　仿　　1 份

磺　胺　　2 份

氧化锌粉　　3 份

用法： 混合研末，涂于口腔患部。

5. 袋鼠球虫病

球虫感染所致。症状表现为腹泻或腹泻与便秘交替出现，粪便中无血液。治宜抗球虫，对症预防感染。

【处方 1】

复方氨丙啉　　2.5g

用法： 按每 1kg 体重 0.05g 拌料投喂，连用 5d，停药 3 天后再用 5d。

【处方 2】

虫力黑（主成分为阿苯达唑）1g

用法： 按每 1kg 体重 0.02g 拌料投喂，连用 5d，停药 1 周后再用 5d。

6. 袋鼠应激

袋鼠胆小、怕人，容易发生应激反应。治宜镇静安神。

【处方 1】

安定片　　10mg

盐酸氯丙嗪　　15mg

维生素 A　　10 万 IU

维生素 E　　40mg

维生素 C　　500mg

用法：共为细末混合，拌饲料服，每天 1～2 次。

【处方 2】

（1）盐酸苯海拉明　　50～80mg

维生素 C　　200～500mg

用法：拌饲料服，每天 1～2 次。

（2）阿莫西林胶囊　　0.5～3g

复合维生素 B　　4～8 片

用法：一次投服，每天 2 次。

7. 袋鼠消化不良

因胃肠黏膜的卡他性炎症或胃肠的分泌、吸收、蠕动机能加强扰乱所致。如果不及时治愈可发展成为胃肠炎症。治宜健胃助消化，消炎抗菌，收敛止泻。

【处方 1】

（1）人工盐　　50g

健胃散　　50～80g

用法：一次拌饲料内服，每天 2 次。

（2）诺氟沙星胶囊　　2～4 粒

用法：一次拌饲料内服，每天 2～3 次。

【处方 2】

（1）胃蛋白酶　　3g

稀盐酸　　2mL

维生素 C　　0.5g

用法：一次拌饲料内服，每天 1～2 次。

（2）庆大霉素片　　4 万～8 万 U

大黄连　　2～3g

用法：一次拌饲料内服，每天 2 次。

【处方 3】

（1）健胃散　　50～80g

磺胺脒　　20g

大蒜胶囊　　2～4 粒

用法：一次拌饲料内服，每天 2 次。

（2）复方氯化钠注射液　　500mL

10%葡萄糖注射液　　500mL

注射用氨苄青霉素　　1～2g

注射用水　　10mL

用法：一次静脉注射。

8. 袋鼠胃肠炎

胃肠道表层及深层组织发生炎症变化，胃肠功能紊乱，有时出现全身症状。治宜抗菌消炎、收敛止泻，同时补液、纠正酸碱平衡。

【处方 1】

（1）黄连素　0.3～0.5g
诺氟沙星　400～600mg
用法：一次投服，每天 3 次。

（2）次硝酸铋　5～10g
活性炭　50g
用法：一次投服，每天 2 次。

【处方 2】

（1）复方氯化钠注射液　300～500mL
10%葡萄糖注射液　300～500mL
5%碳酸氢钠注射液　200mL
0.1%氧氟沙星注射液　300～500mL
用法：一次静脉注射，每天 1～2 次。

（2）中药白头翁汤
白头翁 40g　黄连 10g　秦皮 20g
郁金 20g　苦参 25g
用法：研末，一次拌饲料喂服或煎汤灌服。

【处方 3】

（1）硫酸庆大霉素注射液　8 万～24 万 U
用法：一次肌内注射，每天 2 次。

（2）654-2 注射液　5～15mg
用法：一次肌内注射，每天 2 次。
说明：654-2 注射液主成分为氢溴酸山莨菪碱。

（3）5%葡萄糖氯化钠注射液　500～1 000mL
低分子右旋糖苷注射液　250～500mL
5%碳酸氢钠注射液　250mL
用法：一次静脉注射。

9. 袋鼠便秘

由于难以咀嚼和消化粗纤维饲料或误食化纤棉纱织物引起。治宜润肠通便。

【处方 1】

（1）酚酞片　0.2～1.0g

用法：一次投服，必要时重复使用。

（2）1%甲氧氯普胺注射液　1～3mL

用法：一次肌内注射。

（3）硫酸庆大霉素注射液　8万～16万U

用法：一次肌内注射，每天2次。

【处方2】

（1）液体石蜡　200～300mL

用法：一次胃管投服。

（2）醋　200～300mL

食盐　50g

用法：与液体石蜡同时灌服。

（3）0.2%新斯的明注射液　2～5mL

用法：一次皮下注射，每天1～3次。

【处方3】

（1）10%氯化钠注射液　200～300mL

10%葡萄糖注射液　300mL

5%碳酸氢钠注射液　200mL

用法：一次静脉注射。

（2）注射用氨苄西林　1～2g

注射用水　2～4mL

用法：一次肌内注射，每天2次。

（3）大黄80g　芒硝120g　厚朴40g

枳实20g　麻仁50g　神曲80g

木通20g　木香20g　香附15g

用法：研末，一次拌饲料内服。

10. 袋鼠肺炎

一般因气候突变、外感风寒引起。表现为体温升高，精神不振，食欲减少，呼吸困难，时而咳嗽。治宜消炎、解热、止咳，维持机体营养。

【处方1】

注射用青霉素钠　80万～200万U

注射用链霉素　50万～100万U

注射用水　10～20mL

用法：一次肌内注射，每天2次。

【处方2】

（1）头孢塞肟　2～6g

5%葡萄糖氯化钠注射液　500mL

用法： 一次静脉注射，每天2次。

（2）3%过氧化氢溶液　　30～50mL

0.9%氯化钠注射液　　300～500mL

用法： 混合制成0.3%过氧化氢溶液一次静脉注射。

说明： 当出现呼吸困难时使用。

【处方3】

（1）10%丁胺卡那霉素注射液　　2～8mL

用法： 一次肌内注射，每天2次。

（2）10%葡萄糖注射液　　300mL

20%安钠咖注射液　　10～20mL

25%维生素C注射液　　5～10mL

5%盐酸普鲁卡因　　5～10mL

0.2%地塞米松注射液　　10～15mL

用法： 一次静脉注射。

（3）中药

麻　黄10g　　杏　仁20g　　石　膏40g

生甘草20g　　知　母20g　　黄　芩35g

二　花35g　　连　翘20g　　元　参30g

麦　冬30g　　桔　梗20g

用法： 共为细末，拌饲料服。

11. 袋鼠钙缺乏症

在人工饲养条件下由于饲料缺乏钙质或钙磷比例失调，未成年袋鼠容易发生。症状为突然发病，卧地不起，精神不佳，四肢发凉，视力下降。治以补钙为主。

【处方】

（1）维生素D胶性钙注射液　　2～4mL

用法： 一次肌内注射，每天1次，连用10～15d。

（2）复方甘油磷酸钠注射液　　1～2mL

用法： 一次肌内注射，隔日1次。

说明： 该药含有士的宁成分，剂量不宜过大。

（3）地塞米松　　5～15mg

用法： 一次肌内注射或口服，每天1次。

（4）维生素AD（鱼肝油）　　1～2mL

用法： 一次肌内注射或口服，每天1次。

（5）注射用长效青霉素　　100万～200万U

注射用水　　5～10mL

用法： 一次肌内注射，隔7d重复1次。

12. 袋鼠骨折

袋鼠胆小容易受惊，容易引起前肢和尾椎骨部位创伤骨折。治宜及时整复固定，防止感染。

【处方】

(1) 新鲜柳树皮　　1块

用法： 先将骨折复位，用棉绷带或纱布绷带先行包扎3～4层（不可太厚），然后用长短适合的新柳树皮包裹一圈，再用纱布绷带缠扎4～6层。包扎的松紧以患部下端血液能够流通，同时不松散脱落为宜。

(2) 注射用青霉素钠　　80万～200万U

注射用水　　5～10mL

用法： 一次肌内注射，每天2次。

(3) 复方新诺明片　　1～3g

参三七粉　　3～5g

用法： 一次喂服，每天1～2次。

13. 袋鼠创伤

袋鼠由于胆小，受到刺激后容易引起外伤，须及时处理。治宜局部外科处理，全身抗菌消炎、预防感染。

【处方】

(1) 破伤风抗毒素　　0.5万～2万U

用法： 受伤后24h内，一次皮下或肌内注射。

(2) 10%止血敏　　2～4mL

用法： 一次肌内注射，必要时重复注射。

(3) 注射用青霉素钠　　80万～200万U

注射用水　　5～10mL

用法： 一次肌内注射，每天2次，连用3～7d。

(4) 复方新诺明片　　1～3g

用法： 一次喂服，每天1～2次。

四十三、灵长类动物常见病处方

1. 灵长类流感

由流感病毒引起的上呼吸道炎症性传染病。症状为流清涕、打喷嚏、咳嗽、发热、蜷缩、怕冷，精神不振。治宜解热镇痛，抗病毒，防继发性炎症。

【处方 1】

（1）维生素 C 银翘片　2～8 片

用法：一次喂服，每天 3 次。

（2）板蓝根冲剂　10～30g

阿莫西林胶囊　0.5～2g

用法：一次喂服，每天 3 次。

（3）10%葡萄糖注射液　500mL

25%维生素 C 注射液　2～4mL

复方氯化钠注射液　500mL

注射用氨苄西林　0.5～4g

用法：一次分别一次静脉注射。

【处方 2】

（1）伤风感冒胶囊　1～4 粒

用法：一次喂服，每天 3 次。

（2）麻　黄 15g　菊　花 20g　金银花 10g

连　翘 15g　生甘草 10g　桑　叶 10g

夏枯草 10g　柴　胡 10g　桔　梗 10g

紫　苏 10g　沙　参 10g　麦　冬 10g

板蓝根 10g

用法：煎汁浓缩一次喂服。

说明：此方治疗长臂猿流感效果良好。

2. 灵长类脑膜炎

主要由于病毒感染、中毒、中暑及某些寄生虫病引起。主要表现神经症状，伴有体温升高。治疗以镇静消炎，降低颅内压为主。

【处方 1】

(1) 5%盐酸氯胺酮注射液　0.8～4mL
1%地西泮注射液　1～5mL
用法：按每 1kg 体重氯胺酮 4mg、地西泮 0.5～1mg 分别一次肌内注射。

(2) 25%山梨醇，或 20%甘露醇　200～500mL
用法：一次静脉注射，每天 2～3 次。

(3) 注射用青霉素钠　40 万～200 万 U
注射用水　5～10mL
磺胺嘧啶钠　0.5～2.0g
用法：分别一次深部肌内注射，每天 2～3 次。

(4) 病毒唑　100～500mg
注射用水　5～10mL
用法：一次口服或肌内注射，每天 3 次。

【处方 2】

(1) 10%溴化钠注射液　20～50mL
5%葡萄糖氯化钠注射液　200～500mL
用法：一次静脉注射。当患兽狂躁不安、过度兴奋时使用。

(2) 注射用氨苄西林　0.5～3g
注射用水　3～5mL
用法：一次肌内注射，每天 2～3 次。

(3) 10%葡萄糖注射液　200～750mL
18 种氨基酸　150～500mL
20%甘露醇　200～300mL
用法：一次静脉注射，每天 1～2 次。

3. 灵长类破伤风

由破伤风梭菌引起的传染病，症状为全身肌肉僵硬、强直，牙关紧闭，流涎，吞咽困难，应激性增高，轻微刺激则惊恐不安。治宜镇静，抗菌、抗毒素。

【处方 1】

(1) 5%盐酸氯胺酮注射液　0.6～6mL
鹿眠宁　0.1～1.0mL
用法：按 1kg 体重盐酸氯胺酮 3mg、鹿眠宁 0.01mL 一次肌内注射。

(2) 破伤风抗毒素　0.5 万～5 万 U
用法：一次皮下注射，每周用 2 次。

(3) 注射用青霉素钠　80 万～400 万 U
注射用水　5～10mL

用法： 一次肌内注射，每天2次。

【处方2】

(1) 2.5%盐酸氯丙嗪注射液 1～8mL

用法： 按1kg体重1mg一次肌内注射。

(2) 30%林可霉素注射液 2～4mL

复方新诺明注射液 2～6mL

用法： 分别一次肌内注射，每天2次。

(3) 0.5%高锰酸钾溶液 500mL

用法： 彻底冲洗创伤深处。

4. 灵长类结核病

由结核分枝杆菌引起的慢性传染病，灵长类动物易发。主要表现渐进性消瘦，营养不良，精神不振，低热，且常有咳嗽症状。治宜抗菌及加强营养。

【处方1】

卫非特 1～5片

用法： 按体重，30kg以下2片，30～40kg3片，40～50kg4片，50kg以上5片，于喂料前喂服，每天1次，疗程1～3个月。

说明： 卫非特每片含异烟肼80mg、利福平120mg、吡嗪酰胺250mg。

【处方2】

卫肺宁 2～6片

用法： 按体重，40kg以下1～2片，40～50kg3片，50kg以上4片，于喂饲料前喂服，每天1次，疗程1～3个月。

说明： 卫肺宁每片含异烟肼100mg、利福平150mg。

【处方3】

(1) 注射用硫酸链霉素 0.5～1.0g

注射用水 5～10mL

用法： 一次肌内注射，每天1次，疗程1～3个月。

(2) 5%异烟肼注射液 1～4mL

用法： 一次肌内注射，每周2次。

说明： 本方在结核病早期和急性期使用效果较好。

5. 灵长类绿脓杆菌病

绿脓杆菌病为顽固性肠道致病菌，病兽主要症状为排深色稀便，口腔有黏液性分泌物，皮下淤血。治宜用抗绿脓杆菌敏感药及血清。

【处方1】

新霉素 0.5～1.5g

用法： 一次口服，每天 2～3 次。

【处方 2】

(1) 10%丁胺卡那霉素注射液　　2～10mL

用法： 一次肌内注射，每天 2 次。

(2) 绿脓杆菌血清　　5～20mL

用法： 按 1kg 体重 0.3～0.5mL 皮下或肌内注射。

(3) 5%碳酸氢钠注射液　　100～300mL

5%葡萄糖氯化钠注射液　　300～800mL

50%葡萄糖注射液　　20～50mL

用法： 一次静脉注射。

6. 灵长类阿米巴病

由阿米巴原虫引起的人和灵长动物共患病。症状以红痢为特征。治疗以杀灭病原体为主。

【处方 1】

甲硝唑片　　0.4～1.0g

用法： 按每 1kg 体重 30～50mg 一次投服，每天 2 次。

【处方 2】

替硝唑片　　0.5～1.2g

用法： 一次投服，每天 2 次，连用 5～6d。

【处方 3】

硫酸巴龙霉素　　40 万～120 万 U

四环素片　　0.5～1.0g

用法： 一次拌饲料内服，每天 2～3 次。

【处方 4】

生大蒜 50g　　白头翁 50g　　雅胆子 30g

用法： 粉碎，加入糖 50g，混合，一次拌饲料内服。

7. 灵长类弓形虫病

由刚地弓形虫寄生于体细胞引起。症状为高热（稽留热）、呕吐、咳嗽、呼吸困难、肺炎等。治宜杀灭病原体。

【处方 1】

磺胺嘧啶（SD）　　0.5～2g

三甲氧苄氨嘧啶（TMP）　　0.5～1g

用法： 按每 1kg 体重磺胺嘧啶 60～70mg、三甲氧苄氨嘧啶 10～14mg 一次内服，每天 2 次，连用 3～4d。

【处方 2】

复方磺胺甲氧吡嗪　　　　0.4～1.5g

用法：按 1kg 体重 40～50mg 一次内服，每天 1 次。

8. 灵长类蛔虫病

由蛔虫寄生在胃肠道引起。主要表现贫血、消瘦、消化不良，严重者引起消化道阻塞。治宜驱虫。

【处方 1】

肠虫清（阿苯达唑）　　　　1～2 片

用法：一次喂服，每天 1 次，连服 2～3d。

【处方 2】

左旋咪唑　　　　100～1 000mg

用法：按每 1kg 体重 10mg 一次内服，连服 2～3d。

【处方 3】

1%伊维菌素　　　　0.5～2.0mL

用法：按每 1kg 体重 0.2mg 一次皮下注射，7d 后重复 1 次。

【处方 4】

氯氢碘柳胺钠　　　　100～500mg

用法：按每 1kg 体重 10～20mg 一次喂服，每天 1 次，连服 3d。

9. 灵长类鞭虫病

由毛首线虫寄生在大肠引起。主要表现消化不良、顽固性泄泻、贫血和消瘦等。治宜驱虫。

【处方 1】

间酚嘧啶（酚嘧啶）　　　　1～2g

0.33%琼脂溶液　　　　适量

用法：按每 1kg 体重 100mg 溶解在琼脂中一次灌服。

【处方 2】

氯氢碘柳胺钠　　　　100～500mg

用法：按每 1kg 体重 10～20mg 一次投服，每天 1 次，连服 3d。

10. 灵长类胃肠炎

多数与饲料有关，如吃食变质、腐败或不洁饲料等引起。表现为腹痛、腹泻、体温升高。治宜抗菌消炎、补液，维持机体营养。

【处方 1】

（1）诺氟沙星胶囊　　　　0.25～1.5g

黄连素片　　　　　　0.5～3g

用法：一次喂服，每天2次。

（2）多酶片　　　　　　2～6片

消食健胃片　　　　　　2～4片

用法：一次喂服，每天2次。

【处方2】

（1）硫酸庆大霉素注射液　　4万～16万U

用法：一次肌内注射，每天2次。

（2）注射用氨苄青霉素　　0.5～4g

复方氯化钠注射液　　200～700mL

10%葡萄糖注射液　　200～1 000mL

5%碳酸氢钠注射液　　100～300mL

用法：依次分别一次静脉注射，每天1～2次。

【处方3】

（1）阿莫西林胶囊　　0.5～1.5g

甲硝唑片　　0.5～1.5g

用法：一次内服，每天2次，连服3～5d。

（2）5%葡萄糖氯化钠注射液　200～800mL

低分子右旋糖苷注射液　100～400mL

5%碳酸氢钠注射液　　100～400mL

用法：一次静脉注射。

（3）白头翁50g　　黄连15g　　秦皮30g

郁金30g　　苦参30g

用法：煎汤取汁，加入红糖50g一次内服。

11. 灵长类胃扩张

饲喂过多精饲料容易引起，尤其是黑叶猴之类的热带灵长类动物，表现急性发作，死亡很快。治宜导胃、消食。

【处方1】

（1）碳酸氢钠　　10～50g

液体石蜡　　50～150mL

盐酸普鲁卡因　　0.5～2g

常　水　　50～100mL

用法：插入胃管，放出胃内液体和气体后灌入。

（2）硫酸庆大霉素注射液　　4万～24万U

用法：肌内注射，每天2次，连用3d。

【处方 2】

(1) 液体石蜡　50～150mL
稀盐酸　3～8mL
盐酸普鲁卡因　0.5～2g
常　水　适量
用法：插入胃管，尽量抽出胃内容物后再灌入。

(2) 5%葡萄糖氯化钠注射液　500～800mL
5%碳酸氢钠注射液　150～400mL
用法：一次静脉注射。

(3) 注射用氨苄西林　1～5g
注射用水　5～10mL
用法：一次肌内注射，每天 2 次。
注：碱性胃扩张治疗用处方 1，酸性胃扩张用处方 2。

12. 灵长类痢疾

由志贺氏菌引起，是灵长类中最常见的肠道传染病。以突然发病、高热、呕吐、脓血、稀便为特征，死亡率高。治宜抗菌消炎，补液，纠正酸碱平衡。

【处方 1】

(1) 黄连素片　0.5～1.5g
用法：一次拌饲料服，每天 2～3 次。

(2) 5%葡萄糖氯化钠注射液　500～800mL
低分子右旋糖苷注射液　200～600mL
25%维生素 C 注射液　2～4mL
用法：一次静脉注射。

【处方 2】

(1) 硫酸庆大霉素注射液　4 万～24 万 U
用法：一次肌内注射，每天 2 次。

(2) 5%葡萄糖注射液　500mL
乳酸左氧氟沙星　0.2～1g
用法：一次静脉注射，每天 2 次。

13. 灵长类肠梗阻

由于饲料粗纤维过多，肠管蠕动和分泌机能紊乱，粪便积滞引起。治宜润肠通便。

【处方 1】

(1) 番泻叶　2～5g
液体石蜡　50～250mL

用法： 番泻叶研末，混入液体石蜡中一次投服。

（2）温肥皂水　　1 000～5 000mL

用法： 深部灌肠。

（3）5%葡萄糖氯化钠注射液　　500～1 000mL

5%碳酸氢钠注射液　　200～400mL

用法： 一次静脉注射。

（4）硫酸庆大霉素注射液　　8 万～32 万 U

用法： 一次肌内注射。

【处方 2】

（1）酚酞片　　0.1～1.0g

环丙沙星胶囊　　1～4g

用法： 一次投服，每天 2～3 次。

（2）5%葡萄糖氯化钠注射液　　200～500mL

5%碳酸氢钠注射液　　50～150mL

用法： 一次静脉注射。

（3）中药大承气汤加减

大黄 10～30g　　黄芪 10～30g　　槟榔 7～20g

枳实 4～15g　　厚朴 2～10g　　木香 2～10g

用法： 煎汁浓缩，加入红糖 50g 混合，一部分注入水果中喂服，另一部分作为饮水自由饮服，每天 1 剂。

14. 灵长类肝炎

猩猩、猴子均可发生，临床症状不明显。治疗以保肝为主，防止继发感染。

【处方 1】

（1）肝得健胶囊　　1～3 粒

用法： 一次喂服，每天 3 次。

说明： 肝得健胶囊每粒含磷脂 300mg、维生素 B_1、维生素 B_2、维生素 B_6、维生素 E 各 6mg、维生素 B_{12} 10μg、烟酰胺 30mg。

（2）利巴韦林　　100～400mg

阿莫西林　　0.5～5.0g

用法： 一次喂服，每天 3 次。

（3）重组干扰素 α-2b　　100 万～600 万 U

用法： 一次皮下注射，隔日或每天 1 次。

（4）中药五灵丸

五味子 30g　　灵　芝 30g　　柴　胡 35g

丹　参 40g　　蜂　蜜 30g

用法： 制成蜜丸一次投服。

【处方 2】

(1) 拉米夫定（贺普丁） 100～300mg

用法：一次喂服，每天 2 次。

(2) 辅酶 A 20～60IU

三磷酸腺苷 15～30mg

0.9%氯化钠注射液 5～15mL

用法：溶解后一次肌内注射，每天 1 次。

(3) 中药茵陈汤加味

茵　陈 150g　龙胆草 60g　制附子 20g

干　姜 15g　茯　苓 50g　白　术 50g

陈　皮 30g　生甘草 15g

用法：水煎取汁，加适量糖一次拌料喂服。

15. 灵长类肺炎

多由上呼吸道感染而来，也有因剧烈奔跑引起。全身症状重剧，表现为精神沉郁，体温升高，黏膜充血或发绀，呼吸困难或浅快。治疗以消除炎症、支持疗法为主。

【处方 1】

(1) 注射用青霉素钠 40 万～200 万 U

注射用链霉素 50 万～150 万 U

0.5%盐酸普鲁卡因 10～20mL

用法：混合溶解，一次气管内注射或肌内注射，每天 2 次。

(2) 3%双氧水 50～100mL

25%～50%葡萄糖注射液 500mL

0.9%氯化钠注射液 500mL

用法：一次静脉缓慢注射，每天 1～2 次。用于呼吸困难动物。

(3) 阿司匹林赖氨酸盐注射液 4～12mL

0.9%氯化钠注射液 5～10mL

用法：一次肌内注射，每天 2 次。用于高热不退时。

【处方 2】

(1) 10%丁胺卡那霉素注射液 2～6mL

20%磺胺二甲嘧啶钠注射液 4～8mL

用法：分别一次肌内注射。

(2) 10%葡萄糖注射液 500mL

1%氢化可的松注射液 2～5mL

1% 654-2 注射液 2～7mL

25%维生素 C 注射液 5～10mL

20%安钠咖注射液　　2～10mL

用法：一次静脉注射，每天1～2次。

16. 灵长类胸膜炎

新引进动物遇寒冷冬季外感风寒时发生，打架、剧烈运动也可引起。表现发热，呼吸困难，多呈腹式呼吸，结膜高度充血、发绀，胸腔积聚炎性渗出液，胸膜粘连或化脓。治宜消炎，制止渗出，促进渗出液吸收和排出。

【处方1】

注射用青霉素钠　　80万～400万U

注射用水　　10～20mL

用法：一次肌内注射，每天2次。

【处方2】

25%硫酸卡那霉素注射液　　2～8mL

复方新诺明注射液　　2～6mL

用法：分别一次肌内注射，每天1～2次。

【处方3】

（1）注射用万古霉素　　1～1.5g

5%葡萄糖注射液　　200～500mL

用法：混合，一次静脉注射，每天2次。

（2）0.2%地塞米松注射液　　2.5～10mL

25%维生素C注射液　　2～4mL

用法：分别一次肌内注射，每天1～2次。

【处方4】

石　膏 10～20g　　水牛角 2～10g　　黄　连 5～15g

桔　梗 8～20g　　淡竹叶 10～20g　　生甘草 5～10g

山栀子 10～20g　　生　地 10～20g　　知　母 10～20g

黄　芩 10～20g　　败酱草 10～20g

用法：水煎灌服。

17. 灵长类心肌炎

多继发于其他疾病。症状表现为心动过速，心脏扩大、心律不齐，严重时心跳出现杂音、心衰和猝死。治宜消炎、强心、利尿。

【处方1】

5%葡萄糖液注射液　　200～500mL

注射用氨苄西林　　0.5～4g

1%ATP注射液　　2～4mL

辅酶 A　　30～100IU
5%肌苷　　4～12mL
1%环磷酸腺苷　　1～2mL
1%细胞色素 C　　1～3mL

用法：一次静脉注射，每天 1 次，连用 2 周为一个疗程，可用 2～4 个疗程。

【处方 2】

10%葡萄糖注射液　　200～500mL
胰岛素　　5～12IU
10%氯化钾注射液　　6～15mL

用法：一次静脉注射，每天 1 次，连用 2 周为一个疗程，可用 2～4 个疗程。

【处方 3】

辅酶 A　　30～120mg

用法：一次静脉注射。

【处方 4】泼尼松　　4～20mg

用法：一次喂服，每天 2～3 次，4 周后开始减量，每周减少日量 2.5mg，直至停用。

18. 灵长类心力衰竭

多发于心血管及其他疾病。主要表现心肌收缩力减弱，第一心音亢进，呼吸困难，黏膜发绀，精神萎靡，四肢无力等。治宜消除病因，改善心肌营养，增强心肌收缩力，恢复心脏功能。

【处方 1】

(1) 0.1%洋地黄毒苷　　0.3～2mL

用法：按每 1kg 体重首次剂量 0.03mg，维持剂量 0.06mg，一次肌内注射。

说明：也可用地高辛 0.01mg/kg 静脉注射。

(2) 双氢克尿噻　　20～100mg
安钠咖　　0.5～3g

用法：一次喂服，每天 2 次。

【处方 2】

(1) 复方奎宁注射液　　1～5mL

用法：一次肌内注射，每天 2 次。

说明：当心动过速、亢进时使用。

(2) 肼苯哒嗪　　5～20mg

用法：按每 1kg 体重 0.5～2.0mg 一次内服，每天 2 次。

说明：用于顽固性心力衰竭、扩张动脉。

【处方 3】

(1) 1%ATP 注射液　　15～40mg

辅酶 A　　30～100IU
10%葡萄糖注射液　　200～500mL
1%细胞色素 C　　1～3mL

用法：一次静脉注射。

说明：用于改善心肌功能。

（2）中药炙甘草汤

炙甘草 30～50g　党参 20～30g　生地 20～30g
麦冬 20～30g　阿胶 20～30g　麻仁 20～30g
黄芪 30～40g　丹参 40～50g

用法：水煎浓缩后一次灌服或拌料喂服。

19. 灵长类贫血

由于失血、营养缺乏、溶血和再生障碍等引起。主要表现为营养不良、消瘦。治宜消除病因，补充生血缺少的物质。

【处方 1】

（1）硫酸亚铁　　0.5～2.0g
硫酸铜　　0.5～2g
维生素 B_{12}　　0.05～0.5mg

用法：一次口服，每天 1 次，连服 1～2 周。

（2）维铁控释片　　1～4 片
维生素 B_{12}　　0.25～1mg

用法：一次喂服，每天 1 次。

【处方 2】

（1）5%丙酸睾酮　　2～6mL

用法：一次肌内注射，隔 2d 用药 1 次。

（2）康力龙（主成分为吡唑甲基睾酮）　　2～10mg

用法：一次口服，每天 1 次。

（3）中药归脾汤

黄芪 50～80g　党参 50～80g　熟地 20～50g
白术 30～100g　当归 30～100g　阿胶 30～100g
甘草 15～20g

用法：共为细末或煎汁，一次口服。

说明：用于再生障碍性贫血。

20. 灵长类高血压

多种原因引起。表现收缩压超过 150、舒张压超过 90mmHg。治宜降压，同时少喂胆固醇和脂肪含量高的食物。

【处方 1】

非洛地平（波依定）　　2.5mg～7.5mg

用法： 一次内服，每天 1 次，长期使用。

【处方 2】

氯沙坦钾片（科素亚）　　50～100mg

倍他乐克（酒石酸美托洛尔片）　　25～100mg

用法： 一次内服，每天 1～2 次。

注： 降压药品种较多，可根据患病情况选用。

21. 灵长类肾炎

多种原因引起。病症状表现为精神沉郁、腰背僵硬、肾压触痛、体温升高、饮水增加、尿淋漓，尿检有蛋白、血细胞和脓细胞。治宜抗菌消炎，利尿及全身支持疗法。

【处方 1】

（1）注射用氨苄西林　　0.5～4g

注射用水　　2～6mL

用法： 一次肌内注射，每天 2～3 次。

（2）复方新诺明片　　0.5～2g

用法： 一次拌料内服。

（3）呋喃妥因　　0.1～0.5g

双氢克尿噻　　0.1～10g

用法： 按每 1kg 体重呋喃妥因 10mg、双氢克尿噻 20mg 一次喂服，每天 2 次。

【处方 2】

（1）注射用青霉素钾　　80 万～500 万 U

10%葡萄糖注射液　　200～750mL

多种氨基酸注射液　　200～500mL

0.2%地塞米松注射液　　2～10mL

用法： 一次静脉注射，每天 1～2 次。

说明： 有酸中毒症状时加 5%碳酸氢钠注射液 200～400mL，减去多种氨基酸。

（2）环丙沙星　　0.25～1g

呋喃妥因　　0.1～0.5g

速尿　　0.01～0.05g

用法： 一次喂服，每天 2 次。

22. 灵长类糖尿病

因胰岛素相对或绝对不足引起慢性糖代谢紊乱。临床特征为多尿、多饮水、多食、渐进性消瘦和尿中高糖。治宜控制饲料摄入，补充胰岛素。

【处方 1】

（1）鱼精蛋白锌胰岛素（长效胰岛素）　4～20IU

用法：于喂饲料前一次皮下或肌内注射，每天 1 次。

说明：根据血糖高低适当调整剂量。

（2）复方氯化钠注射液　200～500mL

5%碳酸氢钠注射液　100～500mL

用法：一次静脉注射。

说明：出现酸中毒时用使用。

【处方 2】

（1）甲磺苯丁脲　0.5～5.0g

用法：于喂食前一次投喂，每天 1～2 次。

（2）0.9%氯化钠注射液　200～500mL

复方氯化钠注射液　200～500mL

5%葡萄糖氯化钠注射液　100～500mL

用法：一次静脉注射。

说明：出现脱水时使用。

23. 灵长类中暑

由于动物笼舍闷热或烈日下炙烤等引起。表现体温升高、呼吸急促，有的出现兴奋、胡乱冲撞的神经症状，有时剧烈抽搐，很快死亡。抢救原则为降温、镇静、补液，预防酸中毒、脑水肿和继发肺炎。

【处方】

（1）酒精或冰冷水　1 000～10 000mL

用法：冲浇全身。或用酒精擦体表。

（2）2.5%盐酸氯丙嗪注射液　0.4～4mL

用法：按每 1kg 体重 1～2mg 一次肌内注射。

（3）5%葡萄糖氯化钠注射液　500～1 000mL

复方氯化钠注射液　500mL

5%碳酸氢钠注射液　200～500mL

用法：一次静脉注射。根据脱水程度调整用量。

（4）0.2%地塞米松注射液　2.5～25mL

20%甘露醇　100～500mL

用法：一次静脉滴注。必要时重复注射。

（5）25%尼可刹米　0.4～4mL

用法：一次肌内或静脉注射。

（6）10%丁胺卡那霉素注射液　1～5mL

用法： 一次肌内注射，每天 2 次。

24. 灵长类脊髓炎

多由于外伤或受风寒引起脊髓和脊髓膜发生实质性炎症、病变或软化。治宜消炎镇痛，兴奋中枢，恢复神经功能。

【处方 1】

（1）注射用青霉素钠　　40 万～200 万 U
注射用硫酸链霉素　　20 万～150 万 U
注射用水　　5～10mL
用法： 分别一次肌内注射，每天 2～3 次。

（2）5%维生素 B_1 注射液　　1～4mL
辅酶 A　　25～100IU
用法： 分别一次肌内注射，每天 1～2 次。

（3）0.2%盐酸士的宁　　0.25～2.5mL
用法： 一次皮下注射。

【处方 2】

（1）克林霉素　　0.3～1.0g
用法： 按 1kg 体重 10mg 每日肌内注射 1 次或内服 3 次。

（2）注射用链霉素　　20 万～150 万 U
注射用水　　3～5mL
用法： 一次肌内注射，每天 2 次。

（3）地塞米松　　5～50mg
维生素 B_1　　100mg
维生素 B_{12}　　0.05～0.5mg
用法： 一次喂服，每天 2 次。

说明： 对于瘫痪的珍贵灵长类动物可配合物理疗法，如远红外热疗、针灸、按摩等。

25. 灵长类癫痫

猩猩常有发生。以暂时性意识丧失和肌肉痉挛为特征的脑机能异常，常突然发生、周期性发作。治疗只能减少或控制发作次数。

【处方 1】

（1）扑米酮　　50～500mg
用法： 按每 1kg 体重 10～15mg 一次口服，每天 3 次。

（2）维生素 B_6　　0.1～0.3g
维生素 C　　0.5～1.5g

复合维生素 B　　　　2～6 片
钙尔奇　　　　　　　0.5～2 粒
用法：一次拌饲料内服，每天 2 次。

【处方 2】

（1）0.5%安定注射液　　　1～4mL
用法：按 1kg 体重 0.5mg 一次肌内注射，每天 1～2 次。

（2）中药

当归 30g　　熟地 20g　　白芍 20g
丹参 40g　　半夏 20g　　南星 20g
龙骨 40g　　牡蛎 45g

用法：共研末，一次拌料喂服。

26. 灵长类休克

由多种原因引起。以微循环障碍、急性循环衰竭、器官受损为特征。表现初期兴奋不安，继而全身机能减弱、精神沉郁，最后麻痹、小便失禁。抢救以补充血容量，扩张血管，改善微循环为主。

【处方】

（1）低分子右旋糖苷　　　200～500mL
5%葡萄糖氯化钠注射液　200～500mL
10%葡萄糖注射液　　200～500mL
用法：一次静脉注射。必要时重复使用。

（2）异丙肾上腺素　　　1～3mg
5%葡萄糖氯化钠注射液　200～500mL
用法：一次缓慢静脉滴注。
说明：也可用硝普钠或酚妥拉明代替异丙肾上腺素。

（3）5%碳酸氢钠注射液　　200～500mL
用法：一次静脉注射。

（4）注射用青霉素钠　　　40 万～200 万 U
注射用水　　　　2～6mL
用法：一次肌内注射，每天 2 次。防止继发感染。

27. 灵长类风湿病

由于风寒潮湿环境、溶血性链球菌感染等引起的变态反应性疾病。病理特征是胶原结缔组织发生纤维蛋白变性，临床表现肌肉、关节部位出现非化脓性局限性炎症，反复发作。治疗主要是祛风除湿，解热镇痛，消除炎症。

【处方 1】

（1）阿司匹林　　0.5～1.5g

碳酸氢钠　　0.5～1.5g

（2）地塞米松　　1～10mg

用法：一次喂服，每天 3 次。

（3）注射用青霉素钠　　40 万～200 万 U

注射用水　　2～10mL

用法：一次肌内注射，每天 2～3 次。

【处方 2】

（1）10%水杨酸钠注射液　　100～300mL

5%碳酸氢钠注射液　　50～200mL

用法：一次静脉注射。

（2）青霉素　　20 万～100 万 U

用法：一次喂服，每天 3 次。

（3）保泰松　　50～300mg

用法：一次喂服，每天 3 次。

28. 灵长类皮肤病

由疥螨、真菌感染和营养不良等原因引起。症状特征为脱毛、发痒和皮炎。治疗宜消除病因。

【处方 1】

（1）溴氢菊酯乳油　　200～500mL

用法：涂搽患部，间隔 7～10d 重复 1 次。

（2）1%伊维菌素　　0.5～2.0mL

用法：按每 1kg 体重 0.2mg 一次皮下注射，7d 后重复注射 1 次。

【处方 2】

（1）酮康唑　　100～200mg

用法：一次投服，每天 2 次。

（2）复方曲安奈德软膏　　20g

用法：外用涂搽患部，每天 2 次。

（3）洁尔阴　　100mL

冷开水　　200mL

用法：混合稀释，外用涂搽，每天 2 次。

29. 灵长类子宫内膜炎

多见于母兽产后公兽强行交配引起。临床症状不明显，往往交配后不孕或阴道流出分泌物。治疗应及早冲洗子宫消毒、消炎及全身抗菌消炎。

【处方 1】

（1）0.1%雷佛奴耳溶液　　1 000～2 000mL

用法：冲洗子宫，每天或隔日冲洗一次。

说明：也可用 0.1%高锰酸钾溶液、1%明矾溶液或 0.1%复方碘溶液，冲洗要彻底。

（2）注射用青霉素钠　　50 万～200 万 U

注射用硫酸链霉素　　50 万～200 万 U

生理盐水　　100～200mL

垂体后叶素　　5～20IU

用法：混合溶解后一次注入子宫内，每天或隔日 1 次。

说明：也可以用四环素或金霉素浓缩液加入鱼肝油或缩宫素注入子宫。

（3）复方新诺明片　　0.5～3g

甲硝唑片　　0.2～1.0g

阿莫西林胶囊　　0.25～1.5g

用法：一次喂服，每天 2 次。

【处方 2】

（1）金霉素或四环素片　　2～4g

生理盐水　　1 000～2 000mL

用法：混合溶解冲洗子宫，每天 1 次。

（2）复方消炎合剂　　30～100mL

用法：一次注入子宫内，每天 1 次。

说明：复方消炎合剂配方：甲硝唑 0.4g、呋喃西林粉 0.5g、磺胺结晶 0.5g、土霉素粉 0.5g、参三七粉 0.5g、生理盐水 500mL。各药混合溶解，现配现用。

（3）注射用青霉素钠　　40 万～200 万 U

注射用硫酸链霉素　　40 万～100 万 U

注射用水　　5～10mL

用法：分别一次肌内注射，每天 2 次。

四十四、观赏鸟禽常见病处方

1. 鸟禽流感

由禽流感病毒引起传染病。病症以精神不振、垂头缩颈、体温升高，尤其是头部肿大，冠和肉髯发黑或高度水肿，皮肤发绀或喙颜色变暗为特征。治宜抗病毒，防止继发感染。

【处方】

(1) 盐酸金刚烷胺　　5～10mg

用法：按每 1kg 体重 2～3mg 一次投服或拌料喂服，每天 2 次。

(2) 10%丁胺卡那霉素注射液　　0.1～0.5mL

用法：按每 1kg 体重 5～10mg 一次肌内注射，每天 2 次。

(3) 丙种球蛋白　　0.1 万～0.5 万 U

用法：一次肌内注射，幼雏隔日注射，共用 3 次。

(4) 板蓝根冲剂　　2～5g

用法：溶解在水中自由饮用。

2. 鸟禽传染性呼吸道病

包括传染性喉气管炎和传染性支气管炎，由病毒引起。症状以咳嗽、呼吸困难、口鼻流黏性分泌物为特征。治宜抗病毒，防止继发感染。

【处方 1】

(1) 金刚呼喉霸　　5～10mg

用法：按每 1kg 体重 2～3mg 一次投服或拌料喂服，每天 2 次。

说明：金刚呼喉霸由金刚烷胺及抗生素组成，有抗病毒、抗菌作用。

(2) 六神丸　　8～16 粒

用法：一次投喂，每天 1 次，连服 3～5d。

【处方 2】

聚肌胞注射液　　2mL

卡那霉素注射液　　10 万 U

注射用氨苄西林　　0.5～1g

0.2%地塞米松注射液　　5mL
穿心莲注射液　　10mL
用法：混合，按1kg体重0.5～1.0mL一次肌内注射，每天2次。

【处方3】

（1）吗啉胍　　10～200mg
用法：按每1kg体重10mg分2次内服。

（2）罗红霉素　　15～50mg
用法：按每1kg体重2.5～5mg一次投服，每天2次。

3. 鸟禽传染性法氏囊病

由传染法氏囊病毒引起的传染病，多发生于3周龄以下的雏鸟。症状表现为腹泻，畏缩，法氏囊肿大、出血及肾损伤。治宜抗病毒，防止继发感染。

【处方】

（1）高免血清　　2～5mL
用法：按每1kg体重0.5～0.8mL一次皮下注射。
说明：也可用高免蛋黄液。

（2）病毒唑　　20～200mg
用法：按每1kg10～20mg一次喂服或拌料喂服，每天2次。

（3）注射用氨苄青霉素　　20万～80万U
注射用水　　2～4mL
0.2%地塞米松注射液　　2～5mL
用法：一次肌内注射，每天2次。

（4）中药
大青叶50g　　甘　草30g　　板蓝根50g
用法：煎汁，作饮水用。

4. 鸟禽包涵体肝炎

本病又称贫血综合征，是由腺病毒引起的急性传染病。特征是严重贫血、黄疸、肝肿、出血和坏死灶，肝细胞核内有包涵体。治宜抗病毒，防止继发感染。

【处方】

（1）丙种球蛋白　　0.5mL
用法：一次肌内注射，隔日1次，共3次。

（2）硫酸庆大霉素注射液　　2万～4万U
用法：一次肌内注射，每天2次。用于预防大肠杆菌感染。

5. 鸭科动物病毒性肝炎

由肝炎病毒引起的急性高死亡率的传染病。症状是传染快、发病急，病变以肝脏肿大和出血性斑点为特征。治疗以支持疗法为主，配合抗病毒和防止继发感染。

【处方】

（1）干扰素　　50万～100万U

预防：一次皮下注射，隔日1次。

（2）2%阿糖腺苷注射液　　5～50mg

用法：一次肌内注射，每天1次。

（3）肝得健　　1粒

用法：一次投服，每天2次。

（4）10%葡萄糖注射液　　50～200mL

25%维生素C注射液　　1～2mL

注射用头孢唑啉钠　　0.5～1.0g

用法：一次静脉注射。

（5）康复血清　　2～10mL

用法：一次肌内注射，每天1次，连用3d为一个疗程。

说明：康复血清为病愈动物血液制成。

6. 雉鸡类大理石脾病

由腺病毒引起。特征为脾肿大，外观呈大理石状，有肺出血、水肿等病变。治宜抗病毒，防止继发感染。

【处方1】

吗啉胍　　10～100mg

用法：按每1kg体重10mg一次投服，每天3次。

【处方2】

（1）火鸡出血性肠炎高免血清0.5～5mL

用法：按每1kg体重0.5mL一次皮下或肌内注射，每天或隔日1次。

（2）硫酸庆大霉素注射液　　1万～4万U

用法：一次肌内注射，每天2次。

【处方3】预防

火鸡出血性肠炎灭活疫苗　　1头份

用法：一次皮下或肌内注射。

7. 雏鸡类冠状病毒性肾炎

由冠状病毒引起。症状以精神沉郁、翅膀下垂为主，剖检特征为肾脏肿大，呈大理石状外观，并有尿酸盐沉着。治宜抗病毒，控制病情发展。

【处方 1】

干扰素 A　　50 万～100 万 U

用法： 一次皮下注射，隔日 1 次。

【处方 2】

（1）注射用青霉素钠　　20 万～40 万 U

注射用硫酸链霉素　　0.2～0.5g

注射用水　　3～6mL

用法： 一次肌内注射，每天 2 次。

（2）0.25%乌洛托品　　500～1 000mL

用法： 作饮水用。

8. 鸟禽脑脊髓炎

本病又叫流行性震颤，是由病毒引起的一种主要危害 1 月龄以下的雏鸟，以损害中枢神经系统为主的传染病。表现为精神不振、行走不稳、共济失调、头颈震颤、麻痹和衰竭死亡。治宜抗病毒。

【处方】

（1）病毒唑　　10～50mg

复方新诺明　　100mg

用法： 混合粉碎，拌饲料喂服，每天 2 次。

（2）口服葡萄糖粉　　10～30g

奶粉　　10g

温水　　20mL

用法： 混合溶解用滴管投喂，每天 3 次。

（3）5%复方氨基酸　　20～30mL

50%葡萄糖　　5～10mL

25%维生素 C 注射液　　1～2mL

0.2%地塞米松注射液　　1～2mL

用法： 依次分别一次静脉滴注，每天 1～2 次。

9. 鸟禽痘病

由禽痘病毒感染引起。多发于夏秋季节，群养、拥挤、卫生条件差时容易发生。皮肤型发生于冠、肉垂、眼睛周围、喙及后肢内侧皮肤；混合型扩大到口腔内和喉部。痘疮化脓溃烂，引起双眼失明、喉阻塞。治宜局部消炎，抗病毒。

【处方 1】

（1）2%～3%的硼酸　　适量

碘甘油或紫药水　　适量

用法：用镊子去除痘疮假膜和脓汁，用硼酸清洗干净，涂以碘甘油或紫药水。

（2）甲烯土霉素　　0.05～1g

用法：一次投服，每天 2 次。

【处方 2】

金银花 100g　　紫　草 100g　　龙胆草 50g

石　膏 50g　　板蓝根 80g　　明　矾 50g

用法：水煎服，或做饮水用。

10. 鸟禽霍乱

由巴氏杆菌引起的出血性败血症，发病率和死亡率都很高。以下痢为特征。治宜抗菌。

【处方 1】

（1）注射用青霉素钠　　20 万～80 万 U

注射用水　　2～4mL

用法：按每 1kg 体重 2 万～3 万 U 一次肌内注射，每天 2 次。

（2）喹乙醇　　30～100mg

用法：按 1kg 体重 30～50mg 用热水溶解后自饮。

【处方 2】

（1）注射用硫酸链霉素　　20 万～50 万 U

注射用水　　2～4mL

用法：按每 1kg 体重 1 万～2 万 U 一次肌内注射，每天 2 次。

（2）复方禽菌灵　　100g

用法：一次拌料喂服。

说明：复方禽菌灵主成分为穿心莲、辣蓼、大青叶、葫芦茶等中药。

【处方 3】

（1）注射用氨苄西林　　0.25～1.0g

注射用水　　2～4mL

用法：按每 1kg 体重 50～100mg 一次肌内注射，每天 2 次。

（2）土霉素粉　　100g

用法：按每 1kg 饲料 5g 拌料喂服。

11. 鸟禽白痢

由鸡白痢沙门氏菌引起的一种急性、败血性传染病，多侵害3周龄以内的雏鸟，死亡率很高。症状以灰白色稀糊状下痢为特征。治宜抗菌消炎。

【处方1】

诺氟沙星胶囊　　0.1～0.3g

庆大霉素片　　2万～6万U

用法：一次投服，每天3次，7d为一个疗程。

【处方2】

（1）头孢拉定　　200～100mg

大蒜素胶囊　　200～100mg

用法：一次投服或拌料喂服，每天2次。

（2）环丙沙星胶囊　　0.1～0.3g

用法：混入500～1 000mL常水自饮。

【处方3】

（1）硫酸庆大霉素注射液　　2万～4万U

用法：一次肌内注射，每天2次。

（2）0.05%高锰酸钾　　500～1 000mL

用法：饮水用，每天现配现换2次。

12. 鸟禽伤寒

由鸡伤寒沙门氏菌引起的一种败血症，呈急性或慢性经过。症状特征与鸡白痢相似，但是一般为散发性。治疗以抗菌为主。

【处方1】

诺氟沙星　　0.1～0.3g

用法：按每1kg体重20～40mg一次拌料喂服或投服，每天3～4次。

【处方2】

硫酸庆大霉素注射液　　0.5万～4万U

用法：按1kg体重0.5万～1.0万U一次肌内注射，每天2次。

【处方3】

（1）土霉素粉　　100g

维生素C　　20g

用法：拌20～30kg饲料中喂服，连服5～7d。

（2）注射用青霉素钠　　0.5万～4万U

注射用水　　1～2mL

用法：按每1kg体重2 000～5 000IU一次肌内注射，每天2次。

【处方4】

(1) 注射用氨苄西林　0.25～2.0g
注射用水　3～5mL
用法： 按每1kg体重0.05g一次肌内注射，每天2次。

(2) 红霉素　10g
用法： 按每升水1～2g混饮，连用3～5d。

【处方5】

(1) 5%葡萄糖氯化钠注射液　100～200mL
25%维生素C注射液　1～2mL
用法： 珍贵的大型鸟类一次静脉注射，每天1～2次。

(2) 注射用氨苄青霉素　0.5～1.5g
注射用水　3～5mL
用法： 一次肌内注射，每天2次，连用3～5d。

13. 鸟禽副伤寒

由多种沙门氏菌引起，多为慢性经过。主要症状为下痢、结膜炎和进行性消瘦。治宜抗菌。

【处方1】

恩诺沙星胶囊　20～200mg
用法： 按每1kg体重10～20mg一次投服或拌料喂服，每天2～3次。

【处方2】

(1) 复方新诺明　0.2～1.0g
用法： 按每1kg体重0.1g一次内服，每天1～2次。

(2) 利福平　0.1～0.5g
用法： 按每1kg体重20～30mg一次内服或拌料喂服，每天2次。
说明： 还可用环丙沙星、庆大霉素、丁胺卡那霉素等。

14. 鸟禽大肠杆菌病

由大肠杆菌引起的传染病。病型有败血症、腹膜炎、卵巢炎、输卵管炎、脐炎、肠炎、关节炎及肉芽肿等。治宜抗菌消炎。

【处方1】

(1) 25%卡那霉素注射液　0.5～1mL
用法： 按每1kg体重10～30mg一次肌内注射，每天2～3次。

(2) 环丙沙星　0.5～1g
用法： 按每1kg体重50mg一次拌料喂服或投服，每天2～3次。

【处方2】

(1) 硫酸庆大霉素注射液　1万～4万U

用法：按每 1kg 体重 0.5 万 U 一次肌内注射，每天 2～3 次。

（2）恩诺沙星　　20～200mg

用法：按每 1kg 体重 10～20mg 一次拌料喂服或投服，每天 2～3 次。

【处方 3】

（1）注射用氨苄西林　　0.25～1.0g

注射用水　　3～5mL

用法：按每 1kg 体重 50～100mg 一次肌内注射，每天 2 次。

（2）复方新诺明　　0.2～1.0g

用法：按每 1kg 体重 0.1g 一次拌料喂服，每天 1～2 次。

【处方 4】

头孢拉定　　20～100mg

用法：按每 1kg 体重 20～50mg 一次肌内或静脉注射，每天 2 次。

15. 鸟禽李氏杆菌病

由李氏杆菌引起的急性传染病。主要病症为排稀便和神经症状，同时呼吸困难，精神萎靡。治宜抗菌消炎，维持机体营养。

【处方 1】

（1）盐酸四环素片　　30～250mg

用法：一次投服，每天 3 次。

（2）复方氨维胶囊　　1～2 粒

多酶片　　2～6 片

用法：一次喂服，每天 2～3 次。

【处方 2】

25%葡萄糖注射液　　10～50mL

25%维生素 C 注射液　　1～2mL

0.2%地塞米松注射液　　1～2mL

用法：一次静脉注射，每天 1～2 次。

【处方 3】

（1）磺胺二甲嘧啶钠　　0.1～0.5g

复合维生素 B　　2～4 片

安定片　　0.1～0.5g

用法：一次喂服，每天 2 次。

（2）牛　乳　　5～20mL

口服葡萄糖　　5～20g

生理盐水　　10mL

用法：混合，用滴管喂服，每天 3 次。

16. 鸟禽金黄色葡萄球菌病

由葡萄球菌感染引起。以剧烈腹泻、肠炎、肝脏坏死为特征。治宜抗菌消炎。

【处方 1】

注射用青霉素钠　　20 万～40 万 U

注射用水　　1～2mL

用法：一次肌内注射，每天 2 次。

【处方 2】

罗红霉素　　5～50mg

用法：按每 1kg 体重 5mg 一次内服，每天 2 次。

【处方 3】

阿莫西林胶囊　　0.25～1.0g

庆大霉素片　　1 万～4 万 U

用法：一次喂服，每天 2 次。

17. 鸟禽曲霉菌病

由曲霉菌属的烟曲霉、黄曲霉等感染引起。表现肺炎症状为主，呼吸困难，内脏有广泛霉菌结节病变。治宜抗曲霉菌。

【处方 1】

（1）制霉菌素　　5 万～50 万 U

用法：按每 1kg 体重 5 万～10 万 U 一次内服，每天 2 次；或 1kg 饲料 200 万 U 拌料喂服。

（2）链霉素　　0.5～1.0g

用法：溶于 500～1 000mL 水中自饮。

【处方 2】

（1）克霉唑　　20～100mg

用法：按每 1kg 体重 20mg 一次内服，每天 3 次。

（2）土霉素粉　　100g

用法：拌入 50kg 饲料中喂服。

18. 鸟禽体内真菌病

主要是白色念珠菌引起的体内真菌病。突出症状为呼吸困难，顽固性下痢。治宜抗真菌。

【处方 1】

（1）两性霉素 B　　2～10mg

大蒜素胶囊　　20～100mg

地塞米松　　2～4mg

用法：一次内服或拌料喂服。

（2）0.4%碘化钾　　1 000mL

用法：任其自饮。

【处方 2】

（1）克霉素　　10～100mL

大蒜素胶囊　　20～100mg

用法：一次内服或拌料喂服。

（2）0.1%硫酸铜溶液　　500～1 000mL

用法：任其自饮。

19. 鸟禽支原体病

支原体广泛存在于动物体和呼吸道部位，一旦动物抵抗力降低时引起发病，寒冷季节也易发病。表现感冒样症状，呼吸困难，关节炎症，同时出现腹泻、脱水、消瘦。治宜抗菌消炎。

【处方 1】

（1）30%林可霉素注射液　　0.5～2mL

用法：按每 1kg 体重 40～50mg 一次肌内注射，每天 2 次。

（2）泰乐菌素　　50～200mg

用法：配成 0.01%水溶液任其自饮。

【处方 2】

（1）10%丁胺卡那霉素注射液　　0.2～2mL

用法：按每 1kg 体重 8～10mg 一次肌内注射，每天 2 次。

（2）环丙沙星胶囊　　1～2 粒

用法：一次投服或加大剂量拌料喂服。

【处方 3】

（1）多种氨基酸　　100～200mL

10%葡萄糖注射液　　50～200mL

25%维生素 C 注射液　　1～2mL

用法：一次静脉注射。红霉素按每 1kg 体重 35mg 用药。

（2）红霉素　　50～500mg

用法：按每 1kg 体重 35mg 一次投喂，每天 2 次。

（3）恩诺沙星胶囊　　50～200mg

用法：按每 1kg 体重 30～50mg 一次投喂，每天 2 次。

20. 鸟禽鹦鹉热

由衣原体引起的传染病。主要病症是呼吸器官损害，伴有消化道炎症、排黄绿色水样稀便、口吐黏液、喜饮水、废食、消瘦。治疗以消除病原为主。

【处方 1】

盐酸四环素　　50～200mg

用法：按 1kg 体重 3～5mg 一次投服，每天 2 次。

【处方 2】

红霉素　　50～150mg

葡萄糖酸钙　　1～2g

用法：一次投服，每天 2 次。

21. 鸟禽坏死性盲肠炎

本病又称螺旋体病，由螺旋体或异刺线虫引起。主要症状为渐进性消瘦，粪便黄，呈糨糊状，精神沉郁，死亡剖检可见盲肠膨大、呈香肠样，肠壁肥厚、坏死，干酪样物质阻塞盲肠管腔。治宜驱除病原体。

【处方 1】

（1）甲硝唑　　50～150mg

用法：按每 1kg 体重 25～40mg 一次内服，每天 1～2 次。

（2）30%林可霉素注射液　　0.1～0.3mL

用法：按每 1kg 体重 25mg 一次肌内注射，每天 2 次。

【处方 2】

左旋咪唑　　20～100mg

用法：按每 1kg 体重 8～10mg 一次内服，每天 2 次。

22. 鸟禽盲肠肝炎

多发生于雏鸟，由原生动物组织滴虫引起。此原虫能在异刺线虫卵内存活，因此常并发异刺线虫病。主要表现下痢、排淡黄色或棕色糊状稀便，精神差，垂翅，缩身，渐进性消瘦，末期冠呈暗黑色，剖检以肝炎及坏死性盲肠炎为特征。治宜驱虫、消炎、护肝。

【处方 1】

（1）甲硝唑　　20～200mg

用法：按每 1kg 体重 25～40mg 一次内服，每天 2 次。

（2）乳糖液　　10～50mL

用法：用细胃管灌服，每天 2～3 次。

【处方 2】

（1）替硝唑　　50～500mg

用法：按每 1kg 体重 25～40mg 一次内服，或静脉滴注。

（2）左旋咪唑　　15～100mg

庆大霉素片　　1 万～6 万 U

维生素 K_3　　2～10mg
21 金维他　　0.5～1 片
用法： 一次喂服，每天 2～3 次。

【处方 3】
（1）复方敌菌净　　60～100mg
复方新诺明　　0.5～1g
用法： 一次灌服，每天 2 次，连服 3～5d。
（2）乳糖液　　10～50mL
肝复乐片［主成分为党参、鳖甲（醋制）、重楼、白术、黄芪、大黄、茯苓、郁金、苏木、牡蛎、茵陈、木通等中药］　　0.3g
用法： 一次喂服，每天 2～3 次。

【处方 4】
新胂凡纳明　　20～50mg
用法： 按每 1kg 体重 10mg 用注射用水稀释一次静脉注射，隔 2d 重复 1 次。

23. 鸟禽球虫病

由多种球虫侵袭雏鸟引起的，传染性强，群发。突出症状为排血便。治宜抗球虫及止血。

【处方 1】
氯吡多（克球定、球定）　　500mg
用法： 拌入 3kg 饲料内喂服。作为预防。

【处方 2】
盐霉素　　50～100mg
用法： 拌入 1kg 饲料内喂服。

【处方 3】
复方敌菌净　　300mg
维生素 K_3　　1mg
用法： 复方敌菌净按 0.01%～0.05%，拌料喂服。

【处方 4】
尼卡巴嗪（球虫净）　　200mg
用法： 拌入 1kg 饲料，任其自食。

24. 鸟禽住白细胞虫病

本病又称白冠病，由血孢子虫引起，通过中间宿主库蠓或蚋来传播。症状表现为体温升高，精神沉郁，流涎，下痢，贫血，冠和肉髯苍白。同时出现行动困难，轻瘫，咳血，出血，呼吸困难。治宜杀虫。

【处方 1】

乙胺嘧啶　　　　　　　　5～50mg

用法： 按每 1kg 体重 3～4mg 一次投服或拌料喂服，每天 1 次，连服 3d。

【处方 2】

磺胺喹噁啉　　　　　　　100～500mg

用法： 按每 1kg 体重 50～80mg 一次投服或拌料喂服，每天 1 次连服 3d。

【处方 3】

0.5%～1%敌百虫溶液　　　1 000～5 000mL

用法： 喷洒动物笼舍杀灭库蠓和蚋。注意药液不要直接洒到动物身上，以防止中毒。

25. 鸟禽蛔虫病

由蛔虫感染引起，轻度感染无明显症状，严重感染者不仅影响生长，而且能引起肠道和胆道堵塞。治宜驱虫。

【处方 1】

左旋咪唑　　　　　　　　30～200mg

用法： 按每 1kg 体重 10～15mg 一次投服或拌料喂服，每天 1 次，连服 3d，隔 7d 再重复 1 次。

【处方 2】

丙硫苯咪唑　　　　　　　20～100mg

用法： 按每 1kg 体重 10～15mg 一次投服或拌料喂服，每天 1 次，连服 3d，7d 后再重复 1 次。

【处方 3】

1%伊维菌素　　　　　　　0.5～1mL

用法： 按 1kg 体重 0.25mg 一次肌内或皮下注射，7d 后再注射 1 次。

【处方 4】

复方甲苯咪唑片　　　　　0.5～2 片

用法： 按体重，2kg 以下 0.5 片、3～5kg 1 片、6～10kg 以上 2 片一次喂服，每天1～2 次，连服 3d。

26. 鸟禽绦虫病

由绦虫寄生引起，治疗往往不能驱除全虫，残留的头节在肠道内继续寄生，因而是一种顽固的寄生虫病。主要表现营养不良、消瘦，有时从粪便中排出虫体节片。治宜驱虫。

【处方 1】

吡喹酮　　　　　　　　　20～100mg

用法： 按每 1kg 体重 10～20mg 一次投服或拌料喂服，每天 1 次，连服 2～3d。

【处方 2】

氯硝柳胺（灭绦灵）　0.2～1g

用法：按每 1kg 体重 100～150mg 一次投服或拌料喂服。

27. 鸟禽虱与蚤病

由于虱、蚤寄生在羽毛内引起。表现奇痒不安，啄羽，消瘦。治宜杀灭虱蚤。

【处方 1】

5%溴氢菊酯乳油（倍特）　100mL

用法：配成 50～80mg/L 溶液药浴或喷淋，必要时间隔 7～10d 重复进行 1 次。

【处方 2】

10%氯氰菊酯（灭百可）　适量

用法：配成 60mg/L 浓度药浴或喷淋，必要时间隔 7～10d 重复进行 1 次。

【处方 3】

0.2%除虫菊酯煤油溶液　500～1 000mL

用法：喷洒羽毛或浸浴，严重者 7d 后重复 1 次。

【处方 4】

0.1%～0.5%敌百虫溶液　1 000～2 000mL

用法：喷洒笼舍，每天 1 次，连用 3d。

28. 鸟禽肌胃糜烂

与饲喂鱼粉有关，尤其当鱼粉含盐量过高和发生霉变时更易引发，病变特征是肌胃角质层及其肌层发炎、糜烂、溃疡、穿孔。治宜抗菌消炎。

【处方 1】

（1）甲氰咪哌　40～200mg

用法：按每 1kg 体重 20mg 一次投服或拌料喂服，每天 2 次。

（2）0.1%高锰酸钾　500～1 000mL

用法：做饮水用。

【处方 2】

（1）磺胺脒　0.1～1.0g

硫酸氢钠　0.1～1.0g

用法：一次拌料喂服。

（2）维生素 AD　0.5 万～2.5 万 IU

用法：一次拌料喂服，每天 2～3 次。

29. 鸟禽肠炎

多由采食霉变腐败饲料引起。表现精神不振，羽毛松乱，翅膀下垂，排稀便，体温升高。治宜消除病因，抗菌消炎，补液。

【处方 1】

（1）硫酸庆大霉素注射液　　2 万～4 万 U

用法：一次肌内注射，每天 2 次。

（2）环丙沙星　　3g

硫酸阿托品　　1.5g

盐酸吗啉胍　　0.5～1.0g

用法：混入 100mL 水中自由饮用，连用 3d。

【处方 2】

（1）磺胺脒　　0.5～1.5g

用法：按每 1kg 体重 0.1g 一次投服，每天 2～3 次。

（2）葡萄糖　　20g

氯化钠　　3.5g

碳酸氢钠　　2.5g

氯化钾　　1.5g

用法：混入1 000mL 水中自由饮用。

30. 鸟禽痛风

由于饲喂动物蛋白饲料过多而缺少维生素引起，其病理是嘌呤代谢障碍引起尿酸盐沉积在内脏或关节。表现往往排石灰样灰白色粪便，关节疼痛、肿大，跛行，用抗菌消炎药治疗无效。治疗以减轻尿酸盐沉积和排出为原则。

【处方 1】

（1）双氯芬酸钠　　0.5～1g

用法：按每 1kg 体重 0.1～0.3g 一次投服或拌料喂服，每天 2 次。

（2）0.25%乌洛托品　　500～1 000mL

用法：做饮水，任其自饮。

【处方 2】

（1）痛风利仙（苯溴马隆）　　10～30mg

用法：按每 1kg 体重 3～6mg 一次投服，每天 1 次。

（2）泼尼松　　2～20mg

用法：一次内服，每天 2 次，好转后减少剂量。

【处方 3】

秋水仙碱　　0.1～1.0mg

碳酸氢钠　　0.25～1.0g

用法：一次喂服，秋水仙碱按每1kg体重0.05～0.1mg用药，每天2～3次，7d后减少剂量，隔日1次。

说明：用于急性关节痛风。碳酸氢钠用于碱化尿液。

【处方4】中药

金钱草30g　　滑　石10g　　石　苇10g

鱼脑石10g　　海金沙10g　　鸡内金10g

冬葵子10g　　车前子30g　　牛　膝10g

生甘草3g

用法：共为细末或煎汁拌料喂服。

31. 鸟禽脱腱病

处于生长期的鸟禽由于饲料蛋白质、玉米和骨粉过多而维生素、锰、钙、磷不足或比例不当引起。表现膝关节畸形，腿腱脱位，不能行走。治宜减少蛋白质饲料，补充维生素、锰、钙和磷。

【处方】

（1）21金维他　　0.5～1粒

复合维生素　　1～2片

葡萄糖酸钙　　1～2片

用法：一次内服或拌料喂服。

（2）0.1%高锰酸钾溶液　　500～1 000mL

用法：做饮水用。注意现配现用，上、下午各配1次。

（3）整复固定：将脱腱关节恢复正位，用纱布包裹3～4层，再用竹片做夹板固定，用纱布包扎数层，半个月检查1次。

32. 鸟禽B族维生素缺乏症

主要包括维生素B_1和维生素B_2缺乏，由于饲料供给不足引起。前者表现神经机能障碍，表情肌肉麻痹，出现头朝天、呈观星状姿态和不能站立（蹲地）；后者表现为趾爪蜷缩，肠道功能紊乱。治宜补充维生素。

【处方1】

0.5%维生素B_1注射液　　0.2～0.5mL

复合维生素B　　1～2mL

用法：一次肌内注射或用片剂内服，每天2次。

说明：适用于维生素B_1缺乏。

【处方2】

维生素B_2　　0.2～1.0g

复合维生素 B　　1～2mL

用法：一次肌内注射或用片剂内服，每天 2 次。

说明：适用于维生素 B_2 缺乏。

33. 鸟禽应激

由于受到不良刺激引起，呈现极度紧张状态下的各种行为。治宜镇静，减少应激源。

【处方 1】

安定片　　5～20mg

维生素 A　　1 万～5 万 IU

维生素 E　　2～10mg

维生素 C　　5～50mg

亚硝酸钠　　1～5mg

用法：混合后一次投服或拌料喂服，每天 1～2 次至愈。

【处方 2】

2.5%盐酸氯丙嗪注射液　　0.2～0.8mL

用法：按每 1kg 体重 1～2mg 一次投服或拌料喂服，每天 1～2 次。

34. 雏鸟跖关节炎

出壳 1 周左右雏鸟禽由于饲料缺乏某些维生素和微量元素引起。表现跖关节炎症，重者关节脱位、跛行或趴地不能行走。治宜补充维生素和微量元素，同时进行消炎。

【处方】

21 金维他　　70 粒

复合维生素 B　　15 片

畜禽微量元素　　5g

用法：研末混合，一次投喂 10～15 只雏鸟，每天 1 次，15～20d 为一个疗程。

35. 鸟禽脚掌疽

由于水泥地面粗糙或卫生状况差引发，水禽、涉禽、雉鸡类均可发生。表现脚掌肿胀，鸡眼状病灶，发炎，化脓，不愿着地，跛行。治宜排脓消炎。

【处方 1】

（1）高锰酸钾粉　　5～10g

用法：将患部化脓处切开，清除脓血和坏死组织碎片，再用 2%高锰酸钾溶液彻底冲洗，最后在创口内撒入少许高锰酸钾粉，用纱布包扎。

（2）复方新诺明片　　0.25～0.5g

碳酸氢钠片　　0.1～0.2g

用法：一次拌饲料内服或喂服，每天1～2次。

【处方2】

（1）3%双氧水　　100～200mL

用法：将化脓疽切开排脓，去除坏死组织，用双氧水彻底冲洗干净，在腔内注入适量碘伏，切口洒布消炎粉后包扎。

（2）注射用头孢唑啉钠　　0.5～1.0g

注射用水　　5～10mL

用法：一次肌内注射，每天2次。

36. 大型鸟禽后肢骨折

野生鸟类胆小，极易受惊引起创伤骨折，尤其是那些腿长的鸟类。治宜止血、整复、固定，预防感染。

【处方】

（1）10%止血敏注射液　　0.25～0.5mL

用法：一次肌内注射，必要时可重复使用。

（2）整复固定：先将患肢消毒处理，骨折断端恢复原位，即用消毒棉纱布扎紧3～4层，然后取先准备好的鲜柳树皮筒包裹，再用绷带包扎4～6层，松紧度以下部有温热、血液能够流通为宜。

（3）注射用青霉素钠　　20万～40万U

注射用硫酸链霉素　　200～300mg

注射用水　　5～10mL

用法：一次肌内注射，每天2次，连用5d。

（4）参三七粉　　0.5g

钙片　　1～2片

鱼肝油片　　2 500IU

用法：一次喂服，每天1次。

37. 鸟禽鳞状上皮乳头状瘤

由人乳头瘤病毒（HPV）感染引起，易发部位为皮肤、口、咽、舌、胃、肠等部位。治宜抗病毒、抗肿瘤和提高机体免疫力。

【处方1】

干扰素　　500万U

用法：按每1kg体重100万IU一次肌内注射，每天1次，连用1周，隔2d后再用1周。

【处方2】

环磷酰胺　　2 000mg

吗啉胍　　　　　　　　　150mg

用法： 按每1kg体重环磷酰胺400mg、吗啉胍30mg一次口服，每天2次，连用1周，隔2d后再用1周。

注： 发于体表的肿瘤可采用手术剥离的方法，术前3d口服多种维生素及抗应激药。

38. 鸟禽难产

孔雀、鸵鸟常发生难产。表现为两肢下垂，常蹲窝，不生蛋等。腹部检查可触摸到蛋。治宜催产、助产。

【处方1】

催产素（缩宫素）　　　　0.5～1.0IU

用法： 一次肌内注射。20min后可产出蛋。

【处方2】

液体石蜡　　　　　　　　5mL

用法： 用注射器吸取液体石蜡，注入产道。

【处方3】

人工助产：动物保定后，术者左手托起动物的后腹部，动物体呈前高后低，右手扒开泄殖腔，两手配合，轻轻将蛋挤出。如果蛋取不出，可将蛋压碎取出，然后投入四环素片1～2片。

四十五、两栖爬行类（鳄、龟、鳖、蛇等）常见病处方

1. 两栖爬行类出血症

本病又称嗜水气单胞菌病、甲鱼的红脖子病，由嗜水气单胞菌感染引起。在两栖爬行动物中流行时，也易感染动物园其他鸟禽和兽类。特征症状为急性出血、败血症，慢性为皮肤溃疡。治宜抗菌。

【处方 1】

硫酸庆大霉素注射液　　2 万～4 万 U

复方新诺明注射液　　1～4mL

用法：分别一次肌内注射，每天 2 次，5～7d 为一个疗程。

【处方 2】

10%硫酸卡那霉素注射液　　1～10mL

用法：一次肌内注射，每天 2 次。

【处方 3】

阿莫西林胶囊　　0.25～0.75g

罗红霉素片　　50～150mg

用法：一次喂服，每天 2～3 次。

2. 两栖爬行类皮肤霉菌病

鳄鱼、龟类、鳖、蛇类等易被各种霉菌感染引起皮肤病。主要有水霉菌、绵霉菌、细囊霉菌、丝囊霉和腐霉菌等。治宜抗霉菌和笼舍消毒。

【处方 1】

（1）1%硫酸铜溶液　　500～1 000mL

用法：擦洗患部皮肤，彻底清除掉病灶上附着的分泌物和坏死组织。

（2）达克宁软膏　　20～50g

用法：涂搽患部，每天 1～2 次，用药后暂勿下水。

【处方 2】

（1）0.1%高锰酸钾溶液　　1 000～2 000mL

用法：清洗患部皮肤，去除炎性分泌物和坏死组织。

（2）酮康唑软膏　　20～50g

用法：涂搽患部，每天1～2次，用药后暂勿下水。

（3）维生素AD　　1～2粒

复合维生素B　　2～4片

用法：一次拌料喂服，每天或隔日1次。

【处方3】

（1）2%氯化钠溶液　　1 000～5 000mL

用法：浸泡20～30min后清洗干净。

（2）洁尔阴溶液　　500mL

用法：用冷开水1∶2稀释后涂搽患部，每天3次。

（3）复方康纳乐霜　　20～50g

用法：涂搽患部，每天2～3次。

说明：复方康纳乐霜主成分为制霉菌素、硫酸新霉素、短杆菌肽、曲安缩松。

【处方4】

（1）皮康霜软膏　　20～50g

用法：涂搽患部皮肤，每天2～3次。

（2）21金维他　　1～2片

伊康唑片（伊曲康唑）　　100～500mg

用法：一次内服，每天1～2次。

3. 两栖爬行类线虫病

主要由于蛔虫寄生于肠道引起。往往随大便中排出虫体，严重感染时表现消瘦，甚至肠道阻塞。治宜驱虫。

【处方1】

左旋咪唑　　0.5～1.0g

用法：按每1kg体重30mg一次喂服，每天1次，连服3d。

【处方2】

1%伊维菌素　　0.5～1.5mL

用法：按每1kg体重0.25mg一次皮下注射，7d后重复1次。

【处方3】

丙硫苯咪唑　　0.5～1.0g

用法：按每1kg体重25～30mg一次喂服，每天1次，连服3d。

4. 两栖爬行类水蛭病

由于水蛭寄生于动物体而引起，治宜去除虫体、抗菌消炎，并净化环境。

【处方1】

10%盐溶液　　适量

用法： 用10%盐溶液洗浴，水蛭受到刺激后收缩，此时摘除虫体。

【处方2】

丁胺卡那霉素　　0.5～1.0g

用法： 一次肌内注射。

5. 蛇类口腔炎

由于吞食投喂的饲料损伤口腔或饲料缺乏维生素引起。表现口腔炎症、溃烂，严重者牙齿松动或脱落。治宜抗菌消炎，口腔冲洗消毒。

【处方1】

(1) 0.1%高锰酸钾溶液　　500～1 000mL

用法： 冲洗口腔，用棉球轻轻擦掉口腔内的分泌物和坏死组织。

(2) 四环素粉　　2～5g

冰硼酸　　1～2g

用法： 混合后撒于口腔患部，每天2次。

说明： 用药时注意撒入喉头气管内。

(3) 复方新诺明片　　0.5～1.0g

甲硝唑　　0.2～0.5g

鱼肝油丸　　0.5万～1.0万IU

维生素C　　20mg

用法： 一次内服或拌料喂服，每天1～2次。

【处方2】

(1) 1%～2%氯化钠　　500～1 000mL

用法： 冲洗口腔，去除炎性黏液和坏死物。

(2) 碘甘油　　50mL

维生素C粉　　1g

用法： 混合涂于患部，每天2～3次。

(3) 30%林可霉素注射液　　1～2mL

用法： 一次肌内注射，每天2次。

【处方3】

复方硼酸溶液　　500～1 000mL

用法： 稀释3～4倍后冲洗、消毒口腔。

说明： 复方硼酸溶液配方为硼酸15g、碳酸氢钠15g、液化苯酚3mL、甘油35mL、蒸馏水加至1 000mL。

【处方4】

3%双氧水

用法：先用双氧水冲洗，后用生理盐水冲洗。

6. 两栖爬行类胃肠炎

由于采食变质、污染饲料，或气温降至 22℃以下时引起。表现食欲消失，大便恶臭，呈稀糊状。治宜消炎，提高环境温度。

【处方 1】

硫酸庆大霉素注射液　　2 万～4 万 U

用法：一次肌内注射，每天 2 次。

【处方 2】

（1）注射用氨苄西林　　0.5～1.0g

注射用水　　5mL

用法：一次肌内注射，每天 2 次。

（2）黄连素片　　0.1～0.5g

用法：一次内服或拌料喂服，每天 2～3 次。

【处方 3】

（1）注射用头孢拉定　　0.5～1.0g

注射用水　　5mL

用法：一次肌内注射，每天 2 次。

（2）多酶片　　2～6 片

培菲康（主成分为双歧杆菌三联活菌散）　　1～2 粒

用法：一次内服或拌料喂服，每天 2 次。

7. 两栖爬行类异物性胃炎

大型两栖爬行动物由于饥饿时误食石块、树枝、塑料、玻璃等异物引起。表现食欲减少，甚至废食，消瘦，剖检见胃内有异物。治宜排除异物，消炎。

【处方 1】

（1）食用油　　100～500mL

用法：胃管投服。

（2）注射用氨苄西林　　0.5～1.0g

注射用水　　2～5mL

用法：一次肌内注射，每天 2 次，3d 为一个疗程。

【处方 2】

（1）酚酞　　50～200mg

胃复安　　2～10mg

用法：一次喂服，每天 1～2 次。

（2）硫酸庆大霉素注射液　　2 万～8 万 U

用法：一次肌内注射，每天 2 次。

注：饲养场地去除杂物，定量按时喂料，以预防饥饿时吞食异物。

8. 两栖爬行类肺炎

由于春秋入冬季节饲养管理不当，外感风寒治疗不及时而引发。治疗以抗菌消炎为主。

【处方 1】

（1）10%丁胺卡那霉素注射液　　0.5～1mL

用法：一次肌内注射，每天 2 次，3～5d 为一个疗程。

（2）复方新诺明注射液　　1～2mL

用法：一次肌内注射，每天 1～2 次，3～5d 为一个疗程。

【处方 2】

注射用青霉素钠　　20 万～80 万 U

注射用硫酸链霉素　　0.2～0.5g

注射用水　　5～10mL

用法：混合一次肌内注射，每天 2 次。

9. 龟类直肠阻塞

多发于海龟、玳瑁等大型龟类。由于入冬前气候变冷，食后消化不良，胃肠蠕动功能减弱，大便不能及时排出等引起。表现排黄色稀水而不见粪便。治宜通便、消炎。

【处方 1】

（1）温肥皂水　　1 000～5 000mL

用法：高压灌肠，可反复多次。

（2）注射用青霉素钠　　20 万～40 万 U

注射用硫酸链霉素　　0.2～0.5g

注射用水　　5～8mL

用法：一次肌内注射，每天 2 次。

【处方 2】

（1）液体石蜡　　5～20mL

用法：用导尿管做胃管从口腔插入，接吸入液体石蜡的注射器缓慢注入胃肠。

（2）1%甲氧氯普胺　　0.5～1.0mL

用法：一次肌内注射，必要时重复使用。

（3）注射用氨苄西林　　0.5～1.0g

注射用水　　2～5mL

用法：肌内注射，每天 2 次。

10. 两栖爬行类痛风

长期喂鱼、肉等高蛋白饲料，又缺乏维生素导致嘌呤代谢障碍引起。治疗以减轻尿酸盐沉积和加速排出为原则。

【处方 1】

（1）秋水仙碱　　1mg

用法：一次喂服，每天 1 次，10～15d 为一个疗程。

（2）维生素 A　　0.5 万～1.0 万 IU

维生素 B_1　　10mg

用法：一次喂服，每天 1 次，长期拌料喂服。

【处方 2】

痛风利仙（苯溴马隆）　　10～100mg

碳酸氢钠　　0.2～0.5g

21 金维他　　0.5～2 片

用法：一次喂服，每天 2 次，10～15d 为一个疗程。

11. 两栖爬行类划伤

由于运输或饲养管理不当时发生，一旦发生则不易愈合。发病后应及时处理伤口。

【处方 1】

3%双氧水　　50～100mL

消炎生肌止血粉　　10～20g

用法：先用双氧水清洗患部，去除异物和坏死组织，再用抗生素生理盐水冲洗、擦干，最后撒布消炎生肌止血粉，包扎，每 3～5d 换药 1 次。

说明：消炎生肌止血粉由磺胺结晶粉 10g、三七粉 5g、利福平粉 10g 混合而成。

【处方 2】

高锰酸钾粉　　30g

甘　油　　适量

用法：创伤先用 0.5%高锰酸钾溶液冲洗，去除炎性分泌物和异物，擦干，然后撒布少许高锰酸钾粉，滴上数滴甘油。

12. 龟类难产

难产是龟类常见疾病之一。表现为精神委顿、不食等。X 线拍片检查可确诊。治宜助产、催产。

【处方 1】

催产素（缩宫素）　　0.5～1.0IU

用法： 一次肌内注射。

【处方 2】手术

（1）5%盐酸氯胺酮注射液　　1～2mL

用法： 按每 1kg 体重 20mg 肌内注射麻醉（如需追加，按首剂量的 1/2），切开龟壳（切面向内 45°倾斜，以防止龟壳闭合时下陷），取出卵后用环氧树脂黏合龟壳。

（2）注射用头孢噻肟钠　　100～200mg

用法： 术后一次肌内注射，每天 1 次，连用 10d。

（3）糖盐水　　100mL

ATP　　5mg

辅酶 A　　25～50IU

维生素 C　　100～200mg

用法： 术后一次性皮下推注，每天 1 次，连用 5d。

四十六、金鱼病常见处方

1. 金鱼出血病

由疱疹病毒感染引起，一般水温在25～30℃时流行，主要危害当年金鱼与大金鱼。主要表现眼眶四周、鳃盖、口腔、各鳍的基部充血，严重时全部肌肉呈淡红色，剥开皮肤肌肉呈点状充血。无有效药物治疗，主要是控制继发感染。

【处方】

红霉素　　适量

用法：鱼缸内泼洒，使水体含量达0.4～1mg/L。

说明：尽量稀养和多投喂水蚤等适口饵料。

2. 金鱼白嘴病

一种黏球菌感染引起，5月下旬至7月上旬流行，6月为高峰期，主要危害当年鱼苗。症状表现头部和嘴圈为白色，嘴唇肿胀，有时颅顶和瞳孔周围充血，出现“红头白嘴”。治宜抗感染。

【处方1】

20mg/L呋喃西林溶液　　适量

用法：浸泡病鱼或泼洒。水温在20℃以下时浸泡15～30min，在20～30℃时10～15min。

【处方2】

1%大黄药液　　适量

用法：浸泡病鱼5min。

说明：也可用2%食盐水浸泡30min。

3. 金鱼烂鳃病

由柱状曲挠杆菌感染引起，以春末夏初水温在20℃以上时多发。症状表现鳃丝腐烂，带有污泥，有时腐烂成一个略成圆形的透明小区（俗称“开天窗”），呼吸困难，常游近水表层呈“浮头状”。

【处方 1】

2%食盐水　　适量

用法： 浸泡病鱼 5～15min。

说明： 用于早期治疗和预防。

【处方 2】

20mg/L 呋喃西林溶液　　适量

用法： 浸泡病鱼。水温在 20℃以下时浸泡 15～30min，在 20～30℃时 10～15min。

【处方 3】

卡那霉素　　10 万～15 万 U

或庆大霉素　　1.6 万 U

或青霉素　　8 万～12 万 U

或链霉素　　30 万 U

用法： 任选一种用于 5kg 水体一次泼洒。

说明： 也可适量注射。

【处方 4】

大黄　　50g

3%氨水　　1kg

用法： 大黄碾碎放入氨水中浸泡 12h，按 $1m^3$ 水体用大黄 2.5～3.75g，连药带渣一起全池遍洒。

4. 金鱼烂尾病

由于尾鳍损伤后温和气单胞菌、嗜水气单胞菌多种细菌感染引起。症状表现为尾鳍及尾柄处充血、发炎，鳍条末端乳白色、蛀蚀，有的鳍条软骨间的结缔组织裂开，呈破扫帚状，严重者整个尾部烂掉，尾柄肌肉溃烂，骨骼外露。治宜抗菌消炎，重症结合局部外科处理。

【处方 1】

环丙沙星　　适量

用法： 可按 1kg 水体 1mg 全池泼洒。

【处方 2】

先锋霉素　　2g

用法： 拌入 1kg 湿料中投喂，连喂 5～7d，停药 3 天后，再喂 5～7d。

【处方 3】

1%雷佛奴耳　　适量

用法： 对重症用剪刀剪去尾鳍溃烂部分后涂抹。

5. 金鱼腐皮病

本病又称打印病，由点状产气单胞菌引起。表现主要在背鳍两侧，其次是腹部两侧先出现圆形红斑，鳞片脱落，随后表皮腐烂、崩溃脱落，露出白色真皮，病灶周围鳞片疏松、充血发炎，形成鲜明的轮廓，以后病灶逐渐扩大、加深，直至死亡。治宜水体消毒，患部处理。

【处方】

漂白粉　　适量

金霉素软膏　　适量

用法： 漂白粉配成 1mg/L 水溶液水体消毒，用金霉素软膏涂抹患处。

说明： 四环素对病原菌有抑制作用，也可应用。

6. 金鱼肠炎

由肠型点状产气单胞菌或吃了腐败变质的死红虫等引起。症状表现呆滞，行动缓慢，离群，食欲下降，鱼体发黑，头部、尾鳍更为显著，腹部出现红斑，肛门红肿，排泄白色线状黏液或便秘，重症轻压腹部有红黄色黏液流出，剖检可见肠道发炎、充血。治宜去除病因，抗菌消炎。

【处方 1】

呋喃西林溶液　　2g

用法： 溶于 5kg 水中浸浴病鱼 20～30min，每天 1 次。

说明： 也可按 1kg 水体 10mg 全池泼洒。

【处方 2】

土霉素或四环素　　0.25g

或氟哌酸　　0.1g

用法： 溶于 25kg 水中浸浴病鱼 2～3d。

注： 经常吸除鱼类粪便和残饲等污物，保持水质清洁。

7. 金鱼竖鳞病

由点状极毛杆菌感染引起，秋末至春季水温较低时多发，主要危害个体较大的金鱼。初期表现鳞片张开，似松果状，鳞片基部充血、水肿；晚期鳞片全部竖起，两眼向外凸出，腹部胀大，腹腔大量积液。治宜抗菌消炎。

【处方 1】

2%食盐水溶液　　适量

2.5%小苏打水溶液　　适量

用法： 等量混合，浸泡病鱼 15～20min。

【处方 2】

青霉素或卡那霉素　　20 万 U

用法：一次投入 10kg 水中，隔天 1 次，连用 3 次。

【处方 3】

红霉素　　2g

用法：按 $1m^3$ 水体 0.2g 一次全池泼洒。

8. 金鱼赤皮病

由荧光极毛杆菌感染引起，春末夏初流行，主要危害当年鱼和 1 龄鱼。症状表现皮肤充血、发炎，以眼眶四周、鳃盖、腹部、尾柄等处常见，与出血病不同的是肌肉正常。治宜抗菌消炎。

【处方 1】

20mg/L 呋喃西林溶液　　适量

用法：浸泡病鱼，水温在 20℃以下时浸泡 15～30min，在 20～30℃时 10～15min。

说明：也可用呋喃西林药液泼洒，水温 20℃以下浓度 0.5～2mg/L，20℃以上为 1mg/L。

【处方 2】

红霉素　　适量

用法：按每 1kg 水体 0.2～0.5mg 泼洒。

【处方 3】

青霉素　　10 万～15 万 U

用法：加入 10kg 水中药浴 10min，每天 1 次，连用 3d。

说明：也可一次腹腔注射青霉素或链霉素 5 万 U。

9. 金鱼水霉病

多由于鱼体受伤、水霉菌侵入引起。初期表现创伤处黏液分泌增多并有红肿，后期伤口长出棉絮状灰白色菌丝，伤口充血、坏死、溃烂。治宜消除病原。

【处方 1】

食　盐　　2g

小苏打　　2g

用法：加入盛有 5kg 水的鱼缸中，1 周后可治愈。

【处方 2】

2%食盐水溶液　　适量

用法：浸泡病鱼，夏季泡 30min，冬季可适当延长，每天 1 次，连续 3d。

【处方 3】

10mg/kg 亚甲蓝水溶液　　　　　适量

用法：浸泡病鱼，夏季泡 30min，冬季 15min。

【处方 4】

5%碘酊，或 5%重铬酸钾溶液　　适量

用法：涂抹患处。

10. 金鱼白点病

由多子小瓜虫幼虫寄生于体表引起，春末秋初水温 16～24℃时多发。轻者体表、鳃盖、鳍上出现许多白色小点，重者全身覆盖白霜状黏液。治宜杀虫。

【处方 1】

亚甲蓝溶液　　　　　　　　　　适量

用法：一次全池泼洒，使池水含量达 3mg/kg，每天 1 次，连用 3 次。

【处方 2】

2%食盐水溶液　　　　　　　　　适量

用法：浸泡病鱼，夏季 20min，冬季 30min。然后，移入清洁水中。

【处方 3】

2mg/L 硝酸亚汞溶液　　　　　　适量

用法：浸泡病鱼 1～2h。

说明：也可按 0.1～0.2mg/L 的浓度泼洒。

11. 金鱼白云病

由漂浮游口丝虫寄生引起，秋末至春季流行，从鱼苗到亲鱼均有危害症状。症状表现为皮肤覆盖一层白色薄雾状黏液，鳃上可见大量口丝虫，病鱼游上水表层呈“浮头”状。治宜杀虫。

【处方 1】

20mg/L 的高锰酸钾溶液　　　　适量

用法：浸泡病鱼，水温 10～20℃时浸泡 20～30min，20～25℃时 15～20min。

说明：也可用 3%食盐水浸泡 30min。

【处方 2】

硫酸铜与硫酸亚铁（5∶2）合剂　适量

用法：按 0.7mg/L 的浓度用于水体泼洒。

【处方 3】

0.4mg/L 溴氯海因　　　　　　　适量

用法：洗浴病鱼，每次 10～30min。

12. 金鱼三代虫病

由中型三代虫、细锚三代虫、秀丽三代虫寄生引起，4—5 月流行，主要危害当年鱼苗。症状表现为开始狂游骚动，继而食欲不振，游动迟缓，大量寄生三代虫时体表有很多创伤。治宜杀虫。

【处方 1】

20mg/L 高锰酸钾溶液　　适量

用法： 浸泡病鱼 20～30min。

【处方 2】

90%晶体敌百虫与面碱（十水合碳酸钠）（1∶0.6）合剂　　适量

用法： 按 0.2～0.6mg/L 的浓度泼洒。

13. 金鱼车轮虫病

由车轮虫、球形车轮虫、卵形车轮虫等寄生引起，5—8 月流行，主要危害当年鱼苗。症状表现鱼体瘦弱，体色较深，大量侵袭鳃部时鱼游向水表层呈“浮头”状。治宜杀虫。

【处方 1】

硫酸铜　　适量

用法： 按 0.5～0.7mg/L 的浓度泼洒。

【处方 2】

3%食盐水　　适量

用法： 浸泡病鱼 105min（20℃水温时）。

14. 金鱼指环虫病

由指环虫寄生于鳃内引起，冬春和春末夏初流行，从鱼苗到亲鱼均有危害。症状表现为病鱼浮于水面，游动缓慢，摄食能力下降，鳃部肿胀，翻鳃可见有乳白色虫体，鳃丝暗淡。治宜杀虫。

【处方 1】

3%食盐水　　适量

用法： 浸泡病鱼 5～10min。

说明： 也可用 8mg/L 硫酸铜溶液浸泡 20min。

【处方 2】

敌百虫粉剂（含 2.5%）　　适量

用法： 按 1.5～2mg/L 的浓度泼洒。

说明： 也可用 90%晶体敌百虫按 0.2～0.4mg/L 的浓度泼洒，或甲苯咪唑溶液全池泼洒，或杀虫精（主成分为阿维菌素）拌料投喂。

15. 金鱼虱病

由鱼虱侵入金鱼鱼体和鳃寄生引起的，一年四季均可发生。表现鱼体消瘦并集群在水面或鱼池边角处，逐渐死亡。有的病鱼由于鱼虱用口刺吸血时分泌毒液的刺激，极度不安、狂游、跳跃。治宜杀虫。

【处方】

2.5%敌百虫　　　　适量

用法：加水溶解，按 1m^3 水体 1g 全池泼洒。

说明：放养鱼苗前要用生石灰带水清塘，杀灭水中鱼虱成虫、幼虫和卵块，池水应过滤，防止鱼虱及其幼虫随水流入。

16. 金鱼烫尾病

本病又称气泡病。因夏季天热、持续高温、水质过肥、溶氧过饱和饵料不足等所致。症状表现为尾鳍上有很多斑斑点点的气泡，鱼头朝下，鱼尾朝上，有的因日晒过久而尾部被烫伤。治宜迅速改善水质和患部处理。

【处方】

红药水或紫药水　　　　适量

说明：外伤鱼患部涂抹。

说明：立即换上新水，降低水温，勤投饵料。给鱼池遮阴降温。

17. 金鱼受热

因冬天水温升降剧烈，鱼群挤热，水中污物分解，鱼吞服甲烷硫化氢气泡而致。症状表现为鱼浮于水面不能下沉，全身及眼部长有白絮，似棉花团。治宜改善水质，鱼体消毒。

【处方】

3%食盐水　　　　适量

用法：浸泡病鱼数分钟，然后放入清水缸（箱）中，每天 1 次，痊愈为止。

说明：彻底换水，降低放养密度；调节室内空气，排出一氧化碳。